Mathematik im Kontext

Reihe herausgegeben von
D. E. Rowe, Mainz, Deutschland
K. Volkert, Wuppertal, Deutschland

Die Buchreihe Mathematik im Kontext publiziert Werke, in denen mathematisch wichtige und wegweisende Ereignisse oder Perioden beschrieben werden. Neben einer Beschreibung der mathematischen Hintergründe wird dabei besonderer Wert auf die Darstellung der mit den Ereignissen verknüpften Personen gelegt sowie versucht, deren Handlungsmotive darzustellen. Die Bücher sollen Studierenden und Mathematikern sowie an Mathematik Interessierten einen tiefen Einblick in bedeutende Ereignisse der Geschichte der Mathematik geben.

Weitere Bände in der Reihe http://www.springer.com/series/8810

David E. Rowe

Otto Blumenthal: Ausgewählte Briefe und Schriften I

1897-1918

 Springer Spektrum

David E. Rowe
Institut für Mathematik
Universität Mainz
Mainz, Deutschland

ISSN 2191-074X   ISSN 2191-0758   (electronic)
Mathematik im Kontext
ISBN 978-3-662-56724-1   ISBN 978-3-662-56725-8   (eBook)
https://doi.org/10.1007/978-3-662-56725-8

Die Deutsche Nationalbibliothek verzeichnet diese Publikation in der Deutschen Nationalbibliografie; detaillierte bibliografische Daten sind im Internet über http://dnb.d-nb.de abrufbar.

Verantwortlich im Verlag: Annika Denkert

Gedruckt auf säurefreiem und chlorfrei gebleichtem Papier

Springer Spektrum ist ein Imprint der eingetragenen Gesellschaft Springer-Verlag GmbH, DE und ist ein Teil von Springer Nature
Die Anschrift der Gesellschaft ist: Heidelberger Platz 3, 14197 Berlin, Germany

Inhaltsverzeichnis

Vorwort

Dieser Quellenband, dem ein zweiter bald folgen wird, besteht aus Briefen und Schriften, die das ereignisreiche und letztendlich tragische Leben des Mathematikers Ludwig Otto Blumenthal (1876–1944) dokumentieren. Es handelt sich hier weniger um sein eigenes wissenschaftliches Werk als um seine Rolle und Bedeutung in der mathematischen Welt seiner Zeit. Insofern versteht sich dieses Buch als ein Beitrag zur Geschichte der Mathematik während der ersten Hälfte des 20. Jahrhunderts. Die hier vorgestellten Dokumente gewähren neue Einblicke nicht nur in Blumenthals Persönlichkeit, sondern auch in vielerlei wichtige Aspekte der damaligen mathematischen Kultur, die er vertrat und zu der er selbst so viel beigetragen hat.

Im Mittelpunkt dieser imposanten Kultur stand das Göttinger Milieu, in dem Blumenthal als Student aufgewachsen war. Der Einfluss dieses Zentrums erstreckte sich über einen großen Teil der damaligen mathematischen Welt. Es war deswegen für Blumenthal selbstverständlich, dass die Mathematik keine Grenzen kennt, ob nationaler, ethnischer oder religiöser Art. Er selbst war ein Kosmopolit, der mehrere klassische und moderne Sprachen beherrschte, und er bekannte sich, vor allem nach den grausamen Ereignissen des Ersten Weltkriegs, dazu, ein liberaler Bürger und Menschenrechtler zu sein. Da er aber aus einem jüdischen Elternhaus stammte, musste er auch das Leid ertragen, das im Jahre 1933 für die ganze jüdische Bevölkerung Deutschlands begann. Darüber wird ausführlich in Band II berichtet, während die hier abgedruckten Dokumente Zeugnisse einer überwiegend glücklichen Zeit sind, vor allem diejenigen, die vor Ausbruch des Ersten Weltkriegs stammen.

Blumenthal stand bekanntlich seinem berühmten Doktorvater David Hilbert nahe, dem auch in diesem Quellenband eine wichtige Rolle zukommt. Als Hilberts treuester Schüler war Blumenthals Name stets mit dem seines Lehrers verbunden, und ihr langjähriges enges Verhältnis wird in vielen der vorliegenden Briefe in aller Deutlichkeit gezeigt. Die obige Charakterisierung von Blumenthal weist natürlich auch auf seine Sonderrolle innerhalb der „Hilbert'schen Schule" hin, auch wenn Hilbert sich selbst von seinem Ruf als Haupt einer bedeutenden mathematischen Schule oft distanzieren wollte. Er war ja ein ausgesprochener Gegner solcher typischen Erscheinungen an deutschen Universitäten und konnte sich überhaupt nicht mit der Rolle des Leiters einer speziellen Schule identifizieren. Trotzdem kann man kaum seinen Einfluss als Lehrer leugnen, denn dieser war genauso groß wie die Nachwirkung seiner Forschungsleistungen. Blumenthal gehörte sicherlich weder zu den bedeutendsten Schülern Hilberts, noch gibt es eine besondere mathematische Leistung, welche mit seinem Namen verknüpft ist.[1] Dennoch genoss er als Hilberts erster Doktorand eine Sonderstellung innerhalb dieser mathematischen Elite. Aber wichtiger noch war seine lebenslängliche Treue zu Hilbert wie auch zu

---

[1] Eine vollständige Liste der mathematischen Arbeiten Blumenthals findet sich in Band II. Die wichtigsten darunter wurden in Behnke (1958) und Butzer/Volkmann (2006) analysiert (siehe auch Butzer (1995)).

der gesamten Göttinger Gemeinschaft, in der er als Mathematiker aufwuchs.

Das vorliegende Buch dokumentiert zugleich ein wesentliches Kapitel in der Geschichte einer weltweit führenden Zeitschrift. Mehr als 30 Jahre lang war Otto Blumenthal nicht nur Mitglied der Hauptredaktion der *Mathematischen Annalen*, sondern er diente auch ihren wissenschaftlichen Zielen mit seinem ganzen Herzen. Sein Verdienst um die *Annalen* lässt sich durch das Zeugnis eines engen Mitarbeiters Blumenthals belegen, und zwar aus einem vom 14. Mai 1921 datierten Briefe des niederländischen Mathematikers L.E.J. Brouwer an Arthur Schoenflies:

> Der weitaus grössere Teil der Begutachtungen wurde von ihm, entweder allein, oder zusammen mit einem jedesmal extra zu diesem Zweck von ihm herangezogenen Spezialisten, gemacht, und wenn Klein und Hilberts *Annalen* sich an der Spitze der mathematischen Zeitschriften behauptet haben, so verdanken sie es in erster Linie der unermüdlichen und selbstlosen, sachkundigen Arbeit Blumenthals, eine[r] Arbeit, die um so höher einzuschätzen ist, als sie einerseits bedeutende Talente erfordert, andererseits gar keine Ehre einbringt, weil sie für das weitere Publikum völlig im Schatten verläuft.

Die *Annalen* waren damals eine Zeitschrift mit tiefen Wurzeln in die Göttinger mathematischen Tradition. Als geschäftsführender Leiter dieses Unternehmens musste Blumenthal die Kontakte zwischen Autoren, Redaktion und Verlag ständig pflegen, eine Verantwortung, die ihm oft nur wenig Zeit für eigene Forschungen ließen. Andererseits gab es kaum einen anderen deutschen Mathematiker, der den Puls des Forschungsbetriebs so stark empfand wie er. Auch davon wird das vorliegende Buch berichten.

Wenn die *Annalen* meist in Verbindung mit berühmten Figuren – wie Alfred Clebsch, Felix Klein und David Hilbert – gesehen werden, so geht es um ihre jeweiligen Rollen in der Entstehung und Etablierung der Zeitschrift während des Kaiserreichs. Blumenthal übernahm die Verantwortung, gerade als die Göttinger Mathematik ihren Höhepunkt erreicht hatte, aber er erlebte danach sehr turbulente Zeiten, in welchen die einstige Harmonie zwischen den mitwirkenden Redakteuren langsam zerfiel. Trotz der Strapazen der Nachkriegszeit konnten die *Annalen* dank der Unterstützung des Verlags Julius Springer überleben. Es war aber vor allem Blumenthals Verdienst, den Ruf des Unternehmens weiterhin aufrechtzuerhalten. Wie schwierig das manchmal war, wird besonders in denjenigen Briefen deutlich, in denen Blumenthal als Schiedsrichter zwischen streitlustigen Kontrahenten vermitteln musste.

Zu diesen gehörte allen voran der geniale Topologe L.E.J. Brouwer, dessen Arbeiten aber auch redaktionelle Mitwirkung für die *Mathematischen Annalen* ihn zu einer zentralen Figur im Leben Otto Blumenthals machten. Um Brouwers Aktivitäten im Kontext zu zeigen und um seine Bedeutung für die *Annalen* entsprechend zu würdigen, müsse man sich auch mit seiner umfangreichen Korrespondenz mit Dritten befassen. Aus diesem Grunde werden mehrere solche Schriften von und an Brouwer in diesen beiden Quellenbänden mit aufgenommen. Glücklicherweise stellte der führende Brouwer-Experte Dirk van Dalen vor einigen Jahren eine Vielzahl der relevanten Dokumente aus dem Brouwer-Archiv online zur Verfügung.[2] Zudem findet man ausführliche Informationen über Brouwers Beziehungen zu Hilbert, Blumenthal und den anderen Redakteuren der *Mathematischen Annalen* in seiner Brouwer-Biographie (van Dalen 2013).

Viel weniger bekannt, und in diesem Band erstmalig dokumentiert, ist die enge Freundschaft zwischen Blumenthal und dem Astronomen Karl Schwarzschild. Die beiden kannten einander tatsächlich seit ihrer Jugendzeit in Frankfurt, wie schon aus den ersten Briefen dieses Bandes ersichtlich wird. Wie Blumenthal stammte Schwarzschild aus einem liberalen jüdischen Elternhaus, in dem naturwissenschaftliche Interessen wie auch praktischer Unternehmergeist stark ausgeprägt waren. Schwarzschilds Berufung nach Göttingen im Jahre 1901 fand außerdem in der Zeit statt, als Blumenthal dort als Privatdozent tätig war. Die beiden Freunde gehörten bald einem Kreis ehrgeiziger Junggesellen an, die Karrieren als Mathematiker und Naturwissenschaftler anstrebten. Insofern werfen die ältesten Briefe Otto Blumenthals an Karl Schwarzschild neues Licht auf diese lebendigen Göttinger Atmosphäre um die Jahrhundertwende.

Um den Lesern dieses Quellenbandes eine erste Orientierung zu geben, beginnt das Buch mit einem Essay, in dem mehrere wichtige Themen in der ersten Hälfte des Lebens von Blumenthal geschildert werden. Darin werden neben biographischen Aspekten auch solche behandelt, die die Göttinger Mathematik und die *Mathematischen Annalen* betreffen. Die abschließenden Themata beziehen sich stark auf Brouwers mathematische Ideen und Tätigkeiten, vor allem in Hinblick auf Blumenthals aktive Teilnahme daran. Diese Freundschaft mit Brouwer stellte Blumenthals Geduld oft auf die Probe, vor allem in der Nachkriegszeit, wie in Band II deutlich wird. Dort wird in einem ähnlichen Essay der Faden von Band I erneut aufgegriffen, um die Fortsetzungsgeschichte ab 1919 erzählen zu können. Die Briefe in Kapitel 2 bis 7 dieses Bandes sind thematisch wie auch chronologisch angeordnet. Biographische Aspekte dominieren in Kapitel 2 bis 4, während ab Kapitel 6 Blumenthals Schriftverkehr als geschäftsführender Redakteur der *Mathematischen Annalen* im Vordergrund steht. Um diese zweiteilige Struktur möglichst konsequent beizubehalten, war es notwendig, einige Briefe aufzuteilen. Die entsprechenden Trennungen ließen sich allerdings problemlos durchführen, zumal Blumenthal bewusst Persönliches von Geschäftlichem trennte.[3]

Der Krieg stellte bekanntlich eine große Zäsur in der europäischen Geschichte dar, umso mehr für diejenigen, die daran teilgenommen haben. Blumenthal konnte relativ früh, dank dem Intervenieren seines Freundes Schwarzschild, eine Stelle in Hannover bekommen, und zwar als Leiter der dortigen Militär-Wetterwarte. Schwarzschild selbst hatte viel weniger Glück; er starb im Mai 1916 an einer grausamen Hautkrankheit. In seinem Testament nannte er Blumenthal als einen von

---

[2] Eine Auswahl dieser Briefe findet man in englischer Übersetzung in van Dalen (2011).

[3] Dies war offenbar auch Hilberts eigener Wunsch (siehe Blumenthals Brief an Hilbert vom 18. Januar 1906, S. 192).

vier Wissenschaftlern, die seine hinterlassenen Manuskripte durchschauen dürften. Dies tat Otto Blumenthal, und zwar mit seiner gewohnten Gründlichkeit. Seine kurzen Kommentare zu sämtlichen Arbeiten im Schwarzschild-Nachlass benutzte er als Grundlage für einen wissenschaftlichen Nachruf von besonderer Bedeutung. Diesen schrieb er vor allem für ein mathematisches Publikum, weswegen sein Text 1917 im *Jahresbericht der Deutschen Mathematiker-Vereinigung* erschienen ist, also ein Jahr nach dem Tod Schwarzschilds. Inzwischen lag eine ganze Reihe von Nachrufen vor, aber kein anderer ist mit Blumenthals reichem Bild dessen verstorbenen Freundes vergleichbar.[4] Dieser Text befindet sich in Kapitel 5 des vorliegenden Bandes und wird nach 101 Jahren hiermit zum ersten Mal wieder abgedruckt.

Obwohl Blumenthals Karriere ganz im Zeichen der Göttinger Mathematik stand, verbrachte er die meiste Zeit an anderen Orten. Zunächst ging er 1904, obwohl noch Privatdozent in Göttingen, für zwei Semester nach Marburg, wo er sich in einer ziemlich ruhigen mathematischen Umgebung befand. Im folgenden Jahr bekam er seine erste und einzige Professur an der Technischen Hochschule in Aachen, dank seiner Freundschaft mit dem dort wirkenden mathematischen Physiker Arnold Sommerfeld. In Aachen musste er sich zum ersten Mal darauf einstellen, mathematische Lehrveranstaltungen für Ingenieure zu halten. In Briefen, sowohl an Schwarzschild wie auch an Käthe und David Hilbert, berichtete er ausführlich über die Verhältnisse an diesen zwei akademischen Institutionen. Die Korrespondenz in den Kapiteln 2 bis 4 beleuchtet verschiedene Themen bis zum Tode Schwarzschilds im Ersten Weltkrieg. Es folgt in Kapitel 5 Blumenthals Nachruf, worin Schwarzschilds Leben und Werk zusammengefasst wird. In den letzten zwei Kapiteln steht Blumenthals Arbeit für die *Mathematischen Annalen* im Mittelpunkt. Dies gilt vor allem für Kapitel 6, in welchem Blumenthals Engagement als Redakteur von 1904 bis zum Ausbruch des Krieges dokumentiert wird.

In diesem Zeitraum, als die Hauptverantwortung für die *Annalen* auf seinen Schultern lag, vollzog sich ein großer Wandel in den Wissenschaften, begleitet von einem starken Zuwachs in der mathematischen Produktion. Trotzdem lief in der Vorkriegszeit Blumenthals Arbeit als geschäftsführender Leiter relativ reibungslos ab. Er musste sich aber sehr bemühen, einerseits den Betrieb in Gang zu halten und anderseits gleichzeitig abzusichern, dass die eingereichten Arbeiten von hoher Qualität waren. Hierbei wird deutlich, dass es zu dieser Zeit noch nicht üblich war, entsprechende Gutachten über die eingereichten Arbeiten von speziellen Experten einzuholen.

In Kapitel 7 handelt es sich in erster Linie um die revolutionären topologischen Aufsätze von Brouwer, die in dem kurzen Zeitraum von 1910 bis 1913 erschienen sind. Rückblickend urteilte Brouwer hierüber „viele meiner Arbeiten hätte ich ohne [Blumenthal] nicht geschrieben" (Brouwer an Schoenflies, 14. Mai 1921, vollständig abgedruckt in Band II, Abschnitt 3.3). Deren Korrespondenz aus dieser Zeit, d.h., bevor Brouwer in die Redaktion der *Annalen* eintrat, dokumen-

---

[4] Eine Liste der Nachrufe auf Schwarzschild findet man in Schwarzschild (1992), I. 26.

tiert zugleich, wie Blumenthal zunehmend in den Kontroversen verwickelt wurde, die Brouwer und seine Werke umkreisten. Die Briefe in Kapitel 7 können freilich nicht ohne hinreichende mathematische Vorkenntnisse verstanden werden. Zur Orientierung habe ich in Abschnitt 1.11 einen Abriss über die topologischen Arbeiten Brouwers geschrieben, damit die Inhalte der entsprechenden Briefe allgemein verständlich sind, zumindest für mathematisch versierte Leser. Da eingehende Erläuterungen entschieden zu weit führen würden, habe ich in den Kommentaren zu diesen Briefen nur gewisse Hauptpunkte erklärt, die für ein Verständnis der wichtigsten Streitfragen unerlässlich sind.

Blumenthals erste Erfahrungen als *Annalen*-Redakteur endeten mit dem Ausbruch des Krieges. Er versuchte in der Nachkriegszeit seine Arbeit für die Zeitschrift wieder fortzusetzen, aber die schwierige wirtschaftliche Lage brachte viele neuen Probleme mit sich. In dem nachfolgenden zweiten Quellenband werden Dokumente aus dem Zeitraum 1919 bis 1941 präsentiert, aus welchen die Spannungen innerhalb der *Annalen*-Redaktion deutlich hervorgehen. Auch die in Abschnitt 7.1 dokumentierte Kontroverse zwischen Brouwer und über die Grundlagen der Dimensionstheorie entfachte sich von Neuem, obwohl diese Debatten mit anderen Akzenten und Akteuren weiter fortgesetzt wurden (Band II, Kapitel 5). Andererseits blieb Blumenthal von dem vielmals diskutierten heftigen Grundlagenstreit zwischen Hilbert und Brouwer weitgehend unberührt. Es waren dennoch Brouwers politische Äußerungen und Tätigkeiten, die dem liberalen Flügel der *Annalen*-Redaktion – allen voran Blumenthal, Hilbert und Albert Einstein – Probleme bereiteten. Somit werden die Dokumente in beiden Bänden deutlich zeigen, dass die *Annalen*-Krise der 1920er Jahre nicht in erster Linie als ein Auswuchs des Streits zwischen Brouwers Intuitionismus und Hilberts Formalismus anzusehen ist. Vielmehr handelte es sich um Themen wie Nationalismus, Internationalismus und die Rolle einer renommierten mathematischen Zeitschrift in einem polarisierten politischen Klima.

Die wirtschaftliche Lage der Weimarer Republik war äußerst prekär, aber früher mussten deutsche Juden verschiedene Diskriminierungen erdulden, die sich hinter dem Stichwort „Antisemitismus" verbergen. Wie viele andere Menschen jüdischer Herkunft versuchte Otto Blumenthal vor der Machtübernahme Hitlers dieser unangenehmen Thematik aus dem Weg zu gehen. Seine politische Einstellung, als Humanist und Christ, prägte zwar sein Verhalten, ging aber kaum über das private Umfeld hinaus. Nach 1933 war dies natürlich nicht mehr möglich. Selbst seine anerkannten Dienste als Soldat im Ersten Weltkrieg konnten ihn nicht vor Denunziationen durch Aachener Nazi-Studenten schützen. Er blieb aber den *Annalen* treu, jedenfalls bis zu dem Zeitpunkt, als er aus der Redaktion zurücktreten musste. Seine Verzweiflung während dieser traurigen Jahre war verständlicherweise groß, wie viele Briefe im zweiten Band deutlich zeigen werden.

Die Korrespondenz in diesem Quellenband basiert hauptsächlich auf ausgewählten Dokumenten aus den Nachlässen von Karl Schwarzschild, David Hilbert und Felix Klein; alle drei werden in der Handschriftenabteilung der Niedersächsischen Staats- und Universitätsbibliothek Göttingen aufbewahrt. Außerdem entstammt der Schriftverkehr zwischen Blumenthal und L.E.J. Brouwer der Edition (van Dalen 2011), die damals in Utrecht vorbereitet wurde. Inzwischen befinden sich diese Dokumente des Brouwer-Nachlasses im Noord-Hollands Archief in Haarlem. Vereinzelte Schriften kommen aus drei anderen Archivquellen: dem Nachlass von Arnold Sommerfeld (Deutsches Museum München), dem Nachlass von Erich Trefftz (Archiv der Technischen Universität Dresden) und den Theodore von Kármán Papers (Caltech, Pasadena). All diesen Institutionen gilt mein bester Dank für ihre Unterstützung dieses Projekts.

Darüber hinaus muss ich mich gleicherweise bei einer ganzen Reihe von Personen bedanken, anfangend mit Annika Denkert und Agnes Hermann vom Springer-Verlag in Heidelberg. Den Manuskript hat die Copy-Editorin Regine Zimmerschied gründlich bearbeitet; für ihre ausgezeichnete Arbeit bin ich besonders dankbar. Für weitere technische Hilfe möchte ich auch Matthias Kapffer und Natalia Poleacova recht herzlich danken. Viele Historiker haben mir mit Rat und Tat zur Seite gestanden, insbesondere Joe Dauben, Michael Eckert, Eva Kaufholz-Soldat, Walter Purkert, Volker Remmert, Norbert Schappacher, Matthias Schemmel, Erhard Scholz, Reinhard Siegmund-Schultze, Renate Tobies, Dirk van Dalen, Klaus Volkert und Scott Walter. Last but not least muss ich besonders zwei Freunde der Mathematikgeschichte loben, die viel zum Gelingen dieses Projekts beigetragen haben: Renate Emerenziani, meine langjährige Sekretärin am Institut für Mathematik in Mainz, und der Aachener Mathematiker Volkmar Felsch, der Mitherausgeber des zweiten Bandes sein wird.

Die leidvolle Lebensgeschichte von Otto und Mali Blumenthal während ihrer Zeit im holländischen Exil kann man den kürzlich veröffentlichten Tagebüchern Otto Blumenthals (Felsch 2011) entnehmen. Dieses Werk, das das Schicksal des ersten Doktoranden Hilberts lebhaft dokumentiert, stellt eine besonders wichtige neue Quelle zur Geschichte der Mathematik in der NS-Zeit dar. Als Erinnerung daran, was Blumenthal und seine Familie nach 1933 widerfuhr, sollte es als Mahnmal für alle, nicht nur Mathematiker, verstanden werden (siehe auch (Felsch 2003)). Man wusste schon lange, dass Blumenthal 1944 in Theresienstadt verstarb; jetzt aber kann man zumindest ansatzweise ahnen, was er zuvor über Jahre hinweg erleiden musste. Inmitten dieser Tragik blieb er sich selbst treu, indem er sein Leben in der gewohnten Art fortführte, so gut es ihm möglich war.

Teil I

Blumenthal und die
Mathematischen Annalen
(1876–1918)

Kapitel 1

Blumenthal und die *Mathematischen Annalen* (1876–1918)

1.1   Wer die Arbeit liebt

Es war ein Herbsttag, der letzte im September 1905 und Otto Blumenthals letzter in Göttingen. Hier hatte er elf Jahre lang gelebt. Nun aber musste er diese kleine Universitätsstadt verlassen, denn ein neuer Lebensabschnitt stand ihm unmittelbar bevor. Die Trennung fiel ihm keineswegs leicht, denn hier fühlte er sich wie nirgendwo sonst zu Hause. Hier hatte er studiert, doziert und viele interessante Menschen kennengelernt. Am Anfang war es der junge Privatdozent Arnold Sommerfeld, der sein Talent und seinen Ehrgeiz herausforderte. Aber langsam kam er auch in Kontakt mit den berühmten Göttinger Ordinarien Felix Klein und David Hilbert sowie ihren zugezogenen Kollegen Hermann Minkowski, Carl Runge und Ludwig Prandtl. Nach der Promotion bei Hilbert verbrachte er ein Jahr in Paris, wo er Vorlesungen von Camille Jordan und Émile Borel u.a. besuchte. Danach habilitierte er sich 1901 in Göttingen, und zwar gerade in der Zeit, als die Aufmerksamkeit der hiesigen Mathematiker auf seinen Frankfurter Freund Karl Schwarzschild fiel. So war die Freude der beiden Junggesellen entsprechend groß, als der 28-jährige Schwarzschild nach Göttingen berufen wurde. Bald danach bezog er die Sternwarte, wo Carl Friedrich Gauß einst gewohnt und gewirkt hatte. Die folgenden Jahre sollten für Blumenthal eine Zeit werden, auf die er jetzt im Herbst 1905 mit den angenehmsten Erinnerungen zurückblicken konnte.

Die frühen Jahre in Göttingen markierten für ihn den Beginn eines langen Reifungsprozesses. Denn er hatte schon lange gewusst, dass er viel an sich ar-

© Springer-Verlag GmbH Deutschland, ein Teil von Springer Nature 2018
D. E. Rowe, *Otto Blumenthal: Ausgewählte Briefe und Schriften I*,
Mathematik im Kontext, https://doi.org/10.1007/978-3-662-56725-8_1

beiten werde müssen,[1] wenn er die Hoffnung hegen wolle, eine Hochschulkarriere
anzustreben. Allerdings gab es keinen besseren Ort in Deutschland, um eine mathematische Laufbahn einzuschlagen, als die Georgia Augusta – unter der Voraussetzung, dass man sich bewährte, denn die Konkurrenz war sehr groß. Das aber
gelang Blumenthal, und er wurde dafür belohnt. Es war wiederum Sommerfeld,
der an ihn dachte. Inzwischen hatte Sommerfeld eine Professur für Mechanik an
der Technischen Hochschule in Aachen inne, wo er Kleins großes Programm für die
Förderung der angewandten Mathematik vertrat (Eckert 2013). Dafür sah Sommerfeld in Blumenthal das geeignete Nachwuchstalent, und alsbald setzte er seine
Berufung dorthin durch. Die Göttinger waren gut vernetzt, wie wir heute sagen
würden (Reid 1970). Blumenthal war sehr dankbar für die Unterstützung, die er
von seinen Göttinger Freunden bekam.

Hierzu zählte insbesondere Hilberts Ehefrau Käthe, denn ohne ihre menschli-
che Wärme wäre die harte Konkurrenz unter den ehrgeizigen jungen Männern für
einen so schüchternen Menschen wie Blumenthal kaum erträglich gewesen. Käthe
strahlte immer zuversichtlichen Optimismus aus. Sicherlich war das umso mehr der
Fall an diesem besonderen Tag im Herbst, an dem ihr Mann eine Abschiedsrede
für seinen ersten Schüler hielt, die mit diesen Worten begann:[2]

> Wenn ich mir unseren Freund Blumenthal, sein ganzes Wesen, Thun
> und Sinnen vorstelle, so erscheint mir nichts treffender als der eigenste
> Grundzug seiner Persönlichkeit hingestellt werden zu können als die
> Lust an der Arbeit, die echte rechte Arbeitsfroheit und Schaffenskraft.
> Sie betätigt sich im Kleinen, wie im Großen; wir bemerken sie schon
> von früh an, als er als Student eine möglichst vielseitige Ausbildung
> in den zahlreichen Gegenständen der Mathematik, Physik und Chemie
> erstrebt. Und als er unser Kollege wird, da sehen wir seinen Eifer bei
> der Vorbereitung der Vorlesungen, die Bereitwilligkeit, mit der er eine
> Vorlesung übernimmt, die gelesen werden muss, aber auf die gerade
> Niemand Lust hat; die Mühe, die er sich mit den Studenten giebt, wie
> er die Last eines von vielen abgehaltenen Seminars fast allein trägt, wie
> er die Vorträge der Studenten herrichtet, intraktable Doktoranden, an
> denen wir verzweifeln, selber übernimmt.
>
> Als ihm die Regierung ein Kommissorium nach Marburg anbietet,
> übernimmt er es sofort, obwohl er lieber hier geblieben wäre und ein
> anderer Privatdozent dasselbe pure abgelehnt hätte. Als wir ihm die
> Mitredaktion in den *Annalen* anbieten, übernimmt er im weitesten Um-
> fange die unbequemen Pflichten und trägt die Hauptlast. ...Die Arbeit
> ist von allen Dichtern und Denkern aller Zeiten aller Völker gepriesen
> worden; ich erinnere nur an das biblische Wort von dem köstlichen Le-
> ben, das Arbeit gewesen, und an Faust, der auch im Grunde nichts

---

[1]Siehe Blumenthals Brief an David und Käthe Hilbert vom 26. April 1904, S. 95.
[2]Rede für Blumenthal, 30. September 1905, Nachlass Hilbert, SUB Göttingen, 572.

anderes als die einfache Wahrheit von dem Wert der Arbeit lehrt. Jedes Wort, was die Arbeit lobt, klingt da wie ein Lob auf Blumenthal.

Hilbert stand zu dieser Zeit auf dem Gipfel seiner mathematischen Leistungskraft und wusste bereits zu schätzen, wenn andere Menschen ihn dankenswerterweise von solchen Aufgaben entlasteten, die seine Freiheit in Forschung und Lehre sonst stark beeinträchtigt hätten. Zu diesen gehörte die Verwaltung der Geschäfte der *Mathematischen Annalen*. So deutete Hilbert in seiner kleinen Rede an, dass Blumenthal sich bereit erklärt habe, die Verantwortung für diesen gewaltigen Bereich „unbequemer Pflichten" weiterhin in Aachen zu bewältigen. Insofern konnten die Anwesenden bei Hilberts Tischrede leicht erkennen, dass es nicht allein um die Anerkennung von Blumenthals schon geleisteter Arbeit ging, sondern vielmehr auch um in Zukunft in Zusammenhang mit den *Annalen* zu bewältigende Aufgaben. Bei einem feierlichen Anlass meidet ein Tischredner natürlich am besten solche alltäglichen Dinge, die Hilbert meist ohnehin gerne außer Acht ließ. Viel lieber steigt er in eine ideale Welt empor:

Wir ersehen daraus, dass in allen Lebensverhältnissen und Berufen, die Arbeitsfreudigkeit hochsteht; aber mit dem Akademischen Berufe hat es da seine besondere Bewandtnis. Während doch in anderen Berufen manche Arbeit unter dem Zwange des Amtes, des Gelderwerbes geschieht, ist hier die Hauptarbeit eine freiwillige. Wenn irgendjemand, so gehört Blumenthal in die akademische Laufbahn und mehr noch: es gehören nur solche in diese akademische Laufbahn, die in dieser Hinsicht Blumenthal gleichen. Die Arbeitsfroheit gebiert die allgemeine innere Froheit. Daher das harmlose, liebenswürdige, kindlich-heitere Wesen Blumenthals, das unsere Herzen ihm gewinnt und die Herzen unserer Frauen ihm zugetan macht.

Wer die Arbeit liebt, verfolgt höhere Ziele und Ideale: die Bequemlichkeiten und äußeren materiellen Annehmlichkeiten des Lebens schätzt er gering. Daher die Anspruchslosigkeit, die ausnehmende persönliche Bedürfnislosigkeit Blumenthals, die sich im Zigarettendrehen, oder dem Verschmähen des Mantels oder dem Überspringen des Morgenkaffees und Frühstücks ausspricht. Dass ein solcher Mensch zufriedenen Sinnes ist, ist selbstverständlich.

Nach Aachen lockt ihn wieder die neue frische Arbeit an der Seite Sommerfelds. Der Segen der Arbeit möge auf ihm ruhen.

Es war sicherlich kein trauriger Tag, kein Abschied für immer, denn alle wussten wohl, dass Blumenthals Weggang von Göttingen, um seine Professur an der Technischen Hochschule in Aachen anzutreten, keineswegs einen Abbruch bedeutete, sondern nur die Fortsetzung einer hoffnungsvollen Partnerschaft. Er selbst konnte sein Glück kaum fassen. Es war, als ob er Teil einer beinahe märchenhaften Geschichte wäre, denn für ihn lag die Zukunft völlig offen, und sie sah sehr verheißungsvoll aus.

1.2 Jugend in Frankfurt

Otto Blumenthals Familie väterlicherseits lebte schon seit mehreren Generationen in Frankfurt am Main. Sein Großvater war Kaufmann, während sein Vater Ernst Blumenthal (1846–1911) Medizin studierte. Nach dessen einjährigem Militärdienst wurde er als Feldassistenzarzt während des Deutsch-Französischen Krieges eingezogen. Danach arbeitete er wieder in Frankfurt, wo er insbesondere als Armenarzt bekannt war. Nebenbei verfolgte er auch rein naturwissenschaftliche Interessen. Ottos Mutter Eugenie Blumenthal (1854–1911) stammte aus der Kaufmanns- und Lederfabrikantenfamilie Posen in Offenbach, die dort hohes Ansehen genoss (Abbildung 1.1). Vermutlich ist aber auch sie in Frankfurt aufgewachsen (Felsch 2011, 17). Ihr einziger Sohn wurde am 20. Juli 1876 geboren, während Ottos Schwester Anna im Februar 1880 das Licht der Welt erblickte. Zwischen den beiden Geschwistern entstand ein enges Verhältnis, das sich nach dem Tod ihrer Eltern 1911 noch vertiefen sollte.

Abbildung 1.1: Otto Blumenthal mit seinen Eltern, ca. 1900

Die Familie Blumenthal gehörte zu der Generation deutscher Juden, die einen wichtigen Platz im neu gegründeten Kaiserreich einnahmen, in dem die aufblühende Finanzmetropole Frankfurt eine zentrale Rolle spielte. Bis 1796 wohnten alle Juden Frankfurts in der Judengasse, einem der ältesten Ghettos in Europa. Seine drei Tore blieben nachts sowie an Sonn- und Feiertagen geschlossen. Erst durch die Ereignisse der Französischen Revolution erlangten die Frankfurter Juden die Befreiung vom Ghettozwang. Die Revolutionstruppen belagerten die Stadt, und durch die Bombardierungen wurde der Nordteil der Judengasse zerstört. Danach durften sich die betroffenen Bewohner im christlichen Teil der Stadt niederlassen. Mit diesem Ereignis begann der Emanzipationsprozess für die jüdische Bevölkerung Frankfurts, der erst 1864 mit deren umfassender rechtlicher Gleichstellung endete. Die Jahre danach waren für viele eine hoffnungsvolle Zeit.

Nach dem Wiener Kongress von 1815 wurde die Freie Stadt Frankfurt einer von vier Stadtstaaten im Deutschen Bund. Bis 1866 war Frankfurt außerdem Sitz des Bundestages, und in den Jahren 1848–49 tagte die Frankfurter Nationalversammlung in der Paulskirche, wo eine Reichsverfassung verabschiedet wurde. Diese wurde alsbald von den meisten deutschen Einzelstaaten sowie beiden Kammern des preußischen Landtags angenommen, nicht aber vom Preußischen König Friedrich Wilhelm IV., der die ihm von der Nationalversammlung angebotene Krone ablehnte. Die 1848er Revolution scheiterte bald danach, womit die Nationalfrage zu einem Machtkampf zwischen Österreich und Preußen führte. Während der 1850er Jahren vertrat Otto von Bismarck Preußen beim Deutschen Bundestag in Frankfurt. Es war ihm klar, dass er die Sympathie der Frankfurter Bürger nicht genoss und dass die liberale Frankfurter Presse antipreußisch eingestellt war. Als 1866 der Deutsche Krieg ausbrach, stellte die Stadt sich erwartungsgemäß auf die Seite Österreichs. Sie wurde danach von der siegreichen preußischen Armee besetzt und später in die Provinz Hessen-Nassau eingegliedert.

Diese letztgenannten historischen Ereignisse fanden also zehn Jahre vor der Geburt Otto Blumenthals statt. Die Familie Blumenthal wohnte um die Ecke vom Goethehaus, unweit der Paulskirche. Die Adresse ihrer Wohnung war Am Salzhaus 3, die auf dem Weg zum historischen Salzhaus am Römerberg lag. Dieses um 1600 entstandene prachtvolle Gebäude war eine der schönsten Sehenswürdigkeiten der Altstadt und galt als eines der bedeutendsten Bauwerke der Renaissance im deutschsprachigen Raum (Abbildung 1.2).

Schon in Frankfurt entstand eine warme Freundschaft zwischen Otto Blumenthal und dem drei Jahre älteren Karl Schwarzschild (1873–1916). Wie genau sie zustande kam, wissen wir nicht, aber mehrere Briefe dieses Bandes bezeugen, dass es freundschaftliche Beziehungen zwischen Mitgliedern beider Familien gegeben hat. Beide gehörten auch zur Frankfurter Israelitischen Gemeinde, obwohl zu Hause die jüdische Religion eine untergeordnete Bedeutung besaß. Stattdessen nahmen sie regen Anteil am Kulturleben der Stadt Frankfurt, wie viele andere jüdische Familien in dieser Epoche.

Karls Vater war Moses Martin Schwarzschild (1837–1916), ein erfolgreicher Frankfurter Börsenmakler. Seine Mutter Henrietta Franciska, geb. Sabel, sorgte

Abbildung 1.2: Das historische Salzhaus (rechts) um 1900 mit dem Turm der Paulskirche im Hintergrund. Fotograf vermutlich Carl Friedrich Fay (1853–1919), Carl
Hertel (1832–1906) oder Carl Friedrich Mylius (1827–1916). Original im Besitz
von Mylius, gescannt und retuschiert

dafür, dass die Kinder mit der Schönheit der Kunst und Musik vertraut gemacht
wurden (Voigt 1992). Frankfurt hatte zwar zu dieser Zeit noch keine Universität,
aber ihre Bürger konnten doch mit Stolz auf eine Vielzahl kultureller Einrichtungen
blicken. Es gab seit 1815 das Städel Museum und das gleichnamige Kunstinstitut.
Beide entstanden auf Initiative des Frankfurter Bankiers und Gewürzhändlers Johann Friedrich Städel, eines Sammlers und Liebhabers der Malerei. Die Stiftung
des Kunstinstituts ging auf sein Testament zurück, woraus sowohl das heutige Museum wie auch die unabhängige Kunsthochschule hervorgegangen sind. Im Jahre
1878 zogen beide an den Schaumainkai in Sachsenhausen, wo sich heute das Frankfurter Museumsufer befindet.

Die Naturwelt übte bekanntlich auf die Anhänger der deutschen Romantik
eine ungeheure Faszination aus, u.a. auch auf den berühmtesten Sohn der Stadt
Frankfurt, Johann Wolfgang von Goethe. Er selbst gab einen gewissen Anstoß
zur Gründung der Senckenbergischen Naturforschenden Gesellschaft (SNG), die
schon 1817 von engagierten Frankfurter Bürgern ins Leben gerufen wurde. Otto
Blumenthals Vater, Ernst Blumenthal, war seit 1870 Mitglied der SNG (Abbildung
1.3).[3] Neben ihr entstand 1824 der Frankfurter Physikalische Verein, wo wöchent-

---

[3]Laut dem historischen Mitgliederverzeichnis wurde er am 21. Mai 1870 unter der Kategorie

liche Vorträge zu aktuellen Themen gehalten wurden. Diese waren manchmal eher theoretischer Natur, wobei physikalische Probleme der Elektrizität, Akustik, Chemie oder Optik zur Diskussion kamen. Manchmal ging es um Themen aus der Technik, wie Dampfmaschinen, Luftschifffahrt oder meteorologische Instrumente. Und es gab auch gelegentlich astronomische Vorträge, sogar über die Geschichte der Astronomie. Der Physikalische Verein betrieb seit 1838 eine kleine Sternwarte auf dem Turm der berühmten Paulskirche,[4] und als die Zahl der interessierten Mitglieder zunahm, wurde 1877 eine astronomische Sektion gegründet. Außerdem wurde der Physikalische Verein beauftragt, Zeitsignale zu senden, damit die Frankfurter Uhren täglich gestellt werden konnten.

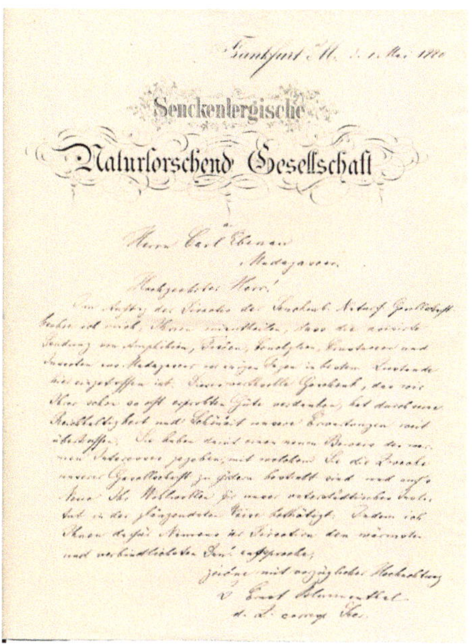

Abbildung 1.3: Dankesbrief, unterschrieben von Ernst Blumenthal im Namen der Senckenbergischen Naturforschenden Gesellschaft, 1880

Leiter der Sternwarte war zu dieser Zeit Theobald Epstein (1836–1928), der hauptberuflich als Lehrer für Mathematik und Physik am Frankfurter Philantro-

---

„Wirkliche Mitglieder (Verwaltungs(arbeitende) Mitglieder)" unter der Nr. 164 aufgenommen. Im Jahre 1876 sowie im Jahre 1891 war er auch Mitglied der Direktion der SNG. Ich danke Herrn Dr. Joachim Scholz für diese Informationen.

[4] Nach der Errichtung des neuen Physikgebäudes im Jahre 1907 wurde auf dessen Turm eine neue Sternwarte gebaut. Gleichzeitig wurde Martin Brendel (1862–1939) vom Physikalischen Verein als Direktor derselben berufen, der sie dann als Astronomisches Institut geführt hat. Brendel wurde ebenfalls Professor für Versicherungsmathematik an der Akademie für Sozial- und Handelswissenschaften. Vorher war er Schwarzschilds Kollege in Göttingen. Für Blumenthals persönliche Einschätzung von Brendel siehe unten den Auszug aus einem Brief an Schwarzschild vom 15. August 1898.

phin arbeitete. Diese jüdische Schule wurde schon 1804 im Frankfurter Ghetto gegründet; sie entwickelte sich jedoch im Laufe des Jahrhunderts zu einer der führenden deutschen Institutionen des liberalen Reformjudentums.[5] Epstein war mit Martin Schwarzschild (Abbildung 1.4), dem Vater von Karl, befreundet, was dazu führte, dass der damals zwölfjährige Junge seine Leidenschaft für Astronomie unter Epsteins Leitung ausleben konnte. Mit dessen Sohn Paul Epstein (1871–1939) schloss Karl Schwarzschild eine enge Freundschaft. Dank Paul Epsteins Angaben konnte Blumenthal später Folgendes schreiben:

> Die Liebe zur Astronomie erwachte in Schwarzschild schon in den Kinderjahren. Er baute als Junge sich selbst ein Fernrohr, zu dem er die Linsen von erspartem Taschengeld kaufte. Um das Jahr 1885 machte ihn sein Vater mit dem Frankfurter Mathematiker und Astronomen T. Epstein (Verfasser eines bekannten elementaren astronomischen Lehrbuches „Geonomie" (Wien 1888, Gerold)) bekannt, an dessen Instrumenten er zuerst beobachten lernte und mit dessen Sohn, jetzigem Professor der Mathematik in Straßburg, er mathematische Studien betrieb, z.B. Euler las. (Blumenthal 1917, 60 f.).

Paul Epstein studierte später Mathematik, Physik und Philosophie in Göttingen und Straßburg. Zwischen 1899 und 1919 war er als Lehrer an der Technischen Schule in Straßburg und seit 1903 als Privatdozent an der Universität tätig.[6] Auch Schwarzschild studierte zunächst in Straßburg, wechselte dann nach München, wo er 1896 summa cum laude bei dem Astronomen Hugo von Seeliger promoviert wurde. Er hatte schon vorher eine Reihe astronomischer Arbeiten veröffentlicht, bevor er seine Dissertation über „die Poincarésche Theorie des Gleichgewichts einer homogenen rotierenden Flüssigkeitsmasse" vorlegte. Blumenthal berichtet, wie sein Freund vor seiner Doktorprüfung beiläufig erwähnte: „Ich weiß nicht, warum ich summa cum laude bekommen soll, aber wenn ich es nicht bekomm', ärger' ich mich" (Blumenthal 1917, 58).

Wie Karl Schwarzschild vor ihm besuchte Otto Blumenthal das städtische Gymnasium in Frankfurt. Unter den weit über 600 Schülern dort waren etwa 20 Prozent jüdischen Glaubens. Blumenthal selbst nahm allerdings am evangelischen Religionsunterricht teil und konvertierte im Alter von 18 Jahren unter dem Einfluss eines Freundes, der später Pastor wurde.[7]

---

[5] Am 9. Januar 1904 schrieb Karl Schwarzschild an seine Eltern: „Zu meinem Erstaunen bekam ich vom Ministerium für 1902 noch eine Nachzahlung von 300 M., da ich, wie ich hierdurch erfahre, unter das neue Regulativ falle, welches mir 800 M. Nebeneinnahmen jährlich garantiert, während ich damals nur 500 M. an Collegiengeldern und Fakultätsgeldern eingenommen hatte. Soll ich daraufhin etwas an den Philanthropin'sverein schicken, die mir wieder eine Aufforderung geschickt haben und wieviel? Oder thut Ihr genug für die Familie?" (Nachlass Schwarzschild, SUB Göttingen, 907, Beil. 3).

[6] Aus einem Brief von Blumenthal an Schwarzschild vom 21. Januar 1912, abgedruckt auf S. 141, wird ersichtlich, dass Epstein die treibende Kraft hinter der 1912 veröffentlichten Festschrift für seinen berühmten Straßburger Kollegen Heinrich Weber war.

[7] Eine Abbildung seiner Taufurkunde vom 9. Oktober 1894 findet man in (Felsch 2011, 81).

Abbildung 1.4: Karl Schwarzschild mit Familie, von links nach rechts: Hermann, Karl, Alfred, Else (Ehefrau von Robert), Moses Martin, Henrietta Franciska, Klara, Otto und Robert. Nachlass Schwarzschild, SUB Göttingen

Die klassische Bildung, die er durch dieses berühmte Gymnasium erhielt, prägte seine ganze Persönlichkeit. Heinrich Behnke (1898–1979), der ihn erst Jahrzehnte später kennenlernte, erinnerte sich daran, wie gern Blumenthal alte lateinische und griechische Texte las:

> Sein Sprachtalent und sein philologisches Interesse waren für einen Mathematiker völlig ungewöhnlich. Er sprach, las und schrieb, noch als älterer Mann geläufig Französisch, Englisch und Russisch. Außerdem besaß er umfassende Kenntnisse der italienischen, holländischen und bulgarischen Sprache. Mit Vorliebe führte er gelehrte theologische Gespräche. (Behnke 1958, 387)

1.3 Studium in Göttingen

Nach seinem Abitur 1894 ging Blumenthal nach Göttingen, angeblich, wie sein Vater vor ihm, um Medizin zu studieren.[8] Es mag sein, dass er diese Absicht sofort aufgab oder evtl. dieses Berufsziel nie ernsthaft in Erwägung zog, denn

---

[8] Nach Heinrich Behnke, der Blumenthal persönlich kannte (Behnke 1958, 387).

in seinen Erinnerungen an seine Studienzeit verlor er kein Wort darüber. Zwei Jahrzehnte später schrieb er hierzu Folgendes:[9]

> Ich ging nach Göttingen, angelockt durch den Namen Wilamowitz[10], und in der Absicht, Philosophie zu studieren. Dass ich Mathematiker geworden bin, verdanke ich nur dem Göttinger Kreis, Dozenten und Studenten, nicht zum wenigsten den letzteren. Ich empfand unter ihrem Einfluss sehr bald ein intensives Bedürfnis nach Schärfe und Sicherheit, und diesem kam die Philosophie nicht recht entgegen ...[11]

So fasste er schon nach dem ersten Semester den Entschluss, das Studienfach zu wechseln. Statt Philosophie wandte er sich der Mathematik zu. Allerdings gab es in Göttingen natürlich sehr viele talentierte Studenten, sodass die Konkurrenz besonders groß war. Um Erfolg zu haben, musste man irgendwie auffallen oder entdeckt werden. Im Falle Otto Blumenthals war es tatsächlich Arnold Sommerfeld (1868–1951), damals ein junger Privatdozent und enger Mitarbeiter Felix Kleins, der als Erster auf seine Begabung aufmerksam wurde.[12]

Der in Königsberg geborene Sommerfeld wurde später wegen seiner glänzenden Karriere als theoretischer Physiker berühmt. Aber zunächst studierte er Mathematik an der Albertina in seiner Heimatstadt. Dort lernte er David Hilbert und Hermann Minkowski sowie den später nach Göttingen berufenen Geophysiker Emil Wiechert (1861–1928) kennen. Es fällt dabei auf, dass die Göttinger Gemeinschaft einen Großteil ihrer jüngeren Talente aus Königsberg nachzog. Sommerfeld selbst kam schon 1893 nach Göttingen, wo er im Laufe der Zeit unter den Einfluss Felix Kleins kam, und zwar gerade in der Zeit, als Klein Interessen in Richtung der Technik und der mathematischen Physik entwickelte. Unter Kleins Betreuung verfasste Sommerfeld seine Habilitationsschrift über die mathematische Theorie der Diffraktion und wurde ab 1895 Privatdozent für Mathematik.

Im folgenden Sommersemester las Sommerfeld über Wahrscheinlichkeitstheorie, bei welcher Gelegenheit er den jungen Blumenthal entdeckte. Wie Sommerfeld viele Jahre später in seinen Erinnerungen an Otto Blumenthal schrieb, fand er in ihm seinen Lieblingsschüler unter den Göttinger Studenten (Sommerfeld/Krauss 1951). Blumenthal selbst war von Sommerfelds Vorlesungen sehr begeistert, denn es war „immer eine große Menge Stoff übersichtlich zusammengebracht, Anwendungen der verschiedensten Art, das machte sie außerordentlich anregend." (Lorey 1916, 351). Zu dieser Zeit arbeitete Sommerfeld Kleins Vorlesung über die Theorie

---

[9]Vollständig abgedruckt in Anhang I, auf S. 307.

[10]Der klassische Philologe Ulrich von Wilamowitz-Moellendorff (1848–1931) war nicht nur ein führender Experte seines Faches, sondern auch eine beeindruckende Persönlichkeit, der die damalige deutsche Kulturwelt vertrat. Am Ende seiner Amtszeit in Göttingen (1883–1897) wurde er 1892 als ordentliches Mitglied in die Gesellschaft der Wissenschaften zu Göttingen gewählt, und zwei Jahre später wurde er Sekretär der Gesellschaft. Dank seiner guten Beziehungen zu dem mächtigen Friedrich Althoff, dem ab 1897 als Ministerialdirektor das gesamte Hochschulsystem in Preußen faktisch unterstand, wurde Wilamowitz im selben Jahr nach Berlin berufen.

[11]Aus (Lorey 1916).

[12]Zu Sommerfelds Karriere siehe (Eckert 2013).

des Kreisels aus, ein Projekt, das erst 1910 mit der Veröffentlichung von vier dicken Bänden endete (Klein/Sommerfeld 1897–1910). Blumenthal war dabei, als Klein dieses Projekt erstmals konzipierte; er besuchte dessen Vorlesung und arbeitete sie gemeinsam mit Sommerfeld aus. Bald danach wurde Sommerfeld von Klein außerdem beauftragt, die Herausgabe von Band V (Physik) der *Encyklopädie der mathematischen Wissenschaften* zu übernehmen (Tobies 1994).

Bezeichnend für Blumenthals Selbstständigkeit als Studienanfänger ist, dass er Kleins Vorlesung über die Kreiseltheorie ohne jegliche Vorbereitung besuchte:

> ...ich hatte Mechanik weder gehört noch aus Büchern gelernt (wenigstens nicht mit Erfolg). Ich habe ganz verzweifelt dafür arbeiten müssen und mich damit zum erstenmal wirklich in die Mathematik eingebohrt (es war das Semester, in dem ich endgültig die Philosophie aufgab). ...Was mich packte, war einmal die anschauliche Diskussion der Kreiselbewegung: ich sah endlich den Naturvorgang selbst vor mir, statt der Formeln, die ich im Despeyrous[13] gefunden hatte; dann aber die herrliche Einführung der elliptischen Funktionen aus dem mechanischen Problem heraus. (Lorey 1916, **352**)

Für Blumenthal waren die Kursusvorlesungen in Göttingen weniger anregend, während er mehrere höhere Vorlesungen als besonders inspirierend empfand. Hierzu zählte er „ Kleins Kreiseltheorie, Föppls Maxwellsche Theorie, wo ich zuerst Vektoren kennen lernte, Sommerfelds Differentialgleichungen der Physik und seine Variationsrechnung, von der ich die offizielle Ausarbeitung machte, Hilberts Zahlentheorie und ein paar Vorlesungsstunden von ihm, wo er über die Hadamardsche Theorie und Primzahlgesetze vortrug" (Lorey 1916, **353**). Wie damals üblich, verbrachte Blumenthal viele Wochenstunden mit selbstständigem Studium. Dazu gehörte die tagtägliche Ausarbeitung seiner Vorlesungshefte, eine Aufgabe, die er sehr gewissenhaft ausführte. Später berichtete er, dass er alle wichtigen Vorlesungen, mit Ausnahme des letzten Semesters, genau ausgearbeitet habe.

Noch wichtiger waren ihm jedoch die sich immer häufiger bietenden Möglichkeiten, in direkten Kontakt mit den Dozenten zu kommen. Somit rückte er schon als Student in die Nähe dieser regen intellektuellen Atmosphäre (Rowe 2004). Im Nachhinein konnte er die Erinnerungen an die von Sommerfeld und Hilbert gehaltenen Vorlesungen „nicht von dem Eindruck des persönlichen Verkehrs trennen, denn ich war mit Sommerfeld besonders durch den Kreisel in engere Beziehung gekommen und regelmäßiger Teilnehmer der Hilbertschen ‚Zahlkörperspaziergänge'. Von diesem persönlichen Verkehr habe ich natürlich das meiste während meiner Studienzeit gehabt" (Lorey 1916, **352**).

Blumenthal kam mit Hilbert in engeren Kontakt, als dieser gerade seinen berühmten „Zahlbericht" (Hilbert 1897) veröffentlichte. Im gleichen Jahr nahm Sommerfeld Abschied von Göttingen, wobei er noch kurz zuvor Blumenthal das Thema für seine Promotionsarbeit gab, die dieser nun bei Hilbert schrieb. Somit wurde

---

[13]Théodore Despeyrous, *Cours de Mécanique*, Bd. 1, Paris: A. Hermann, 1884.

er zum Ersten einer ganzen Reihe begabter Schüler Hilberts, als er 1898 summa cum laude promoviert wurde. Hilberts einstiger Lehrer in Königsberg, Adolf Hurwitz, schrieb ein Referat über Blumenthals Dissertation für das *Jahrbuch über die Fortschritte der Mathematik* (Anhang II, S. 313). In seinem Lebenslauf gab Blumenthal wie üblich die Namen der verschiedenen Professoren und Dozenten an, deren Lehrveranstaltungen er besucht hatte. Es waren ungewöhnlich viele, 16 insgesamt, aber zwei Namen wurden besonders hervorgehoben: „Allen den genannten Herren fühle ich mich zu dauerndem Danke verpflichtet. Insbesondere gilt mein Dank Herrn Prof. Hilbert in Göttingen und Herrn Prof. Sommerfeld in Clausthal für das rege, fördernde Interesse, das sie mir während meiner ganzen Studienzeit zugewandt haben" (Felsch 2011, 18). Viele Jahre später schilderte Blumenthal diese Göttinger Atmosphäre Ende der 1890er Jahre erneut mit den Worten:

> Wenn ich mir überlege, was wohl am wirksamsten mich zur Mathematik getrieben hat, dann war es wohl die Fülle des damals Gebotenen. Die Ausbildung war außerordentlich vielseitig, auch zur Physik gab es durch Sommerfeld einen kontinuierlichen Übergang, man sah eine grenzenlose Materie vor sich, an der überall gearbeitet wurde. Vielleicht das meiste zu diesem Eindruck trug das Lesezimmer bei und das allseitig kameradschaftliche Verhältnis, das dort herrschte. Einer steckte sich an der Arbeit des anderen an. Dort bin ich auch dazu gekommen, sehr frühzeitig Abhandlungen zu lesen, die für meine Richtung bestimmend waren; das sind: Cantors Arbeiten über Mengenlehre (im ersten Semester), Kleins Funktionentheorie von 1881, Riemanns P-Funktion und, einige Semester später, Poincarés Arbeit über $\triangle u + k^2 u = 0$ und die Arbeiten von Sturm-Liouville (als Vorbereitung auf einen Seminarvortrag, den ich nachher nicht gehalten habe). Wieviel ich aus Lehrbüchern gelernt habe, kann ich nicht mehr sagen: Jordan, Picard und Weber habe ich mit Freude gelesen und das Kompendium von Voigt gern durchgearbeitet und viel daraus gelernt. Im Allgemeinen war mir das Lesen von Lehrbüchern nicht angenehm. (Lorey 1916, **353**)

Kurz nach Blumenthals Promotion wandte sich Karl Schwarzschild an ihn, um seine Einschätzung bezüglich eines möglichen Habilitationsgesuchs in Göttingen zu erfahren. In einem Brief vom August 1898 gab Blumenthal eine Schilderung der damaligen wissenschaftlichen Situation, vor allem in Bezug auf die Astronomie:

> Vom Standpunkt der Studenten aus wäre sehr zu wünschen, daß ein Mann als theoretischer Astronom hierher kommt, <u>der lesen kann</u>. Brendel[14], so tüchtig er sonst ist, geht diese Gabe vollständig ab; alle Leute, die bei ihm gehört haben, sind darin einig. Ich weiß nicht, wieviel Klein von diesem Mißstand weiß: kennt er ihn, so bist Du hochwillkommen. …Klein ist jetzt ganz nach der naturwissenschaftlich-astronomischen

---

[14]Martin Brendel war von 1898 bis 1907 außerordentlicher Professor für theoretische Astronomie und Geodäsie in Göttingen.

Seite hin abgeschwenkt. Er ist nicht mehr Mathematiker, er ist allgemeiner exakt-naturwissenschaftlicher Organisations-Engel, eine Änderung, die Dir sehr angenehm sein kann und die mir sehr zuwider ist. Persönliche Anregung auf mathematischem Gebiet ist von ihm nicht mehr zu erwarten. Dagegen ist Hilbert, bei dem ich gearbeitet habe, sicherlich einer der allerbedeutendsten jetzt lebenden Mathematiker und außerordentlich anregend. Er wird gerade jetzt sich gleichfalls mit Prinzipien der Mechanik beschäftigen, er ist persönlich sehr umgänglich, und Du wirst im Verkehr mit ihm einen seltenen Genuß finden, ebenso wie wir alle, die bei ihm arbeiten, nicht nur die eingesessenen Göttinger, sondern auch die tüchtigen Leute aus anderen Universitäten.[15]

Schwarzschild entschied sich allerdings für München, wurde aber drei Jahre nach seiner Habilitation nach Göttingen berufen, wo er der Astronomie neuen Aufschwung verlieh. In der Zwischenzeit legte Blumenthal sein Staatsexamen ab, womit er die Qualifikation erwarb, die Fächer Mathematik, Physik und Chemie an höheren Schulen zu unterrichten. Dieser Schritt war damals üblich wegen des Mangels an Hochschulstellen sowie der finanziellen Belastungen, unter denen die Privatdozenten typischerweise litten, wenn sie die oftmals längeren Wartezeiten bis zu einer festen Einstellung überbrücken mussten. Selbst Hilbert hatte sich zum Gymnasiallehrer qualifiziert, bevor er seine Habilitation begann.

Klein und Hilbert hatten auch beide als junge promovierte Mathematiker einige Monate in Paris verbracht, um die Atmosphäre dort kennenzulernen. Vermutlich haben sie auch Blumenthal ermutigt, das Gleiche zu tun, zumal er die Landessprache schon beherrschte. Auf jeden Fall mussten sie keine Überzeugungsarbeit leisten, denn Blumenthal war ausgesprochen frankophil. So verbrachte er die beiden Semester vom Herbst 1899 bis zum Sommer 1900 in Paris. Zu dieser Zeit befand sich auch ein anderer frisch promovierter deutscher Mathematiker in Paris: Edmund Landau aus Berlin. Ob sie damals viel miteinander verkehrt haben, bleibt ungewiss. Sicher ist nur, dass sie sehr verschiedene Menschentypen darstellten, denn Landau war extrovertiert, brillant und selbstbewusst. Er stammte aus einer wohlhabenden jüdischen Familie und pflegte als Großbürger einen entsprechenden Lebensstil. Außerdem galten seine mathematischen Interessen allein der reinen Mathematik, während er nur Verachtung für die Art von angewandter Mathematik hatte, welche Klein und Sommerfeld an den Technischen Hochschulen fördern wollten. Landau prägte später den bekannten Göttinger Begriff von „Schmieröl-Mathematik", seine spöttische Bezeichnung für eine von seinem Kollegen Ludwig Prandtl betreute Doktorarbeit.

In Paris wirkte eine ganze Reihe hervorragender Mathematiker, angeführt von Charles Hermite und seinen Schülern Henri Poincaré, Émile Picard und Paul Appell. Blumenthal besuchte die Vorlesungen von Picard und Camille Jordan, aber am stärksten wurde er von den Lehrveranstaltungen des noch jungen Émile Borel angezogen. Borel spielte später eine zentrale Rolle in der Modernisierung

---

[15]Blumenthal an Schwarzschild, 15. August 1898, vollständig abgedruckt auf S. 88.

der Analysis, eines Gebiets, in welchem die jüngeren Franzosen die Führung übernahmen. Er gründete eine angesehene Reihe von Lehrbüchern, die „Collection de monographies sur la théorie des fonctions", welche er mit seinem einflussreichen Buch *Leçons sur la théorie des fonctions* (1898) eröffnete. Für Blumenthal wird aber das nachfolgende Buch Borels, seine *Leçons sur les séries entières* (1900), eine besondere und nachhaltige Bedeutung haben.

Zwischen Blumenthal und Borel entstand eine gegenseitige Sympathie, woraus sich später eine ungewöhnliche Freundschaft entwickelte. Denn zu dieser Zeit herrschte die alte Erbfeindschaft zwischen Frankreich und Deutschland, welche solche Beziehungen normalerweise erschwerte oder sogar verhinderte. Blumenthal wurde zu einem führenden Experten der neuen Borel'schen Theorie der ganzen komplexen Funktionen, einer speziellen Entwicklung, welche Borel zum ersten Mal in den *Acta Mathematica* vorstellte (Borel 1897). Blumenthals Göttinger Doktorand Albert Kraft knüpfte daran an und konnte somit die Borel'schen Resultate vertiefen.[16] Als Borel und Blumenthal 1904 auf dem Internationalen Mathematiker-Kongress in Heidelberg wieder zusammenkamen, bot der Franzose dem jungen Deutschen an, ein Lehrbuch über diese Theorie für seine Sammlung zu schreiben. Mit Borels Einverständnis baute Blumenthal auf dieser Grundlage eine erweiterte Theorie auf, woran er über viele Jahre arbeitete. Das Ergebnis dieser Beschäftigung brachte er erst 1910 mit seinem Buch *Principes de la théorie des fonctions entières d'ordre infini* (Blumenthal 1910) ans Licht.

1.4　Privatdozent in Göttingen

Bezeichnend für Hilberts Rolle als „Generaldirektor" – diesen Titel wollte ihm Minkowski verleihen, nachdem er dessen berühmte Pariser Rede (Hilbert 1900) gelesen hatte – war seine Fähigkeit, jungen Nachwuchstalenten interessante Forschungsthemen zu geben, und zwar aus den verschiedensten Bereichen der Mathematik. Viele Jahre später hob Blumenthal diesen Aspekt Hilberts Lehrtätigkeit insbesondere in Bezug auf seine Doktoranden hervor (Blumenthal 1922, 72). Diese Seite seines Lehrers erfuhr Blumenthal vor allem nach seiner Promotion, als Hilbert ihm einen Anstoß gab, seinen mathematischen Horizont zu erweitern. Sobald er von Paris wieder nach Göttingen zurückgekehrt war, forderte Hilbert ihn auf, ein völlig neues Thema in Angriff zu nehmen. Es handelte sich um die Theorie der Modulfunktionen mehrerer Veränderlicher, die später eine wichtige Rolle in der höheren Zahlentheorie spielen sollte. Hilbert hatte in seine Pariser Rede auf die Bedeutung dieser Thematik hingewiesen, und zwar im zwölften von seinen 23 Problemen. Sein Doktorand Erich Hecke arbeitete zeitgleich in dieser Richtung, die sich allerdings als ein dorniger Weg erweisen sollte.[17] Heckes Dissertation wurde 1902 in den *Mathematischen Annalen* unter dem Titel „Höhere Modulfunktionen

---

[16](Kraft 1903); vgl. das Referat darüber in Anhang II, S. 313.

[17]Die falschen Prämissen wie auch anderen Fehler in den Arbeiten Heckes und Blumenthals wurden von Norbert Schappacher analysiert (siehe (Schappacher 1996)).

und ihre Anwendungen auf die Zahlentheorie" publiziert. Im Jahre danach erschien dort auch der erste Teil von Blumenthals zweiteiliger Habilitationsschrift „Über Modulfunktionen von mehreren Veränderlichen" (Blumenthal 1903, 1904). Diese hatte er schon 1901 eingereicht, d.h. gerade zu der Zeit, als die Göttinger Mathematik sich im Aufschwung befand, wie Blumenthal später schrieb:

> Meine Privatdozentenzeit in Göttingen fiel in die Zeit, wo sich der mathematische Großbetrieb entwickelte. Gleichzeitig mit meiner Habilitation wurde Schwarzschild berufen und brachte die Astronomie in enge Fühlung mit der Mathematik und Physik, im zweiten Semester meiner Tätigkeit erfolgte Minkowskis Berufung.... Von Privatdozenten waren Abraham und Zermelo zur Zeit meiner Habilitation schon anwesend, und mit ihnen habe ich vielfach zusammengearbeitet.... Zermelo hat mich besonders in Axiomatik gefördert. Klein zog mich gern zu Besprechungen heran, wenn es sich um Vorbereitung von Vorlesungen oder um funktionentheoretische Dinge handelte. Es gab da weniger Einzeldiskussionen als allgemeine Über- und Ausblicke. Diese waren sehr eindrucksvoll und haben mir vielfach als Richtschnur gedient. (Lorey 1916, 356)

Blumenthal wurde schon früh als ein aufkommendes Nachwuchstalent bezeichnet. Dies lässt sich aus einem Gutachten Hilberts ersehen, das er 1903 schrieb, als er über seine Meinung bezüglich einer Reihe von Kandidaten für eine neu zu errichtende Professur in Breslau gefragt wurde.[18] Bei dieser Gelegenheit setzte sich Hilbert besonders stark für Ernst Zermelo ein. Dabei ist zu beachten, dass Zermelo erst ein Jahr später seine bekannteste Leistung vollbringen sollte, seinen Beweis für den Wohlordnungssatz in der Mengenlehre mittels des von ihm formulierten Auswahlaxioms.[19] Am Ende seines Gutachtens fügte Hilbert folgende Bemerkungen hinzu: „Was nun die jüngere heranwachsende Jugend anbetrifft, so kann ich Ihnen in unbedingt empfehlender Weise nur 3 Namen nennen, nämlich Landau (Berlin), Dehn (Münster), Blumenthal. Zu näherer Auskunft gern bereit. Die Berufung eines jeden dieser Math[ematiker] würde für Breslau ein Gewinn sein." Hilbert betonte dabei, dass er sich für Breslau wünsche, „einen Mathematiker von moderner Ausbildung und wirklicher Fähigkeit" gewinnen zu können.

Blumenthals eigene Erinnerungen an dieser Zeit betonen vor allem die lebendige soziale Atmosphäre in Göttingen: „Es war eine Zeit der mannigfachsten Anregung. Am meisten verdanke ich dem regen Verkehr, besonders den regelmäßigen Spaziergängen mit Hilbert und Minkowski, bei denen damals Variationsprinzipien, theoretische Physik (noch in den Anfangsstadien) und später auch Integralglei-

---

[18] Der Breslauer Astronom Julius Franz erkundigte sich über mehrere Mathematiker. Hilbert nannte am 31. Mai 1903 u.a. Josef Wellstein, Gerhard Kowalewski, Theodor Vahlen, Eduard von Weber, Franz London und Ernst Zermelo als mögliche Kandidaten (Nachlass Hilbert, SUB Göttingen, 490). Hilbert kannte Franz vermutlich schon von Königsberg her, wo er früher als Observator an der Sternwarte tätig gewesen war. Die Stelle in Breslau wurde erst 1905 durch die Berufung von Adolf Kneser besetzt.

[19] Siehe hierzu (Moore 1982) und (Ebbinghaus/Peckhaus 2007).

chungen die Hauptrolle spielten." Die Berufung Schwarzschilds hatte ihn besonders glücklich gemacht, zumal man bei ihm „eigentlich alles lernen konnte". Wie Blumenthal früher prognostiziert hatte, wurde sein Freund gleich von Klein in den Göttinger Lehrbetrieb hineingezogen. So gab es während seiner ersten fünf Semester gemeinsame Seminare mit Klein über Astronomie, Mechanik, Festigkeitslehre, Hydrodynamik und Wahrscheinlichkeitstheorie.

Schwarzschilds Ankunft hatte die ganze Atmosphäre in der Astronomie verändert. War sie unter seinem Vorgänger Wilhelm Schur eher eine isolierte Disziplin gewesen, wurde sie durch Schwarzschild:

> ... mit dem allgemeinen wissenschaftlichen Leben verwoben. Die Sternwarte war eine Wallfahrtsstätte für einen freundschaftlich verbundenen Kreis jüngerer Dozenten. Da war immer regste wissenschaftliche Unterhaltung und geistvoll frohe Laune; zwischen den Himbeersträuchern des Sternwartengartens ist mancher durch Schwarzschilds Rat um einen guten Gedanken reicher geworden. In den mathematisch-physikalischen Unterrichts- und Forschungsorganismus der Universität trat die Astronomie bald als verbindendes, bald als ergänzendes Glied ein. In der neu eingerichteten Vorlesung „Allgemeine Astronomie" wurden Mathematiker und Physiker mit Himmelsmechanik und Astrophysik bekannt gemacht. In der Mathematischen wie in der Physikalischen Gesellschaft war Schwarzschild ein angesehenes Mitglied, seine Mitarbeit in eigenen Vorträgen und in der Diskussion gleich bedeutungsvoll. (Blumenthal 1917, 66)

Im Sommersemester 1904 ließ sich Blumenthal von seiner Göttinger Stelle als Privatdozent beurlauben, um eine Professur in Marburg zu vertreten. Dort lernte er den bekannten Algebraiker Kurt Hensel kennen. Hensels Vater Sebastian war der Sohn des Kunstmalers Wilhelm Hensel und der Komponistin Fanny Hensel aus der berühmten Familie Mendelssohn. Nach dem frühen Tod seiner Mutter wuchs Sebastian Hensel bei dem Mathematiker Peter Gustav Lejeune Dirichlet auf, dessen Frau Rebecka die Schwester von Fanny Hensel war. Kurt Hensel studierte Mathematik in Berlin, wo er von dem Algebraiker Leopold Kronecker besonders stark angezogen wurde. Er promovierte 1884 bei ihm, und nach Kroneckers Tod im Jahre 1891 gab er dessen *Gesammelte Werke* heraus. Inzwischen wurde Hensel 1902 als Nachfolger Friedrich Schottkys nach Marburg berufen; er behielt diese Professur bis zu seiner Emeritierung im Jahre 1929.

Ein Jahr vor Blumenthals Ankunft in Marburg wurde Hensel Herausgeber des *Journals für die reine und angewandte Mathematik* (kurz *Crelle-Journal*), der ältesten mathematischen Zeitschrift Deutschlands. Er blieb in diesem Amt bis 1936, unterstützt ab 1929 durch seinen Schüler Helmut Hasse und den Gießener Analytiker Ludwig Schlesinger. Ob Otto Blumenthal mit Hensel über seine redaktionelle Arbeit sprach, wissen wir nicht, aber zu dieser Zeit war Blumenthal schon als inoffizieller Redakteur für die *Mathematischen Annalen* tätig. Darüber schrieb er am 25. Oktober 1904 an Schwarzschild: „Mit den *Annalen* habe ich bis jetzt sehr wenig zu thun: Ich bin selbst ganz erschreckt darüber, wie wenig Arbeiten und wie wenig Druckbögen einlaufen ...". Das sollte sich aber bald ändern.

1.5 Professor in Aachen

Schon während der Göttinger Zeit übte Arnold Sommerfeld einen starken Einfluss auf den jungen Blumenthal aus, aber später wurde der unternehmungslustige Königsberger noch bedeutender für ihn. Denn die Karrieren dieser beiden Enthusiasten waren phasenweise miteinander verwoben. Im Jahre 1897 bekam der noch nicht 30-jährige Sommerfeld seinen ersten Ruf, und zwar als Ordinarius für Mathematik an der Bergakademie in Clausthal. Nur drei Jahre später erhielt er den zweiten Ruf, diesmal aus Aachen, wo er den Lehrstuhl für Technische Mechanik an der Königlichen Rheinisch-Westfälischen Technischen Hochschule (RW-TH)übernahm.[20] Die RWTH wurde bald danach zu einer Hochburg für Spitzenforschung in der theoretischen Mechanik, gekennzeichnet durch die Anwendung höherer Mathematik, vor allem Methoden der Analysis. Um diese Richtung zu fördern, setzte Sommerfeld 1905 die Berufung von Otto Blumenthal durch.[21]

Zu dieser Zeit waren die Verhältnisse zwischen führenden Vertretern der Universitäten und den Ingenieuren an den Technischen Hochschulen keineswegs unproblematisch. Schon seit Mitte der 1890er Jahren gab es einen heftigen Streit über die Rolle der Mathematik in der Ausbildung von Ingenieuren. Auf der einen Seite standen die Verfechter einer praxisorientierten Ausbildung, wobei Mathematik nur als Hilfswissenschaft anzusehen wäre. Sie wurden von Alois Riedler, Professor für Maschinenbau an der Technischen Hochschule in Charlottenburg, geführt. Auf der anderen Seite befand sich Felix Klein zusammen mit zahlreichen Mathematikern der Technischen Hochschulen, die Stellung gegen diese „anti-mathematische Bewegung"bezogen haben. So unterzeichneten alle 33 dort wirkenden Mathematiker eine Erklärung, wonach sie ihr Fach als „eine grundlegende Wissenschaft und nicht, wie mannigfach behauptet, eine Hilfswissenschaft" bezeichneten (Eckert 2013, 155).

Diese Auseinandersetzung war eigentlich nur ein Aspekt innerhalb eines noch viel allgemeineren Konflikts im deutschen Bildungssystem. Vor allem in Preußen stand die Aufwertung der Technik auf der Tagesordnung, unterstützt von einflussreichen Professoren an den Technischen Hochschulen wie Riedler und dem Elektroingenieur Adolf Slaby, die sich für das Promotionsrecht für Ingenieure einsetzten. Die Verleihung des Doktortitels betraf ganz wesentlich das Ansehen und die Interessen des Bildungsbürgertums. Dieses Recht besaßen allein die Universitäten, deren philosophischen Fakultäten in den meisten Fällen von Vertretern der Geisteswissenschaften dominiert wurden. Der Doktortitel bedeutete für sie die

---

[20]Zur Berufung Sommerfelds und zu seiner weiteren Tätigkeit in Aachen siehe (Eckert 2013, 154–157).

[21]Blumenthals langjährige Freundschaft mit Sommerfeld wird auch durch dessen Teilnahme am Festschriftband (Debye, Blumenthal, Bochner 1928) bezeugt.

Anerkennung einer rein wissenschaftlichen Leistung, etwas, das sie kaum mit der Ausbildung von Ingenieuren vereinbaren konnten. Ganz anderer Auffassung war allerdings Kaiser Wilhelm II., dessen Unterstützung für die Techniker entscheidend war. So bekamen die preußischen Technischen Hochschulen ab 1899 das Recht, den Titel „Dr. Ing." zu verleihen.

Felix Klein sah diesen Konflikt völlig anders als die meisten Universitätsprofessoren an. Für ihn stellte die Technik nicht nur eine Herausforderung, sondern auch eine Chance dar, und zwar besonders für sein Fach. Die angewandte Mathematik konnte dabei nach seiner Vorstellung einen wichtigen Beitrag zur Überwindung der Kluft im deutschen Hochschulwesen leisten. Dazu müssten aber neue Forschungszentren an den Universitäten gebildet werden, die sich mit konkreten Problemen der Technik befassen sollten. Er dachte natürlich in erster Linie an die Georgia Augusta in Göttingen, und so wurde 1898 die Göttinger Vereinigung zur Förderung der technischen Mechanik ins Leben gerufen. Diese Göttinger Vereinigung war ein Novum in Deutschland, weil sie einerseits eine Annäherung der Technik und der mathematischen Wissenschaften förderte und andererseits die Unterstützung einiger führender Vertreter der Großindustrie für dieses Unternehmen erfolgreich gewinnen konnte. Damit flossen Privatgelder in die Kasse für den Bau neuer Institute, während der preußische Staat sich bereit erklärte, neue Stellen für diese Einrichtungen zu finanzieren. Dies passte wunderbar zum Hochschulkonzept Friedrich Althoffs, der Schwerpunkte für spezielle Fachrichtungen an den preußischen Universtitäten fördern wollte (Brocke 1980).

Über diese Göttinger Bestrebungen waren allerdings viele führende Vertreter der Technik alles andere als glücklich, und so spitzte sich der alte Konflikt noch weiter zu. Riedler und Slaby kämpften konsequent gegen Kleins Pläne, Spitzenforschung in den technischen Wissenschaften an den preußischen Universitäten einzuführen (Manegold 1970). Im März 1900 hielt Slaby eine aufsehenerregende Rede im Preußischen Herrenhaus, in der er Klein vorwarf, er wolle die „Generalstabsoffiziere" der Technik ausbilden, damit für die Technischen Hochschulen nur die Ausbildung der „Frontoffiziere" verblieb. Klein erfuhr bald danach von Sommerfeld, dass die Technikprofessoren in Aachen die Göttinger Vereinigung als ein Danaergeschenk betrachteten (Eckert 2013, 159). Zu dieser Zeit schaltete sich Althoff ein, um den Konflikt zu entspannen. So kam es im Juli 1900 zu einem Treffen in Berlin, bei dem Althoff ein erstes Einverständnis zwischen den beiden Kontrahenten Slaby und Klein über die jeweiligen Interessen der Technischen Hochschulen und der Universitäten erreichen konnte.

Diese Spannungen waren nicht nur zu Sommerfelds Zeit an der RWTH Aachen stark fühlbar; sie blieben auch danach ein wichtiger Aspekt in der damaligen Hochschulpolitik, den Blumenthal stets berücksichtigen musste. Wie andere Technische Hochschulen gab es in Aachen keine Fakultäten, sondern Abteilungen, und zwar fünf: 1) Architektur, 2) Bau-Ingenieurwesen, 3) Maschinen-Ingenieurwesen, 4) Elektrotechnik und 5) allgemeine Wissenschaften. Die Mitglieder der letzten Abteilung, zu der Blumenthal als Fachvertreter der Mathematik gehörte, befanden sich oft in der schwierigen Rolle des Außenseiters. Da die meisten von Universitäten kamen, wurden sie von Kollegen aus den technischen Abteilungen kaum mit freundlicher Anerkennung bedacht. Manchmal mussten sie sogar Kämpfe gegen Vertreter der anderen dominanten Abteilungen führen, um ihre eigenen Fachinteressen aufrechtzuerhalten.

Blumenthal zeigte aber von Anfang an eine optimistische Einstellung, vor allem in Hinblick auf die Chance, wieder mit Sommerfeld zusammenzuarbeiten. In seinem ersten Brief vom 3. November 1905 an Käthe und David Hilbert, geschrieben etwa einen Monat nachdem er Göttingen verlassen hatte, kam eine vorsichtige Begeisterung über seine neue Umgebung klar zum Ausdruck:

> Ich fühle mich bis jetzt sehr wohl und hoffe, dass es so bleiben wird. An Sommerfeld habe ich natürlich eine grosse Stütze, ich kann mich mit allem und jedem Anliegen an ihn wenden; er sorgt auch ganz rührend dafür, dass ich mit möglichst vielen „Kollegen" bekannt werde. Auch einrosten werde ich in seiner Nähe wohl kaum; er ist ja so lebendig, dass ich mir ihm gegenüber recht unbeholfen vorkomme. Er wird mir hoffentlich vor allem ein gutes Teil Mechanik beibringen, denn das brauche ich hier sehr nötig. Die Mathematik an sich ist zwar gefürchtet und geachtet, aber weniger beliebt. Was nicht hindern soll, dass ich sie weiter betreibe.[22]

Trotzdem musste sich Blumenthal mit vielem Ungewohnten in Aachen arrangieren, besonders als Dozent. Zumindest am Anfang empfand er das Unterrichten dort alles andere als zufriedenstellend, vor allem weil die Studenten kaum Zeit zum selbstständigen Nachdenken bekamen. Im Gegensatz zur freien Atmosphäre an den deutschen Universitäten herrschten an den Technischen Hochschulen fast verschulte Studienpläne, welche eher Auswendiglernen statt kreatives Denken förderten. Trotzdem fühlte er sich bald wohl in Aachen. Er fand Freude an den Menschen dort, einschließlich den zwei Physikern Adolf Wüllner und August Hagenbach, und lobte Sommerfeld als „natürlich unschätzbar".

Kurz vor Weihnachten 1905 erfuhr Blumenthal, dass er ein unerwartetes Geschenk bekommen sollte: Seine Stelle in Aachen wurde in ein Ordinariat verwandelt. Darüber schrieb er den Hilberts: „Ich bin nämlich seit einer Woche Ordinarius, oder, mit richtiger technischer Bezeichnung, etatsmässiger Professor für Mathematik in Aachen, mit 4660 M[ark] Gehalt + Wohnungszuschuss, Mitglied des Abteilungskollegiums (Fakultät), kurz es sind auf einmal alle irdischen Würden auf meinen Schädel niedergeregnet." Typisch für Blumenthal war allerdings, dass er daraus die Konsequenz zog, Sommerfeld von gewissen Aufgaben entlasten zu wollen. Es gab dennoch am Ende nur wenig Gelegenheit dazu, denn schon ein Jahr danach wurde Sommerfeld nach München berufen, wo er eine neue Karriere als Professor für Theoretische Physik an der Ludwig-Maximilians-Universität begann (Eckert 2013, 195–394). Blumenthal blieb dagegen fast 30 Jahre in Aachen, trotz seines oft ausgesprochenen Wunsches, an einer Universität wirken zu dürfen.

---

[22]Dieser Brief ist vollständig abgedruckt auf S. 109.

1.6　Die Entstehung der Relativitätstheorie

In den Jahren danach pflegten Sommerfeld und auch Blumenthal immer noch ihre engen Beziehungen mit den Göttinger Freunden weiter, insbesondere mit Klein, Hilbert und Minkowski. Die letzten beiden hatten sich ab 1905 intensiv mit den neuesten Untersuchungen zur Elektronentheorie beschäftigt. Sommerfeld selbst verteidigte zunächst das von Max Abraham eingeführte Modell des starren Elektrons, ging aber dann 1908 zu der „Lorentz-Einstein"-Theorie über. Um diese Zeit begann auch eine rege Korrespondenz zwischen Sommerfeld und Albert Einstein (Eckert/Märker 2000, 2004), der zu dieser Zeit immer noch am Patentamt in Bern arbeitete. Sommerfeld hatte auch durch seine Arbeit als Herausgeber für Kleins groß angelegte *Encyklopädie der mathematischen Wissenschaften mit Einschluss ihrer Anwendungen* viele wichtige Kontakte mit anderen führenden Physikern, u.a. Hendrik Antoon Lorentz, anknüpfen können.

Im September 1908 besuchte Sommerfeld die Naturforscherversammlung in Köln, wo er Minkowskis berühmten Vortrag „Raum und Zeit" hörte. Zwei Monate zuvor lud Minkowski Sommerfeld nach Göttingen ein, in der Hoffnung eine „Elektronendebatte" Anfang August dort veranstalten zu können:

> Am 12. sind hier noch vorhanden: Hilbert, Schwarzschild, Prandtl, Runge, Wiechert. Klein dagegen verreist ca. am 8., Voigt ca. am 6., ich selbst auch möglichst früh. Es wäre sehr schön, wenn Sie hier schon früher als erst am 12. sein könnten. Sollten Sie sich entschliessen können, hier schon am 4. zu sein, so würden wir auf die Tagesordnung der math. Gesellschaft am 4. Aug. eine Elektronendebatte setzen.…
>
> Bei der Mannigfaltigkeit, in der man die speziellen Elektronenvorstellungen variieren kann, scheint mir in der Tat zuletzt kein anderer Ausweg zu bleiben, als wie es auch Einstein tat, allgemein anzunehmen, die ponderomotorische Kraft, die das Feld eines Elektrons auf das El. ausübt, ist, wenn die Geschwindigkeit des El. Null ist, direkt proportional der Beschleunigung des El. Auch von der Vorstellung des starren Elektrons aus wird man hierauf hingewiesen. Die wahre gleichförmig beschleunigte Bewegung eines Elektrons liegt vor, wenn x nach der Hyperbelrelation $x^2 - c^2t^2 = \alpha^2$ sich richtet, wobei für $t = -\infty$ wie für $t = +\infty$ Lichtgeschwindigkeit ist. Bei dieser Annahme sind Ihre Kraftausdrücke mit Leichtigkeit zu integrieren und folgt z.B. bei Oberflächenladung für $t = 0$, wo die Geschwindigkeit Null ist, die Kraft stets direkt proportional der Beschleunigung $\frac{c^2}{\alpha}$.
>
> Ich werde mich sehr freuen, wenn ich Sie hier demnächst begrüssen und Sie in vielen mich interessierenden Einzelheiten konsultieren kann.
>
> Mit herzlichen Grüssen von Haus zu Haus Ihr
>
> H. Minkowski.[23]

---

[23]Minkowski an Sommerfeld, 21. Juli 1908, Nachlass Sommerfeld, Deutsches Museum Mün-

Dieses Treffen kam jedoch nicht zustande, aber eine Woche später, am 28. Juli, entschloss sich Minkowski, einen Vortrag zu diesem Thema in der Mathematischen Gesellschaft zu halten. Eine Zusammenfassung desselben lautete: „H. Minkowski entwickelt eine neue Form der elektrodynamischen Elementargesetze auf Grund des Relativitätsprinzips; weiterhin sucht er mit Hilfe dieses Prinzips spezielle Fälle von Elektronenbewegungen auf, die sich mathematisch vollständig behandeln lassen, und verwendet schließlich als Hilfsmittel die Projektion in einen höherdimensionalen Raum und die Theorie der Zykliden."[24]

Minkowskis Auftritt in Köln am 21. September fand vor einem Publikum von etwa 75 Zuhörern statt, darunter Sommerfeld und Max Born, Minkowskis damaliger Assistent, wie auch der Amerikaner Roland G. D. Richardson. Dieser war nach Göttingen gekommen, um sein Sabbatjahr von der Brown University bei Hilbert und Klein zu verbringen.[25] Der Auftakt von Minkowskis Rede musste viele im Saal sofort mitgerissen haben: „Die Anschauungen über Raum und Zeit, die ich Ihnen entwickeln möchte, sind auf experimentell-physikalischen Boden erwachsen. Darin liegt ihre Stärke. Ihre Tendenz ist eine radikale. Von Stund' an sollen Raum für sich und Zeit für sich völlig zu Schatten herabsinken und nur noch eine Art Union der beiden soll Selbständigkeit bewahren" (Minkowski 1909).

Einem Vorschlag Kleins folgend, wurden auf der Kölner Tagung vorwiegend Themen aus der angewandten Mathematik behandelt. Richardson berichtete darüber für die American Mathematical Society mit diesen Bemerkungen:

> Professor Minkowski discussed the complete revolution that has taken place in our conception of time and space, owing to the exact mathematical deductions from the latest investigations of physics. Lagrange has called physics a four-dimensional geometry because three dimensions of space, and one of time are introduced, and this definition seems to-day to be applicable in a deeper, unhoped-for sense. Minkowski shows that the remarkable hypothesis of H. A. Lorentz concerning the contraction of the electrons and the alleged contradiction between the Newtonian mechanics and the modern theory of electricity can be completely accounted for if we assume that we live in a four-dimensional world of which the fourth dimension (time) may be neglected with a certain amount of freedom. The axiom that the velocity of matter cannot exceed that of light in ether plays here an important role. This new comprehension of the world as a sort of union of time and space makes possible great strides in the theory of electricity and magnetism, and requires

---

chen.

[24] *Jahresbericht der Deutschen Mathematiker-Vereinigung*, 18 (1908): 111. Der letzte Satz deutet auf eine Methode hin, welche anscheinend von niemandem mehr verfolgt wurde.

[25] Richardsons Aufenthalt hatte auch langfristige Bedeutung für ihn; fünf Jahre später verfolgte er immer noch die Anregungen, die er damals von Hilbert bekam (siehe Blumenthals Brief an Hilbert vom 22. April 1912, S. 226, und R. G. D. Richardson, Über die notwendigen und hinreichenden Bedingungen für das Bestehen eines Kleinschen Oszillationstheorems, *Mathematische Annalen*, 73 (1913): 289–304).

finally a revision of all physical theories. That these revisions are capable of being carried out is due alone to the many-sided advances made by pure mathematics in the past century. (Richardson 1908, 117)

Richardsons letzter Satz stellt eine Verdrehung von Minkowskis Standpunkt dar, denn jener betonte gleich zu Anfang, dass die Stärke seiner neuen Anschauungen über Raum und Zeit darauf beruhe, dass sie „auf experimentell-physikalischen Boden erwachsen sind". Minkowski beschrieb, wie die klassische Mechanik und die Elektrodynamik durch die Invarianten zweier verschiedener Gruppen aufgefasst werden können, wobei die Gruppe der Lorentz-Transformationen in die der Galilei-Transformationen übergeht, wenn die obere Geschwindigkeit c unendlich wird. So

… hätte wohl ein Mathematiker in freier Phantasie auf den Gedanken fallen können, dass am Ende die Naturerscheinungen tatsächlich eine Invarianz nicht bei der Gruppe G_∞, sondern vielmehr bei der Gruppe G_c mit bestimmten endlichen, … *äußerst großen* c besitzen. Eine solche Ahnung wäre ein außerordentlicher Triumph der reinen Mathematik gewesen. Nun, da die Mathematik hier nur mehr Treppenwitz bekundet, bleibt ihr doch die Genugtuung, dass sie dank ihren glücklichen Antezedenzien mit ihren in freier Fernsicht geschärten Sinnen die tiefgreifenden Konsequenzen einer solcher Ummodelung unserer Naturauffassung auf der Stelle zu erfassen vermag. (Minkowski 1909)

50 Jahre nach Minkowskis Tod schrieb Born einige kurze Erinnerungen über ihre gemeinsame Zeit (Born 1959). Es waren im Wesentlichen nur einige Wochen im Dezember 1908, wobei es nicht allein um Relativitätstheorie ging, sondern es wurde auch oft über zahlentheoretische Themen geredet. Als Born aber nach den kurzen Weihnachtsferien zurückkam, neigte sich Minkowskis Leben dem Ende entgegen. Er starb am 12. Januar 1909 an den Folgen eines Blinddarmdurchbruchs. Dieses tragische Ereignis markierte das Ende der glorreichen Göttinger Jahre, insbesondere für Hilbert, der eine so glückliche Zeit nie wieder erleben würde. Er bedankte sich etwa drei Monate später bei Sommerfeld für seinen teilnehmenden Brief und schrieb dann, wie „entsetzlich, wie jäh das Alles hereinbrach". Für Hilbert war dieser Verlust „das Härteste, was mich bisher getroffen hat. Denn M. war mir ganz wie ein Bruder, der treueste Freund und zugleich aus meiner Generation der einzige Mathematiker, mit dem ich in Allem übereinstimmte."[26] Zweifellos übte Minkowski einen entscheidenden Einfluss auf Hilbert aus, wie Leo Corry in (Corry 2004) zeigen konnte.

Blumenthals Erinnerungen an Minkowski bilden einen wichtigen Bestandteil seiner Darstellung von Hilberts Lebensgeschichte (Blumenthal 1935). Dort schrieb er über das Sommersemester 1902, als Minkowski seinen ersten Besuch in Göttingen abstattete, und wie er in der Mathematischen Gesellschaft durch seinen Vortrag über die Körper konstanter Breite seine charakteristische Denkweise

---

[26]Hilbert an Sommerfeld, 10. April 1909, abgedruckt in (Eckert/Märker 2000, 2004, 356 f.).

als Mathematiker deutlich zeigen konnte. Danach „nahm [er] an der Nachsitzung teil, bei der die Freude gross war über Hilberts Bleiben und seine Ankunft. Für die beiden Freunde aber begannen 6 Jahre regster, eigentlich ununterbrochener Zusammenarbeit" ((Blumenthal 1935); abgedruckt in Band II, Kapitel 10). Dazu zitierte er Hilberts Nachruf auf Minkowski: „ein Telephonruf zur Vermittlung einer Verabredung oder ein paar Schritte über die Straße und ein Steinchen an die klirrende Scheibe des kleinen Eckfensters seiner Arbeitsstube – und er war da, zu jeder mathematischen oder nichtmathematischen Unternehmung bereit" (Hilbert 1910).

Dieser Nachruf erschien als Sonderheft in den *Annalen* zusammen mit zwei wieder abgedruckten Arbeiten Minkowskis und einem von Max Born verfassten Aufsatz, der sowohl aus Gesprächen mit Minkowski wie auch aus Borns Beschäftigung mit dessen hinterlassenen Papieren entstanden war. Blumenthal gab die zwei größeren Arbeiten aus diesem Minkowski-Heft nochmals im gleichen Jahr heraus, und zwar als Heft 1 seiner neu gegründete Reihe Fortschritte der mathematischen Wissenschaften in Monographien. Für das zweite Heft war es wiederum Sommerfeld, der den Anstoß gab. Es handelt sich um den berühmten Sammelband *Das Relativitätsprinzip* (Lorentz 1913). Blumenthal nannte ihn „eine Sammlung von Urkunden zur Geschichte des Relativitätsprinzips", in welcher der Bogen von „der Lorentzschen Ideen, Einsteins erste große Arbeit und Minkowskis Vortrag, mit dem die Popularität des Relativitätsprinzips einsetzt", gespannt wird (Anhang VI, S. 323). Im Rückblick fällt auf, dass Blumenthal und Sommerfeld versäumt hatten, die Arbeiten Poincarés zu berücksichtigen. Später, ab der dritten Auflage, kamen die Arbeiten Einsteins über die allgemeine Relativitätstheorie hinzu, womit diese Sammlung große weltweite Resonanz fand.[27] Die neue Mathematisierung der Relativitätstheorie, welche mit Minkowski begann, wurde direkt nach seinem Tod vor allem von Sommerfeld und Max von Laue vorangetrieben.[28] Diese Grundlegung der speziellen Relativitätstheorie bildete eine wichtige Voraussetzung für Einsteins neue Gravitationstheorie, welche von einem verallgemeinerten Relativitätsprinzip ausging.

1.7 Heirat mit Mali Ebstein

Aus Blumenthals Bekanntschaftskreis in Göttingen entstand auch eine ganz andere besonders bedeutsame Beziehung. In einem Brief vom 18. Januar 1906 an die Hilberts wird zum ersten Mal in diesem Band der Name Mali Ebstein erwähnt. Blumenthal berichtete dabei, dass sie ihm Grüße und eine Neujahrskarte geschickt habe, wofür er sich bedankt. Wie und wann diese Bekanntschaft zustande kam, lässt sich kaum mehr rekonstruieren. In der Kleinstadt Göttingen gab es aber ein

---

[27]Eine neue und noch wesentlich erweiterte Ausgabe dieser Sammlung wurde 2015 vom Springer-Verlag in Heidelberg veröffentlicht. Diese enthält u.a. eine deutsche Übersetzung von Poincarés Aufsatz „Sur la dynamique de l'électron".

[28]Für eine grundlegende historische Darstellung dieser Etablierungsphase siehe (Walter 2007).

reges Sozialleben, an dem jüngere Menschen oft teilnehmen konnten. Dies galt vor allem in den Gelehrtenfamilien, in denen die erwachsenen Töchter ihre jeweils zugewiesene Rolle spielten. So wundert es auch nicht, dass der Privatdozent Otto Blumenthal Eintritt in recht gehobene Kreise dieser Gesellschaft erhielt, u.a. zum Haus des Medizinprofessors Wilhelm Ebstein (1836–1912). Denn diese Familie war auch mit den Hilberts gut befreundet.

Nach seinem Studium in Breslau und Berlin hatte Ebstein am Allerheiligen-Hospital in Breslau gearbeitet, wo er sich nebenbei habilitieren ließ. Er kam 1874 nach Göttingen als Leiter der dortigen Poliklinik. Ebstein war vor allem bekannt als Experte für Stoffwechselkrankheiten und schrieb mehrere Fachartikel und Bücher zur Behandlung derselben. Dabei bezog er sich oft auf wissenschaftshistorische Entwicklungen in Bezug auf Stoffwechselkrankheiten, insbesondere der Gicht. Sein starkes Interesse für die Medizingeschichte führte ihn zu Studien über die Medizin im Alten und Neuen Testament, aber auch im Talmud. Er publizierte ferner über die Krankheiten während Napoleons Russlandfeldzug.

Die Zuneigung des jungen Mathematikers zu Ebsteins Tochter Amalie (Mali) war sicherlich längst kein Geheimnis mehr, als Blumenthal 1905 nach Aachen berufen wurde. Drei Jahre später, am 25. April 1908, kam ein langer Brief aus Aachen, in dem Blumenthal um Mali Ebsteins Hand anhielt. Darin schrieb er:

> Es ist ja wohl klar, dass dieser Gedanke, den ich jetzt endlich verwirkliche, mich in der langen Zeit unserer Bekanntschaft und Freundschaft häufig beschäftigt hat. Aber ich hatte immer zu viel an mir selbst herumzuarbeiten, als dass ich ein gemeinsames Leben hätte wagen können. Wenn ich jetzt meinen Antrag stelle, so liegt der Grund dafür auch gewiss nicht darin, dass ich mich jetzt reif und sicher fühle. Der Grund liegt vielmehr ganz allein in Ihnen. (Felsch 2011, 23)

Mali Ebstein musste nicht lange zögern, bevor sie mit Ja antwortete. Sie gab aber zunächst zu bedenken, dass sie schon 31 Jahre alt und obendrein ungetaufte Jüdin war. Blumenthal wollte diesen zweiten Punkt mit ihr persönlich besprechen, zumal er die Meinung ihrer Eltern dazu nicht kannte. Einige Tage später fuhr er nach Göttingen und traf sich mit der Familie Ebstein. Am selben Tag wurde die Verlobung angezeigt, und im Juli ließ sich Mali evangelisch taufen. Die Hochzeit fand am 12. August 1908 statt, und damit begann für beide ein neuer Lebensabschnitt. Otto und Mali Blumenthal hatten vier Kinder, von denen aber nur zwei überlebten: Margrete (geb. 1911) und Ernst (geb. 1914) (Abbildung 1.5). Beide konnten vor Ausbruch des Zweiten Weltkriegs nach England ausreisen und dadurch den Verfolgungen durch den NS-Staat entkommen.

Ein Jahr nach Blumenthals Hochzeit heiratete Schwarzschild Else Rosenbach, die Tochter eines Göttinger Medizinprofessors. Ihre Familie hatte lange Zeit versucht, die Verlobung ihrer Tochter mit einem Juden zu verhindern. Sie gaben aber im Juli 1909 ihren Widerstand auf, und zwar kurz nachdem Schwarzschild einen Ruf an das Potsdamer Observatorium bekommen hatte. Im Oktober fand die Hochzeit in Göttingen statt, und bald danach siedelte das glückliche Ehepaar

Abbildung 1.5: Das Foto zeigt (von rechts nach links) Mali und Otto Blumenthal mit ihren Kindern Margrete und Ernst nebst Malis Mutter Elfriede Ebstein, Malis Bruder Erich Ebstein und dessen Ehefrau Carola Ebstein, Göttingen 1915

nach Potsdam über. Blumenthal bedauerte sehr, dass er nicht zur Hochzeitsfeier kommen konnte. Er schickte aber seine Glückwünsche in schriftlicher Form, indem er Schwarzschild versicherte: „Du bist derjenige unter meinen Freunden, und überhaupt unter allen Menschen, die ich kenne, dem ich in jedem Augenblick mit grösster Sicherheit eine glückliche Zukunft prophezeit habe. Du hast eine so frohe Weltauffassung, und soviel Recht dazu, dass Du Dich immer zufrieden und glücklich fühlen wirst." Diesen optimistischen Blick in die Zukunft hätte Schwarzschild sicherlich damals noch geteilt, aber dann kam fünf Jahre später die große europäische Katastrophe.

1.8   Die Judenfrage im Falle Blumenthals

Angesichts der späteren tragischen Ereignisse in Blumenthals Leben liegt es nahe zu fragen, ob und inwiefern seine jüdische Herkunft eine Rolle in seiner früheren Karriere gespielt hat. Um dies zu beantworten, sollten zunächst ein paar andere relevante Fälle erwähnt werden. Dabei darf nicht übersehen werden, dass die große Anzahl jüdischer Mathematiker in Göttingen eine Ausnahmeerscheinung war. Die Umstände, die dazu führten, hatten viel mit Hilberts Sonderstellung zu tun. Ansonsten gab es innerhalb der Philosophischen Fakultät nur wenige Kollegen jüdischer Herkunft, ob getauft oder nicht.[29]

Die Judenfrage stellte sich offenbar bei Schwarzschilds Berufung[30] im Jahre 1901 nicht, während sie zehn Jahre früher, im Rahmen des gescheiterten Versuchs, Adolf Hurwitz zu berufen, durchaus als Faktor zu sehen war. Der entscheidende Durchbruch in Göttingen kam allerdings 1902 mit der Berufung Minkowskis, der bis zu diesem Zeitpunkt mit Hurwitz an der Eidgenössischen Technischen Hochschule (ETH) in Zürich gearbeitet hatte. Beide wünschten sehr, dass sie wieder an einer Universität in Preußen wirken dürften, aber allein Minkowski wurde diese Chance gegönnt. Hilbert schilderte dies in seinem Nachruf auf Minkowski, wobei er die Rolle Friedrich Althoffs sicherlich übertrieb. Nach Hilbert hätte der scharfblickende Ministerialdirektor eingesehen, dass Göttingen „den angemessensten Boden" für Minkowskis Wirksamkeit anbot. Durch diese Erleuchtung inspiriert, wurde er dazu bewogen, „mit einer Kühnheit, wie sie vielleicht in der Geschichte der Verwaltung der Preußischen Universitäten beispiellos dasteht, ... aus nichts hier in Göttingen eine neue ordentliche Professur" für Minkowski zu schaffen (Hilbert 1932–1935, III: 355). Hilbert übertrieb gern, aber alle wussten damals natürlich, dass diese Stelle nur deswegen zustande gekommen war, weil Klein Hilbert unter allen Umständen in Göttingen behalten wollte. Ohne dieses Zugeständnis hätte Hilbert den an ihn aus Berlin ergangenen Ruf sicherlich angenommen. Trotzdem hatte Hilbert in einem gewissen Sinne doch Recht gehabt, als er von der Einmaligkeit dieses Eingreifens von Althoff sprach. Denn dieser hatte ein neues Ordinariat für Mathematik praktisch „aus dem Nichts" für einen jüdischen Mathematiker geschaffen.[31]

Was Blumenthal betrifft, gab es zur Zeit seiner Aufnahme in die *Annalen*-Redaktion deutliche Verstimmung, vor allem seitens Walther von Dycks, der für viele Jahre als Felix Kleins Arbeitspferd bei den *Annalen* diente. Schon im August 1904 versuchte Klein im Einverständnis mit Hilbert die Redaktion neu zu organisieren, aber Dyck fühlte sich übergangen, wie sich sehr deutlich aus einem Brief an Klein ersehen lässt:

> Es tut mir allerdings leid, daß ich den von ihnen vorgeschlagenen Dr. Blumenthal noch nicht persönlich kenne. Indes haben Sie und Hilbert ihn ja schon mehrfach empfohlen. Nur eine Frage will ich <u>Ihnen</u> persönlich gegenüber nicht unterdrücken: Ist (oder war) Blumenthal ein Jude? Ich bin kein Antisemit, aber es kommt mir der junge Nachwuchs mit den Landauer, Bernstein. London[32] ... doch zu stark durchsetzt vor und insofern macht mir auch die Jacobifeier keine so besondere Freude! Wir sind doch <u>nicht</u> alle Schüler von Jacobi! Wo bleiben da Gauß &

---

[29]Der Philosoph Edmund Husserl (1859–1938), der ab 1901 eine Professur in Göttingen innehatte, war ein getaufter Jude. Husserl und seine Familie waren mit den Hilberts gut befreundet.

[30]Vgl. (Schwarzschild 1992, I: 10).

[31]Es stand eigentlich ein unbesetztes Ordinariat in Chemie zur Verfügung, sodass die Minkowski-Stelle vorfinanziert war; ich verdanke Renate Tobies diesen Hinweis.

[32]Gemeint sind Edmund Landau, Felix Bernstein und Franz London. Alle drei waren zu dieser Zeit wie Blumenthal selbst Privatdozenten.

Riemann![33]

Klein antwortete hierauf, dass Blumenthal „zwar jüdischen Ursprungs ist, aber nicht mehr selbst Jude: er wird Ihnen, sobald Sie in <u>näheres</u> Gespräch mit ihm kommen, gefallen" (Hashagen 2003, 400 f.). Der Übergang innerhalb der Hauptredaktion von der Ära Klein/Dyck in das Zeitalter Hilbert/Blumenthal lief also keineswegs reibungslos ab.

Die letzte Bemerkung Dycks bezog sich auf eine Festrede anlässlich Jacobis 100. Geburtstags, die bei der Eröffnungssitzung des III. Internationalen Mathematiker-Kongresses in Heidelberg gehalten worden war, und somit nur zwei Tage bevor Dyck seinen Brief an Klein verfasste. Diese Rede wurde von dem Heidelberger Ordinarius Leo Koenigsberger gehalten, der wie auch Jacobi ein getaufter Jude war. So konnte Dyck davon ausgehen, dass Klein die Schlussworte Koenigsbergers noch in seinen Ohren hatte, als es um die Schüler Jacobis ging:

> Wie die Worte Jacobis zündeten und die Begeisterung der Hörer anfachten, so erweckten auch seine Schriften durch Inhalt und Form steten und lauten Nachhall in den Köpfen der neuen Generation von Mathematikern, und in diesem Sinne dürfen wir auch Hermite und Weierstraß, die beiden vornehmsten Repräsentanten mathematischer Forschung in der zweiten Hälfte des vorigen Jahrhunderts, zu seinen Schülern zählen – und wir alle, die Schüler dieser beiden ausgezeichneten Forscher, welche wir noch in Verehrung und Pietät die Worte und Anschauungen Jacobis wie Orakel und mathematische Mysterien uns überliefern hörten, wir, die wir hier versammelt sind, um das Andenken jenes großen Meisters zu feiern, wir alle sind Schüler Jacobis. (Koenigsberger 1904a, 435)

Viele bedeutende Mathematiker Deutschlands hatten sich früher mit Stolz als Schüler von Jacobi bezeichnet. Zu diesen gehörten u.a. Carl Wilhelm Borchardt, Friedrich Julius Richelot, Otto Ludwig Hesse, Johann Georg Rosenhain, Wilhelm Scheibner, Philipp Ludwig von Seidel und Eduard Heine. So blieb die Bezeichnung „Jacobi-Schüler" noch lange nach dessen frühen Tod im Jahre 1851 ein fester Bestandteil der deutschen mathematischen Kultur. Seine phänomenale Karriere ließ durchaus zu, dass man seinen Namen in einem Atemzug mit anderen Heldenfiguren seiner Zeit nannte, auch mit Gauß und Riemann. Leo Koenigsberger nutzte diesen Anlass, den Namen Jacobis hochzuhalten, indem er nicht nur eine Festrede hielt, sondern auch eine große Jacobi-Biographie vorlegte (Koenigsberger 1904b). Allerdings erwähnte er weder darin noch in seiner Heidelberger Rede, dass Jacobi sich taufen ließ. Nur in seiner eigenen Autobiographie (Koenigsberger 1919) ging er auf dieses Thema ein, obwohl die diesbezügliche Lage der deutschen Juden während des 19. Jahrhunderts allgemein bekannt war. Denn ein ungetaufter Jude hatte damals kaum eine Chance, eine Hochschulkarriere einzuschlagen, nicht zu

---

[33] Dyck an Klein, 11. August 1904, Nachlass Klein, SUB, VIII, Nr. 806; teilweise zitiert in (Hashagen 2003, 400).

reden von einer so erfolgreichen wie die von Jacobi. Darauf waren deutsche Juden und vor allem die, die höhere Mathematik studierten, natürlich besonders stolz.

Koenigsberger konnte diesen Stolz kaum verbergen, auch wenn er es hätte tun wollen. Seine Redekunst galt, selbst für die damalige Zeit, als extrem blumig. Dies hätte allerdings einen guten Antisemiten wie Walther von Dyck weit weniger gestört als die unerträgliche Zukunftsvision, die er selbst aufgrund dieser Rückschau auf die Mathematik des vorherigen Jahrhunderts prognostizierte. Diese Vision war vor allem durch die Befürchtung geprägt, dass die Mathematik Deutschlands zunehmend von einem fremden Volk unterwandert werden könnte. Denn seine Behauptung bezüglich des mathematischen Nachwuchses, der zu stark von Mathematikern jüdischer Herkunft durchsetzt sei, spricht für sich. Wenn Dyck schon im Jahre 1904 dieser Meinung war, müsse man sich nicht wundern, was für Ansichten er nach dem verlorenen Krieg vertreten würde.[34] Dyck stand jedoch in dieser Hinsicht nicht allein in der *Annalen*-Redaktion, welche durch die politischen Ereignisse der 1920er Jahren zunehmend gespalten wurde. Die daraus entstandenen Spannungen gipfelten in einer großen Krise, in welche Blumenthal hineingezogen wurde. Seine Rolle dabei bildet ein zentrales Thema in Band II.

Es stellt sich nun die Frage, warum Blumenthal niemals eine Stelle als Universitätsprofessor bekam. Vor dem Krieg hatte er zumindest dreimal gute Chancen dazu gehabt. Von Max Noether bekam er 1910 die Nachricht, dass er als Zweiter auf der Liste für die Nachfolge Paul Gordans in Erlangen stand.[35] Der Ruf ging aber an den Erstplatzierten, Hilberts begabten Schüler Erhard Schmidt. Als Schmidt nur kurz darauf einen Ruf von Breslau annahm, bekam Ernst Fischer diese Stelle in Erlangen. Nach dem Krieg wurde sie alsdann von Otto Haupt besetzt.

Blumenthal wäre sicherlich am liebsten wieder nach Göttingen gegangen, obwohl die Chancen darauf gering waren. Als Minkowski jedoch im Januar 1909 plötzlich starb, kam er doch auf die Liste, zusammen mit Hurwitz und Edmund Landau. Er war glücklich und auch stolz, dass die Göttinger ihn in Betracht gezogen hatten, aber am Ende natürlich auch enttäuscht, als er vom Ausgang der Berufung erfuhr. Trotzdem schrieb er an Hilbert, dass er Landau von Anfang an als den Nachfolger von Minkowski angesehen habe: „Er ist doch von einer ausserordentlichen Beweglichkeit und dabei so gründlich, dass man jede seiner Untersuchungen unbesehen als richtig hinnehmen kann. Auch, was mir meine Schwiegereltern von dem ‚frischen Blut' schreiben, scheint mir sehr richtig. Mit Landau saugt Göttingen das Gute auf, was die Berliner Schule strenger Observanz in letzter Zeit hervorgebracht hat, und gewinnt dadurch sicher an Vielseitigkeit."[36]

Die dritte und vielleicht beste Chance für Blumenthal kam 1912, als der Gießener Algebraiker Eugen Netto in den Ruhestand ging. Sein neuer Kollege Ludwig Schlesinger, der ein Jahr zuvor als Nachfolger des Geometers Moritz Pasch nach Gießen berufen worden war, wollte gern Blumenthal dorthin bringen. Hilbert wurde deswegen kontaktiert, und dieser schrieb daraufhin an Schlesinger zu-

---

[34] Zu Walther von Dycks Tätigkeiten während des Krieges siehe (Hashagen 2003).
[35] Blumenthal an Hilbert, 5. Januar 1910, S. 208.
[36] Blumenthal an Hilbert, 20. Februar 1909, vollständig abgedruckt auf S. 132.

rück: „Wenn Erkundigungen über Blumenthal von Außerhalb weniger günstig zu lauten scheinen, so kann dieses nur daher rühren, dass wir Alle, als Blumenthal seine Laufbahn begann, außerordentlich hohe Erwartungen hegten und er infolge der außerordentlich angestrengten Tätigkeit als mathematischer Organisator an der technischen Hochschule in Aachen, und als Redakteur der *Annalen* sich in wissenschaftlich-productiven Richtung nicht derart beschäftigen konnte, als es bei einer Beförderung in eine Universitäts-Stellung der Fall gewesen wäre."[37] Hilbert gab gleich zu, dass Blumenthal als Mathematiker nicht das Format von Constantin Carathéodory oder Erhard Schmidt besaß, aber solche Talente würden ohnehin für Gießen nicht zu gewinnen sein. Ansonsten lobte er Blumenthals Liebe zur Wissenschaft wie auch seine Vertrautheit mit allen Teilen der Mathematik. Er war ja sicher, dass die Gießener Fakultät „eine vortreffliche Acquisition an Blumenthal machen würde, und Sie selbst eine vortreffliche Ergänzung an ihm finden. Hingebender Fleiß und Pflichttreue zeichnen ihn aus" (ebd.).

Trotz dieser starken Empfehlung scheiterte Schlesingers Versuch, Blumenthal nach Gießen zu berufen. Den Grund dafür kann man aus den Dokumenten in Abschnitt 4.2 ziemlich genau rekonstruieren. Über den Ablauf der entscheidenden Sitzung wurde Blumenthal offenbar von Schlesinger informiert. Daraufhin schrieb er einen ausführlichen Brief an Hilbert, mit dem er ihm mitteilte: „Der Giessener Physiker [Walter] König hat sich an unseren lieben Herrn [Johannes] Stark hier gewandt, und dieser hat in seiner Auskunft die Vorgänge bei der Berufung Hamel-Kármán so dargestellt, als ob ich damals absichtlich lauter Juden auf die Liste gesetzt und mich, als ich auf das Bedenkliche meiner Liste aufmerksam gemacht worden sei, unkollegial benommen hätte. Damit war es natürlich bei dem ohnehin in Giessen herrschenden Antisemitismus für mich vorbei."[38]

Starks Vorwurf gegen Blumenthal lautete also, er habe bei einem Berufungsverfahren im Interesse seines Stammesgenossen gehandelt. Hilbert reagierte empört auf diese Nachricht und bekam von Gießen diesen verleumderischen Bericht Starks, in dem dieser seine eigene antisemitische Haltung als selbstverständlich darstellte. Über Blumenthal schrieb er gleichzeitig, dass er ihn „als Kollegen hoch schätze". Solch eine zynische Bemerkung klingt völlig unglaubwürdig, passt aber doch zu einer Denkweise, wonach gewisse Menschen jüdischer Abstammung als Ausnahmefälle bezeichnet wurden. Somit konnte ein Deutscher in akademischen Kreisen durchaus mit Kollegen jüdischer Herkunft befreundet sein und sich gleichzeitig zum berühmten Schimpfwort des Historikers Heinrich von Treitschkes bekennen: „Die Juden sind unser Unglück."

---

[37] Hilbert an Schlesinger, undatiert 1912, abgedruckt in Abschnitt 4.3.
[38] Blumenthal an Hilbert, 2. Dezember 1912, vollständig abgedruckt auf S. 148.

1.9 Blumenthal und Schwarzschild im Ersten Weltkrieg

Mit dem Ausbruch des Krieges meldeten sich sowohl Blumenthal als auch
Schwarzschild zum Militärdienst. Bald danach befanden sich beide im Westen,
wo Schwarzschild zunächst die Leitung einer Feldwetterstation in Namur, Belgi-
en, übernahm. Blumenthal arbeitete unweit von Namur in einer Kolonne, die die
Munition für eine Geschützgruppe lieferte. Beide konnten gelegentlich miteinander
korrespondieren, und es zeigte sich bald, dass Blumenthal von Langeweile geplagt
war. Er hegte deswegen gewisse Hoffnung, dass sein Freund ihm eine Anstellung
irgendwo im Wetterdienst verschaffen könnte.

Mali Blumenthal ging nach Weihnachten zu ihrer Mutter nach Göttingen.
Sie war zuvor sechs Wochen lang in einem Sanatorium gewesen, um sich von einer
Depression zu erholen. Danach ging es ihr offensichtlich besser, und Blumenthal
war sichtlich erleichtert, als ihm dies von Arnold Sommerfeld bestätigt wurde. So
schrieb Blumenthal an Sommerfeld: „Die sehr guten Nachrichten über Mali haben
mich sehr gefreut. Ich wusste ja von ihr und den Verwandten, dass es ihr gut
geht, aber die Freundschaft sieht schärfer und sicherer als die Verwandtschaft.
Das ist der Segen dieses Krieges, dass Mali durch ihn eine ausgiebige Erholung
bekommen hat."[39] Blumenthal durfte sie im Sommer besuchen, wie aus einem
Brief von Hilbert an Schwarzschild hervorgeht: „Augenblicklich ist ja Blumenthal
hier und es ist eine Wohltat für uns wieder einmal einen Menschen zu sehen, der
vernünftig geblieben ist."[40]

Schwarzschild war zu dieser Zeit nicht mehr in Namur, da er nach einiger
Zeit seine dortige Tätigkeit an der Feldwetterstation als ziemlich langweilig empfand. So wurde er auf eigenen Wunsch einem Artilleriekommando zugeteilt und
sowohl an der Westfront als auch im Osten eingesetzt. Blumenthal beschrieb diesen
Lebensabschnitt Schwarzschilds in seinem Nachruf auf ihn:

> Bei Beginn des Krieges stellte sich Schwarzschild, im Militärverhältnis
> Unteroffizier des Landsturms, als Kriegsfreiwilliger dem militärischen
> Wetterdienst zur Verfügung und rückte am 10. September 1914 als Lei-
> ter einer Feldwetterstation nach dem Westen aus. Diese Tätigkeit be-
> friedigte ihn nicht lange, er begann Untersuchungen „über den Einfluss
> von Wind und Luftdichte auf die Geschossbahn" (Schwarzschild 1992,
> III: 468–494) und wurde auf seinen Wunsch einem höheren Artillerie-
> kommando zugeteilt, mit dem er an verschiedenen Stellen der Westfront
> und vorübergehend auch im Osten Beobachtungen zu artilleristischen
> Zwecken anstellte. Bald erhielt er das Eiserne Kreuz und wurde zum
> Leutnant befördert. Daneben setzte er mit Anspannung wissenschaftli-
> che Untersuchungen fort. Es ist bewundernswert, dass er gerade einige
> seiner besten physikalischen Arbeiten im Felde geschrieben hat. Nur
> ein Geist, in dem alle Rohstoffe völlig klar geordnet bereit lagen, ei-

---

[39]Blumenthal an Sommerfeld, 22. Februar 1915, vollständig abgedruckt auf S. 160.
[40]Hilbert an Schwarzschild, 17. Juli 1915, vollständig abgedruckt auf S. 161.

ne schöpferische Kombinationsgabe und ein unbeirrbarer Fleiß konnten diese Leistung vollbringen.[41]

Schwarzschild bekam gelegentlich Nachrichten über die laufenden Geschäfte in der Wissenschaft. 1915 wurde Blumenthals Sammlung *Das Relativitätsprinzip* neu aufgelegt, allerdings in unveränderter Form. Sommerfeld hatte sich bei Einstein erkundigt, ob eine seiner Arbeiten zur allgemeinen Relativitätstheorie (ART) mit aufgenommen werden sollte. Einstein meinte aber, dass dies nicht sinnvoll wäre, da „keine der bisherigen Darstellungen der letzteren vollständig ist". Dieser Brief aus Rügen wurde am 15. Juli 1915 geschrieben, etwa zehn Tage nach Einsteins Rückkehr von Göttingen, wo er sechs Vorträge über die ART gehalten hat. Dort lernte er auch Hilbert kennen und war sofort von ihm sehr beeindruckt, wie er Sommerfeld schrieb: „In Göttingen hatte ich die große Freude, alles bis ins Einzelne verstanden zu sehen. Von Hilbert bin ich ganz begeistert. Ein bedeutender Mann!" (Einstein-CPAE 1998, 147). Hilbert schrieb zur gleichen Zeit an Schwarzschild: „Wir haben hier während der beiden Kriegssemester viel wissenschaftlichen Betrieb gehabt. An meinem Seminar nehmen fast alle math. u. phys. Dozenten incl. Voigt u. Tammann teil; der Hauptmacher ist natürlich Debye. Während des Sommers hatten wir hier zu Gast der Reihe nach: Sommerfeld, Born, Einstein. Besonders die Vorträge des letzten über Gravitationsth[eorie] waren ein Ereignis".[42]

Schwarzschild hatte sich schon vor dem Krieg mit Einsteins ersten Schlussfolgerungen in Bezug auf Gravitation beschäftigt, allerdings ohne daran zu glauben.[43] Diese negative Haltung zeigte sich auch indirekt durch eine Äußerung Blumenthals in einem Brief vom 30. Dezember 1913, in dem er am Ende Schwarzschild fragte: „In Deinem letzten Briefe schreibst Du, Du wollest Einsteins Aequivalenzprinzip mit Sonnenspektren tot machen. Ist das gegangen?" Zu dieser Zeit unternahm Schwarzschild eine empirische Untersuchung, welche Einsteins Vorhersage bezüglich der Rotverschiebung prüfen sollte. Dafür musste er versuchen, die winzig kleinen Abweichungen der Spektrallinien durch die Gravitation systematisch zu messen und auszuwerten. Schwarzschilds Arbeit „Über die Verschiebungen der Bande bei 3883 Å im Sonnenspektrum" (Schwarzschild 1992, I: 267–279) wurde von Einstein in einer Sitzung der Berliner Akademie vorgelegt. Das Endergebnis betrachtete Schwarzschild skeptisch, aber seine Daten waren zu unsicher, um zu behaupten, dass sie Einsteins Aussage widerlegten. Blumenthal schrieb später, wie Schwarzschild sich darüber in einem Brief an Sommerfeld äußerte: „Ich wundere mich, wie verhältnismäßig gleichgültig mir die empirische Bestätigung der allgemeinen Relativität ist. Ich bin schon zufrieden, in einem so schönen Gedankengebäude spazieren zu gehen" (S. 182). Dieser Brief wurde allerdings im Januar 1916 verfasst, also gleich nachdem Schwarzschild eine exakte Lösung für das Gravitationsfeld einer Punktmasse gewonnen hatte, womit er Einsteins Berechnung für die Perihelbewegung des Merkur bestätigen konnte (Eisenstaedt 1982). Wie

---

[41] (Blumenthal 1917), abgedruckt in Kapitel 5.
[42] Hilbert an Schwarzschild, 17. Juli 1915, abgedruckt auf S. 161.
[43] Siehe hierzu (Schemmel 2007, 165–169).

Matthias Schemmel zeigte, wurde Schwarzschild erst durch diese Entdeckung zu einem glühenden Anhänger der Einstein'schen Theorie (Schemmel 2007, 165–169).

Sommerfeld und Schwarzschild führten einen regen Briefwechsel ab Januar 1916. In dem oben zitierten Brief von Schwarzschild steht noch weiter:

> Ich habe jetzt auch die strenge Lösung von Einsteins Gleichungen für die flüssige inkompressible Vollkugel ausgerechnet mit dem amüsanten Resultat, daß im Inneren der Kugel Riemann's elliptische Geometrie herrscht.
>
> Das Problem der Spektrallinien ist doch noch wichtiger als das der Relativität. Also wenn ich Sie recht verstehe, sind beide aufs engste verknüpft, in dem Sie aus der Perihelbewegung bei Relativität die richtige Dupplettierung herausbringen. Leider bin ich auf meiner Robinsoninsel nicht im Stande mit meinen Erinnerungsbruchstücken weiter zu kommen. Ich warte brennend auf Ihre Publikation. Besonders schön ist es, daß Sie trotz aller Kriegsnervosität etwas so schönes fertig gebracht haben![44]

In einem nicht mehr erhaltenen Brief an Blumenthal beschrieb Schwarzschild, wie er „an den Gefechtstagen ... etwas in den Artilleriestellungen herumwimmele", ein Satz, den Mali Blumenthal beim Vorlesen vor Schwarzschilds Göttinger Verwandten stillschweigend überging. Die Familien waren natürlich um ihre Männer sehr besorgt, aber auch gleichzeitig stolz darauf, dass sie für den erhofften Sieg kämpften. Mali schrieb also zu dieser Zeit an Schwarzschild: „Zum eisernen Kreuz gratuliere ich vielmals. So weit hat es Otto noch nicht gebracht, d.h. der Wunsch seines Wachtmeisters, es ihm zu verschaffen, hat bei dem Herrn Leutnant u. Colonnenführer taube Ohren gefunden."[45]

Blumenthals Urlaub endete am 22. Juli 1915 und mit ihm anscheinend auch die Hoffnung auf eine Versetzung in den Wetterdienst. Dann aber traf am 21. ein Telegramm ein, und zwar mit der Nachricht, dass Blumenthal sich bei der Militär-Wetterzentrale in Berlin-Schöneberg melden sollte. Die Erleichterung danach war groß, wie der Betroffene kurz danach seinem Freund Schwarzschild schilderte:

> Dass ich Dir von Herzen dankbar bin dafür, dass Du mich aus der Kolonne gerissen hast, kann ich Dir aber jetzt, nach der Entscheidung, mit besonderer Freude sagen. Die Verhältnisse in der Kolonne waren doch in der letzten Zeit dank der Überheblichkeit unseres Kommandeurs, dem sein Leutnantsgrad zu Kopf gestiegen ist, schwer erträglich. Ich hatte selbst nicht viel auszustehen, aber die ewige Schimpferei überall und immer ging auf die Nerven.[46]

---

[44] Schwarzschild an Sommerfeld, nach 8. Januar 1916, vor 19. Februar 1916, Nachlass Sommerfeld, Deutsches Museum München.

[45] Mali Blumenthal an Schwarzschild, 28. Juli 1915, vollständig abgedruckt auf S. 164.

[46] Blumenthal an Schwarzschild, 26. Juli 1915, vollständig abgedruckt auf S. 163.

Erst als er seine Arbeit in Berlin begann, erfuhr Blumenthal, dass er in Zukunft in Hannover arbeiten würde, und zwar als Leiter der dortigen Militär-Wetterwarte. Über diese neue Herausforderung konnte er nur glücklich sein; von Langeweile gab es von nun an keine Spur, wie er Schwarzschild mitteilen konnte: „In der Meteorologie habe ich fürs erste noch viel zu viel zu lernen und zu arbeiten, um mich zu langweilen. Ich will mir ein paar Bücher anschaffen und in Hannover studieren. Unter meinen Assistenten befindet sich auch wenigstens ein interessierter und gescheiter Mensch, da soll schon etwas herauskommen" (ebd.).

Blumenthal leitete die Wetterwarte in Hannover etwa zwei Jahre lang, während derer Mali ihn öfters besuchen konnte. Später, im letzten Jahr des Krieges, bekam er eine Stelle in der Flugzeugabteilung der Siemens-Schuckert-Werke in Berlin. Erst 1919 kehrte er nach Aachen zurück, um seine Professur wiederaufzunehmen. Es gab allerdings Phasen, in denen Blumenthal außerhalb von Hannover mit seinem Stab tätig war. So befanden sie sich ab März 1916 in Lettland, unweit von Dünaburg. Vor dort aus schrieb Blumenthal an Schwarzschild, dass ihre jetzige Arbeit: „etwas anders als in Namur [aussieht], dass wir näher an der Front sind und weniger für die Wetterzentralen als für Flieger-Abteilungen zu liefern haben. Andererseits sind wir aber so weit von der Front weg, dass wir nur aus weiter Ferne die schweren Geschütze hören. Ich glaube, dass die Tätigkeit weniger faul ist, als in Namur: an schönen Tagen, wie heute, werden wir gehörig in Atem gehalten."[47]

Als Blumenthal diesen Brief schrieb, wusste er schon, dass sein Freund von einer schlimmen Hautkrankheit heimgesucht worden war. Dass dieser Pemphigus sogar lebensbedrohlich sein konnte, ahnte er allerdings noch nicht. Als er etwa einen Monat später über die Gefährlichkeit der Situation aufgeklärt worden war, schrieb er am 12. Mai seinen letzten Brief an den alten Freund:

> Meine Frau schreibt mir, dass Du in einer Klinik liegst und von Deiner Hautkrankheit arg geplagt wirst. Das tut mir von Herzen leid. Es ist kaum möglich, Dich als Kranken vorzustellen. Jetzt wo die Welt als Ganzes krank ist, ist es ja wohl kein Wunder, wenn es auch der einzelne wird. Ich hoffe aber, dass Du erheblich früher wieder Gesund wirst als die Welt und auch gründlicher: denn das arme Europa wird eine schwere und lange Rekonvaleszenz durchmachen müssen....[48]

Diese Zeilen kamen aber zu spät in Potsdam an, denn schon am 11. Mai war Schwarzschild seiner grausamen Krankheit erlegen. Kurz nach Ausbruch des Krieges hatte er sein Testament verfasst (S. 169). In diesem wird auch Blumenthal erwähnt: „Meine wissenschaftlichen Manuskripte mögen Blumenthal, Emden, Prandtl, Runge durchblättern und, wenn sie wollen, behalten. Vieles, was der Veröffentlichung wert ist, wird nicht dabei sein." Es war Blumenthal, der diese Arbeit auf sich nahm, indem er diesen Teil des Nachlasses ordnete und mit kurzen Kommentaren versah.[49] Gleichzeitig bereitete er einen wissenschaftlichen Nachruf auf

---

[47]Blumenthal an Schwarzschild, 2. April 1916, vollständig abgedruckt auf S. 167.

[48]Blumenthal an Schwarzschild, 12. Mai 1916, vollständig abgedruckt auf S. 167.

[49]Ein Findbuch für den Schwarzschild-Nachlass mit Blumenthals Angaben und Kommentaren

Schwarzschild vor (Blumenthal 1917), welcher in Kapitel 5 dieses Buches abgedruckt ist.

Blumenthal gab dort ein lebendiges Bild von Schwarzschilds Persönlichkeit, wobei er zwei außerordentliche Qualitäten beschrieb, die er als die Quellen seiner hohen wissenschaftlichen Leistungen kennzeichnete. Das eine war „eine ungemeine Leichtigkeit und Schärfe der Auffassung" (S. 172). In einem wissenschaftlichen Gespräch konnte Schwarzschild das Wesen eine Frage schnell erfassen, und er vermochte „häufig mit überraschender Klarheit, sie neuartig zu formulieren und an Bekanntes anzuknüpfen". Diese Fähigkeit Schwarzschilds „erstreckte sich über weite Gebiete, von der Mathematik bis zur Chemie" (ebd.). Es blieb aber für Blumenthal etwas Mysteriöses dabei, denn solche

> Kenntnisse können nur durch angespannte Arbeit erworben werden, und doch erinnere ich mich nur weniger Fälle, wo er längere Zeit mit Anstrengung Literatur studierte. Er muss eben in ungewöhnlichem Maße seine Geisteskräfte habe konzentrieren können und die Zeit aufs äußerste ausgenutzt haben. Dieser Gabe verdankt er es vor allem auch, dass bei ihm der Mensch neben dem Gelehrten nicht zu kurz kam. Er hatte Sinn und Zeit für alles Schöne, für Kunst und Dichtung, für Sport, für Bergbesteigungen und große Reisen, auf denen er mit offenen Augen um sich sah, nicht zum mindesten auch für Geselligkeit, und zwar um so mehr, je ausgelassener sie war. In ihm lebte neben dem Professor der „Schwarzschildbub", und die Vereinigung beider gab einen Menschen von seltener Vollkommenheit. (ebd.)

Noch schwieriger fand es Blumenthal, die zweite Qualität von Schwarzschilds Produktion zu kennzeichnen, denn seine Arbeiten gingen nicht nur in die Breite, sondern auch in die Tiefe. Dies, meinte er, zeichnete seine Werke aus, und spiegelte (S. 172) „die eigentliche Grundeigenschaft seines Geistes [wider]: die Freiheit und Unbefangenheit des Denkens. Da gab es keine Sonderfächer und Trennungen. Aus allen Gebieten der Wissenschaft nahm er Anregungen und Ideen mit offenem Sinne auf, verknüpfte und verarbeitete sie mit seinem Wissen und gewann rasch ein sicheres Urteil über ihre Bedeutung" (ebd.). Schwarzschilds akademische Antrittsrede vom 26. Juni 1913 befindet sich außerdem in Anhang VII auf S. 325 dieses Buches. Im Nachruf schrieb Blumenthal darüber (S. 181):

> …es ist ein Meisterstück, herzerfreuend in ihrer frischen Begeisterung und ursprünglichen Ausdrucksweise. Er wendet sich gegen die Ansicht, dass die Astronomie eine alternde Wissenschaft sei, und in seiner Darstellung sieht man wahrlich die grünen Zweige aus dem schwarzen Stamm hervorschießen. Als Mitglied der Akademie hatte er das Recht, an der [Berliner] Universität Vorlesungen zu halten, und machte mit Freude davon Gebrauch. Die Universität wünschte ihn sich noch enger zu ver-

---

kann man als PDF beim Internetportal http://hans.sub.uni-goettingen.de/ herunterladen.

binden und ernannte ihn im Februar 1916 zum ordentlichen Honorarprofessor: es war schon zu spät. (Blumenthal 1917, 67)

Als Blumenthal seinen Nachruf auf seinen Freund vorbereitete, bekam er von
Else Schwarzschild Abschriften von den Trauerreden anlässlich seiner Beerdigung.
Noch im Wetterdienst tätig, schrieb er sie dankend zurück. Dabei erzählte er ihr,
wie ihm diese Nebenbeschäftigung eine besonders liebe Arbeit sei, „es fällt mir
dabei so vieles Liebe, Halbvergessene wieder ein". Der inzwischen verstorbene Vater
von Karl hinterließ aber bei Blumenthal auch gemischte Gefühle, denn „es war zu
erwarten, und ist gut für den alten Mann. Aber die Frau in ihrer Einsamkeit tut
mir sehr leid." Blumenthal wusste sicherlich – auch von Schwarzschilds Testament
(abgedruckt am Ende von Kapitel 4) –, dass Else Schwarzschild nicht in Potsdam
bleiben, sondern nach Göttingen umziehen und dort ihre Kinder erziehen und
aufwachsen lassen sollte. So schloss er diesen Brief mit einem Wunsch: „Wenn Sie
nach Göttingen übersiedeln, hoffe ich, dass Sie in regem Verkehr mit meiner Frau
treten, wie es die Väter – und wohl auch die Mütter – in ihrer Jugend getan
haben."[50]

1.10 Die *Mathematischen Annalen*

Wenn Otto Blumenthals Verdienste um die *Mathematischen Annalen* allgemein bekannt sind, werden sie in diesen Quellenbänden erstmalig in ausführlicher
Form dokumentiert. Seine Tätigkeit als *Annalen*-Redakteur zerfällt dabei in drei
Phasen. In der ersten Übergangsphase von 1904 bis etwa 1910 musste sich Blumenthal zunächst einarbeiten, bevor er die Zügel in die Hand nehmen konnte (Kapitel
6). Gelegentlich mischte er sich in kleinere Streitereien mit Autoren ein, aber diese
waren nur kurzfristige Episoden. Erst Ende des Jahres 1910 wurde er in einen
heftigen Streit mit längerfristigen Konsequenzen verwickelt, und zwar durch die
Auseinandersetzung zwischen Henri Lebesgue und L.E.J. Brouwer in Bezug auf die
Invarianz der Dimension (Abschnitt 7.1). Diese zweite Phase endete im Jahre 1914
mit der gleichzeitigen Aufnahme von Brouwer und Constantin Carathéodory in die
Redaktion der *Annalen*. Während des Krieges vertrat Carathéodory Blumenthal als
geschäftsführender Redakteur, aber mit der Nachkriegszeit, als ökonomische und
politische Probleme fast immer auf der Tagesordnung standen, begann für Blumenthal seine dritte, besonders schwierige Phase als Redakteur, welche in Band
II ausführlich dokumentiert wird. Damals, als die bloße Existenz der *Mathematischen Annalen* auf der Kippe stand, spielte er eine entscheidende Rolle bei ihrer
Rettung.

Nach dem Krieg wurde der Verleger Ferdinand Springer eine Schlüsselfigur
für die Mathematik in Deutschland, insbesondere für die *Mathematischen Annalen*. Die Zeitschrift der Göttinger musste ihren Platz neben der von Springer neu

---

[50]Blumenthal an Else Schwarzschild, 22. Juli 1916, abgedruckt auf S. 170. Elses Vater Julius
Rosenbach war Direktor der chirurgischen Universitäts-Poliklinik in Göttingen und ein Kollege
Wilhelm Ebsteins.

gegründeten *Mathematischen Zeitschrift* suchen, die unter der Leitung des Berliners Leon Lichtenstein herausgegeben wurde.[51] Die Strategie ergab sich aus der Verbundenheit mit Einstein und der neueren Physik, wobei die schon bestehenden Kontakte mit der Sommerfeld-Schule in München noch gestärkt werden sollten. Die Hauptredaktion wurde deswegen neu gebildet, sodass ab 1920, neben Klein, Hilbert und Blumenthal, auch Einstein selbst als führender Vertreter der theoretischen Physik auf der Titelseite stand. Darüber hinaus traten mehrere neue Mitwirkende in die Redaktion ein: Ludwig Bieberbach, Harald Bohr, Max Born, Richard Courant, Theodor von Kármán und Sommerfeld.

Trotz dieser Erweiterung wurden dennoch zwei Mitredakteure sowohl für Blumenthal als auch für die *Annalen* zunehmend wichtiger: Brouwer und Carathéodory. Dies wird besonders deutlich hinsichtlich Brouwers Engagement, wie in Band II dokumentiert wird. Die allgemeinen Spannungen dieser Zeit führten außerdem zu einer unseligen Verquickung von wissenschaftlichen und politischen Interessen, welche den liberalen Ansichten von Hilbert und Blumenthal entgegenliefen. Der Konflikt zwischen Hilbert und Brouwer gipfelte 1928 im sogenannten „Froschmäusekrieg", der zur Folge hatte, dass die *Annalen*-Redaktion aufgelöst werden musste (Band II, Kapitel 8).[52] Die neue wesentlich kleinere Redaktion bestand ausschließlich aus Loyalisten Hilberts, u.a. Otto Blumenthal, der nach wie vor geschäftsführender Redakteur blieb.

An dieser Stelle soll kurz über die Vorgeschichte der Zeitschrift berichtet werden, damit ihre Wurzeln in der früheren mathematischen Kultur und ihre Bedeutung für die mathematischen Tradition Göttingens mitberücksichtigt werden können (Behnke 1973). Die *Mathematischen Annalen* entstanden 1868 durch eine Initiative von Alfred Clebsch (1833–1872) in Göttingen und Carl Neumann (1832–1925) in Leipzig (Shafarevich 1983). Beide kamen ursprünglich aus Königsberg in Ostpreußen, wo sie das berühmte mathematisch-physikalische Seminar besuchten, das von Neumanns Vater, dem Physiker Franz Ernst Neumann (1798–1895), zusammen mit dem Astronomen Friedrich Wilhelm Bessel (1784–1846) und dem Mathematiker Carl Gustav Jacob Jacobi (1804–1851) gegründet worden war. Als Vertreter dieser ehrwürdigen Königsberger Tradition wollten Clebsch und Neumann eine Zeitschrift gründen, die ein Gegengewicht zu dem von den Berlinern Mathematikern dominierten *Journal für die reine und angewandte Mathematik*, welches schon 1826 von August Leopold Crelle ins Leben gerufen worden war, bilden sollte (Biermann 1988, 35–40). Dabei war es hauptsächlich Clebsch, der das Projekt vorantrieb, unterstützt von seinen Freunden und Schülern. Als dieser dann im November 1872 plötzlich und völlig unerwartet starb, führte dies zu ei-

---

[51]Lichtenstein promovierte 1909 bei H. A. Schwarz an der Universität Berlin und habilitierte sich ein Jahr später ebenfalls dort. Während des Krieges arbeitete er als Ingenieur bei Siemens und stellte statische und aerodynamische Berechnungen für die Fliegertruppe an. Nach dem Krieg wurde er ordentlicher Honorarprofessor an der Technischen Hochschule in Berlin-Charlottenburg.

[52]Der „Froschmäusekrieg", der zur Entlassung Brouwers von der *Annalen*-Redaktion führte, wurde erstmalig in (van Dalen 1990) ausführlich dargestellt. Sie bildet ein zentrales Thema in Band II.

ner ersten Krise für die *Annalen*. Provisorisch wurde entschieden, dass Neumann die Leitung übernehmen sollte, allerdings mit der Unterstützung anderer Mitwirkender. So wurde eine erweiterte Redaktion gebildet, bestehend aus Felix Klein (Erlangen), Paul Gordan (Gießen) und Neumanns Leipziger Kollegen Adolf Mayer und Karl von der Mühll.

Dass Leipzig ab dieser Zeit zu einem Schwerpunkt für die *Annalen*-Redaktion wurde, hatte auch ganz praktische Gründe. Denn die Produktion der Zeitschrift lag bei dem Leipziger Verleger B. G. Teubner, sodass dort eine möglichst enge Zusammenarbeit stattfinden konnte. Neumann wollte diese praktische Arbeit an Mayer und von der Mühll delegieren, ein Arrangement, welches aber keine dauerhafte Lösung brachte. So kam es nur drei Jahre später zu einer erneuten Umbildung der Redaktion. Neumann zog sich aus der Hauptredaktion zurück, welche ab 1876 von Klein und Mayer übernommen wurde. Diese neue Struktur erwies sich nicht nur als eine stabile, sondern sie führte bald dazu, dass die *Annalen* das *Crelle-Journal* weit überholen konnten.[53]

Dieser Aufschwung während des nächsten Jahrzehnts verlief auch beinahe gleichzeitig mit dem Aufstieg von Kleins mathematischem Stern. Als er 1880 nach Leipzig auf eine neu errichtete Professur für Geometrie berufen wurde, konnte er die Geschäfte der *Annalen* direkt an Ort und Stelle mit Mayer erledigen. Dabei kam eine deutliche Arbeitsverteilung zustande, bei der Klein in erster Linie den Schriftverkehr mit den Autoren führte, während Mayer für die ständigen Kontakte mit der Druckerei zuständig war. Paul Gordan bewährte sich außerdem als fleißiger Mitarbeiter, während Klein sich über die Trägheit Neumanns und von der Mühlls immer wieder beschweren musste.

Als Klein 1886 nach komplizierten Vorverhandlungen Leipzig verließ, um die Nachfolge Moritz Abraham Sterns in Göttingen anzutreten, versuchte er nebenbei, neue Autoren für die *Annalen* zu gewinnen. So schrieb er am 1. August 1886 an Mayer, dass er mit den Mathematikern aus Marburg (Heinrich Weber, Edmund Hess und Adolf Kneser)[54] neulich in Wilhelmshöhe zusammengetroffen sei, wie auch später mit Richard Dedekind und Ludwig Kiepert, um sie anzulocken, Arbeiten für die *Annalen* zu schreiben:

> Meine Anstrengungen sind nicht ohne Erfolg geblieben. Ich habe jetzt Stoff bis tief in XXVIII, 2 hinein und eine Menge fernerer Arbeiten in baldiger Aussicht. Worin eigentlich die Hemmung lag, die in der Theilnahme des Publikums für die *Annalen* eingetreten war, ist schwer mit einem Worte zu sagen. Ein wenig liegt daran, daß ich zu streng war, ich mir außerdem mit den sächsischen Berichten selbst Concurrenz machte. Wesentlich ist außerdem die sehr beachtenswerthe Activität von Mittag-Leffler. Endlich kommt jedenfalls in Betracht, daß unsere gleichaltrigen Freunde aus der eigentlichen Productionszeit mehr und mehr heraus-

---

[53] Zumindest kann man diese Überholung quantitativ bestätigen (vgl. (Tobies/Rowe 1990, 28–46)).

[54] Hess und Kneser haben danach jeweils zwei Arbeiten in Bänden 28 und 29 publiziert.

kommen und der Nachwuchs kein rechtes Aequivalent bietet. Ich werde spätestens im Oktober nach Berlin gehen und dort einiges Terrain zu gewinnen suchen.[55]

Diese Dürrephase war eher vorübergehend, denn später haben die Herausgeber der *Annalen* sich oft über das gegenteilige Problem beschwert, nämlich die Unmengen von Stoff, die sie zu bewältigen hatten. Nur ein Jahr danach wollte Klein sich von den lästigen *Annalen*-Geschäften befreien, um auch andere Pläne in Göttingen schmieden zu können. So wurde 1888 sein ehemaliger Schüler Walther von Dyck, der seit 1884 Professor an der Technischen Hochschule München war, in die Hauptredaktion aufgenommen. Dyck genoss zwar nicht den Ruf eines ausgezeichneten Mathematikers, galt aber andererseits als begabter Organisator (Hashagen 2003). Insofern konnte Alexander Brill, vormals Kleins Kollege in München, seine Absichten durchaus nachvollziehen. Er schrieb: „Deinen Entschluß, von den vorwiegend geschäftlichen Arbeiten der Redaction zurückzutreten, begrüsse ich im Interesse Deiner Gesundheit. Für diese Zeitschrift selbst fürchte ich von der Ausführung derselben solange nicht, als Du Deinen Einfluß auf den Charakter der Zeitschrift, die Art der Mitarbeiter und namentlich die Auswahl der Redacteure nicht aufgibst" (Tobies/Rowe 1990, 30).

Klein behielt in der Tat diese Vorrechte, obwohl er sie stets im Einvernehmen mit den anderen Redaktionsmitgliedern auszuüben pflegte. So konnte er 1893 durch die Aufnahme von Heinrich Weber und Max Noether die Redaktion ohne den geringsten Widerstand erweitern. Dabei machte er seine Sonderrolle in einem Brief an Noether deutlich: „es kommt darauf an, die Fähigkeiten der verschiedenen Redacteure jeweils möglichst zur vollen Wirkung gelangen zu lassen. Ich selbst habe bei der Richtung meiner Studien nachgerade wenige Geschicklichkeit, Arbeiten im Einzelnen zu kritisieren (sofern ich sie nicht unter meinen Augen habe ausführen lassen), dagegen habe ich einen gewissen allgemeinen Ueberblick, ein Gefühl dafür, wo ein Fortschritt sich ermöglicht, und ausserdem viel persönliche Beziehungen. . . .“[56] Inzwischen hatte Dyck die Hauptverantwortung für die Geschäfte der *Annalen* übernommen, während Klein sich zunehmend um das Gesamtunternehmen kümmerte. Als Klein aber 1894 versuchte, Hilbert in die Redaktion der *Annalen* zu bringen, stellte sich dies als ziemlich schwierig heraus. Es gab zunächst Bedenken persönlicher Art, weil es früher zwischen Hilbert und Gordan scharfe Konflikte gegeben hatte. Hinzu kam, dass einige ältere Vertreter der Clebsch'schen Schule diese Tradition bei den *Annalen* weiter aufrechterhalten wollten. Klein plädierte andererseits für die Notwendigkeit eines sanften Generationswechsels in der Redaktion. So argumentierte er gegenüber Max Noether, dass Hilberts Mitwirkung unbedingt notwendig sei: „Ich brauche den Sinn des Vorschlags ja kaum besonders darzulegen. Wir alle sind nicht mehr ganz jung und arbeiten nachgerade mehr

---

[55](Tobies/Rowe 1990, 158). Kleins Bemerkung in Bezug auf Gösta Mittag-Leffler richtet sich auf seine im Jahre 1882 gegründete Zeitschrift *Acta Mathematica*, in der die bahnbrechenden Arbeiten Henri Poincarés zur Theorie der automorphen Funktionen erschienen sind.

[56]Klein an Max Noether, 28. November 1893, zitiert nach (Tobies/Rowe 1990, 34).

retrospektiv. Andererseits ragt unter den Jüngeren Hilbert unverkennbar immer mehr hervor. Ich will doch hinzufügen, dass er eben wieder in den Göttinger Nachrichten eine vorzügliche Arbeit über Idealtheorie veröffentlicht hat, durch die sich Dedekind aus seiner Ruhe abgeschreckt fühlt" (Tobies/Rowe 1990, 31).

Trotz solcher Plädoyers konnte Klein den Widerstand gegen Hilberts Benennung nicht brechen. Statt einen Bruch mit seinen alten Freunden Gordan und Noether zu riskieren, wählte er eine Strategie des Abwartens. Über diese Meinungsdifferenzen wie auch seine Bemühungen bezüglich der *Annalen* schrieb er an Hilbert:

> Ich bin diese Nacht von meiner Tour Leipzig–Wien–München–Erlangen wieder zurückgekommen und berichte Ihnen umgehend über meine Verhandlungen betr. Umgestaltung der *Annalen*-Redaction. Die Sache ist nicht ganz erfreulich aber es ist wenigstens nichts für die Zukunft verdorben. Ich brauche Ihnen ja den eigentlichen Gegensatz, um den es sich handelt, kaum zu bezeichnen. Weber und ich wollen die *Annalen* möglichst Schritt halten lassen mit den modernen Fortschritten der Mathematik, indem wir das neue, wo immer es sich bietet, willkommen heissen. Dementgegen stehen einige Mathematiker, deren Mitarbeit für das Emporkommen der *Annalen* wesentlich gewesen ist und mit denen uns langjährige persönliche Beziehungen verbinden, mit der umgekehrten, vielleicht ihnen selbst nicht mehr bewußten Tendenz, die *Annalen* als Organ einer beschränkten Schule festzuhalten.[57]

Klein konnte immerhin erreichen, dass alle Mitglieder der Redaktion sich für Hilberts Aufnahme aussprachen, jedoch nur unter dem Vorbehalt, dass gewisse andere ältere Herren auch gleichzeitig eintreten dürften. Dies hätte nach Kleins Auffassung seine eigentliche Zielsetzung infrage gestellt, weswegen er die Problematik vertagen wollte. Hilbert sollte also geduldig bleiben, denn „... es ist auch der Gegenpartie klar, dass wir mit unseren Tendenzen durchdringen werden. Denn die Stärkenverhältnisse können sich doch nur zu unseren Günsten ändern. Ich bitte Sie, uns unterdessen nicht untreu werden zu wollen" (Frei 1985, 111).

Hilbert verbrachte zu dieser Zeit einen Urlaub an der Ostsee und schrieb von dort aus an Klein:

> Es ist für mich sehr ehrenvoll, dass alle Redactionsmitglieder der mathematischen Annalen sich im Princip für meine Aufnahme in die Redaction ausgesprochen haben, und mehr noch bin ich darüber erfreut, dass Sie und Professor Weber auf meinen Eintritt in die Redaction Werth legen. Ich bin sehr zufrieden schon mit diesem Erfolge und versichere nur noch, dass ich jederzeit meine Kräfte für das Gedeihen dieser Zeitschrift einzusetzen bereit sein werde, falls ich dazu in Zukunft berufen werde; ich würde dann genau nach denjenigen Gesichtspunkten thätig

---

[57]Klein an Hilbert, 4. Oktober 1894, (Frei 1985, 110 f.).

sein, welche Sie in Ihrem Briefe auseinandersetzen und mit welchen ich ganz übereinstimme.[58]

Nur zwei Monate später kam eine überraschende Wende: Klein teilte Hilbert in einem vertraulichen Brief mit, dass Heinrich Weber einem Ruf nach Straßburg gefolgt sei. Die ersten Beratungen über seine Nachfolge standen bevor, und Klein wollte Hilbert versichern, dass er sich alle Mühe geben würde,

> ...niemanden anders als Sie herüberzubringen. Sie sind der Mann, den ich als wissenschaftliche Ergänzung brauche: vermöge der Richtung Ihrer Arbeiten und der Kraft Ihres mathematischen Denkens, und insofern Sie noch mitten in Ihrer produktiven Periode stehen. ...Ich kann ja nicht wissen, ob ich in der Facultät durchdringe und noch weniger, ob schließlich von Berlin die Berufung erfolgt, wie wir sie beantragen. Aber dies Eine müssen Sie mir schon heute versprechen, dass Sie den Ruf, wenn er an Sie kommt, nicht abschlagen![59]

Bereits zwei Wochen später erhielt Hilbert den Ruf nach Göttingen. Otto Blumenthal erzählte viele Jahre später eine Anekdote, die er von Klein irgendwann gehört habe: „Meine Kollegen haben mir damals vorgeworfen, ich wolle mir einen bequemen jungen Kollegen berufen. Ich habe aber geantwortet: Ich berufe mir den allerunbequemsten" (Blumenthal 1935, 399). Somit waren anscheinend die Weichen auch für die *Annalen* gestellt, nur dauerte dieser Wandel viel länger. Erst mit dem Erscheinen des 50. Bandes im Jahre 1898 stand Hilberts Name auf der Titelseite der Zeitschrift, wobei die Hauptredaktion nach wie vor aus Klein, Dyck und Mayer bestand.

Zu Beginn des neuen Jahrhunderts wollte Klein jedoch die Leitung der *Annalen* endgültig in Hilberts Hände legen. Zu dieser Zeit fand bei der Firma Teubner eine Restrukturierung ihrer wissenschaftlichen Zeitschriften statt, bei welcher die von Otto Schlömilch gegründete *Zeitschrift für Mathematik und Physik* in eine Fachzeitschrift für angewandte Mathematik umgewandelt werden sollte, herausgegeben von Carl Runge und Rudolf Mehmke und unterstützt von Klein und Heinrich Weber (Tobies 1986-1987). Über seine persönlichen Absichten schrieb nun Klein am 9. Dezember 1900 an Adolf Mayer: „Sie haben wahrscheinlich schon gehört, dass mit dem 1. Januar Schlömilchs Zeitschrift in die Redaction von Runge + Mehmke übergeht und sich dann als allgemeines Organ für angewandte Mathematik entwickeln soll. H. Weber und ich werden in den allgemeinen Redactionsrath treten und es kommt damit, was mich angeht, nach aussen erkennbar zur Geltung, dass meine eigenen mathematischen Interessen nicht mehr erschöpfend durch die *Annalen* vertreten sind" (Tobies/Rowe 1990, 213 f.).

Klein hatte seit Jahren versucht, den Weg für Hilberts Eintritt in die Hauptredaktion der *Annalen* zu öffnen, aber er wollte sich zuerst mit Mayer und den

---

[58] Hilbert an Klein, 8. Oktober 1894, (Frei 1985, 113).
[59] Klein an Hilbert, 6. Dezember 1894, (Frei 1985, 115).

anderen Redakteuren verständigen, bevor er seinen Rücktritt offiziell ankündigte. In seinem Brief an Mayer schrieb er über seine Pläne:

> Dies ist nun der Moment, wo ich ausführen möchte, was ich lange beabsichtige, dass ich nämlich von der Hauptredaction der *Annalen* zurücktrete, um für Hilbert Platz zu machen, – ich würde dann ferner auch bei den *Annalen* dem allgemeinen Redactionsrath angehören. Mein Grund ist sehr einfach: ich will nicht auf die Dauer der Jahre eine Stellung festhalten, die zwar früher eine thätsächliches Verhältnis ausdrückte, die aber mit dem Aufkommen einer neuen produktiven Generation ihre Bedeutung verloren hat. Ich würde darum nicht aufhören, den *Annalen* mein Interesse doch noch von Fall zu Fall zuzuwenden. (ebd.)

Klein hatte allerdings nicht damit gerechnet, dass er auf erneuten Widerstand innerhalb der Redaktion stoßen würde. Zwar wusste er, wie wenig Dyck sich für diesen Plan begeistern konnte, aber es kamen auch noch stärkere Bedenken aus Erlangen. In einem Brief von Noether musste Klein lesen:

> G[ordan], und, ich kann es nicht leugnen, auch ich, sind, nachdem Dyck wegen allzu vielen Beschäftigungen für die *Annalen* doch nicht leitend und maßgebend in Betracht kommen kann, nicht ganz sicher, ob eine Redactionsleitung Hilbert – Dyck nicht vielleicht einseitig ausschlagen könnte. H[ilbert] ist zwar für eine Verjüngung richtig, vielleicht unentbehrlich. Aber er hat sich auch in den Angelegenheiten der DMV ziemlich einseitig hartnäckig, fast persönlich, gezeigt. Du wirst ihn vielleicht nach dieser Richtung hin noch genauer beurtheilen können. Die nurwissenschtl. Interessen können ja auch etwas eingenommen machen; und es gibt Köpfe, die sich nicht überzeugen lassen. Es passt mir nicht gerade Alles, was er in die jüngsten Hefte der *Annalen* ... aufgenommen hat. – Unter diesen Umständen möchten wir in erster Linie <u>Dich</u> bitten, jedenfalls noch einiger Zeit in der Hauptredaction zu bleiben, und, wenn Hilbert statt Mayer eintreten sollte, die <u>Leitung</u> zunächst noch festzuhalten. G[ordan] wünscht sogar eine Art Gegengewicht gegen zu starkes Vorherrschen von H[ilberts] Richtung. (Tobies/Rowe 1990, **32**)

Dieses geheime Misstrauensvotum gegen Hilbert bewog Klein, seine Pläne zu ändern. Er blieb deshalb doch in der Hauptredaktion, während Hilbert und Mayer ihre jeweiligen Plätze tauschten.

Erst mit Blumenthals Aufnahme in die Hauptredaktion der *Annalen* kam endlich die große Wende. Nach außen hin war die Bedeutung dieser internen Veränderung allerdings kaum sichtbar, zumal Blumenthals offizielle Ernennung erst 1906 stattfand, obwohl seine Arbeit für die *Annalen* mehr als ein Jahr zuvor begonnen hatte (Abschnitt 6.1). Als sein Name dann doch auf der Titelseite des 62. Bandes stand, erschien derselbe neben denen der drei anderen Herausgeber – Klein, Hilbert und Dyck. So sah es aus, als ob Blumenthal als vierter Redakteur hinzugekommen sei. Aber diese Symmetrie täuschte, denn wie Heinrich Behnke später schrieb: „Klein war völlig überlastet, und Hilbert lagen die Geschäfte nicht" (Behnke 1958, 390). Beide bildeten insofern eine inoffizielle „Oberredaktion", wobei Klein seine traditionelle Sonderrolle behielt. Sogar nach dem Ersten Weltkrieg, als der Generationswechsel in der *Annalen*-Redaktion längst vollzogen war, stand er immer noch an ihrer Spitze. Erst 1924, ein Jahr vor seinem Tod, zog er sich zurück. Was aber die Geschäfte der *Annalen* betraf, diese Verantwortung übernahm fast allein Blumenthal, sodass die Hauptlast der Arbeit auf seinen Schultern lag. Wie Ulf Hashagen ganz zutreffend über diese neue Situation schrieb, gab es für Walther von Dyck von nun an nur ein formales Verhältnis mit den *Annalen*; seine Rolle wurde die eines „Phantomherausgebers" (Hashagen 2003, 391–402). Gleichzeitig verloren die alten Beziehungen zu Leipzig und Erlangen an Bedeutung, als eine neue Achse zwischen Göttingen und Aachen aufgebaut wurde.

Auch gab es während dieser Zeit eine starke Verschiebung der Forschungsinteressen der Mathematiker, die in den *Annalen* veröffentlichten. Früher hatten die führenden Autoren hauptsächlich Arbeiten über Themen der komplexen Funktionentheorie, algebraischen Geometrie und Invariantentheorie publiziert. Klein und Hilbert wie auch Adolf Hurwitz gehörten zu der älteren Generation, die immer noch viele Arbeiten in den *Annalen* veröffentlichten. Die jüngeren Mathematiker schenkten diesen klassischen Gebieten hingegen relativ wenig Aufmerksamkeit, da sie sich vielmehr neueren Forschungsfeldern zuwenden wollten, wie z.B. abstrakter Algebra und Geometrie, Mengentheorie, Integralgleichungen, Variationsmethoden oder Funktionalanalysis. Zu den wichtigsten dieser Autoren gehörten L.E.J. Brouwer, Constantin Carathéodory, Edmund Landau und Alfred Loewy.[60] Carathéodory wurde 1913 Kleins Nachfolger in Göttingen; ein Jahr später wurde er zusammen mit Brouwer eingeladen, in die Redaktion der *Annalen* einzutreten.

Während des Krieges gab es eine Reihe wichtiger Arbeiten von Göttinger Mathematikern über die mathematischen Grundlagen der allgemeinen Relativitätstheorie. Die große Mehrzahl davon – Beiträge von Hilbert, Klein, Emmy Noether, Hermann Vermeil, u.a. – sind aber nicht in den *Annalen*, sondern in den *Nachrichten der Gesellschaft der Wissenschaften zu Göttingen* erschienen.[61] Der Wunsch, mehr Beiträge dieser Forschungsrichtung in den *Annalen* zu veröffentlichen, wurde durch die Ernennung Einsteins als Mitglied der Hauptredaktion signalisiert. So erschien ab 1920 sein Name neben denen von Klein, Hilbert und Blumenthal auf der Titelseite.

Einstein war allerdings selbst daran interessiert, die Kooperation zwischen forschenden Mathematikern und Physikern zu fördern.[62] So bemerkte er schon

---

[60]Zu Loewy siehe (Remmert 1995). Zu den anderen Mathematikern, die mehrere Arbeiten für die *Annalen* geschrieben haben, zählten Felix Bernstein, Oskar Bolza, Max Dehn, Georg Faber, Emil Hilb, Adolf Kneser, Hans Mohrmann, Oskar Perron, Theodor Reye, Erhard Schmidt, Arthur Schoenflies, Paul Stäckel und Hermann Weyl.

[61]Eine Ausnahme war: Hermann Vermeil, Bestimmung einer quadratischen Differentialform aus der Riemannschen und den Christoffelschen Differentialinvarianten mit Hilfe von Normalkoordinaten, *Mathematische Annalen*, 79 (1919): 289–312.

[62]Zu den gemeinsamen Interessen von Mathematikern und Physikern in Bezug auf die allgemeine Relativitätstheorie siehe (Weyl 1949).

am 26. März 1917 in einem Brief an Felix Klein:

> Es wäre wohl wünschbar, wenn zwischen Göttingen und Leiden die Ar-
> beiten ausgetauscht würden, die auf dem Gebiete der allgemeinen Re-
> lativitätstheorie gemacht werden. Dadurch würde viel Denkarbeit ge-
> spart werden. So ist z.B. eine genaue Behandlung des Punktproblems,
> wie sie Hilbert in seiner letzten Arbeit gibt, bereits in der Dissertation
> des Holländers Droste gegeben. Ferner hat Lorentz vieles bearbeitet.
> (Einstein-CPAE 1998, 425)

Möglicherweise war es diese Anregung Einsteins, die Klein an Brouwer weiter-
geben wollte. So findet man in einem Brief von Carathéodory an Brouwer folgende
Bitte: „Klein möchte gern auch in den *Annalen* Arbeiten über Gravitationstheorie
haben. Vielleicht können Sie den einen oder anderen Holländer der diese Sachen
treibt (z.B. De Sitter) veranlassen etwas zu liefern".[63] Klein hatte selbst persönliche
Kontakte mit Jan Arnoldus Schouten, dem führenden Experten für Tensoranaly-
sis in den Niederlanden. Es stellte sich jedoch heraus, dass Brouwer eine extrem
negative Meinung von dessen Arbeiten hatte. Deswegen wandte sich Schouten an
die Redaktion der *Mathematischen Zeitschrift*, in deren Bänden er während der
1920er Jahre mehrere Arbeiten veröffentlichte. Erst nachdem Brouwer 1928 von
der *Annalen*-Redaktion entlassen wurde, fing Schouten wieder an, Arbeiten für die
Annalen einzureichen.

Stellvertretend für den starken Wandel in den Forschungsinteressen der *Mathematischen Annalen* waren Brouwers Beiträge zur Topologie aus den Jahren
1910 bis 1912 (Brouwer 1976, 341–523). Zu dieser Zeit gab es einen intensiven
schriftlichen Austausch mit Blumenthal, bei welchem schwierige und umstrittene
Fragen in der neueren Topologie verfolgt wurden. Zu diesen gehörte das Problem,
einen strengen Beweis für die topologische Invarianz der Dimension aufzustellen,
eine Thematik, die zu einem heftigen Streit zwischen Brouwer und Henri Lebesgue führte (Abschnitt 7.1). Am Anfang dieses Konflikts stand Blumenthal ganz
hinter Lebesgue, aber im Laufe der Auseinandersetzung wechselte er langsam auf
Brouwers Seite über, obwohl am Ende vieles noch ungeklärt bleiben sollte.

Bei der Invarianz der Dimension handelt es sich um eine Kontroverse, die
vor dem Krieg aufflammte, dann aber bald wieder erlosch, nachdem die zwei Kontrahenten Brouwer und Lebesgue sich aus dem Gefecht zurückgezogen hatten.[64]
Brouwer befand sich dennoch gleich danach in einem kuriosen Disput mit dem
Analytiker Paul Koebe, der die Bedeutung der neuen Sätze Brouwers im Rahmen
der Uniformisierungstheorie der komplexen Analysis infrage stellte. Wegen der
Tragweite wie auch des Prestiges dieser mathematischen Thematik waren außerdem Klein und Hilbert sowie auch Ludwig Bieberbach, Hermann Weyl und Robert
Fricke an dieser Debatte entweder direkt oder am Rande mitbeteiligt (Abschnitt
7.2 und 7.3).

---

[63] Carathéodory an Brouwer, 23. Mai 1918, abgedruckt in Kapitel 7.

[64] Diese Phase gehörte der Vorgeschichte der modernen Dimensionstheorie an, die etwa ab 1923
anfing. Zu Brouwers Teilnahme an dieser späteren Entwicklung siehe Band II, Kapitel 5.

Unbestritten blieben allerdings Brouwers Beiträge zur Topologie, die eine neue Epoche eröffneten. Sein späterer Assistent Hans Freudenthal unterstrich diese inhaltliche Verschiebung, indem er Brouwers Arbeiten in zwei Kategorien unterteilte: Topologie im Stil von Cantor-Schoenflies und Topologie mit neuen Methoden. Zur zweiten gehörten Brouwers grundlegende Beiträge zur Mannigfaltigkeitstheorie, insbesondere zur Dimensionstheorie. Wer die Entstehungsgeschichte dieser Arbeiten näher kennenlernte möchte, sollte die Kommentare von Freudenthal in (Brouwer 1976) lesen. Dort wird außerdem gezeigt, dass Brouwer damals mit Blumenthal über praktisch alle inhaltlichen Aspekte seiner revolutionären Ideen korrespondierte.

1.11   Über Brouwers topologische Arbeiten in den *Annalen*

Somit übertrieb Brouwer nicht, als er etwa ein Jahrzehnt später über Blumenthal schrieb: „viele meiner Arbeiten hätte ich ohne ihn nicht geschrieben." Der Adressat dieses Schreibens war kein anderer als Arthur Schoenflies.[65] Bevor Brouwer diese Bühne betrat, galt Schoenflies als führender Experte der Punktmengentopologie, wurde aber alsbald von dem jungen Niederländer abgelöst (van Dalen 2013, 119–148). Obwohl die Topologie im Stil von Cantor-Schoenflies weniger mit Blumenthal zu tun hat, möge ein kurzer Abriss dieser Vorgeschichte nützlich sein, um die allgemeine Bedeutung der topologischen Arbeiten Brouwers einzuordnen.[66]

In den Jahren von 1879 bis 1884 veröffentlichte Georg Cantor seine berühmte sechsteilige Arbeit „Über unendliche lineare Punktmannichfaltigkeiten" in den *Annalen* (Cantor 1879–1884). Viele Jahre später schrieb Abraham Fraenkel darüber:

> Die Redaktion der *Mathematischen Annalen* hat eine kühne Tat vollbracht, sich aber auch ein unvergängliches Verdienst erworben, indem sie die Spalten ihrer Zeitschrift diesen Ideen öffnete, die damals die mathematische und philosophische Welt vor den Kopf stießen und noch über ein Jahrzehnt einen bitteren Kampf um ihre Anerkennung zu führen hatten.[67]

Es begann damit eine neue Epoche in der Mathematikgeschichte, angeführt von der mengentheoretischen Topologie. Es zeichnete sich gleichzeitig eine Reorientierung der Fachinteressen innerhalb Deutschlands ab, bei der Cantors Mengenlehre endgültig Platz in den *Annalen* fand (Tobies/Rowe 1990, 37–46). Cantors letzte Arbeit im *Crelle-Journal* war sein „Beitrag zur Mannigfaltigkeitslehre" (Cantor 1878). Dieser enthält schon den fundamentalen Begriff der *Gleichmächtigkeit* zweier Mengen wie auch seinen Beweis, dass die reellen Zahlen in dem Intervall

---

[65] Brouwer an Schoenflies, 17. Januar 1921, abgedruckt in Band II, Kapitel 3.
[66] Gesamtdarstellung in (Johnson 1979).
[67] Zitiert nach (Purkert/Ilgauds 1987, 58).

$[0, 1]$ die gleiche Mächtigkeit wie die Zahlenpaare in $[0, 1]^2$ besitzen. Geometrisch ausgedrückt, stellte Cantor eine bijektive Abbildung zwischen diesen zwei Mengen auf, womit gezeigt wurde, dass die Anzahl der Punkte auf einer Strecke mit der Anzahl der Punkte eines Quadrats identisch sein muss. Als er vor der Veröffentlichung Richard Dedekind dieses Ergebnis vorlegte, konnte dieser die Richtigkeit von Cantors Beweisführung bestätigen. Gleichzeitig sprach Dedekind allerdings die Vermutung aus, dass derartige Abbildungen zwischen Punktmannigfaltigkeiten verschiedener Dimensionen immer Unstetigkeiten aufweisen müssen.

Dedekinds Vermutung deutete auf eine schwierige Frage hin, die später als die Invarianz der Dimensionszahl bezeichnet wurde. Es ging dabei um die topologische Invarianz der Dimension für euklidische Räume $\mathbb{R}^n$.[68] Nach Veröffentlichung der paradox erscheinenden Abbildung Cantors entstand die Frage, ob die Dimension bei einer stetigen Abbildung unverändert bleiben muss. Wenn der Begriff „Dimension" überhaupt einen topologischen Sinn besitzen soll, müsse für jeden Homöomorphismus $f : \mathbb{R}^m \longrightarrow \mathbb{R}^n$ (also eine bijektive stetige Funktion mit stetiger Umkehrfunktion) $m = n$ gelten. Dies versuchte Cantor, im Jahre 1879 zu beweisen, aber es stellte sich 20 Jahre später heraus, dass sein Beweis lückenhaft war.[69]

Vor der Jahrhundertwende ruhte diese Frage noch, aber in der Zwischenzeit traten weitere merkwürdige Objekte in Erscheinung. Die Invarianz der Dimension hing eng mit der Vorstellung zusammen, dass das stetige Abbild einer Strecke immerhin eine Kurve sein muss, d.h. ein Gebilde der Dimension eins. Dass eine *stetige* Abbildung die Dimension aber tatsächlich erhöhen kann, zeigte Giuseppe Peano 1890 in einer kurzen Arbeit, die in den *Annalen* erschien.[70] Adolf Mayer fand dies eine „wunderbare Note", bat aber Peano um einen Zusatz, in welchem das Verhältnis zu Cantors letzter Arbeit im *Crelle* (Cantor 1878) klar stehen sollte.[71] Kurz danach hielt Hilbert einen Vortrag über das gleiche Thema auf der ersten Jahrestagung der Deutschen Mathematiker-Vereinigung (DMV) in Bremen. Dort stellte er ein anschauliches geometrisches Verfahren auf, um solche „Peano-Kurven" zu gewinnen. Gleich danach schrieb ihm Klein, dass er gerne „eine mit Figuren ausgestattete Note" darüber für die *Annalen* hätte: „Dass Sie diese *Sache der geometrischen Anschauung* nahe rücken, ist mir das Wesentliche. In der Tat: die abstrakte Darstellung bei Peano lese ich und mit mir viele andere Mathematiker doch nicht; so aber, an der Figur, wird's mir unmittelbar zugänglich und ich empfinde die ganze Wichtigkeit der Sache."[72]

Hilbert hatte schon eine kurze Note für die Verhandlungen der Naturforscherversammlung in Bremen eingereicht, die er somit Klein in nur leicht überarbeiteter

---

[68] Zu dieser Geschichte vgl. die grundlegenden Studien (Johnson 1979) und (Johnson 1981).

[69] (Cantor 1879–1884); siehe hierzu (Dauben 1979, 70–76).

[70] G. Peano, Sur une courbe, qui remplit toute une aire plane, *Mathematische Annalen*, 36 (1890): 157–160. Peano veröffentlichte insgesamt drei Arbeiten in den *Annalen* (vgl. (Luciano/Roero 2012, 29–32)).

[71] Mayer an Klein, undatiert, in (Tobies/Rowe 1990, 181).

[72] Klein an Hilbert, 23. November 1890, in (Frei 1985, 70 f.).

Form zur Verfügung stellen konnte. Er erwähnte dabei, dass er sich vorgenommen habe, „künftig einmal auf die ganze Frage näher einzugehen. Ich glaube nämlich, dass auch andere principiell interessante Beispiele von Funktionen, welche bisher immer durch einen ungeheueren analytischen Apparat definiert werden mussten, leichter und einfacher zu construiren sind, wenn man die geometrische Anschauung zu Hülfe nimmt."[73] Offensichtlich ist Hilbert niemals wieder auf diese Frage zurückgekommen, aus Gründen, die dahingestellt bleiben müssen. In dieser kleinen Note schrieb er allerdings eine abschließende Bemerkung, die später von anderen aufgegriffen wurde. Die Hilbert'sche Abbildung ist eindeutig und stetig, aber nicht die Umkehrung, wobei jedem Punkt des Quadrats ein, zwei oder vier Punkte der Strecke entsprechen. Aber, so schreibt Hilbert, „durch geeignete Abänderung …läßt sich leicht *eine eindeutige stetige Abbildung finden, deren Umkehrung eine nirgends mehr als dreideutige ist*" (Hilbert 1891, 160). 20 Jahre später sollte Henri Lebesgue auf dieses Zitat in einem Brief an Blumenthal verweisen, womit er die *Annalen*-Leser auf einen Zusammenhang zwischen der Hilbert'schen Kurve in der Ebene und sein allgemeines Verpflasterungsprinzip für einen Würfel in $\mathbb{R}^n$ aufmerksam machen wollte (Lebesgue 1911a, 168).

Die Invarianz der Dimensionszahl, wie diese erst von Dedekind vermutet wurde, blieb natürlich immer noch unbewiesen, aber man konnte anhand dieses Beispiels gut sehen, dass ein strenger Beweis dafür bald zu finden wäre. Auf jeden Fall gab es viele andere Probleme der Mengenlehre, die den Mathematikern noch größere Sorgen bereiteten, von den berüchtigten Antinomien gar nicht zu reden. Cantors Entdeckungen in Bezug auf das Kontinuum der reellen Zahlen eröffnete völlig ungeahnte Möglichkeiten, als immer neue exotische Eigenschaften geometrischer Objekte unter stetigen Abbildungen in Erscheinung traten.

Der Geometer Arthur Schoenflies, der während Blumenthals Studienzeit noch in Göttingen tätig war (Anhang I, S. 307), arbeitete an der vordersten Front dieses Forschungsprogramms. Schoenflies, der früher in Berlin studiert hatte, war erst 1884 nach Göttingen gekommen, wo er nach seiner Habilitation als Privatdozent unterrichtete. Nach Kleins Empfehlung ist er 1892 zum Extraordinarius befördert worden, bevor er 1899 einem Ruf von Königsberg folgte. Um diese Zeit begann er eine Reihe wichtiger Arbeiten über Punktmengentopologie zu schreiben, wobei seine allgemeine Zielsetzung aus einem Brief vom 28. April 1903 an Hilbert klar hervorgeht:

> Wir stehen mit dem, was den Inhalt der Analysis Situs ausmacht, größtenteils noch auf dem Boden der Anschauung, die zugleich als Beweisgrund dienen muss. Aber es dürfte nötig sein, auch auf diesem Gebiet nach größerer Exactheit zu streben, und seine Sätze aus den geometrischen und mengentheoretischen Grundtatsachen abzuleiten. Dies allmählich zu tun, ist mein lebhafter Wunsch. Ich habe wieder Lust bekommen, hierüber intensiver zu arbeiten, und hoffe, es wird mir mit der

---

[73]Hilbert an Klein, 9. Dezember 1890, in (Frei 1985, 71).

Zeit gelingen.[74]

In den folgenden Jahren erschienen drei von Schoenflies verfasste „Beiträge zur Theorie der Punktmengen" in den *Annalen* (1904a, 1904b, 1906). Gleich am Anfang des ersten umriss er sein Programm mit den folgenden Worten:

> Als eines der allgemeinsten Probleme aus der Theorie der Punktmengen kann man die Aufgabe bezeichnen, die grundlegenden Sätze der Analysis Situs mengentheoretisch zu formulieren und zu begründen und die Beziehungen darzulegen, die zwischen den mengentheoretisch-geometrischen und den analytischen Ausdrucksweisen derselben Begriffe und Sätze obwalten. Die paradoxen Resultate, wie sie z.B. in der eineindeutigen Abbildung der Continua und in der Peanoschen Kurve vorliegen, haben die naiven Vorstellungen der Analysis Situs gründlich zerstört. Um so mehr muss man verlangen, dass die Mengentheorie wiederum Ersatz schafft und die geometrischen Grundbegriffe in einer Weise definiert, die ihnen ihren natürlichen für die Analysis Situs charakteristischen Inhalt wieder zurückgibt. Ist auch die vielgeschmähte Anschauung keine Quelle des Beweises, so scheint es mir doch – wenigstens im Gebiet der Analysis Situs – ein Ziel der Forschung zu sein, den Inhalt der geometrischen Definitionen mit dem Anschauungsinhalt in Übereinstimmung zu bringen. (Schoenflies 1904a, 175)

Schoenflies hatte schon 1898 einen Bericht über Mengenlehre für die *Encyklopädie der mathematischen Wissenschaften* verfasst. Zwei Jahre später veröffentlichte er einen noch größeren Bericht für die DMV (Schoenflies 1900), welchen er dann in einem Ergänzungsband (Schoenflies 1908) vervollständigte. Niemand ahnte zu diesem Zeitpunkt, dass mehrere Ergebnisse in diesen Arbeiten nicht stimmten. Auch Brouwer verwendete bedenkenlos die topologischen Sätze von Schoenflies, ohne zu merken, dass das Fundament nicht in Ordnung war.

Schon als Student in Amsterdam war Brouwer ein Einzelgänger, ein mathematischer Autodidakt mit ausgeprägten philosophischen Interessen. In letzter Hinsicht übte damals der Philosoph und Mathematiker Gerrit Mannoury starken Einfluss auf ihn aus. Brouwers Dissertation von 1907 befasste sich mit Grundlagenfragen, auf die er jedoch erst ein Jahrzehnt später zurückkam. Der berühmte Streit zwischen dem Intuitionisten Brouwer und dem Formalisten Hilbert lief zunächst ohne persönliche Animositäten ab. Erst um 1922 brach die stürmische Phase in der Grundlagenkrise aus, weswegen diese Thematik im vorliegenden Band kaum eine Rolle spielt.

In der Zeit unmittelbar nach seiner Dissertation verfolgte Brouwer verschiedene Probleme in der Punktmengentopologie wie auch in den topologischen Grundlagen der Theorie von Lie-Gruppen. Auf letzteres Thema wies Hilbert 1900 hin,

---

[74]Zitiert nach (Johnson 1979, 175).

als er das fünfte seiner 23 Pariser Probleme formulierte (Hilbert 1900).[75] Es ging Hilbert damals um einen für die Grundlagen der Geometrie geeigneten allgemeinen Begriff einer Transformationsgruppe, bei dem nur Eigenschaften der Stetigkeit und nicht Differenzierbarkeit verlangt werden sollten. Daran anschließend klassifizierte Brouwer stetige Transformationsgruppen, die beispielsweise auf eine Gerade oder auf die euklidische Ebene wirken, je nachdem, ob sie Fixpunkte aufweisen.

Brouwers erste Arbeit in den *Annalen*, „Die Theorie der endlichen kontinuierlichen Gruppen, unabhängig von den Axiomen von Lie" (Brouwer 1909), hatte er in zwei Teile zerlegt. Aber dann entdeckte er ein großes Problem, wie er in einem Brief an Hilbert schilderte:

> Als ich im vergangenen Winter meine zweite Mitteilung über endliche kontinuierliche Gruppen zur Zusendung an die Redaktion der Mathematischen Annalen schon fertig hatte, entdeckte ich auf einmal, dass die Schoenfliesschen Untersuchungen über Analysis Situs der Ebene, auf welche ich mich in ausgiebigster Weise gestützt hatte, sich nicht in allen ihren Teilen aufrechterhalten lassen, und dass auch meine gruppentheoretischen Ergebnisse in Frage kamen. Um wieder Klarheit zu erlangen, war zunächst notwendig, die bezügliche Schoenfliessche Theorie gründlich durchzuarbeiten, und genau festzustellen, auf welche ihrer Resultate sich in vollem Vertrauen weiter bauen lässt. So entstand die hier eingeschlossenen Arbeit, welche in mehrere Teile der Schoenfliesschen Theorie eingrifft [sic], und einige gewissermassen neu gestaltet.[76]

Die hiermit angekündigte Arbeit war die erste Fassung seiner „Zur Analysis Situs" (Brouwer 1910a). Brouwers grundlegende Kritik endete mit einer Auflistung von fünf Schoenfliesschen Sätzen, die falsch waren, wie auch zwei weiteren, die der Verfasser als unsicher bezeichnete. Ein besonders wichtiges Gegenbeispiel in (Brouwer 1910a) war eine Kurve K, die die Ebene in drei Gebiete zerlegt. Brouwer setzte sich dafür ein, dass K als ein Farbbild in den *Annalen* gedruckt wurde, ein damaliges Novum.[77] Es handelt sich im Übrigen um das erste Beispiel eines unzerlegbaren Kontinuums.[78]

Brouwer wollte diese Arbeit „womöglich an derselben Stelle, wo Herr Schoenflies seine Abhandlungen ursprünglich veröffentlicht hat" erscheinen lassen, weswegen er sie der Redaktion der *Mathematischen Annalen* zusandte. Gleichzeitig schickte er auch Schoenflies eine Kopie zu. Letzterer war verständlicherweise über diese unerwartete Wende unglücklich, sodass Hilbert selbst intervenieren musste. Sechs Monate später teilte Brouwer ihm mit, dass dieser kleine Kampf zu Ende

---

[75]Es gibt eine ausgedehnte Literatur über die Hilbertschen Probleme (siehe z.B. (Alexandrov 1979), (Browder 1976), (Yandell 2002)). Zum historischen Kontext siehe (Rowe 2013).

[76]Brouwer an Hilbert, 14. Mai 1909, zitiert nach (Brouwer 1976, 371).

[77]Als Farbbild auch in (Brouwer 1976, 354 f.) wiederabgedruckt.

[78]Ein Kontinuum heißt unzerlegbar, wenn es nicht Vereinigungsmenge von zwei echten Teilkontinuen ist. Diese Entdeckung führte nach dem Krieg zu einer Vielfalt von Untersuchungen, die hauptsächlich in der polnischen Zeitschrift *Fundamenta Mathematicae* erschienen sind.

war: „Mit Herrn Schoenflies ist, wohl hauptsächlich durch Ihre Zwischenkunft, das Einverständnis wiederhergestellt. Ich füge hier seine beiden letzten Briefe bei, auf welche ich geantwortet habe, dass ich mit seiner letzten Fassung zufrieden bin, und die Sache als erledigt betrachte."[79] Brouwer verwies in einer Fußnote in (Brouwer 1910a) auf „den hohen Wert der Schoenflies'schen Untersuchungen" und merkte ferner an: „Nur ihre große Tragweite hat mich zu dieser Kritik veranlaßt, welche übrigens den umfangreichsten Teil, nämlich die Theorie der einfachen Kurven, nicht wesentlich trifft."

Brouwer ging jedoch auch auf dieses Thema ein, und zwar in der Arbeit „Beweis des Jordanschen Kurvensatzes" (Brouwer 1910a). Max Dehn berichtete folgendermaßen über diese Arbeit für *Das Jahrbuch über die Fortschritte der Mathematik*:

> Der *Jordan*sche Kurvensatz wird in sehr einfacher und übersichtlicher Weise bewiesen ohne Benutzung approximierender Polygone. Eine wesentliche Vereinfachung wird erreicht durch den leicht zu beweisenden Hülfssatz: Wird die Grenze eines Gebietes von einer Jordanschen Kurve oder einer Teilmenge einer solchen gebildet, so kann man von ihm aus nach jedem Teilbogen seiner Grenze einen Weg legen.

Diese Arbeit Brouwers diente als Ausgangspunkt für den Beweis eines bald danach erzielten allgemeinen Jordan'schen Satzes in $\mathbb{R}^n$, ein Thema, das auch Blumenthals Interesse geweckt hat. Mittlerweile blieb die Invarianz der Dimensionszahl ein lockendes Problem. Ein erstes Teilergebnis wurde 1906 erreicht, als Jakob Lüroth diesen Beweis für ≤ 3 erbracht hat.[80] Drei Jahre später konnte Brouwer den allgemeinen Beweis für diesen fundamentalen Satz finden, den er erstmals in (Brouwer 1911) publizierte. Im folgenden Jahre veröffentlichte er nicht weniger als acht topologische Arbeiten in den *Annalen*, anfangend mit Brouwer (1912a).

Seine Arbeit (Brouwer 1911) wurde im Juni 1910 für die *Annalen* eingereicht und war deswegen auch Blumenthal schon vertraut, als er im Herbst Henri Lebesgue erst kennenlernte. In einem Brief vom 27. Oktober 1910 informierte Blumenthal Hilbert über seine Begegnung mit Lebesgue in Paris (siehe S. 137):

> Wir haben in den Ferien eine sehr schöne Reise nach Paris gemacht, Mathematiker freilich habe ich leider nicht gesehen, die waren noch alle in den Ferien. D[as] h[eisst] ich habe doch die Bekanntschaft von Lebesgue gemacht, der zufällig in Paris war. Er ist sehr interessant und sagte mir, dass er schon seit langer Zeit nicht nur einen, sondern mehrere Beweise des Satzes von der Invarianz der Dimensionenzahl besitzt, den Brouwer jetzt in den Annalen bewiesen hat. Einen dieser Beweise, der sehr witzig aussieht, hat er mir für die Annalen eingeschickt. Ich habe ihn nicht genau auf Richtigkeit der Durchführung, sondern nur

---

[79]Brouwer an Hilbert, 1. Januar 1910, zitiert nach (Brouwer 1976, 421 f.).
[80]Siehe *Mathematische Annalen*, 63 (1907): 222–238.

auf Richtigkeit der Idee angesehen; in Einzelheiten kann man sich doch
auf einen so scharfsinnigen Mann verlassen.

Blumenthal ließ Lebesgues kurze Notiz (Lebesgue 1911a) gleich nach (Brouwer 1911) in den *Annalen* abdrucken, anscheinend ohne Brouwer davon in Kenntnis zu setzen. Lebesgues „witziger Beweis" basierte auf seinem bekannten Verpflasterungsprinzip. Man stelle sich eine Mauer vor, wo die aufeinandergelegten Ziegel abwechselnd verschoben werden. Dann gebe es Punkte auf dem Mauerrand, die auf drei Ziegelrändern liegen, aber keinesfalls mehr als drei. So ungefähr konnte Lebesgue seinen eigenen Dimensionsbegriff motivieren, basierend auf der Beobachtung, dass bei einer hinreichend verfeinerten Überdeckung einer Fläche höchstens drei Ziegeln einen gemeinsamen Punkt besitzen werden.

Die später nach ihm benannte Lebesgue'sche Überdeckungsdimension wird entsprechend definiert: Man sage, der Raum X habe die Dimension n, wenn es für jede Überdeckung von X eine Verfeinerung davon gebe, sodass jeder Punkt aus X in höchstens $n+1$ Mengen der letzteren liege. Lebesgue verweist zum Schluss auf Hilberts Behauptung in Bezug auf eine eindeutige stetige Abbildung einer Strecke auf einem Quadrat, deren Umkehrung nirgends mehr als dreideutig wäre. Anspielend auf seinen neuen Dimensionsbegriff meinte Lebesgue, dass es in gleicher Weise eindeutige stetige Abbildungen von einer Strecke auf einen n-dimensionalen Würfel geben müsse, deren Umkehrungen nirgends mehr als $(n+1)$-deutig wären.

Hans Freudenthal schrieb über diese Idee: „a flash of genius, and when Lebesgue enuciated it, he certainly believed that its proof was a mere technicality."[81] Seine Beweisskizze war jedoch in der Tat sehr lückenhaft, worauf Brouwer in einer kritischen Entgegnung aufmerksam machen wollte. Blumenthal war mit dieser Reaktion Brouwers alles andere als glücklich. In einem auf S. 242 abgedruckten Brief vom 14. März 1911 an Hilbert verteidigte er Lebesgue und sagte, seine Beweisidee sei „ein gangbarer und schöner Weg, um zu dem Dimensionsbeweis zu gelangen". Brouwers Note erwecke diesen Eindruck nicht; Blumenthals Ansicht nach sei sie sogar „in einem unfreundlichen und unangenehmen Ton gehalten". Er gab aber gleichzeitig zu, dass weder er noch Lebesgue den Beweisgang Brouwers verstehen konnten, wobei er es für sehr möglich halte, „dass sich auch dort verschiedene Lücken finden".

Wie viele Mathematiker zu dieser Zeit beurteilte Blumenthal die Schwierigkeiten bei solchen topologischen Argumenten falsch.[82] Er glaubte, dass Lebesgue alle notwendigen Mittel in der Hand hätte, um einen strengen Beweis für die Invarianz seines Dimensionsbegriffs durchführen zu können. Die Lage wurde allerdings noch komplizierter, als Lebesgue eine zweite Note über höher-dimensionale Mannigfaltigkeiten (Lebesgue 1911b) in den *Comptes Rendus* publizierte. Diese enthielt eine andere Beweisskizze für die Invarianz der Dimension, ohne das Ver-

---

[81]Freudenthal in (Brouwer 1976, 438).

[82]Im gleichen Zusammenhang sind viele andere Beispiele auffallend, wie in (Volkert 1986) dokumentiert wurde.

pflasterungsprinzip von (Lebesgue 1911a) zu verwenden. In einem zweiten Teil versuchte Lebesgue, eine Verallgemeinerung des Jordan'schen Kurvensatzes für höheren Dimensionen zu beweisen. Er verwendete dabei sogenannte verschlungene Mannigfaltigkeiten (*variétés enlacées*), eine neue Idee, mit der Brouwer später lange ringen musste. Seine vorläufige Meinung zu diesen Ergebnissen Lebesgues fasste er in einem Brief an Blumenthal zusammen:

> Meine Stellung dem zweiten Teile der Lebesgueschen Note gegenüber ist also diese, dass er für den dreidimensionalen Raum einen sehr schönen Satz ganz richtig bewiesen hat, dass er für höhere Räume aber nur ‚evidente' Erweiterungen ausgesprochen hat, ohne etwas zu beweisen. Den Invarianzbeweis braucht man aber gerade für die höheren Räume, sodass der genannte Teil der Lebesgueschen Note meines Erachtens für die Invarianz gar nichts enthält. (Brouwer 1976, 452)

In der Zwischenzeit konnte Brouwer tatsächlich beweisen, dass Lebesgues Verpflasterungsprinzip zu einem sinnvollen topologischen Dimensionsbegriff führte. Es schien ihm jedoch zweifelhaft, ob Lebesgue im Besitz eines strengen Beweises dafür wäre. Mittlerweile vermittelte Blumenthal zwischen Brouwer und Lebesgue, wohl im Vertrauen, dass Lebesgue die Lücken in seinen Argumenten bald schließen würde, wie er selbst Blumenthal versprach. So stand Blumenthal am Anfang des Konflikts auf Lebesgues Seite, in dem Glauben, dass sein genialer Ansatz – später als Lebesgue'sche Überdeckungsdimension bekannt – ohne allzu viel Mühe streng beweisbar wäre, während er Brouwers Beweisgang für ziemlich undurchsichtig hielt. Aber, wie Schoenflies früher, musste Blumenthal langsam zur Kenntnis nehmen, dass gerade in der Topologie das, was zuerst anschaulich klar und einfach erschien, keineswegs immer leicht zu begründen ist. Im Verlaufe der Zeit wurde ihm klar, dass Brouwers scharfe Kritik an den Argumenten Lebesgues berechtigt war.

Brouwers Beweisstrategie in (Brouwer 1911) war sicherlich nicht einfach, zumal er völlig neue Hilfsmitteln verwendete. So arbeitete er mit kombinatorischen Methoden, wie die simpliziale Zerlegung einer Mannigfaltigkeit, d.h. ihre Zerlegung in Simplexe, die als Verallgemeinerung der Triangulation einer Fläche anzusehen ist. Somit konnte er eine vorgegebene eindeutige und stetige Abbildung durch simpliziale Abbildungen approximieren. Endlich nutzte er implizit die Invarianz des Abbildungsgrades, um Aussagen über solche Abbildungen zu gewinnen. Zunächst zeigte er Folgendes: Wenn bei einer eineindeutigen und stetigen Abbildung eines q-dimensionalen Würfels in einem q-dimensionalen Raum die Verrückungen kleiner als die halbe Kantenlänge sind, so gibt es einen konzentrischen Würfel, der ganz in der Bildmenge liegen muss. Aufgrund dieses Hilfssatzes konnte Brouwer die Invarianz der Dimension in drei Schritten nachweisen. 1) Es sei R^m ein m-dimensionaler Raum mit $G \subset R^m$ einem m-dimensionalen Gebiet und $f : G \longrightarrow R^m$ eine eineindeutige und stetige Abbildung, dann enthält $f(G)$ in beliebiger Nähe eines beliebigen seiner Punkte ein Gebiet. 2) Ein R^m kann nie das eineindeutige und stetige Bild eines Gebiets von höherer Dimension enthalten. 3) Falls G ein Gebiet von Dimension $n < m$ ist, dann wird $f(G)$ nirgends dicht in R^m. Ein Jahr später konnte Brouwer diesen Beweis wesentlich vereinfachen bzw. verstärken, indem er zeigte, dass das Bild $f(G)$ von einem m-dimensionalen Gebiet $G \subset R^m$ auch ein Gebiet (also eine offene Menge) in R^m ist.

Dieses Ergebnis wie auch viele andere teilte Brouwer in laufenden Briefen mit, die den Beginn der zweiten Phase in Blumenthals Karriere als Redakteur markieren. Hatte Blumenthal zuvor hauptsächlich nur den immerhin zeitraubenden Schriftverkehr mit Autoren und Verlag zu bewältigen (siehe hierzu vor allem Kapitel 6), musste er sich von nun an vielfach mit Brouwers neuesten topologischen Arbeiten beschäftigen. Ohne zunächst selbst diesen Einschnitt geahnt zu haben, rückte Blumenthal immer mehr in die Rolle eines Beraters. Dies begann, als er zunächst zwischen Brouwer und Lebesgue vermitteln wollte. Daraufhin zog Brouwer seine kritische Note zurück, forderte dennoch Lebesgue auf, einen endgültigen Beweis für seine Skizze zu liefern. Dieses Katze-und-Maus-Spiel zwischen Brouwer und Lebesgue erreichte im Mai 1911 einen ersten Höhepunkt. Brouwer wurde zunehmend über Lebesgues Verhalten wütend und befasste sich ständig mit den Sätzen in Lebesgues Note (Lebesgue 1911b). Er ließ Blumenthal wissen, dass es ihm inzwischen unmöglich sei, mit Lebesgue weiterhin zu korrespondieren, „nachdem er jetzt zum zweiten Male die Höflichkeit mit mir aus dem Auge verloren hat"[83]. Bald danach kam Brouwer nach Aachen, um die Angelegenheit näher mit Blumenthal zu diskutieren. Ihre damaligen Gespräche waren aber keineswegs auf den Streit mit Lebesgue begrenzt, sondern betrafen gemeinsame mathematische Interessen, welche in ihrer späteren Korrespondenz wieder aufkamen.

Ab dieser Zeit fiel es Blumenthal zunehmend schwer, einen neutralen Standpunkt einzunehmen. Es wurde aber vereinbart, dass Brouwer ihm einen auf Französisch verfassten Brief zuschicken sollte, in dem er die Schwachpunkte in den Argumenten von Lebesgues zwei Noten darlegte. Blumenthal sollte danach diesen Brief direkt an Lebesgue weiterleiten. Brouwer schrieb diesen langen Brief am 11. Juni 1911[84] und Blumenthal reagierte gleich danach, indem er zunächst einige Verständnisfragen klären lassen wollte (siehe 252). So wechselten die beiden danach einige Briefe, bevor Brouwer das Geduld verlor und am 19. Juni 1911 Folgendes schrieb (256):

> Sie fragen die näheren Ausführung nicht nur für sich selbst, sondern auch für Lebesgue und für die Annalenleser. Ich möchte sie aber, wenn es Ihnen recht ist, zunächst nur Ihnen persönlich vortragen. Denn Herrn Lebesgue habe ich brieflich alles schon so ausführlich und so wiederholt auseinandergesetzt, dass dem gar nicht Neues hinzugefügt werden kann. Gerade deshalb hat sich mir schließlich immer mehr folgende Erklärung seiner Haltung aufgedrängt, dass er gleich nach meinem ersten Briefe seinen Lapsus erkannt hat, aber zu eitel war, es zu gestehen und dass sein weiteres Benehmen bestimmt worden ist von der Hoffnung, spä-

---

[83]Brouwer an Blumenthal, 9. Mai 1911, abgedruckt auf S. 248.
[84]Abgedruckt auf S. 250.

ter vielleicht noch einen Beweis der vorausgesetzten Sätze auffinden zu können und von der Notwendigkeit dazu Zeit zu gewinnen.

Nun forderte er Blumenthal auf, Lebesgue unter Druck zu setzen. Es solle von ihm verlangt werden, „jetzt mit seinem vollständigen Beweise, dessen Fertigstellung er ja nicht nur mir, sondern auch Ihnen berichtet hat, herauszukommen". Dabei sollte aber Blumenthal mit keinem Wort andeuten, dass Brouwer im Besitz eines Beweises sei. Denn Brouwer hatte in seinem Briefwechsel mit Lebesgue absichtlich nichts über seine eigenen Überlegungen geschrieben, da er der Meinung war, Lebesgue solle „sich erst über seine eigenen Sachen klar und deutlich" aussprechen.

Brouwer rechnete nun mit drei Eventualitäten: 1) Lebesgue kommt erneut mit demselben angeblichen vollständigen Beweis, den Brouwer als falsch bezeichnet hatte. In diesem Falle „schicke ich Ihnen einen neuen französischen Brief für die *Annalen,* in dem ich die unheilbaren Fehler dieses Beweises aufdecke und meinen eigenen Beweis hinzufüge". 2) Lebesgue hat inzwischen einen richtigen Beweis gefunden. Wenn dieser nun einlaufen würde, dann „schuldigt er mir Genugtuung wegen seines Benehmens, aber im Übrigen kann die Sache als erledigt betrachtet werden". 3) Lebesgue bringt überhaupt keinen Beweis. Für diesen Fall, welcher tatsächlich eintrat, wollte Brouwer nicht nur seinen eigenen Beweis in den *Annalen* publizieren, sondern er würde sich auch mit den Problemen bei dem Lebesgue'schen Beweis auseinandersetzen müssen. Dabei könnte er jedoch nicht unterdrücken, „dass Lebesgue, wie aus einem mit mir geführten Briefwechsel hervorgeht, die genannten Schwierigkeiten nicht zu heben weiss!". Als Fazit, falls Blumenthal mit diesem Plane einverstanden wäre, würden „die Annalenleser auf jeden Fall völliger Aufklärung und dazu einen vollständigen und strengen Beweis bekommen".

Sicherlich war Blumenthal daran interessiert, diesen mathematischen Sachverhalt zu klären, jedoch auf diplomatische Art und Weise. Allerdings musste er etwa einen Monat später berichten, dass sein Vermittlungsversuch bei Lebesgue gescheitert ist: „Er lehnt jede Discussion mit Ihnen ab und behauptet auch weiter die völlige Richtigkeit seiner Beweise" (Brief vom 14. Juli 1911, abgedruckt auf S. 259). Blumenthal sah nun ein, dass er Brouwer freie Hand geben müsse, seine Ansichten über die Lebesgue'sche Arbeit in den *Annalen* zu veröffentlichen, und schlug sogar einen Titel vor, und zwar „Ueber meine und Herrn Lebesgues Arbeiten über die Invarianz der Dimensionenzahl, Math. Ann. 70". Andererseits fand er es „wohl nicht recht angebracht, wenn Sie über die Comptes Rendus-Note sprechen, weil die Annalenleser dazu das Material nicht zu Händen haben. Allenfalls können Sie in einer Fussnote angeben, dass Sie auch diese Beweise für falsch halten." Seine Einwände gegen die *Annalen*-Arbeit, empfahl er, sollte Brouwer „ausführlich motivieren ... so wie in den Begleitbriefen an mich". Trotzdem wollte Blumenthal Lebesgue die Chance noch geben, seine Beweisskizze auszufüllen:

Was Ihren eigenen Beweis für den Lebesgueschen Satz anlangt, so habe ich mir überlegt, dass ich das Lebesgue doch nicht antun kann, dass ich diesen veröffentliche, bevor ich Lebesgue habe ausführlich zu Worte kommen lassen. Denn ich beabsichtige, ihn um sein ‚mémoire étendu' zu bitten. (ebd.)

Diese Hoffnung erwies sich allerdings als illusorisch, denn Blumenthal hörte gar nichts mehr von Lebesgue. Dennoch müsste Blumenthal ziemlich überrascht gewesen sein, dass Brouwer auch nicht auf seine Vorschläge einging. Diese Entscheidung hing sicherlich damit zusammen, dass am gleichen Tag, an dem Blumenthal ihm schrieb, Brouwer eine neue Arbeit (Brouwer 1912b) an Hilbert abschickte, und zwar seinen Beweis für die Invarianz eines n-dimensionalen Gebiets (d.h. eine offene, zusammenhängende Untermenge einer n-dimensionalen Mannigfaltigkeit).[85] In einer Fußnote derselben gab er an, dass Lebesgues Beweis in seiner *Annalen*-Arbeit ungenügend sei, während der Beweis in (Lebesgue 1911b) mit seinem eigenen sachlich identisch sei, obwohl die „Abweichungen den Gedankengang nur verwickelter machen". Anscheinend reagierte Lebesgue auf diesen Hinweis Brouwers überhaupt nicht; erst ein Jahrzehnt später brachte er einen Beweis für die Invarianz der Dimension mittels des Verpflasterungsprinzips. Offensichtlich übersah er dabei, dass dieses Ergebnis schon in (Brouwer 1913a) erbracht worden war.

Brouwers Beweis für die Invarianz des n-dimensionalen Gebiets, den er in (Brouwer 1912b) aufstellte, war von zentraler Bedeutung, u.a. weil aus diesem Satz die Invarianz der Dimension unmittelbar folgte. Der Satz lautet: Sei f eine injektive stetige Abbildung $f : U \longrightarrow \mathbb{R}^n$, wo $U \subseteq \mathbb{R}^n$ eine offene Untermenge ist, dann ist $f(U) \subseteq \mathbb{R}^n$ auch offen, d.h., f ist eine offene Abbildung.[86] Wäre also $U \equiv \mathbb{R}^m$, mit $m < n$, und $f(U) = \mathbb{R}^n$, dann müsse aber $\mathbb{R}^m$ eine offene Untermenge von $\mathbb{R}^n$ sein (da $f^{-1} : \mathbb{R}^n \longrightarrow \mathbb{R}^m$ ein Homöomorphismus wäre). Somit folgt, dass eine derartige Abbildung zwischen $\mathbb{R}^m$ und $\mathbb{R}^n$ unmöglich ist.

Nachdem Blumenthal monatelang vergeblich auf Antwort von Lebesgue wartete, gab er nun Brouwer grünes Licht. Er bat ihn um „den absolut kürzesten und besten Beweis der Invarianz der Dimension" (S. 275) und versprach ihm, denselben im nächsten Heft der *Annalen* zu veröffentlichen. Sicherlich erwartete er, dass Brouwer den längst vorher gefundenen Beweis für die Invarianz der Lebesgue'schen Überdeckungsdimension schicken würde, aber stattdessen bekam er eine kurze Note (Brouwer 1912f), in der Brouwer seinen Beweis für die Invarianz des n-dimensionalen Gebietes vereinfachte. Dabei bezog er sich direkt auf die Invarianz der Dimensionenzahl und zog explizit den Begriff des Abbildungsgrades heran.

Erst ein Jahr später veröffenlichte Brouwer über die Lebesgue'schen Ideen, und zwar im *Crelle-Journal* statt in den *Annalen*. Über seine Motivation kann man nur spekulieren, aber denkbar wäre, dass er über Blumenthals Verzögerungen irritiert war. In (Brouwer 1913a) führte er einen neuen von Poincaré entlehnten Begriff von Dimension ein, aber diese Arbeit fand damals wenig Resonanz. Sie spielte allerdings später eine wichtige Rolle im Rahmen der modernen mengentheoretischen

---

[85] In seiner vorangehenden Arbeit (Brouwer 1912a) führte er den fundamentalen Begriff des Abbildunggrades ein.

[86] Diese Arbeit beginnt allerdings mit dem komplizierten Begriff einer Pseudomannigfaltigkeit, der eine zentrale Rolle in der Argumentation spielt (vgl. Freudenthals Kommentar in (Brouwer 1976, 313)).

Dimensionstheorie, die erst ab 1922 mit den Arbeiten von Paul Urysohn und Karl Menger entstand.[87] Darüber wird in Band II weiter berichtet.

Man findet in einigen Briefen kurze Hinweise auf Themen, die Blumenthal und Brouwer früher diskutiert hatten. So fragte Brouwer in einem Brief vom 19. Juni 1911 (S. 256):

> Welchen Satz aus der Analysis Situs nannten Sie mir in Aachen als unbedingt notwendig für den Continuitätsbeweis der Existenz polymorpher Funktionen auf Riemannsche Flächen? Aus Ihrem letzten Briefe scheine ich schließen zu müssen, dass es nicht der Jordansche Satz ist.

Diese Anfrage Brouwers spielte auf eine längst bekannte Thematik an, die in den 1880er Jahren entstanden war. Damals hatten Klein und Poincaré eine sogenannte Kontinuitätsmethode in ihren ersten Beweisskizzen für Uniformisierungssätze benutzt. Diese Sätze blieben lange danach unbewiesen, sodass Hilbert sie im Jahre 1900 auf die Tagesordnung setzen wollte, und zwar als vorletztes von seinen berühmten Pariser Problemen (Hilbert 1900). Sieben Jahre danach lieferten Paul Koebe und Poincaré die ersten strengeren Beweise für die allgemeinen Uniformisierungssätze, wobei gewisse Fragen in Bezug auf die Tragweite der von Klein und Poincaré bevorzugten Kontinuitätsmethode noch offenblieben. So bemerkte auch Brouwer, dass seine neuen rein topologischen Sätze, vor allem sein Satz über die Invarianz eines Gebiets unter eineindeutigen stetigen Abbildungen, möglicherweise zur Klarheit dieser Fragen dienen könnten. Sein allererster Berater dabei war Otto Blumenthal.

Zwei Monate später, in einem Brief vom 26. August 1911, erwähnte Blumenthal seine früheren Gespräche mit Brouwer in Aachen. Damals hatten sie den Beweis des verallgemeinerten Satzes von Jordan ((Brouwer 1912c), wie auch (Lebesgue 1911b) z.T.) diskutiert. Im selben Brief ging er kurz auf die Theorie der automorphen Funktionen ein. Dass er plötzlich ohne Vorbereitung auf dieses Thema kam, zeigt, dass dieses schon während Brouwers Besuch im Mai Diskussionsgegenstand gewesen sein musste. Blumenthal könnte ihn wohl darauf hingewiesen haben, dass Brouwers vor Kurzem gefundener Beweis für die Invarianz eines Gebiets großes Interesse bei Experten der Funktionentheorie erregen müsse. Außerdem spielte der n-dimensionalen Jordan'sche Satz eine wichtige Rolle, wie aus folgenden Bemerkungen Blumenthals hervorgeht:

> Bei alledem sollte es mich wundern, wenn man mit dem einfachen Jordanschen Satz inklusive Erreichbarkeit herumkäme ohne jede Umkehrung. Wenigstens bei den elliptischen Funktionen mache ich mir immer den Beweis in der Art, dass ich auch die Umkehrung des Jordanschen Satzes heranziehe, aber es ist möglich, dass das nicht nötig ist. Ich glaube aber, dass es Ihnen leicht sein wird, sich über diese Frage selbst zu informieren. In Kleins Arbeit Mathematische Annalen 21

---

[87]Eine kurze historische Einführung in der Dimensionstheorie findet man in dem Standardwerk (Hurewicz/Wallman 1948, 3–8).

[(Klein 1883)] ist das Problem vom mengentheoretischen Standpunkt vollständig klar formuliert, wenn auch die Antwort, die dort gegeben wird, keiner Anforderung an Strenge genügt.[88]

Diese Passage verdeutlicht, wie Blumenthal, der in vielen Teilen der Analysis gut bewandert war, Brouwer auf zentrale topologische Probleme in der Theorie automorpher Funktionen hingewiesen hat. In der zitierten Arbeit von Klein handelt es sich um die sogenannte Kontinuitätsmethode, die er und auch Poincaré verwendet hatten, um die Uniformisierung algebraischer Funktionen automorpher Funktionen zu zeigen. Nun konnte Brouwer mit seinen neuen topologischen Ergebnissen diesem alten Beweisansatz ein neues Fundament geben. In einem Brief vom 10. Dezember 1911 teilte Brouwer Poincaré mit (van Dalen 2011, 112 f.), dass er auf die Invarianz des n-dimensionalen Gebiets kam, als er Poincarés alte Arbeiten über die Uniformisierung mehrdeutiger Funktionen studierte.

Dass die Beweisversuche von Klein und Poincaré zu erheblichen topologischen Schwierigkeiten führten, war tatsächlich längst bekannt. Ein Experte auf diesem Gebiet, Robert Fricke, wies darauf in einem Vortrag hin, den er 1904 auf dem Heidelberger Internationalen Mathematiker-Kongress gehalten hat.[89] Fricke war seit 1904 Professor an der Technischen Hochschule Carolo-Wilhelmina zu Braunschweig. Er studierte zwischen 1883 und 1885 in Leipzig bei Felix Klein und wurde danach zu seinem engsten Mitarbeiter auf dem Gebiet der Funktionentheorie.

Frickes Einschätzung in Bezug auf die Tragweite der Kontinuitätsmethode in der Uniformisierungstheorie musste Blumenthal wohl vertraut gewesen sein. In seinem Heidelberger Vortrag motivierte Fricke das sogenannte Grenzkreistheorem durch einen Vergleich mit der Theorie der elliptischen Funktionen:

> Dem Hauptkreispolygon entspricht dort das Periodenparallelogramm in der Ebene des Integrals erster Gattung. Eine geeignet gewählte doppeltperiodische Funktion bildet das Parallellogramm auf eine zweiblättrige Riemannsche Fläche ab. Auf letzterer wäre das Integral das Analogon unserer polymorphen Funktionen. Auf jeder Riemannschen Fläche des Geschlechtes eins existiert eine solche polymorphe Funktion, und man kennt die bedeutenden Vorteile, welche der Schritt mit sich bringt, diese Größe als unabhängige Variable für die übrigen auf der Fläche auftretenden Funktionen anzusetzen. (Fricke 1905, 247)

Poincaré nannte die automorphen Funktionen mit Hauptkreis Fuchssche Funktionen (Gray 2013, 207–251). Diese kann man geometrisch mithilfe eines Fundamentalbereichs, bestehend aus einem Kreisbogenpolygon, einführen, wobei das zugehörige Fundamentalpolygon auf eine geschlossene Riemann'sche Fläche mit Geschlecht p abgebildet wird. Die n Eckpunkte des Polygons sind Fixpunkte unter gewissen Spiegelungen an der Figur, die innerhalb des Hauptkreises realisiert sind. Die Winkel des Polygons an diesen n Eckpunkten sind gegeben durch

---

[88]Blumenthal an Brouwer, 26. August 1911, abgedruckt auf S. 263.

[89]Siehe (Fricke 1905); seine neuen Ergebnisse wurden gleichzeitig in den *Annalen* publiziert (Fricke 1904).

$\frac{2\pi}{l_1}, \frac{2\pi}{l_2}, \ldots, \frac{2\pi}{l_n}$, wo die l_i ganze Zahlen ≥ 2 oder ∞ sind. Diesen Eckpunkten entsprechen n Punkte der Riemann'schen Fläche, welcher die Signatur $(p, n; l_1, \ldots, l_n)$ zugewiesen wird. Das Grenzkreistheorem läuft auf die folgende Behauptung hinaus: Gegeben sei eine Riemann'sche Fläche mit vorgeschriebener Signatur, dann gibt es eine bestimmte automorphe Funktion, welche diese Fläche auf ein entsprechendes Hauptkreispolygon abbildet. Um auf seinen Vergleich mit elliptischen Funktionen zurückzukommen, bemerkt Fricke: „Diese Funktion würde für das zur gegebenen Fläche gehörende algebraische Gebilde dieselbe zentrale Stellung einnehmen, wie das Integral erster Gattung auf der Riemannschen Fläche des Geschlechtes $p = 1$."

Poincaré und Klein versuchten in den 1880er Jahren, diese Behauptung zu begründen, indem sie eine gewisse Abbildung zwischen zwei höher-dimensionalen Mannigfaltigkeiten aufstellten und mittels Kontinuitätsbetrachtungen näher analysierten (Scholz 1980, 205–216). Die eine Mannigfaltigkeit M_1 bestand aus sämtlichen Riemannschen Flächen mit gegebener Signatur, während M_2 die Gesamtheit der zugehörigen durch Fundamentalpolygone definierten automorphen Funktionen beinhaltete. Durch verschiedene Überlegungen hofften sie, zeigen zu können, dass es sich hier um eine bijektive Abbildung handele. Wäre dies so, dann würde „also in der Tat jede Riemannsche Fläche rückwärts ihr zugehöriges Hauptkreispolygon bekommen" (Fricke 1905, 247).

Nun 20 Jahre später – dies sagte Fricke sehr deutlich –, ergab sich der Konsens, dass die Methoden von Poincaré und Klein die „gesteigerten Anforderungen der modernen Mengentheoretiker" nicht mehr befriedigen können. In diesem Zusammenhang erwähnte er den Satz von Schoenflies, wonach das umkehrbar eindeutige und stetige Abbild eines Quadrats wieder ein einfach zusammenhängendes Flächenstück ist. Hierzu hob er hervor: „Es würde mich sehr interessieren, von den Herren Mengentheoretikern zu hören, wie es mit der Erweiterung dieses Satzes auf mehrdimensionale reguläre Würfel, sowie überhaupt auf mehrdimensionale einfach zusammenhängende Bereiche steht" (Fricke 1905, 248).

Den Satz von Schoenflies kann man als die Umkehrung des Jordan'schen Kurvensatzes auffassen. Der Satz ist im Allgemeinen in höheren Dimensionen falsch, aber einige Briefe zwischen Blumenthal und Brouwer deuten auf Diskussionen hin, bei denen sie vermutlich auf der Suche nach möglichen Bedingungen für die Gültigkeit des Umkehrsatzes waren. Fricke wies übrigens darauf hin, dass die Analytiker eher notgedrungen auf topologische Probleme geführt wurden, da sie fast nichts über die inneren Eigenschaften der jeweiligen Mannigfaltigkeiten M_1 und M_2 wussten. Insofern mussten Klein und Poincaré die Glaubwürdigkeit des Kontinuitätsbeweises zunächst auf Teilergebnissen aufbauen, wie die Tatsache, dass M_1 und M_2 die gleichen Dimensionen besaßen (nämlich $6p - 2n - 6$ für $p > 1$), oder, dass die Abbildung zwischen ihnen injektiv war. Fricke konnte auch zeigen, dass die gesamten Polygone gegebener Signatur ein einziges Kontinuum bilden. In Heidelberg kündigte er außerdem ein neues Ergebnis an, nämlich, dass sich die Mannigfaltigkeit M_2 auf die Punkte eines m-dimensionalen regulären Würfels eindeutig und stetig abbilden lässt.

Wie viel Brouwer von diesem Hintergrund schon kannte, als Blumenthal ihn am 26 August 1911 (S 263) über Kleins Arbeiten und andere einschlägige Literatur informierte, bleibt unklar. Aber fest steht, dass er sich hierüber sehr schnell orientieren musste, da er eine Einladung vom Vorstand der DMV bekam, einen Vortrag über seinen jüngst gefundenen Beweis für die topologische Invarianz eines Gebiets zu halten. Anlass dazu war eine Sondersitzung über die neuesten Entwicklungen in der Theorie der automorphen Funktionen, die am 27. September auf der Jahrestagung der DMV in Karlsruhe stattfinden sollte. Obwohl Brouwers Name ursprünglich nicht auf der Rednerliste stand, zeigt sein Brief vom 10. Dezember 1911 an Poincaré, dass er über die Relevanz der Invarianz des n-dimensionalen Gebiets für den Beweis der Uniformisierungssätze Bescheid wusste. Wer ihn letztendlich als Redner einlud, muss dahingestellt bleiben, aber dieser Karlsruher Vortrag wurde zu einem Ereignis von nachhaltiger Bedeutung für Brouwers Karriere (van Dalen 2013, 175–191).

Nach einer Einleitung von Felix Klein folgten Vorträge und Referate von Brouwer, Paul Koebe, Ludwig Bieberbach und Emil Hilb. Vermutlich begegnete Brouwer allen drei jüngeren Rednern bei dieser Gelegenheit zum ersten Mal. Brouwer war zu dieser Zeit 30, Koebe und Hilb waren ein Jahr jünger als er, während der vor Kurzem promovierte Bieberbach erst 25 Jahre alt war. Bieberbach studierte bei Klein und Koebe in Göttingen, wo damals die komplexe Analysis eine neue Blütezeit erlebte. Neben Koebe und Bieberbach wirkten viele andere junge Talente dort, u.a. Hermann Weyl und Richard Courant. Bieberbachs Beiträge von 1911–12 zur Lösung des 18. Hilbert'schen Problems zeigten außerdem seine Vielseitigkeit. Er bewies, dass es in einem euklidischen Raum nur endlich viele Bewegungsgruppen mit endlichem Fundamentalbereich gibt. Seine spätere Allianz mit Brouwer spielt eine zentrale Rolle in Band II.[90]

Der Würzburger Mathematiker Emil Hilb wuchs als Sohn eines jüdischen Kaufmanns in Württemberg auf. Seine Familie siedelte später nach Bayern über, und Hilb besuchte das Realgymnasium in Augsburg. Danach studierte er in Berlin und Göttingen und promovierte 1903 in München bei Ferdinand Lindemann. Danach bekam er eine Stelle an seinem alten Realgymnasium in Augsburg, wo er drei Jahre arbeitete, bis Max Noether sein mathematisches Talent entdeckte. Noether holte ihn 1906 als seinen Assistenten nach Erlangen; zwei Jahre später wurde Hilb Privatdozent an der Universität Erlangen, bevor er 1909 als außerordentlicher Professor nach Würzburg berufen wurde. Erst 1923 wurde er dort Ordinarius, aber er starb schon 1929 nach längerer Krankheit an einem Schlaganfall; er wurde auf dem jüdischen Teil des Pragfriedhofs in Stuttgart beigesetzt. Seine Frau Marianne versuchte, mit ihren zwei Töchter Hitler-Deutschland zu verlassen, aber nur die ältere Tochter bekam ein Visum und konnte 1939 nach England auswandern. Marianne und ihre jüngere Tochter wurden nach Osten verschleppt und im Vernichtungslager Treblinka umgebracht. Trotz seiner Krankheit und seines frühen Todes genoss Hilb zu Lebzeiten hohes Ansehen, vor allem aufgrund seiner Arbeiten über lineare

---

[90]Siehe auch (Mehrtens 1987).

Differentialgleichungen.

Der Hauptredner in Karlsruhe war Paul Koebe, der damals führende Experte auf diesem Gebiet. Dieser Sohn eines Fabrikbesitzers in Luckenwalde besuchte das Joachimsthalsche Gymnasium in Berlin. Er studierte später an der Technischen Hochschule und der Universität in Berlin, wo er 1905 promovierte. Das Thema für seine Doktorarbeit bekam er von Hermann Amandus Schwarz, aber weitere Anregungen erhielt er von dem Analytiker Friedrich Schottky. Danach ging er nach Göttingen, wo er sich 1907 habilitierte. Schon in diesem Jahr löste der 25-jährige Koebe gleichzeitig mit Poincaré das 22. Hilbert'sche Problem, indem er einen Beweis für die Uniformisierung analytischer Funktionen vollbrachte. Dafür benutzte er eine Methode, die er als seinen Verzerrungssatz bezeichnete. Drei Jahre später erhielt er in Göttingen den Titel eines außerordentlichen Professors, aber schon 1911 konnte er diese Stelle mit einer besoldeten außerordentlichen Professur in Leipzig tauschen.

Diese Begegnung mit Koebe war für Brouwer eine wahrhaftig unvergessliche unangenehme Erfahrung, die Brouwers ohnehin starke Tendenz zum Misstrauen gegenüber anderen Menschen nur vertiefen konnte. Brouwer wurde schon in Karlsruhe vorgewarnt, dass er im Umgang mit Koebe vorsichtig sein müsse, da dieser den Ruf hatte, sich gerne fremdes geistiges Eigentum anzueignen. Das mag wie ein heftiger Vorwurf klingen, aber man machte in der Regel keinen großen Hehl daraus. Die Göttinger erfanden sogar einen Begriff dafür, um solche Tendenzen zu verharmlosen: Man sprach von „nostrifizieren" (Reid 1976, 121). Die gewöhnliche Bedeutung in akademischen Kreisen wäre das Anerkennen eines ausländischen Diploms im Inland. Übertragen auf mathematische Ideen bekam der Fremdling diese Anerkennung zu spüren, indem sein Gedankengut von beheimateten Mitgliedern als ihr eigenes dargestellt wurde. Die warnenden Stimmen, die Brouwer in Karlsruhe gehört hatte, meinten, dass er das, was er Koebe erklärt habe, später nur mit größter Mühe als sein persönliches Eigentum bezeichnen können würde.

Brouwers Vortrag trug den Titel „Über den Kontinuitätsbeweis für das Fundamentaltheorem der automorphen Funktionen im Hauptkreisfalle". In einem späteren Abstrakt für das *Jahrbuch über die Fortschritte der Mathematik* fasste Koebe dessen Inhalt zusammen: „Vervollständigung des Poincaréschen Kontinuitätsbeweises für das Grenzkreistheorem unter Heranziehung insbesondere des von Brouwer zuerst allgemein bewiesenen Satzes von der Invarianz des Gebiets (Desideratum – Fricke Heidelberger Vortrag 1904)." Gleich danach schrieb er über seinen eigenen Diskussionsbeitrag: „Koebe erklärt den Kontinuitätsbeweis für *alle* Fundamentaltheoreme erbringen zu können unter Heranziehung seines sogenannten Verzerrungssatzes."

Diese Behauptung sorgte in Karlsruhe für viele weitere Diskussionen, die in den Wochen und im Falle von Brouwer Monaten danach anhielten. Die nachfolgende Kontroverse lässt sich durch mehrere Briefe in Kapitel 7 verfolgen. Blumenthal, der an der Jahrestagung in Karlsruhe teilnahm, besuchte offenbar diese Sondersitzung nicht. So erfuhr er erst später von Felix Bernstein über den Verlauf der damaligen Diskussionen. In einem Brief an Brouwer vom 8. Oktober 1911 schrieb er hierzu (S. 267):

> Es hat mir sehr leid getan, dass ich Sie in Karlsruhe nicht mehr getroffen
> habe. Bernstein sagte mir noch, Sie hätten mit Koebe über den Konti-
> nuitätsbeweis gestritten. Es ist nicht angenehm, mit ihm zu diskutieren,
> aber er hat bisher noch nie einen Fehler gemacht, daher bin ich geneigt,
> ihm auch in dieser Sache Kredit zu geben (ebenso wie seinerzeit Lebes-
> gue, also vielleicht auch mit Unrecht), besonders da ich so ungefähr zu
> sehen glaube, was er mit dem Verzerrungssatz machen kann. Bernstein
> freilich schrieb ihm Ansichten zu, die wohl sehr anfechtbar wären. Aber
> ich halte das für ein Missverständnis Bernsteins.

Blumenthals Anspielung auf den noch bestehenden Konflikt mit Lebesgue
zeigt deutlich, dass er die Situation völlig begriffen hat und nachempfinden konnte,
in welch schwieriger Lage Brouwer sich befand. Bald danach lasen beide im *Bulletin des Sciences Mathématiques* ein Referat über das Buch (Schoenflies 1908) von
Ludovico Zoretti, in dem Brouwer – und zwar nach Baire und Lebesgue – als einer
der drei Begründer der Invarianz der Dimensionenzahl benannt wurde. Brouwer,
der diese Behauptung auf Lebesgues Note in den *Annalen* zurückführte, kommen-
tierte diese Ansicht in einem Brief an Blumenthal: „Dies stimmt genau mit der
Auffassung, welche, wie ich Ihnen unlängst schrieb, viele zwischen den Zeilen von
Lebesgues Annalennote lesen zu müssen glauben. Sie ersehen hieraus, wie angebracht nach mehr als einer Hinsicht meine kritisierende Fussnote ist. Hat ja Lebesgue mir im Grunde nicht schon mit seiner Annalennote förmlich den Handschuh
zugeworfen?"[91]
Die Verzweiflung des Niederländers war zu dieser Zeit tatsächlich sehr groß,
und er zögerte zunächst, als Blumenthal ihn am 11. Oktober fragte: „ Ich hoffe
doch, dass Sie Ihre Uniformisierung der automorphen Funktionen in den Annalen
veröffentlichen werden?" Am 21. November schrieb Brouwer endlich zurück (S.
269):

> Ich schulde Ihnen noch immer näheren Bescheid über die Veröffentli-
> chung meiner Uniformisierung. Koebe behauptete in Karlsruhe, er habe
> die von mir vorgetragenen Ueberlegungen alle mit Ausnahme der In-
> varianz des Gebiets schon längst besessen, und teilweise sogar schon in
> seinen Arbeiten ausgesprochen, er könne aber nicht gleich die Stellen
> angeben. Deshalb kann ich mich nicht zur Publikation entschliessen; die
> Invarianz des Gebiets erscheint ja für sich; das übrige scheint mir selbst
> nicht sehr tiefsinnig, und ich könnte mir sehr gut denken, dass es für
> den automorphen Fachmann ganz trivial wäre. Jedenfalls wird wahr-
> scheinlich Koebe in künftigen Arbeiten darüber als über etwas ganz
> selbstverständliches zu reden kommen; und das könnte meine eventuell
> dann vorliegende Veröffentlichung über den Gegenstand vollständig um
> ihre ohnehin schon nicht sehr grosse Bedeutung bringen. (ebd.)

---

[91]Brouwer an Blumenthal, 21. November 1911, vollständig abgedruckt auf S. 269.

Blumenthal fand es immerhin vernünftig, dass Brouwer seinen Karlsruher Vortragstext Fricke zuschicken wollte, um das Urteil eines führenden Experten zu erhalten. („Wegen der automorphen Funktionen holen Sie sicher bei Fricke den sachkundigsten Rat ein.") Er drückte sich auch optimistisch über die Einschätzung Frickes aus: „Meiner Ansicht nach besteht eine recht gute und wesentliche Idee Ihres Ansatzes darin, an Stelle der schändlich unübersichtlichen $3p - 3$ Flächenmodulen die Bestimmungstücke der rationalen Funktionen einzuführen, und ich meine, dass diese Idee wohl Veröffentlichung verdient."[92]

Brouwer war ersichtlich erfreut zu erfahren, dass Fricke bereit war, seinen Text zu kommentieren. So teilte er ihm am 8. Dezember mit (S. 271):

> Blumenthal schrieb mir vor einigen Tagen er finde meine Einführung der Bestimmungsstücke der rationalen Funktionen an Stelle der unübersichtlichen Flächenmoduln einen sehr wesentlichen Ansatz, der wohl Veröffentlichung verdiene. Ich selber finde diese Idee wenig tief, und würde, falls es zur Veröffentlichung kommen sollte, es jedenfalls so zu machen wünschen, dass ich z.B. an Sie einen für den Druck bestimmten Brief über den Gegenstand richte, damit die Publikation möglichst wenig anspruchsvoll aussehe. Zunächst soll nun aber Koebe sich aussprechen.

Brouwer entwarf mehrere Skizzen seines Briefes an Fricke (siehe die Kommentare Freudenthals in (Brouwer 1976, 581–583)), in dem er eine Gliederung des Kontinuitätsbeweises in sechs Schritten darlegte. In seiner *Geschichte des Mannigfaltigkeitsbegriffs von Riemann bis Poincaré* (Scholz 1980) geht Erhard Scholz auf dieses Beweiskonzept Brouwers ein und bewertet seine Bedeutung im Rahmen seiner Studie so:

> *Was* [in (Brouwer 1912g)] *wirklich geschieht, ist also die Formulierung des logischen Aufbaus eines komplexen Beweisganges, dessen Teilschritte (bis auf 6.)*[93] *durch analytische Methoden bewiesen werden, in der Sprache eine topologische Theorie der Mannigfaltigkeiten.*
>
> Die Bedeutung von Brouwers Arbeit am Kontinuitätsbeweis liegt daher nicht allein in einer fundierten Kritik an den vorgefundenen Ansätzen, als deren Resultat er sozusagen die „besten" Züge Kleins mit denen von Poincarés kombinieren kann, und nicht nur in der Verbesserung der Argumentation in einzelnen Teilschritten des Beweises. Eine ebenso große methodische Bedeutung kommt der brillanten Herausarbeitung der topologischen Formbestimmungen im Aufbau dieses komplizierten analytischen Beweisganges zu. (Scholz 1980, 220 f.)

Die Bedeutung von Brouwers topologischen Untersuchungen aus dieser Zeit wurde auch von Hermann Weyl unterstrichen. Im Vorwort zu seinem 1913 erschienenen Buch *Die Idee der Riemannschen Fläche* schrieb er von Leistungen, deren

---

[92]Blumenthal an Brouwer, 27. November 1911, vollständig abgedruckt auf S. 270.
[93]Brouwers Satz über die Invarianz des n-dimensionalen Gebiets.

„gedankliche Schärfe und Konzentration man bewundern muß", während er die Hoffnung zum Ausdruck brachte, dass „etwas von dem Geist, der die Arbeiten dieses Forschers beseelt, auch in diesem meinem Buche lebendig geworden ist" (Weyl 1913, iii). Dieses Buch entstand zunächst aus einer Vorlesung, die Weyl im Wintersemester 1911–12 gehalten hatte, ergänzt durch Gespräche, vor allem mit Felix Klein, dem es auch gewidmet ist. Kleins Büchlein (Klein 1882) gab den Anstoß zu einem freieren Umgang mit Riemanns Ideen, indem er seine Riemann'schen Flächen ohne direkten Bezug zu der komplexen Ebene einführte. Hierzu schrieb Weyl, dass „erst in der Kleinschen Auffassung die Grundgedanken Riemanns in ihrer natürlichen Einfachheit, ihrer lebendigen und durchschlagenden Kraft voll zur Geltung kommen. Auf dieser Überzeugung basiert die vorliegende Schrift" (Weyl 1913, v).

Fricke leitete Brouwers Note an Felix Klein weiter, der dafür sorgte, dass sie in der Sitzung der Göttinger Gesellschaft der Wissenschaften vom 13. Januar 1912 vorgelegt wurde. In der gleichen Sitzung legte auch Hilbert eine entsprechende Note von Koebe vor, aber danach fand ein merkwürdiger Grabenkampf zwischen Brouwer und Koebe statt, der bis zur Veröffentlichung ihrer jeweiligen Arbeiten und sogar darüber hinaus andauerte.[94] Die Wellen schlugen hoch, vor allem in Göttingen, sodass Klein sich an Hermann Weyl wandte, um seine Einschätzung darüber zu erfahren. Weyl antwortete am 16. Mai 1912 (S. 283), „dass es zum Konflikt gekommen ist, liegt ja nicht an der Sache, sondern an der Gegensätzlichkeit der beiden Naturen, die hier aufeinander gestossen sind, an Koebes Unbekümmertheit um Ansprüche Anderer und an Brouwers Reizbarkeit und leidenschaftlicher Heftigkeit".

In Karlsruhe versuchte Koebe, Brouwer zu imponieren, weswegen Brouwer sich danach eingeschüchtert fühlte. So zögerte er lange, bevor er seinen Brief an Fricke abschickte, und sogar noch länger, bevor er sich dazu entschloss, denselben frei zur Veröffentlichung zu geben. Er blieb, trotz der Aufmunterungen seitens Blumenthal und Fricke, seiner Sache unsicher und quälte sich mit der Frage, ob sein Beitrag zum Kontinuitätsbeweise tatsächlich als eine publikationswürdige Leistung betrachtet werden würde. Den ersten Teil seines Karlsruher Vortrags, der seinem Satz über die Invarianz des Gebiets gewidmet war, hatte er schon im Juli zur Veröffentlichung in den *Annalen* eingereicht. Den zweiten Teil, laut einer Mitteilung Felix Bernsteins, beanspruchte Koebe, was Brouwer zögerlich machte. Er wagte sich erst etwas später auf dieses Feld zu gehen, und zwar in einer zweiten Note, die er im Sommer 1912 verfasste (Brouwer 1912h). In Briefen an Hilbert erklärte Brouwer, dass er „mehr Sicherheit und Klarheit über Koebes Leistungen" bräuchte, „weil sonst die Gefahr vorlag, dass Koebe meine Publikation der Trivialität und mich selbst des Plagiats beschuldigen würde".[95]

So setzte sich Brouwer in Verbindung mit Koebe, bekam aber von ihm nur ausweichende Antworten auf seine Fragen. Es wurde dennoch verabredet, dass sie

---

[94]Die Note (Brouwer 1912g) erschien zuerst, es folgten danach (Koebe 1912a) und (Koebe 1912b).

[95]Brouwer an Hilbert, 31 Mai 1912, vollständig abgedruckt auf S. 286.

ihre Noten über den Kontinuitätsbeweis für die *Göttinger Nachrichten* in Einverständnis miteinander redigieren sollten. Brouwer schickte alsdann sein Manuskript an Koebe und erhielt von ihm ein pedantisches Schreiben, in dem er eine ganze Reihe kritischer Bemerkungen zu Brouwers Text äußerte. Gleichzeitig versuchte er, Brouwer mit Hinweisen auf die Meinung noch höherer Instanzen zu imponieren:

> Poincaré hat mir mündlich mitgeteilt kürzlich, dass die méthode de continuité überhaupt nicht anwendbar sei, wenn man die Nichtgrenzkreistheoreme beweisen will, weil diese Mannigfaltigkeiten nicht geschlossen seien. Ihre Darstellungsweise ist demnach nur eine nachträgliche unter dem Eindruck meiner Karlsruher Mitteilungen zustande gekommene Auffassungsweise der Poincaré'schen und in ihrer Art sehr originellen Leistung.[96]

Koebes Überheblichkeit ging so weit, dass er einen Versuch unternahm, seine eigenen, noch nicht erbrachten Ergebnisse in den Text Brouwers einzuarbeiten. So schlug er als „zutreffender und der Bedeutung der Leistung mehr Rechnung tragend" eine Formulierung vor, die etwa so beginnen würde:

> Während für den allgemeinsten Fall vor allem die Sätze 3, 4 und A noch der exakten Begründung entbehren, welche jedoch zufolge seinen vorläufigen Mitteilungen in den Göttinger Nachrichten (sehe insbesondere auch die neueste Mitteilung „Begründung der Kontinuitätsmethode im Gebiete der konformen Abbildung und Uniformisierung" (1912)) Herrn Koebe vollständig gelungen ist und demnächst ausführlich in den Mathematische Annalen gegeben werden soll. (ebd.)

Wie nicht anders zu erwarten, reagierte Brouwer wütend auf Koebes Kritik. Vor allem ärgerte er sich über Koebes Behauptung, Brouwer habe für seinen Beweis „die ‚geschlossenen' Mannigfaltigkeiten Poincaré's verwendet". Statt Koebes große Autorität und Verdienste anzuerkennen, warf Brouwer ihm Inkompetenz vor:

> Dass Sie eine solche Behauptung äussern konnten, beweist übrigens nur, dass die moderne Mengenlehre Ihnen absolut fremd sein muss. Sind ja die mit den angeblich ‚geschlossenen Mannigfaltigkeiten' arbeitenden Entwicklungen Poincaré's der reinste Blödsinn, und nur dadurch zu entschuldigen, dass es zur Zeit ihrer Abfassung noch gar keine Mengenlehre gab.[97]

Dieser heftige Austausch fand Februar 1912 statt, während Brouwer ungeduldig auf Koebes Note wartete. Einige Tage später beschwerte sich Brouwer bei Hilbert:

---

[96] Koebe an Brouwer, 12. Februar 1912, abgedruckt auf S. 276.
[97] Brouwer an Koebe, 14. Februar 1912, abgedruckt auf S. 277.

Ebensowenig wie ich von Koebe sein früher versprochenes Manuskript erhalten habe, wird er mir, wie ich glaube, die jetzt versprochenen Korrekturen vor der Druckfertig-Erklärung meiner Note senden, damit ich nicht etwa meine Redaktion rechtzeitig so einrichten könne, dass die Koebe'schen Behauptungen im voraus entkräftigt werden. Darf ich Sie nun bitten, dafür zu sorgen, dass ich die Koebe'schen Korrekturen unmittelbar von der Druckerei bekomme?[98]

Hilbert versuchte, Koebe auf dieses Plädoyer Brouwers hinzuweisen. Der neuberufene Professor antwortete ihm aus Leipzig, dass er mit seiner achtstündigen Lehrtätigkeit nur wenig Zeit zur Verfügung habe. Andererseits versicherte er Hilbert, er würde Brouwer „in den nächsten Tagen selbst meine Correcturen ...senden, mit einigen kleinen handschriftlichen Eintragungen versehen, zugleich mit seinem mir von ihm übersandten Karlsruher Vortrag". Außerdem vertrat er die Meinung, dass „in einer Beunruhigung wegen eines gefahrdrohenden Prioritätsstreites nach meiner Auffassung nicht die geringste Veranlassung vorliegt".[99]

Etwa eine Woche danach schickte Koebe eine Karte an Brouwer, diesmal mit einer völlig anderen Botschaft:

Mit der Veröffentlichung Ihres Fricke-Brief-Auszuges kann ich jedoch nicht einverstanden sein, da die darin gegebene, sozusagen schiedsrichterliche Darstellung Ihnen nicht zusteht und die Leistungen von Poincaré und mir dar in unwürdiger und unrichtiger Beleuchtung erscheinen. Auch ist in Anbetracht Ihrer Vortragsveröffentlichung im Jahresbericht die Veröffentlichung des Briefes überhaupt überflüssig.[100]

Brouwer war einfach fassungslos und sicherlich auch überrascht zu sehen, wie wirkungslos Hilberts Bemühungen waren. Mehrere Monate vergingen, aber Brouwer hörte offenbar gar nichts mehr von Koebe und wurde immer aufgeregter über dessen Verhalten. Er meldete sich wieder bei Hilbert und besuchte ihn Anfang Juni in Göttingen. Er wollte auch Klein in Hahnenklee besuchen, wo der gesundheitlich angeschlagene alte Meister sich in einem Sanatorium erholen musste, aber Brouwer schaffte es nicht, einen Termin zu vereinbaren. Weyl informiert Klein, dass Hilbert „es weit von sich wies, auf einen der beiden Streitenden irgendwelche Einfluss auszuüben", in der Meinung, dass „das zwei erwachsene Menschen sind, die müssen selber wissen was sie tun".[101]

Anders als Hilbert musste Klein über dieses merkwürdige Nachspiel ziemlich besorgt gewesen sein. Er hatte mit den Rednern in Karlsruhe vereinbart, dass sie ihm einzelne Beiträge für einen Gesamtbericht zusenden mögen, der im *Jahresbericht der Deutschen Mathematiker-Vereinigung* erscheinen sollte. Brouwer gab ihm

---

[98] Brouwer an Hilbert, 24. Februar 1912, abgedruckt auf S. 278.
[99] Koebe an Hilbert, 29. Februar 1912, abgedruckt auf S. 280.
[100] Koebe an Brouwer, 6. März 1912, abgedruckt auf S. 282.
[101] Weyl an Klein, 16. Mai 1912, abgedruckt auf S. 283.

zu verstehen, dass er seine endgültige Korrektur erst dann abgeben würde, wenn er Einsicht in die längst erwarteten Arbeiten Koebes erhalten habe. Klein konnte zumindest arrangieren, dass Brouwer die Koebe'sche Korrektur seines Teilberichts erhielt. Aufgrund dieses Textes stellte Brouwer fest, dass Koebe stillschweigend einen Rückzieher gemacht hatte. Somit erklärte er sich Klein gegenüber mit der Darstellung der Diskussion im Text zufrieden: „Was die Diskussion Koebe-Brouwer betrifft, so scheint mir der weitere Text des Vortrags-Koebe zu zeigen, dass diesem seine in Karlsruhe in Aussicht gestellte Hebung der topologischen Schwierigkeiten mittels Poincaré'scher Reihen schliesslich doch nicht gelungen ist."[102]

Mitten in dieser turbulenten Affäre konnte Brouwer berichten, dass er zum außerordentlichen Professor an der Universität Amsterdam ernannt worden war. Er erfuhr dabei, dass die Fakultät Testimonia von Klein und Hilbert eingeholt habe, wofür er sich bei Klein bedankte. Trotzdem konnte er nicht umhin, Klein an seine Bitte zu erinnern:

> Ich wäre Ihnen sehr dankbar, wenn Sie bewirken könnten, dass der Text der Göttinger und Leipziger Koebe'schen Noten von Januar und Februar zu meiner Kenntnis gebracht würde, denn erst nach dieser Kenntnisnahme werde ich den Text meines Vortrags (in welchen ich nunmehr auch die Diskussion Koebe-Brouwer aufgenommen habe) endgültig druckfertig erklären können. (ebd.)

Klein durfte mehr über die Gründe dieser Bitte Brouwers erfahren, denn es folgte ein langer Brief mit vielen Einzelheiten dazu. Alle diese Bemühungen Brouwers verliefen aber im Sand, sodass er im Sommer 1912 endlich nachgab: Er schickte doch seine endgültige Korrektur für (Brouwer 1912g) nach Göttingen ab. Dieser enthielt den topologischen Teil seines Arguments, während er kurz danach den analytischen Teil in (Brouwer 1912h) lieferte. Es folgten dann die zwei Beiträge (Koebe (1912a), Koebe (1912b)), in denen er Brouwers Arbeiten nebenbei ohne kritischen Kommentar erwähnte. Die ganze Geschichte scheint im Nachhinein Weyls Eindruck zu bestätigen – und er kannte beide Kontrahenten recht gut –, dass gegenseitige persönliche Abneigungen die Hauptrolle hierbei gespielt haben. Inhaltlich, so musste man konstatieren, gab es nur „viel Lärm um Nichts".

Brouwer revanchierte sich allerdings in einer Art und Weise, welche mit späteren Episoden in seiner Karriere vergleichbar ist, über die in Band II berichtet wird. Die nachfolgende Geschichte kursierte ja lange danach in Göttinger Kreisen, vor allem weil es dabei um Koebe ging, einen Mathematiker von legendärer Eitelkeit. Hans Freudenthal erzählte von einer „cloak-and-dagger story", die er selbst gehört habe (Brouwer 1976, 575). Es handelt sich dabei um zweierlei, zunächst um eine von Brouwer nicht genehmigte Veränderung seiner Korrektur des Briefes an Fricke (Brouwer 1912g). Außerdem wollte Brouwer den quasioffiziellen Bericht (Klein 1912) über die Vorträge und Diskussionen in Karlsruhe in einem wesentlichen Punkt korrigieren, und zwar in Bezug auf die von Koebe gegebene

---

[102]Brouwer an Klein, 24. Juni 1912, abgedruckt auf S. 288.

Darstellung seiner Bemerkungen nach Brouwers Vortrag. Brouwer, der in seinen Veröffentlichungen großen Wert auf akribische Korrektheit legte, konnte nach dem großem Tumult mit Koebe nicht erlauben, dass diese Berichterstattung, die seinem Kenntnisstand nach falsche Aussagen enthielt, unbeanstandet blieb. So verfasste er einen Kommentar dazu, in dem er zunächst kurz auf Koebes Diskussionsbeitrag und seine Erwiderung darauf einging:

> Die obige nebem dem von Herrn Koebe redigierten Diskussionstext allzuwenig motiviert aussehende „Erwiderung" bezieht sich auf die von Herrn Koebe nach meinem Vortrage ausgesprochene Behauptung, dass die Anwendung des Koebe'schen Verzerrungssatzes der Kontinuitätsbeweis für das algemeine Klein'sche Fundamentaltheorem in solcher Weise geführt werden könne, dass die topologischen Schwierigkeiten unter Heranziehung Poincarér Reihen umgangen werden. (Brouwer 1976, 571)

Mit anderen Worten erschien Brouwers Erwiderung nur deswegen unmotiviert, weil der gedruckte Text eine falsche Deutung der Replik Koebes wiedergab. Nach der Tagung wollte Koebe von seiner damaligen Behauptung nichts mehr wissen, aber seine eigene Zusammenfassung der Karlsruher Vorträge für das *Jahrbuch über die Fortschritte der Mathematik* bestätigte diese Schilderung Brouwers (siehe oben). Zum Schluss seines Kommentars verwies Brouwer aber auf ein merkwürdiges Vorkommnis, das ihm aufgefallen sei, nämlich das Zustandekommen einer veränderten Stelle in (Brouwer 1912g), d.h. die gedruckte Fassung seines Briefes an Fricke:

> Das auf der zweiten Seite dieses Briefabdruckes befindlichen Zitat auf Herrn Koebe ist in der Druckerei von mir unbekannter Seite, ohne meine Mitwirkung oder Vorkenntnis eingefügt worden; in der That sind die bezüglichen Koebe'schen Noten mir erst nach ihrem Erscheinen bekannt geworden. (Brouwer 1976, 571)

Im Urtext des Briefes an Fricke steht: „für den allgemeinsten Fall harren nur die Sätze 3 and 4 noch des erschöpfenden Beweises; indes soll in demnächst erscheinenden Arbeiten von Herrn Koebe auch diese Lücke ausgefüllt werden."[103] Dieser letzte Teil wurde im gedruckten Text leicht verändert und lautete: „indes ist es Herrn Koebe gelungen, auch diese Lücke vollständig auszufüllen." Wer hinter dieser Textveränderung stand, blieb ein Geheimnis, obwohl der Name des Hauptverdächtigen natürlich aus dem Kontext klar hervorging.[104]

Diese Erläuterungen Brouwers, die er am 1. Mai 1913 verfasste, fanden Verbreitung in ausgewählten mathematischen Kreisen. Denn um Aufmerksamkeit auf dieselben zu gewinnen, verschickte er Sonderabdrücke des DMV-Berichts, in die

---

[103]Brouwer an Fricke, 22. Dezember 1911, vollständig abgedruckt auf S. 272.

[104]Vgl. übrigens Koebes Vorschläge bezüglich Veränderungen des Textes, die er in dem oben zitierten Brief an Brouwer von Februar 1912 mitgeteilt hat. Denkbar wäre, dass der Inhalt dieses Briefes im Kreise Hilberts bekannt wurde, zumal Koebe selbst dachte, er sei Opfer eines Göttinger Spaßvogels.

er Zettel einlegte, worauf sein Kommentar gedruckt war. Die Wirkung blieb nicht aus, vor allem in Göttingen, wo Koebe für viele inzwischen Persona non grata war. So brodelte die Göttinger Gerüchteküche von Geschichten, die etwas später Koebe erreicht haben. Dieser wandte sich an Hilbert wie auch Klein, da er über Dritte von „allerhand Anschuldigungen" gegen ihn gehört habe, die auch in der Göttinger Mathematischen Gesellschaft gelegentlich geäußert worden sein sollten.[105]

Diese komische Angelegenheit war für Blumenthal dennoch etwas prekär, vor allem weil er zu dieser Zeit Brouwer als mitwirkenden Redakteur für die *Annalen* nominieren wollte. Klein erkundigte sich hierüber bei ihm und bekam die folgende Antwort:

> Ich habe mir Brouwers Zettel angesehen. Er ist den Sonderabdrucken des Karlsruher Vortrags aus D. Math.–Ver. 21 beigeklebt, ist in Holland gedruckt und voraussichtlich von Brouwer zugefügt worden, ohne dass die Redaktion darum gefragt worden ist. Der Inhalt des Zettels ist rein sachlich und vollständig harmlos. Ich sehe nicht, dass Brouwer durch diese Erklärung die Grenze des peinlichsten Feingefühls überschritten hat. Sie können sich davon selbst leicht überzeugen. Ich möchte also beantragen, dass Brouwer mit Carathéodory zusammen mit dem 76. Bande dem nächsten in die Redaktion eintritt, und wäre Ihnen sehr dankbar, wenn Sie sich deshalb an Hölder und Noether wenden wollten. Auch Hilbert, mit dem ich gesprochen habe, hält den Zettel für unsere Entschlüsse für bedeutungslos.[106]

Blumenthals Vorschlag für die Erneuerung der Redaktion setzte sich durch, und am 10. Juli bedankte sich Brouwer bei Klein für diese Ehre:

> Heute erhielt ich von Blumenthal die Mitteilung, dass ich vom nächsten Bande an die Annalenredaktion angehören werde. Ich lege Wert darauf, Ihnen als Hauptvertreter der Redaktion meinen herzlichen Dank dafür auszusprechen. Seien Sie versichert, dass ich mich nach besten Kräften bemühen werde, dass diese Ernennung der Zeitschrift zum Nutzen gereiche.[107]

Ob für Klein diese Brouwer-Koebe-Angelegenheit so „vollständig harmlos" war, wie es Blumenthal und Hilbert betrachtet haben, mag wohl angezweifelt werden. Auf jeden Fall sollte er früher als die anderen beiden erkennen, dass Brouwer ein ausgesprochener Störenfried war. Aber erst nach dem Krieg zeichnete sich ab, wie stark Brouwers Einfluss innerhalb der Redaktion sein konnte.

Brouwers Verhältnis zu den Göttinger Mathematikern, einschließlich Hilbert, war zu dieser Zeit immer noch ausgesprochen gut. Er nahm seine Verantwortung als Mitglied der Redaktion sehr ernst und genoss das volle Vertrauen Blumenthals,

---

[105] Koebe an Hilbert, 25. Mai 1914, abgedruckt auf S. 298.
[106] Blumenthal an Klein, 5. Juni 1914, abgedruckt auf S. 299.
[107] Brouwer an Klein, 10. Juli 1914, abgedruckt auf S. 301.

der allerdings nach Ausbruch des Krieges die Geschäfte der *Annalen* an Constantin Carathéodory abgeben musste. Brouwers politische Haltung nach dem Krieg führte andererseits zu erneuten Spannungen innerhalb der Redaktion. Welche Auswirkungen diese Reibereien hatten, lässt sich aus mehreren Dokumenten in Band II deutlich ablesen.

1.12   Im Vorfeld der Grundlagenkrise

Während des Zeitraums von 1919 bis 1928 spitzte sich der Konflikt zwischen Brouwer und Hilbert zu, wobei die Rolle Hermann Weyls kaum überschätzt werden kann.[108] Zur Orientierung wird zunächst Rückschau auf einige wichtige Episoden in der Vorkriegszeit gehalten, die vor allem eine genauere Darstellung der Ereignisse in den Jahren 1919 bis 1921 ermöglicht. Es geht hier vor allem um Hilberts frühere Äußerungen zu umstrittenen Problemen in Bezug auf die Grundlagen der Mathematik, die für ein Verständnis der Debatten in der Nachkriegszeit unerlässlich sind.[109]

Schon ab 1900 führte Gottlob Frege einen regen Briefwechsel mit Hilbert, in welchem Frege versuchte, die Schwachpunkte in Hilberts *Grundlagen der Geometrie* unter die Lupe zu nehmen. Hilbert ließ diese Kritik Freges abperlen, und er weigerte sich in eine öffentliche Diskussion über die Streitpunkte einzutreten.[110] Daraufhin legte Frege der Redaktion des *Jahresberichts der Deutschen Mathematiker-Vereinigung* seine Argumente vor. Dabei verwies er auf seine Korrespondenz mit Hilbert und seinen eigenen Wunsch, dieselbe zu veröffentlichen. Leider trug Hilbert diesbezüglich Bedenken, so Frege,

> . . . da seine eigenen Ansichten sich seitdem umgewandelt haben. Ich bedauere das, weil der Leser durch den Briefwechsel am bequemsten in den Stand der Fragen eingeführt und mir eine neue Abfassung erspart worden wäre. . . . so möchte ich denn hier einige Fragen von grundlegender Wichtigkeit behandeln in Form einer Auseinandersetzung mit jener Schrift des Herrn Hilbert. Und es kann dabei gleichgültig sein, ob die angezweifelten Ansichten des Herrn Verfassers noch jetzt von ihm festgehalten werden oder nicht. (Frege 1903, 319)

Frege ging dann gleich zur Sache, indem er fragte: „Was ist ein Axiom? was ist eine Definition? in welchen Beziehungen stehen diese zu einander?" Er meinte dazu, dass „für die Strenge der mathematischen Untersuchung es durchaus wesentlich ist, den Unterschied zwischen Definitionen und allen anderen Sätzen nicht zu verwischen" (Frege 1903, 321). Hilberts Vorgehensweise werfe alles um, indem er seine

---

[108] Man soll dabei nicht allein Weyls Arbeiten zur Grundlage der Mathematik, sondern auch seine Beiträge zur Geometrisierung der Physik berücksichtigen, wie in (Scholz 2001b) hervorgehoben wird (siehe auch (Scholz 2000) und (Rowe 2003)).

[109] Zur Geschichte der Mengenlehre ist die Studie (Ferreirós 1999) sehr zu empfehlen.

[110] Siehe hierzu (Rowe 2000, 75–80).

Axiome als Bestandteile von Definitionen verwendet. Die eigentlichen Objekte der Geometrie – Punkte, Geraden, Ebene – werden nur zu inhaltslosen Platzhaltern im System degradiert. Sogar ihre eigene Existenz wird nur damit gerettet, indem die Widerspruchslosigkeit des axiomatischen Systems nachgewiesen werden sollte. Diese formalistische Auffassung lehnte Frege vehement ab. Für ihn können die Definitionen und die Axiome einander nicht widersprechen, da sie wahr sein müssen. Das erfordert keinen Beweis, aber „nie darf etwas als Definition hingestellt werden, was eines Beweises oder der Anschauung zur Begründung seiner Wahrheit bedarf" (Frege 1903, 321).

Ein zentraler Punkt in Freges Kritik betraf das Verständnis von geometrischen Objekten. Es müsse, so Frege, auf jeden Fall möglich sein, Kriterien aufzustellen, um zu entscheiden, ob ein gegebenes Objekt einer wohl definierten Eigenschaft zukäme oder nicht. Die Hilbert'sche Vorgehensweise lasse solche Entscheidungen nicht zu, denn:

> Wenn wir das Ganze der Erklärungen und Axiome des Herrn Hilbert überblicken, so erscheint es vergleichbar einem Systeme von Gleichungen mit mehreren Unbekannten; denn in einem Axiome kommen in der Regel mehrere der unbekannten Ausdrücke „Punkt", „Gerade", „Ebene", „liegen", „zwischen" u. s. w. vor, so daß das Ganze, nicht einzelne Axiome oder Gruppen von solchen zur Bestimmung der Unbekannten genügen. Aber genügt dazu das Ganze? Wer sagt, dass dies System für die Unbekannten auflösbar sei? Und daß diese eindeutig bestimmt seien? Wie würde die Lösung aussehen, wenn sie möglich wäre? ... Wenn wir die Frage beantworten wollen, ob ein Gegenstand – z.B. meine Taschenuhr – ein Punkt sei, stoßen wir gleich beim ersten Axiome auf die Schwierigkeit, daß darin von zwei Punkten die Rede sei. ... Wir kommen also durch dies Axiom nicht weiter. Und so geht es uns bei jedem dieser Axiome; und wenn wir schließlich beim letzten angelangt sind, wissen wir immer noch nicht, ob diese Axiome von meiner Taschenuhr so gelten, dass wir berechtigt sind, sie einen Punkt zu nennen. (Frege 1903, 370)

Freges Kritik bezog sich insbesondere auf Hilberts Verwendung von Axiomen, die Existenzaussagen beinhalten, wie z.B. das Axiom I.7, wonach auf jeder Geraden es wenigstens zwei Punkte gibt. Diese Vorgehensweise sah er als besonders fragwürdig an, wie er mit folgenden Vergleich zeigen wollte:

Erklärung. Wir denken uns Gegenstände, die wir Götter nennen.

Axiom 1. Jeder Gott ist allmächtig.

Axiom 2. Es gibt wenigstens einen Gott. (Frege 1903, 370)

Blumenthal kannte mit Sicherheit diese Kritik Freges, aber er wusste auch, dass Hilbert die Grundlagen der Geometrie als schon erledigt betrachtete. Die Widerspruchslosigkeit ihrer Axiome hat er beweisen können, indem er ein einfaches arithmetisches Modell aufstellte, das sämtliche Axiome erfüllte. Um Blumenthal zu zitieren: „man nimmt für die Widerspruchslosigkeit der geometrischen Axiome die Autorität eines höheren Gebietes, der Arithmetik, in Anspruch" (Blumenthal 1922, 70). Das nächste Problem ergab sich dann von selbst, denn für die Arithmetik gab es keine deckende Autorität. So stellte Hilbert diese Aufgabe – einen direkten Beweis für die Widerspruchslosigkeit der Axiome der Arithmetik – dem Publikum in seinem Pariser Vortrag vor; es war das zweite von seinen 23 Problemen. Als Minkowski es erstmals in Fahnen las, schrieb er am 17. Juli 1900 seinem Freund, „höchst originell ist es, ... das als Problem für die Zukunft hinzustellen, was die Mathematiker am längsten schon völlig zu besitzen glauben, wie die arithmetischen Axiome. ... [aber] mit den Philosophen wirst Du manchen harten Strauss auszukämpfen haben" (Minkowski 1973, 129).

Frege hatte seine Korrespondenz mit Hilbert tatsächlich schon im Dezember 1899 eröffnet, d.h. viele Jahre bevor der Streit zwischen Hilbert und Brouwer ausbrach. Erst in den 1920er Jahren kam die ideologische Phase, in der die Anhänger des Formalismus, vor allem Hilbert selbst, gegen Brouwers Intuitionismus polemisierten, wie auch umgekehrt. Es lohnt sich trotzdem, kurz auf einige Kernideen beider Richtungen einzugehen, um die Vorgeschichte zur Grundlagenkrise historisch einzuordnen.

Vier Jahre nach seiner Pariser Rede hielt Hilbert einen Vortrag über die Grundlagen des arithmetisierten Kontinuums auf dem Heidelberger Kongress (Hilbert 1904). Blumenthal, der damals dabei war, nannte dies später seinen „ersten Entwurf, der unverstanden blieb". Er suggerierte damit, dass diese Skizze schon als eine Vorstudie zu seiner Beweistheorie der 1920er Jahren anzusehen ist. Darüber lässt sich streiten, aber unmissverständlich war die scharfe Polemik, mit welcher Hilbert gegen die Ansichten anderer Mitstreiter auf diesem Gebiet kämpfte, derjenigen, die seiner Meinung nach die Grundlagen der Arithmetik mit unzureichenden Hilfsmitteln befestigen wollten. Um diese verschiedenen Tendenzen möglichst schnell abzutun, stempelte Hilbert ihre Hauptvertreter mit entsprechenden Etiketten ab, anfangend mit seinem längst verstorbenen Hauptgegner Leopold Kronecker, dem *Dogmatiker*. Helmholtz stehe als Vertreter der *Empiristen* da, während Christoffel (möglicherweise als Ersatz für Weierstraß) den *Opportunisten* vertrat.

Diese letzte Gruppe lehnte den skeptischen Standpunkt Kroneckers ab, ohne jedoch eine sachliche Widerlegung desselben liefern zu können. Hilbert hatte schon in seinem Pariser Vortrag darauf hingewiesen, wie man dabei vorgehen sollte:

> Der Nachweis für die Widerspruchslosigkeit der Axiome [der reellen Zahlen in der Arithmetik] wird zugleich der Beweis für die mathematische Existenz des Inbegriffs der reellen Zahlen oder des Continuums [erbracht]. In der That, wenn der Nachweis für die Widerspruchslosigkeit der Axiome völlig gelungen sein wird, so verlieren die Bedenken, welche bisweilen gegen die Existenz des Inbegriffs der reellen Zahlen gemacht worden sind, jede Berechtigung. (Hilbert 1932–1935, III: 301)

Hilbert fasste dabei das Kontinuum ganz anders auf als Weyl oder Brouwer es später mit ihren viel konkreteren Vorstellungen taten. Denn sein Kontinuum sei „nicht etwa die Gesamtheit aller möglichen Dezimalbruchentwicklungen oder die Gesamtheit aller möglichen Gesetze, nach denen die Elemente einer Fundamentalreihe fortschreiten können", sondern ein viel abstrakterer Begriff. Nach Hilberts axiomatischer Auffassung wäre das Kontinuum „ein System von Dingen deren gegenseitige Beziehungen durch die aufgestellten Axiome geregelt werden und für welche alle und nur diejenigen Thatsachen wahr sind, die durch eine endliche Anzahl logischer Schlüsse aus den Axiomen gefolgert werden können". Er meinte aber, dass der Begriff des Kontinuums nur in diesem Sinne streng logisch fassbar sei, und trotzdem „entspricht er auch … so am besten dem, was die Erfahrung und Anschauung uns giebt" (Hilbert 1932–1935, III: 301).

Hilberts Bezeichnungen für die Tendenzen der obigen drei Denker bezogen sich auf ihre jeweiligen Auffassungen zum Begriff der irrationalen Zahl. Die Begründung der natürlichen Zahlen hatten Frege und Dedekind als Hauptaufgabe aufgestellt. Die Versuche von beiden erwiesen sich aber nach Hilbert als methodologisch verfehlt. Der *Logiker* Frege hatte dies ein Jahr zuvor unumwunden zugegeben, nachdem Bertrand Russell ihn auf das bekannte Russell'sche Paradoxon aufmerksam gemacht hatte. Hilbert zog daraus die Schlussfolgerung, dass „die Auffassungen und Untersuchungsmittel der Logik, im hergebrachten Sinne aufgefasst, nicht den strengen Anforderungen, die die Mengenlehre stellte, gewachsen seien. *Die Vermeidung solcher Widersprüche und die Klärung jener Paradoxien ist vielmehr bei den Untersuchungen über den Zahlbegriff von vornherein als ein Hauptziel ins Auge zu fassen*" (Hilbert 1904, 176).

Dedekinds *transzendentale* Methode zur Einführung des Unendlichen scheiterte andererseits daran, dass sein Verfahren die Bildung solcher Mengen ermöglicht, die wiederum zu widersprüchlichen Aussagen führen. Hilbert hatte schon durch seine Korrespondenz mit Georg Cantor erfahren, dass Cantor schon längst gewisse Paradoxien in der Mengenlehre aufgedeckt hatte ((Purkert/Ilgauds 1987, 224–227); siehe auch (Purkert 1986)). Um diese Problematik zu umgehen, führte Cantor den Begriff „konsistente" bzw. „nicht-konsistente Menge" ein. Diese Unterscheidung legte jedoch kein scharfes Kriterium fest, und somit bezeichnete Hilbert Cantors Auffassung als eine *subjektive*, die keine objektive Sicherheit gewährt. Hilbert zog nun sein Fazit:

> Ich bin der Meinung, dass alle berührten Schwierigkeiten sich überwinden lassen und dass man zu einer strengen und völlig befriedigenden Begründung des Zahlbegriffes gelangen kann, und zwar durch eine Methode, die ich die *axiomatische* nennen und deren Grundidee ich im kurzen entwickeln möchte. (Hilbert 1904, 176)

Hilberts Antwort auf Freges Kritik lässt sich auch ziemlich klar aus einer kurzen Bemerkung am Anfang des Heidelberger Vortrags ablesen. Dort verglich er den Forschungsstand bezüglich der Grundlagen der Geometrie bzw. Arithmetik und stellte zunächst fest, dass „wir … im wesentlichen untereinander einig sind", was die Wege und Ziele bei Untersuchungen über die Grundlagen der Geometrie betrifft. Das „wir" schloss natürlich Frege aus, während Hilbert seinen Blick nach vorn richtete. Sein Thema schien zunächst auf die Begründung der Arithmetik beschränkt gewesen zu sein. Aber seine Ausführungen zeigen deutlich: Er will gleichzeitig dafür sorgen, dass die gesamte Mengenlehre in einwandfreier Form aufgestellt wird. So plädierte er für „eine teilweise gleichzeitige Entwicklung der Gesetze der Logik und der Arithmetik" (Hilbert 1904, 176).[111]

Trotz dieses neuen methodologischen Ansatzes blieb Hilberts Standpunkt zu den Grundlagen der Arithmetik im Wesentlichen derselbe, den er vor vier Jahren vertrat. Denn schon damals zielte sein zweites Pariser Problem auf die strenge Begründung von Cantors Mengenlehre. Am Schluss seines Textes schrieb er:

> Der Begriff des Continuums ... existirt dann in genau demselben Sinne wie etwa das System der ganzen rationalen Zahlen oder auch wie die höheren Cantorschen Zahlklassen und Mächtigkeiten. Denn ich bin überzeugt, daß auch die Existenz der letzteren in dem von mir bezeichneten Sinne ebenso wie die des Continuums wird erwiesen werden können - im Gegensatz zu dem System aller Mächtigkeiten überhaupt oder auch aller Cantorschen Alephs, für welches, wie sich zeigen läßt, ein widerspruchloses System von Axiomen in meinem Sinne nicht aufgestellt werden kann und welches daher nach meiner Bezeichnungsweise ein mathematisch nicht existirender Begriff ist. (Hilbert 1932–1935, III: 301)

In seiner Hilbert-Biographie (Band II, Kapitel 10) erzählt Blumenthal folgendes Anekdote über die Heidelberger Rede:

> In den letzten Vorkriegsjahren kam ich auf einem Spaziergang mit ihm und Frau Hilbert auf den Heidelberger Vortrag zu sprechen und äußerte mit der schönen Offenheit des Sach-Unkundigen als eine Selbstverständlichkeit die Ansicht, dabei sei doch wohl nichts herausgekommen. Darauf schwieg Hilbert ganz still, während Frau Hilbert an der Form meiner Äußerung offenbar Anstoß genommen hatte und sie lachend zurückwies. (Blumenthal 1935, 422)

Aus dieser kleinen Geschichte lässt sich erahnen, wie selbst innerhalb des Intimkreises Hilberts kaum jemand wusste, dass der Meister zu dieser Zeit sein zweites Pariser Problem nicht aus den Augen verloren hatte. So konnte Blumenthal erst im nachhinein Hilberts Rede auf dem Heidelberger Kongress im Jahre 1904 als „einen ersten Entwurf, der unverstanden blieb" darstellen:

> Es handelt sich um eine völlig neue Fragestellung. Wohl sind die Axiome der Arithmetik seit langem aufgestellt, wohl ist ihre gegenseitige Unabhängigkeit erwiesen, aber es fehlt an dem Wesentlichsten: an dem

---

[111]Zu seinen Bemühungen, bald danach dieses Programm umzusetzen, siehe (Peckhaus 1991).

> Beweis ihrer Vereinbarkeit, ihrer Widerspruchslosigkeit. ... Die Berufung auf die Erfahrung, die die widerspruchslose Existenz der ganzen Zahlen zeige, ist ein Zirkelschluß, auch wenn uns nicht nach ungeahnten Enttäuschungen in der Mengenlehre an der Widerspruchslosigkeit unseres Denkens in Zahlen bange geworden wäre. Und es handelt sich um ein höchstes Gut: mit der Widerspruchslosigkeit der arithmetischen Axiome, der Zahlgesetze, steht und fällt unser ganzer Zahlbegriff, existieren oder verschwinden unsere Zahlen. Um aber die Widerspruchslosigkeit zu beweisen, gibt es nur den direkten Weg: es muß gezeigt werden, daß durch keine endlichfache Anwendung der Zahlgesetze aus einer Behauptung *A* die gegenteilige Behauptung Nicht-*A* gefolgert werden kann. (Blumenthal 1922, 70)

Hilbert wusste schon vor Ausbruch des Krieges, dass Brouwer einen ganz anderen Standpunkt vertrat. Beide haben einander im Sommer 1909 persönlich kennengelernt, als Hilbert und seine Frau einen Urlaub in Scheveningen, unweit von Den Haag, verbrachten. Wie so viele andere junge Mathematiker wurde Brouwer von seiner extrovertierten Persönlichkeit stark beeindruckt. Danach schrieb er über diese Begegnung an seinen besten Freund, Carel Adama van Scheltema:[112]

> This summer the world's foremost mathematician was in Scheveningen; through my work I had already been in contact with him. Now I have again and again walked with him, and talked as a young apostle with a prophet. He was 46, but youthful in soul and body, a strong swimmer who eagerly climbed over walls and barbed wire fences. It was a beautiful new ray of light through my life. (van Dalen 2011, 56)

20 Jahre später erinnerte sich Brouwer in (Brouwer 1928, 49) an diese damaligen Gespräche mit großer Verbitterung. Dieser Text, geschrieben in dem Jahr, als der Konflikt zwischen Hilbert und Brouwer ihren Höhenpunkt erreichte, war beinahe Brouwers letztes Wort zum Grundlagenstreit, und er drückte sich darin unmissverständlich aus. Seine offene Kampfansage gegen Hilberts Formalismus und vor allem gegen sein Totschweigen des Intuitionismus zeigte, wie sehr Brouwers ursprüngliches Bild des Göttinger Meisters getrübt geworden war. So erwähnte er die früheren Gespräche mit ihm in Scheveningen, um darauf hinzuweisen, dass er schon damals Hilbert die Grundideen seines Intuitionismus auseinandersetzte.

Drei Jahre nach seinem Besuch in Holland hatte Hilbert noch eine Chance, etwas mehr über Brouwers Ideen zu erfahren, und zwar in Zusammenhang mit dessen Ernennung zum außerordentlichen Professor in Amsterdam.[113] Als Thema für seine akademische Antrittsrede, gehalten am 14. Oktober 1912, wählte er „Intuitionisme en Formalisme". Obwohl es unwahrscheinlich erscheint, dass Hilbert

---

[112] Adama van Scheltema wurde in den Niederlanden als ein sozialistischer Dichter bekannt. Zu seiner Freundschaft mit Brouwer siehe (van Dalen 2013, 23).

[113] Um Brouwers allgemeine philosophischen Ansichten zu verstehen, muss man auch die mystischen Tendenzen mitberücksichtigen, die vor allem in seinem Jugendwerk (Brouwer 1907) stark hervortreten. Siehe auch (van Stigt 1990).

den Versuch unternahm, Brouwers Text zu lesen, wäre es doch denkbar, dass er die
englische Übersetzung (Brouwer 1913b) in *Bulletin of the American Mathematical
Society* angeschaut hat.[114] Aber noch wahrscheinlicher wäre es für ihn gewesen,
einen Blick in *Das Jahrbuch über die Fortschritte der Mathematik* geworfen zu
haben, wo er diese Zusammenfassung hätte lesen können:

> Auseinandersetzung der fundamentalen Streitfrage, welche die mathe-
> matische Welt in zwei Parteien spaltet: die „Intuitionisten" und die „For-
> malisten". Beide sind darüber einig, daß von einer exakten Gültigkeit der
> mathematischen Gesetze als „Natur"gesetze nicht die Rede sein kann.
> Die Frage, wo dann diese Exaktheit bestehe, beantworten sie verschie-
> den; der Intuitionist sagt: im menschlichen Intellekte, der Formalist:
> auf dem Papier. Beispiele, wie von Formalisten tatsächlich eingeführte
> Begriffe, oder ausgesprochene Sätze, oder aufgeworfene Fragen für den
> Intuitionisten bedeutungslos sind. Insbesondere ist $\aleph_0$ die einzige vom
> Intuitionisten anerkannte unendliche Mächtigkeit. Unmöglichkeit einer
> intuitionistischen Interpretation des positiven Teiles der Mächtigkeits-
> theorie, zunächst des Bernsteinschen Theorems. „Zu beiden Parteien
> gehören Gelehrte allerersten Ranges und die Aussicht, daß man sich in
> absehbarer Zeit einigen werde, ist so gut wie verschlossen."

Diese Prognose Brouwers sollte sich im Laufe der 1920er Jahre als eine ganz
treffende Einschätzung erweisen.

1.13   Moderne vs. Gegenmoderne

Von einer Krise innerhalb der Mathematik wurde erst ab 1921 gesprochen,
als Hermann Weyl seinen aufsehenerregenden Aufsatz „Über die neue Grundlagenkrise der Mathematik" (Weyl 1921) publizierte. Dort behauptete er, dass die schon
lange bekannten Antinomien der Mengenlehre keineswegs als exotische Erscheinungen innerhalb eines Grenzgebiets der Mathematik zu erachten wären, sondern als
Symptome dafür, dass das bisherige Fundament der modernen Analysis, nämlich
das arithmetisierte Kontinuum, nicht in Ordnung sei.

Weyls Beschäftigung mit dieser Problematik setzte allerdings bereits mehr
als zehn Jahre zuvor ein; schon als Dozent in Göttingen hatte er sich von der dort
herrschenden Auffassung zur Mengenlehre distanziert. So schrieb er am 29. Juli
1910 an seinen Freund Pieter Mulder:

> ... In letzter Zeit habe ich viel über die Grundlagen der Mengenlehre
> nachgedacht und komme da zu Ansichten, die von der Zermeloschen

---

[114]Brouwers Schlusswort in diesem Text lautete: „So far my exposition of the fundamental issue,
which divides the mathematical world. There are eminent scholars on both sides and the chance
of reaching an agreement within a finite period is practically excluded. To speak with Poincaré:
‚Les hommes ne s'entendent pas, parce qu'ils ne parlent pas la même langue et qu'il y a des
langues qui ne s'apprennent pas.'"

ziemlich stark abweichen und sich im gewissen Sinne dem hier viel verspotteten Borel-Poincaréschen Standpunkt nähern. Ich werde wohl auch etwas über meine Auffassung publizieren, doch muss ich sie selbst erst einmal in ihren letzten Konsequenzen überblicken; auch fürchte ich mich ein wenig vor dem Streit, der sich an jede Auslassung über diese Dinge zu knüpfen pflegt.[115]

Das arithmetisierte Kontinuum wurde später zu einem zentralen Schauplatz für die Grundlagenkrise, wobei sich die Skeptiker, allen voran Brouwer und Weyl, gegen die Methoden und Versprechungen Hilberts zu Wort meldeten. Beide warfen ihm vor, er habe viel zu lange seinen Optimismus gepredigt, ohne jedoch zeigen zu können, wie man die Analysis auf festem Boden gründen kann. Hilberts Stichwort für die Errungenschaften der neueren Mathematik war die moderne axiomatische Methode, aber es wuchs eigentlich schon lange innerhalb verschiedener Kreise eine Antipathie gegen die von Hilbert vertretene Auffassung über die Bedeutung der axiomatischen Methode für die Grundlagen der Mathematik.[116]

Der Historiker Herbert Mehrtens stellte in seiner bahnbrechenden Studie (Mehrtens 1990) die Grundlagenkrise in einem breiteren historischen Kontext dar, wobei Hilbert und Brouwer zwei gegensätzliche Gedankenrichtungen verkörperten. Mehrtens betrachtete Hilbert als den leitenden Vertreter der „Moderne", während sein Gegenspieler Brouwer den Standpunkt eines radikalen „Gegenmodernen" einnahm. Diese Divergenz lässt sich vor allem in Bezug auf die Mengenlehre Cantors ablesen, zumal Brouwers Intuitionismus als eine Variante der ablehnenden Haltung mehrerer französischen Mathematiker, u.a. Borel und Poincaré, anzusehen ist.[117] Dieser Gruppe gegenüber standen Hilbert wie auch der radikaler Moderne Felix Hausdorff, der als selbstbewusster Verteidiger der Cantor'schen Mengenlehre auftrat.

Sehr bezeichnend für diese letzte Interessensgemeinschaft war ein Brief Hausdorffs an Hilbert,[118] in dem dieser sich erkundigen wollte, ob die Redaktion der *Annalen* eine noch nicht geschriebene Arbeit zur Theorie der transfiniten Ordnungstypen veröffentlichen möge. Er verwies dabei einerseits auf die Tatsache, dass Cantor ihn aufgefordert habe, dieser Möglichkeit nachzugehen, andererseits auf den heftigen Widerstand, dem dessen Mengenlehre überall begegnete. So wollte Hausdorff sich die Mühe ersparen, diese Arbeit aufzuschreiben, falls „die Redaktion der Annalen von vornherein das jetzt so vielfach (und mit so mittelalterlichen Waffen!) bestrittene Gebiet der Mengenlehre zu excludieren geneigt sein sollte" (Purkert 2002, 13). Hilberts Antwort hierauf ist leider verschollen, aber man darf wohl annehmen, dass Hausdorffs damaliges Anliegen ihm höchst willkommen war. Blumenthal wurde etwas später von Hilbert beauftragt, diese Arbeit Hausdorffs für

---

[115]Seine vorläufige Ideen veröffentlichte er in (Weyl 1910).

[116]Siehe hierzu das Standardwerk (van Heijenoort 1967).

[117]Zu Brouwers allgemeinen philosophischen Ansichten siehe (van Stigt 1990).

[118]Abgedruckt in (Hausdorff 2012, 332–334); siehe auch den Kommentar hierzu in (Purkert 2002, 13 f.).

den Druck vorzubereiten, und diese erschien unter dem Titel „Grundzüge einer
Theorie der geordneten Mengen" (Hausdorff 1908).

Solche konträren Tendenzen kamen in anderen mathematischen Epochen und
Kulturen vor, aber die Mengenlehre Cantors führte zu besonders heftigen Debatten. Diese erreichten mit und vor allem nach dem Ersten Weltkrieg eine bisher
nie dagewesene Brisanz. Diese politische Dimension, die eine wesentliche Rolle
in Mehrtens Interpretation spielt, wird in Band II in aller Deutlichkeit gezeigt.
Sie war allerdings im Falle Hilberts schon während der Kriegszeit ein sichtbarer
Bestandteil seiner Haltung.

Ein auffallendes Beispiel dafür fand im Mai 1917 statt, drei Monate nach dem
Tod des französischen Geometers Gaston Darboux. Hilbert schrieb einen Nachruf auf Darboux, den er in einer öffentlichen Sitzung der Göttinger Gesellschaft
der Wissenschaften vorlas. Die politische Botschaft, die er damit zum Ausdruck
brachte, führte zu einem Skandal. Eine Gruppe rechtsorientierter Studenten versammelte sich vor seinem Haus und verlangte, dass er diesen Nachruf zurückziehe.
Hilbert scheute solche Konfrontationen nicht, aber er musste auch in Kauf nehmen, dass sein Verhalten als Internationalist viele Kollegen in der philosophischen
Fakultät provozierte. Sein Text wurde im selben Jahr in den *Göttinger Nachrichten* veröffentlicht (Hilbert 1932–1935, III: 365–369), und er fand nach dem Krieg
auch Leser in Frankreich, da Gösta Mittag-Leffler eine französische Übersetzung
desselben in den *Acta Mathematica* erscheinen ließ.[119] Viele staunten darüber, besonders in Frankreich, dass während der Kriegszeit ein deutscher Mathematiker
solch eine Lobrede einem Franzosen widmete.

Anders als Brouwer, der ein zurückgezogenes Leben bevorzugte, liebte es Hil-
bert, vor einem mathematischen Publikum zu sprechen, ob in Vorlesungen oder bei
Versammlungen von Fachkollegen. Als sein erster Schüler war Blumenthal wie kein
Zweiter in der Lage, Hilberts Vorzüge als Lehrer zu erkennen. Vor allem schätze
er die Vielseitigkeit seiner Interessen, welche Blumenthal anhand der vielfältigen
Themen seiner Doktoranden besonders hervorhob:

> Ich denke an Dissertationen über ganze transzendente Funktionen, Stielt-
> jessche Kettenbrüche, Doppellimes, komplexe Multiplikation, Flächen-
> theorie, Tschebyscheffsche Näherungsmethoden, Modulfunktionen zwei-
> er Veränderlicher, Topologie algebraischer Kurven und Flächen u. a.,
> während ich die Menge derjenigen, die enger an Hilbertsche Arbeitsge-
> biete anknüpfen, übergehe. Viele dieser Dissertationen sind vorzüglich,
> in ihrer Gesamtheit bilden sie einen Schatz. Wieviel in ihnen von Hilbert
> selbst herrührt, läßt sich nicht entscheiden, wird von Fall zu Fall sehr
> verschieden gewesen sein. Sicher ist, daß alle Doktoranden, die sich mit
> Schwierigkeiten an Hilbert gewandt haben, immer Rat und hilfreiche
> Tat bei ihm gefunden haben. Diese Schüler alle und die vielen, die als

---

[119]David Hilbert: Gaston Darboux, 1842-1917, Traduction du discours prononcé le 12 mai 1917
à la séance publique annuelle de l'Académie des Sciences de Goettingue, *Acta Mathematica*, 42
(1919): 269–273.

reifere Männer nach Göttingen zu ihm kommen, vor allem die jungen Göttinger Dozenten, erfüllen sich in Berührung mit ihm mit seiner Begeisterung für die Mathematik und für die wissenschaftliche Wahrheit. Sie werden seine „Schüler" im weitesten Sinne, und wer einmal wieder schwach im Glauben wird, pilgert gern nach Göttingen und läßt sich „auffrischen". (Blumenthal 1922, 72)

In seiner Pariser Rede von 1900 sprach Hilbert von der Überzeugung, dass „ein jedes bestimmte mathematische Problem einer strengen Erledigung notwendig fähig sein müsse, sei es, dass es gelingt, die Beantwortung der gestellten Frage zu geben, sei es, dass die Unmöglichkeit seiner Lösung und damit die Notwendigkeit des Mißlingens aller Versuche dargethan wird". Schon seit seiner Dissertation lehnte Brouwer dieses „Lösbarkeitsaxiom" strikt ab; er betrachtete es als ein falsches Dogma und als gleichwertig mit der Verwendung des unbeschränkten Prinzips des ausgeschlossenen Dritten.[120] Brouwers Intuitionismus lässt die allgemeine Verwendung dieses Prinzips nicht zu. Vor dem Krieg trat Brouwer mit seinen intuitionistischen Auffassungen ziemlich leise hervor, aber danach suchte er die Auseinandersetzung mit Hilbert. So schrieb er einen Aufsatz für den *Jahresbericht der Deutschen Mathematiker-Vereinigung*, in dem er den Ansichten Hilberts direkt widersprach:

Meiner Überzeugung nach sind das Lösbarkeitsaxiom und der Satz vom ausgeschlossenen Dritten beide falsch und ist der Glaube an sie historisch dadurch verursacht worden, dass man zunächst aus der Mathematik der Teilmengen einer bestimmten endlichen Menge die klassische Logik abstrahiert, sodann dieser Logik eine von der Mathematik unabhängige Existenz a priori zugeschrieben und sie schließlich auf Grund dieser vermeintlichen Apriorität unberechtigterweise auf die Mathematik der unendlichen Mengen angewandt ist. (Brouwer 1919, 204)

Im Falle Hermann Weyls merkt man auch seine Affinität zu Klein und Brouwer, die stets auf die Bedeutung anschaulicher Aspekte in der Mathematik hingewiesen hatten. Auch Schoenflies formulierte als ein Hauptziel moderner topologischer Untersuchungen, „den Inhalt der geometrischen Definitionen mit dem Anschauungsinhalt in Übereinstimmung zu bringen"[121]. Solche Appelle an die Anschauung fanden damals oft statt, aber um sie besser zu verstehen, muss auf die jeweiligen mathematischen Kontexte näher eingegangen werden.[122] Die topologischen Arbeiten Brouwers waren z.B. viel strenger als diejenigen von Schoenflies; so konnte Brouwer sehr deutlich zeigen, wie das oben von Schoenflies formulierte Ziel illusorisch war. Für ihn wie auch für Weyl ergab es keinen Sinn, der naiven

---

[120]Das Prinzip des „tertium non datur" in der klassischen Logik besagt, dass jeder an sich sinnvolle Satz oder dessen Gegenteil gültig ist.

[121](Schoenflies 1904a, 175); siehe das längere Zitat oben auf S. 49.

[122]In (Mehrtens 1990) werden die jeweiligen Kontexte meist ignoriert; stellenweise interpretiert Mehrtens die Verwendung des Wortes „Anschauung" rein ideologisch, als besäße es nur eine fachpolitische Bedeutung ohne inhaltliche Substanz.

Anschauung eine Rolle in einer strengeren Mathematik einzuräumen. Immerhin stellte sich Weyl gegen das Bild einer reinen abstrakten Mathematik. So schrieb er im Vorwort zu *Die Idee der Riemannschen Fläche*:

> Es kann nicht geleugnet werden: die Entdeckung der sich weit über alle unsere Vorstellungen hinausspannenden Allgemeinheit solcher Begriffe wie „Funktion", „Kurve", usw. auf der einen Seite, das Bedürfnis nach logischer Strenge auf der anderen, so ersprießlich, ja notwendig sie für unsere Wissenschaft waren, haben in der Entwicklung der Mathematik von heute doch auch ungesunde Erscheinungen hervorgerufen. Ein Teil derjenigen mathematischen Produktion, die sich müht, diesen Begriffen bis in ihre letzten Feinheiten und – Verzerrungen nachzugehen oder sie in ihren weitesten Umrissen zu erfassen trachtet, hat, sich im Leeren verflüchtigend oder in Seitengängen versickernd, den Zusammenhang mit dem lebendigen Strom der Wissenschaft verloren. (Weyl 1913, iv)[123]

Weyl entpuppte sich aber erst 1918 mit Erscheinen seines Büchleins *Das Kontinuum* (Weyl 1918) als Kritiker der Ansichten seines ehemaligen Doktorvaters. Sein Vorwort, geschrieben im November 1917, beginnt mit dieser starken Behauptung:

> In dieser Schrift handelt es sich nicht darum, den „sicheren Fels", auf den das Haus der Analysis gegründet ist, im Sinne des Formalismus mit einem hölzernen Schaugerüst zu umkleiden und nun dem Leser und am Ende sich selber weiszumachen: dies sei das eigentliche Fundament. Hier wird vielmehr die Meinung vertreten, daß jenes Haus zu einem wesentlichen Teil auf Sand gebaut ist. Ich glaube, diesen schwankenden Grund durch Stützen von zuverlässiger Festigkeit ersetzen zu können: doch tragen sie nicht alles, was man allgemein für gesichert hält; den Rest gebe ich preis, weil ich keine andere Möglichkeit sehe. (Weyl 1918, iii)

Im Text selbst kritisiert Weyl die Ansichten Dedekinds, während Hilbert nicht genannt wird, auch nicht in dem Abschnitt über die axiomatische Methode. Im selben Jahr schloss Weyl eine Wette mit seinem Kollegen Georg Pólya ab, wonach Weyl die Auffassung vertrat, dass zwei grundlegende Sätze der modernen

---

[123]Weyl setzte sein Hauptthema mit diesen bunten Bemerkungen fort: „Auch die Idee der Riemannschen Fläche erheischt, wenn wir den rigorosen Forderungen der Moderne in Bezug auf Exaktheit gerecht werden wollen, zu ihrer Darstellung eine Fülle von abstrakten und subtilen Begriffen und Überlegungen. Aber es gilt nur den Blick ein wenig zu schärfen, um zu erkennen, daß hier dieses ganze vielmaschige logische Gespinnst (in dem sich der Anfänger vielleicht verheddern wird) nicht das ist, worauf es im Grunde ankommt: es ist nur das Netz, mit dem wir die eigentliche Idee, die ihrem Wesen nach einfach und groß und göttlich ist, aus dem τόπος ἄτοπος wie Plato sagt, – gleich einer Perle aus dem Meere – an die Oberfläche unserer Verstandeswelt heraufholen. Den Kern aber, den dieses Knüpfwerk von feinen und peinlichen Begriffen umhüllt, zu erfassen, – das, was das Leben, den wahren Gehalt, den inneren Wert der Theorie ausmacht – dazu kann ein Buch (und kann selbst ein Lehrer) nur dürftige Fingerzeige geben; hier muß jeder einzelne von neuem für sich um das Verständnis ringen."

Analysis sich innerhalb der nächsten 20 Jahre als falsch erweisen würden.[124] Weyls Ansichten waren allerdings weniger scharf formuliert als diejenigen von Brouwer, der schon lange gegen Hilberts Philosophie Stellung genommen hatte.

Immerhin wusste Weyl, dass Hilbert im Begriff war, sein altes Programm für die Grundlegung der Mathematik wiederaufzunehmen. Hilbert kündigte seine Rückkehr dazu am 11. September 1917 an, und zwar in seinem aufsehenerregenden Vortrag „Axiomatisches Denken", den er in Zürich in Anwesenheit Weyls hielt. Bald danach erschien sein Vortragstext in den *Mathematischen Annalen*. Sein Eröffnungssatz spielte gleich auf die Kriegszieldebatten in Deutschland an und zeigte, auf welcher Seite er stand: „Wie im Leben der Völker das einzelne Volk nur dann gedeihen kann, wenn es auch allen Nachbarvölkern gut geht, und wie das Interesse der Staaten erheischt, dass nicht nur innerhalb jedes einzelnen Staates Ordnung herrsche, sondern auch die Beziehungen der Staaten unter sich gut geordnet werden müssen, so ist es auch im Leben der Wissenschaften" (Hilbert 1918, 405).

Schon vor dem Krieg war Brouwers Sympathie für Deutschland als Land der hohen Kultur offensichtlich. Nach der deutschen Niederlage fühlte er sich dazu verpflichtet, als Verteidiger der Deutschen aufzutreten, eine Haltung, die große Konsequenzen für die *Mathematischen Annalen* haben sollte. Eine erste Fassung seiner politischen Ansichten brachte er zum Ausdruck in einer kurzen Mitteilung, die er an Klein und Hilbert gleich nach Ende des Krieges richtete:

Hoch geehrter Herr Geheimrat,

Möge das gesunde Herz Ihres Vaterlandes die heutige Krise überwinden, und mögen die deutschen Spende alsbald zu ungekannter Blüte gedeihen in einer Welt der Gerechtigkeit!

Das wünscht Ihnen
Ihr
Brouwer[125]

Brouwer konnte wohl ahnen, dass die Entente-Mächte von einem ganz anderen Verständnis von Gerechtigkeit ausgehen wollten. Als der Versailler Friedensvertrag im Spiegelsaal des Palasts unterschrieben wurde, führten dessen harte Reparationsforderungen zu heftigem Widerstand unter der deutschen Bevölkerung, die vom Versailler Diktat sprachen. Vor allem empörten sie sich über die Kriegsschuldfrage, die in Artikel 231 folgendermaßen formuliert war:

Die alliierten und assoziierten Regierungen erklären, und Deutschland erkennt an, daß Deutschland und seine Verbündeten als Urheber für

---

[124]G. Pólya, Eine Erinnerung an Hermann Weyl, *Mathematische Zeitschrift*, 126 (1972): 296–298.

[125]Brouwer an Klein, 25. November 1918, AK-L, Nachlass Klein, SUB, VIII: 306; die identische Karte bis auf die Anrede („Lieber Herr Hilbert!") befindet sich im Nachlass Hilbert, 49: Nr. 24; siehe S. 305.

alle Verluste und Schäden verantwortlich sind, die die alliierten und assoziierten Regierungen und ihre Staatsangehörigen infolge des Krieges, der ihnen durch den Angriff Deutschlands und seiner Verbündeten aufgezwungen wurde, erlitten haben.

Nach dem Krieg stellte sich die Zukunft der *Mathematischen Annalen* als sehr schwierig dar. Als Redakteur dieser führenden internationalen Zeitschrift erfuhr Blumenthal ziemlich früh von der tiefen Verstimmung, welche die französischen und belgischen Mathematiker gegenüber ihren ehemaligen deutschen Kollegen empfanden. Diese überhitzte Atmosphäre mit ihren ständigen Spannungen waren für Blumenthal betrüblich genug, aber sie zogen ihn auch in völlig neuartige Konfliktsituationen hinein, die ihn jahrelang plagen sollten. Zunächst waren es eher rein wirtschaftliche Probleme, die Blumenthal am meisten beschäftigten. Denn eine wissenschaftliche Zeitschrift regelmäßig zu publizieren, kostet viel Geld, und die ökonomischen Bedingungen waren alles andere als günstig. Die angespannte politische und wirtschaftliche Lage Deutschlands hielt in der Tat bis 1924 an.[126] So waren nach dem Inkrafttreten des Versailler Vertrags die Weichen für die kommende Zeit gestellt, und zwar in einer Atmosphäre tiefen Misstrauens und Missachtung.

Gleichwohl war Brouwer wie Hilbert ausgesprochen internationalistisch gesinnt. Trotzdem vertraten sie während der Nachkriegszeit völlig konträre politische Ansichten in Bezug auf die internationale Zusammenarbeit. Im Laufe der Zeit lasteten diese Spannungen auch auf Blumenthal, der inzwischen immer mehr redaktionelle Arbeit in Kooperation mit Brouwer durchführen musste. Dabei spielte allerdings die andauernde Grundlagendebatte kaum eine Rolle.[127] Die Konflikte innerhalb der *Annalen*-Redaktion ergaben sich vielmehr als Folge der politischen Konflikte der 1920er Jahre. Rückblickend scheint es fast so, als ob der Zusammenbruch innerhalb der *Annalen*-Redaktion beinahe vorprogrammiert war.

---

[126]Die deutsche Wissenschaft litt unter einen Boykott gegen ihre Vertreter. Diese Politik gegen die besiegten Mittelmächte wurde gleich nach dem Krieg durch die Gründung der Conseil internationale des Recherches durchgesetzt. Dieser unterstand die Union mathématique internationale, welche 1920 einen Congrès International des Mathématiciens in Strasbourg veranstaltete, bei welchem Teilnehmer aus Ländern der Mittelmächte nicht zugelassen wurden.

[127]In der Einleitung zu *The Selected Correspondence of L.E.J. Brouwer* nennt Dirk van Dalen die 12 wichtigsten Themen, die in diesem Band vorkommen. Zum Grundlagenstreit stellte er fest: „there is hardly any correspondence in the Brouwer archive that deals with it." (van Dalen 2011, 6)

Teil II

Ausgewählte Briefe und Schriften (1897–1918)

Kapitel 2

Dozent in Göttingen und Marburg (1897–1905)

2.1 Briefe aus Göttingen an Schwarzschild

Karl Schwarzschild studierte zunächst in Straßburg, bevor er nach München ging. Dort promovierte er 1896 bei Hugo von Seeliger mit einer Dissertation zum Thema: *Die Poincarésche Theorie des Gleichgewichts einer homogenen rotierenden Flüssigkeitsmasse* (Schwarzschild 1992, III: 259–326). Diese Studie gründete sich auf Poincarés fundamentale Arbeit (Poincaré 1885)[1], während Schwarzschild seine eigene Leistung als vorwiegend nur eine didaktische betrachtete, wie er dies in der Vorbemerkung zur Dissertation selbst schreibt. Dort formulierte er eine für ihn bezeichnenden Moral: „Es sind nicht die fernabliegenden Hilfsmittel einer verfeinerten Analysis, sondern gerade wegen ihrer Einfachheit bewundernswerte Gedanken, welche Herrn Poincaré in diesem Gebiete, dessen Schwierigkeiten Lord Kelvin ‚von ganz schrecklichen Natur nennt‘, zu seinen Erfolgen geführt haben" (Schwarzschild 1992, III: 260).[2]

Nach Ende seines Studiums in München zog Schwarzschild nach Wien um, wo er von 1897 bis 1898 als wissenschaftlicher Assistent an der Kuffner'schen Sternwarte arbeitete. Diese stand damals unter der Leitung Leo de Balls.[3] Kurz vor seiner Abreise bat Schwarzschild Blumenthal um Rat wegen eines Geschenks.

---

[1] Zu dieser Arbeit Poincarés und ihrer Vorgeschichte siehe (Gray 2013, 303–316).

[2] Friedrich Hund gibt eine kurze Beschreibung der physikalischen Arbeiten Schwarzschilds in (Schwarzschild 1992, III: 251–258).

[3] Leo Anton Carl de Ball (1853–1916) arbeitete an den Sternwarten in Gotha und Kiel, bevor er 1881 nach Belgien ging. Dort war er bis 1891 an den Observatorien von Lüttich und Uccle, danach als Direktor der privaten Kuffner-Sternwarte in Wien tätig.

© Springer-Verlag GmbH Deutschland, ein Teil von Springer Nature 2018
D. E. Rowe, *Otto Blumenthal: Ausgewählte Briefe und Schriften I*,
Mathematik im Kontext, https://doi.org/10.1007/978-3-662-56725-8_2

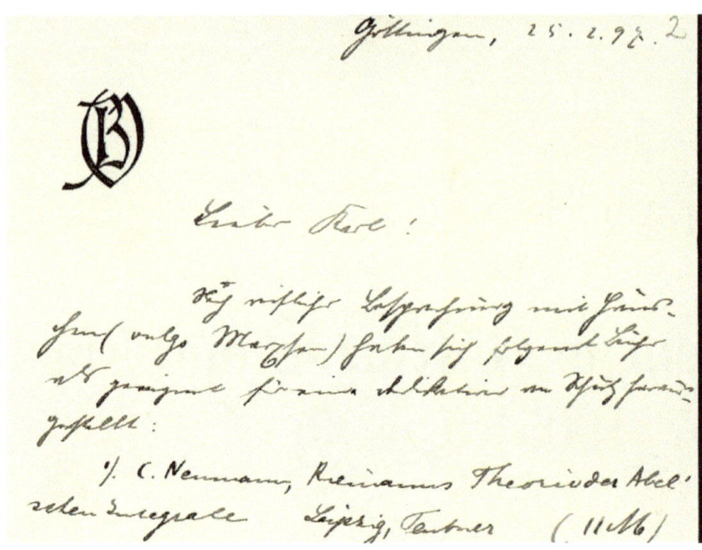

Abbildung 2.1: Otto Blumenthal an Karl Schwarzschild, 25. Februar 1897

Blumenthal an Schwarzschild | Göttingen, den 25.II.1897
AB-D,[4] Nachlass Schwarzschild, SUB Göttingen, 75, Nr. 2

Lieber Karl!

Nach reiflicher Besprechung mit Hänschen (vulgo Marxsen)[5] haben sich folgende Bücher als geeignet für eine Dedikation an Schütz[6] herausgestellt:

1) C. Neumann, Riemanns Theorie der Abel'schen Integrale, Leipzig, Teubner (11 M[ark])

2) Borel–Drach, Introduction à l'Etude des Nombres et l'Algèbre supérieure (Paris, Librairie Nony, 1895) M[ark] 8,50

3) Herz, Lehrbuch der Landkartenprojection, Leipzig, Teubner, 1885 M[ark] 10.

Du siehst daraus wie vielseitig Dein Direktor ist. Das letzte Buch ist Dir vielleicht auch deshalb anheimelnd, weil der Verfasser Direktor der Kuffner'schen Sternwarte war oder noch ist.[7]

---

[4]Diese Abkürzung steht für Autograph: Brief in deutscher Schrift (siehe z.B. Abbildung 2.1), während AB-L einen in lateinischen Buchstaben verfassten Brief bezeichnet; in ähnlicher Weise verwende ich AK-D bzw. AK-L für entsprechende Karten. Die Abkürzung TB bezeichnet einen Brief in Typoschrift.

[5] Sophus Marxsen studierte zunächst in München, bevor er nach Göttingen kam, wo er 1900 bei Hilbert promovierte. Der Titel seiner Dissertation lautete „Über eine allgemeine Gattung irrationaler Invarianten und Kovarianten für eine binäre Form ungerader Ordnung".

[6]Möglicherweise handelt es sich hier um Ernst Harald Schütz, der 1901 in Göttingen promovierte.

[7] Norbert Herz (1858–1927) war der frühere Direktor der Kuffner'schen Sternwarte in Wien.

Mit meinem Vortrag bei Hilbert ist es denkbar elend gegangen. Der Poincaré,[8] den ich schließlich doch ganz verstanden hab, erwies sich als zu schwer für das Seminar. Ich kam in intensive Berührung mit Heines Handbuch der Kugelfunktionen[9], dem gräßlichsten Buch dieser Erde, und hielt meinen durch gesteigerte Nervosität und Unlesbarkeit der Handschrift höchst blamabel wirkenden Vortrag, der mir einen 8-tägigen tiefen moralischen Kater mit Selbstmordgedanken eintrug.

Augenblicklich habe ich schauerlich viel zu thun, und komme dabei doch zu nichts Rechtem, bin überhaupt denkbar unzufrieden mit mir. Ich reise vielleicht zu Ostern nach Paris: das hilft hoffentlich meinem zerrütteten Nervensystem wieder auf.

Für Deine Dissertation danke ich Dir im Voraus bestens. Ebenso wünsche ich Dir viel Glück mit Deiner Elastizitätsgeschichte, die mir wunderschön zu sein scheint. Nähere Mitteilungen über das Aussehen Deiner Green'schen Funktion wären mir sehr erwünscht, da ich mich auch mit diesen Dingen zu beschäftigen gedenke, d.h. darüber (partielle Differentialgleichungen) promovieren möchte. Hat Lindemann Deine Poincaré-Arbeit endlich gelesen, und wo wird sie gedruckt?[10]

Mit besten Grüssen

Dein

O. Blumenthal.

Blumenthals Unzufriedenheit mit seinem Vortrag in Hilberts Seminar erweckt den Eindruck, als hätte er dadurch eine persönliche Krise erlitten, die er allerdings nach kurzer Zeit bewältigen konnte. Auf jeden Fall haben in den folgenden Jahren die Arbeiten Poincarés über Differentialgleichungen und Himmelsmechanik stets bei ihm großes Interesse erregt, wie aus zukünftigen Mitteilungen an Schwarzschild klar hervorgeht. Etwa anderthalb Jahre später konnte Blumenthal seinem Freund seine inzwischen abgeschlossene Promotionsarbeit zuschicken. Schwarzschild hatte sich mittlerweile an ihn gewandt, um seine Aussichten auf Habilitation in Göttingen zu erkunden. In seiner Antwort gab ihm Blumenthal eine sehr interessante persönliche Einschätzung der damaligen wissenschaftlichen Lage, und zwar nicht allein in Bezug auf die Astronomie.

---

[8]Die hiermit gemeinte Arbeit Poincarés war möglicherweise seine „Sur la polarisation par diffraction: Seconde partie", *Acta Mathematica* 20(1897): 313–355. Dort gewinnt er auf einen anderen Weg die gleichen Ergebnisse, welche Sommerfeld in seiner Habilitationsschrift fand (siehe (Eckert 2013, 100 f.)).

[9]Eduard Heine, *Handbuch der Kugelfunktionen*, Berlin: Georg Reimer, 1861, war das Standardwerk zu diesem Thema.

[10]Es handelt sich um Schwarzschilds Dissertation, „Die Poincarésche Theorie des Gleichgewichts einer homogenen rotierenden Flüssigkeitsmasse", *Neue Annalen der Königlichen Sternwarte in München*, 3(1898).

Blumenthal an Schwarzschild | Göttingen, den 15.VIII.1898
AB-D, Nachlass Schwarzschild, SUB Göttingen, 75, Nr. 3

Lieber Karl!

Dein Brief traf mich gerade bei der angenehmen Beschäftigung, meine Dissertation in die Welt zu senden.[11] Du kannst somit Deine erste Frage, nach dem Inhalt meiner Arbeit, selbst beantworten. Ich bezweifle freilich, daß Dein Interesse [Dich] durch diese schrecklichen 58 Seiten bis zum Schluß begleiten wird.[12]

Was ferner Zukunftspläne betrifft, so mache ich augenblicklich die schriftlichen Arbeiten zu meinem Staats- (Lehrer-) Examen und hoffe mit diesem Anfang Oktober fertig zu sein. Weiteres kann ich noch nicht sagen, da bisher der preußische Staat meine Kriegerkräfte in seiner Armee nicht vermissen will, und mich zum 1. Oktober in dem 10. Artillerie-Regiment zu Hannover als Einjährigen „eingestellt" hat.[13]

Soviel von mir. Viel wesentlicher ist die Frage, die Du über Dich selbst an mich richtest. Ich schicke voraus, daß meine Auskunft natürlich höchst incompetent ist, indem ich es nicht für Recht befunden habe, mit einem besser Eingeweihten, Assistenten etc, über Deine Pläne zu sprechen. Was ich Dir aber sagen zu können glaube, ist folgendes: 1). Bist Du hier sehr gut bekannt. Klein hat Deine Arbeit erhalten, wohl auch angesehen, und interessiert sich ja für die drei Körper überhaupt.[14] Komischer Weise wurdest Du hier schon das ganze letzte Semester erwartet, indem via Seeliger, Wolff und Kleins Assistenten Liebmann eine Nachricht von Deinen Plänen hierhergekommen war.[15] Ich glaube allerdings nicht, daß diese Nachricht und Erwartung in die Professorenkreise gedrungen ist. 2). Vom Standpunkt der Studenten aus wäre sehr zu wünschen, daß ein Mann als theoretischer Astronom hierher kommt, <u>der lesen kann</u>. Brendel,[16] so tüchtig er sonst ist,

---

[11] Otto Blumenthal, *Ueber die Entwickelung einer willkürlichen Function nach den Nennern des Kettenbruches für* $\int_{-\infty}^{0} \frac{\varphi(\xi)d\xi}{z-\xi}$, 25.V.1898. Blumenthal verwendete darin eine Methode von Stieltjes für die Behandlung von Kettenbrüchen.

[12] Zum Inhalt von Blumenthals Dissertation siehe das Referat von Adolf Hurwitz für das *Jahrbuch über die Fortschritte der Mathematik*, wiederabgedruckt in Anhang II auf S. 313 dieses Bandes.

[13] Normalerweise mussten junge Männer in Preußen drei Jahre in der Armee dienen. Falls sie aber die mittlere Reife an einem Gymnasium erworben hatten, konnten sie sich als Einjährig-Freiwilligen melden, weswegen das Examen der Mittleren Reife lange Zeit auch als „das Einjährige" bezeichnet wurde. Allerdings musste der Einjährig-Freiwillige im Frieden Unterbringung und Ausrüstung selbst bestreiten, sodass nur Söhne aus eher wohlhabenden Familien in Frage kamen. Nach Ableistung des Dienstjahres und zweier Militärübungen wurden die Einjährig-Freiwillige in der Regel zu Reserveoffizieren befördert.

[14] Schwarzschild veröffentlichte 1898 sogar zwei Arbeiten über Klassen von periodischen Lösungen des Dreikörperproblems in den *Astronomischen Nachrichten* (siehe Blumenthals Nachruf in Kapitel 5).

[15] Hugo von Seeliger (München) und Max Wolff (Heidelberg) gehörten zu den führenden Astronomen Deutschlands. Heinrich Liebmann war Geometer und blieb nur kurze Zeit bei Felix Klein in Göttingen; 1898 habilitierte er sich in Leipzig.

[16] Martin Brendel war von 1898 bis 1907 außerordentlicher Professor für Theoretische Astro-

geht diese Gabe vollständig ab; alle Leute, die bei ihm gehört haben, sind darin einig. Ich weiß nicht, wieviel Klein von diesem Mißstand weiß: kennt er ihn, so bist Du hochwillkommen. 3). Es handelt sich in diesem dritten §[17] nämlich wesentlich um Klein. Der hat Brendel hierher berufen und der ist es hauptsächlich, der für Dich in Betracht kommt: Schur ist sehr Nebenfigur,[18] und Brendel läuft Klein nach. Klein ist jetzt ganz nach der naturwissenschaftlich-astronomischen Seite hin abgeschwenkt. Er ist nicht mehr Mathematiker, er ist allgemeiner exakt-naturwissenschaftlicher Organisations-Engel, eine Änderung, die Dir sehr angenehm sein kann und die mir sehr zuwider ist.[19] Persönliche Anregung auf mathematischem Gebiet ist von ihm nicht mehr zu erwarten. Dagegen ist Hilbert, bei dem ich gearbeitet habe, sicherlich einer der allerbedeutendsten jetzt lebenden Mathematiker und außerordentlich anregend. Er wird gerade jetzt sich gleichfalls mit Prinzipien der Mechanik beschäftigen, er ist persönlich sehr umgänglich, und Du wirst im Verkehr mit ihm einen seltenen Genuß finden, ebenso wie wir alle, die bei ihm arbeiten, nicht nur die eingesessenen Göttinger, sondern auch die tüchtigen Leute aus anderen Universitäten.

Alles in Allem glaube ich, daß ich Dir wie uns Glück wünschen kann, wenn Du hier Dich habilitierst. Es ist ja natürlich nicht ausgeschlossen, daß die Astronomen meinen, es seien jetzt ihrer genug: es ist auch ein Assistent bei Schur hier, der sich möglicher Weise hier habilitieren will, Buchholz aus Jena, Neffe von Gyldén[20] aber der käme wohl erst nach Dir dran. Höre den Rat der Alten, aber ich glaube, daß die Chancen hier nicht schlecht sind. Jedenfalls halte ich die Zeit für gut angebracht, wenn Du das nächste halbe Jahr für Deine Habilitations-Arbeit investieren wolltest. – Besten Dank auch für Deine Zusendung. Ich hoffe, daß Du mit diesen Andeutungen etwas anfangen kannst. Wenn Du hierher kommst, sehen wir uns im Laufe des Winters sicherlich.

Einstweilen beste Grüße!

O. Blumenthal.

---

nomie und Geodäsie in Göttingen.

[17]Dieses Symbol wurde von Blumenthal als eine Abkürzung für Paragraph verwendet.

[18]Wilhelm Schur setzte die Göttinger Tradition der Positionsastronomie von Gauß und Klinkerfues weiter fort. Nach seinem Tod 1901 bekam Karl Schwarzschild dessen Stelle, womit die neue Astrophysik in Göttingen erst begann.

[19]Zu Klein als Wissenschaftsorganisator vgl. (Rowe 2001).

[20] Hugo Buchholz promovierte 1894 in München mit einer Arbeit über die Konstitution des Saturnringes. Er verbrachte einige Jahre im Ausland, vor allem an der Sternwarte seines Onkels Hugo Gyldén in Stockholm. Nach dessen Tod wechselte er an die Sternwarte Pulkova bei Sankt Petersburg, bevor er 1897 als Assistent von Schur nach Göttingen kam. Mit Schwarzschilds Berufung 1901 verließ er Göttingen, um sich in Halle zu habilitieren. Buchholz versuchte die sogenannte horistische Methode seines Onkels gegen die Vorwürfe seiner Kritiker zu verteidigen, worauf Blumenthal in einem Schreiben an Schwarzschild vom 14. Mai 1904 anspielte.

Obwohl erst frisch promoviert, kannte sich Blumenthal schon zu dieser Zeit mit den herrschenden wissenschaftlichen Verhältnissen in Göttingen sehr genau aus. Ob Schwarzschild weitere Erkundigungen zwecks Habilitation dort eingeholt hat, bleibt unklar. Auf jeden Fall entschied er sich letzten Endes, diesen nächsten Schritt in seiner Karriere nicht in Göttingen, sondern in München zu unternehmen, wo er schon bei Hugo von Seeliger promoviert hatte. Im Jahre 1899 schenkte Schwarzschild seinem Vater zum Geburtstag ein Essay über das Verhältnis zwischen Astronomie und Religion, womit er möglicherweise die Absicht hatte, bei ihm eine gewisse Sympathie für seinen auserwählten Beruf zu erwecken. Er begann mit diesen Gedanken:

> Der Gegensatz, der zwischen Religion und Naturwissenschaft besteht, erscheint unter allen naturwissenschaftlichen Disciplinen am geringsten, mildesten bei der Astronomie. Auszunehmen sind natürlich die Wortgläubigen, denen die Welt in sechs Tagen geschaffen wurde und denen auf Joshua's Gebot die Sonne stillstand. Für den abstrakten Deisten liegt aber ausserordentlich viel in der Astronomie, was das religiöse Gefühl fördert. …

> Aber namentlich der Verstand sieht in der Unendlichkeit des Raumes und der Zeit und der wunderbaren Ordnung der himmlischen Bewegungen der Attribute des höchsten Wesens verkörpert. Die Gesetzmäßigkeit in den Bewgungen der Himmelskörper hat das besonders Anlockende und Reizende, sich suchen zu lassen. Ständen die Planeten alle in gleichen Abständen von der Sonne, wäre die Welt wie von einem Kugelbuben aufgestellt. Dass aber alle Regelmässigkeiten am Himmel nur mit Hülfe der Mathematik, der höchsten Denkform des menschlichen Geistes, begriffen werden können, lässt auf den höheren Geist ihres Schöpfers schliessen. Die Aelteren hatten es gut, für die die Existenz Gottes eine bewiesene Wahrheit war. Bei denen gab es keine Skrupel zwischen Glauben und Wissenschaft – der Kampf gegen den beschränkten Kirchenglauben war ein aeussere. Wenn Kepler ein neues Gesetz entdeckt hatte, triumpierte er wie ein Kind, das dem Vater ein lange enthaltenes Zuckerwerk endlich entrissen hat und ihn nun, erfreut über die Kraft des Kleinen, ihn lächelnd sieht. Blieb ihm der Kaiser den Gehalt schuldig, er war sich bewusst, der Liebling eines höheren Herrn zu sein. Auch Newton fühlte sich als Knecht des Herrn; er betonte, dass Gott nicht immanente Weltseele, sondern der selbständige Herr und Meister, Schöpfer und Lenker sei.

> Die ungeheure Grösse des Raumes, in dem die vielen Sonnen sich befinden, und die nach 100 Millionen Jahren zählende Zeit, seitdem die Sonne existiert, ist erst durch die Astronomen des letzten Jahrhunderts recht offenbar [ge]worden. Schwindelt die Vorstellungskraft bei dem Gedanken an solche Unendlichkeiten, so ensteht beim Zurückblicken auf

diese Erde und das Stäubchen darauf, das Ich, die Empfindung, die am meisten zur Unterstützung der Religiösität beiträgt, die Demut, das Gefühl des eigenen Nichts. ...

––––––––––

Zwei Jahre später versammelte sich die Astronomische Gesellschaft in Heidelberg. Bei diesem Anlass hielt Schwarzschild einen aufsehenerregenden Vortrag über die Möglichkeit einer globalen Raumkrümmung im Sinne Riemanns. Felix Klein war damals anwesend, und es entstanden danach zwischen ihm und Schwarzschild die ersten wissenschaftlichen Kontakte. Schwarzschilds Berufung nach Göttingen fand nur ein halbes Jahr später statt. Somit ist der folgende Brief Blumenthals besonders aufschlussreich.

Blumenthal an Schwarzschild | Göttingen, den 13.III.1901
AB-D, Nachlass Schwarzschild, SUB Göttingen, 75, Nr. 4

Lieber Karl!

Ich habe ein sehr schlechtes Gewissen. Du hast mir vor etwa $1\frac{1}{2}$ Monaten Deinen Heidelberger Vortrag zugeschickt, und ich habe ihn damals mit vielem Interesse gelesen, aber in meiner Faulheit vergessen, Dir den Empfang zu bestätigen und Dir zu danken. Heute erhalte ich ihn zum zweiten Male zusammen mit der Arbeit aus den Wiener Berichten. Ich bitte Dich also vielmals, meine Nachlässigkeit entschuldigen zu wollen und auch sehr nachträglich meinen besten Dank für die Zusendung des Vortrags anzunehmen. Das Ding hat mich, wie alle hiesigen Mathematiker, sehr interessiert. Mit Klein bist Du ja darüber in eine gewisse Korrespondenz geraten. Ich kann Dir auch einiges Neue darüber sagen: Du wirst ja wohl sehen, was Klein an Deiner Theorie hauptsächlich beanstandet, es ist die beim Riemann'schen Raume notwendige Absorption. Sein nächster Einwand ist der, daß man bei Annahme von Absorption das Fehlen von Sternen kleinerer als 15. Größenklasse auch im Euklidischen Raume ohne weiteres erklären könnte. Weiter aber hat sich in seinem Auftrag Herr Hamel,[21] ein sehr tüchtiger jüngerer Herr, näher mit dem Absorptionsproblem befaßt. Ich bin leider zur Zeit nicht im Stande, Dir genau angeben zu können, was dieser Herr herausgearbeitet hat. Es handelt sich – glaube ich – um das Verhältnis der Anzahl Fixsterne, welche in einer Euklidischen Kugel von einem Radius R und einem Riemannschen Raume vom gleichen Radius untergebracht werden können (ich hoffe, daß das kein Unsinn ist). Er hat gefunden, daß dieses Verhältnis sich bei Annahme einer auch sehr kleinen Absorption sehr rasch ändert und daraus einige Schlüsse gezogen, die Du

––––––––––

[21] Georg Hamel (1877–1954) studierte in Aachen, Berlin und zuletzt Göttingen, wo er 1901 bei David Hilbert promovierte. Das Thema seiner Doktorarbeit „Über die Geometrien, in denen die Geraden die Kürzesten sind" knüpfte direkt an Hilberts viertes Pariser Problem an. Hamel wurde 1912 Blumenthals Kollege in Aachen, bevor er 1919 einen Ruf von der TH Berlin annahm.

jedenfalls besser übersehen kannst als ich, der die sehr umständliche Entwicklung der Herren nur minimal angehört hat. Jedenfalls siehst Du aus dem Gesagten, daß – wie Klein sich ausdrücken würde – „auch auf diesem Gebiete etwas vorangeht".

Zum Schluß möchte ich Dir noch meine Adresse mitteilen[22], obwohl auch die einfache Angabe „Göttingen" schließlich genügt.

Beste Grüße und besten Dank! Grüße, bitte, auch Deinen Bruder![23]

Dein

O. Blumenthal.

Blumenthal wusste offenbar, dass Klein gewisse vorläufige Bedenken Schwarzschild schon früher mitgeteilt hatte. In einer Karte vom 29. Januar 1901 schrieb Klein: „Ich habe Ihren Aufsatz leider nur flüchtig aber mit großem Interesse gelesen. Pag. 345 unten scheint mir Verwechselung vorzuliegen. Die Sternclassen müssen im hyperbolischen Raume rascher, im elliptischen langsamer wachsen als im parabolischen. Denn die Peripherie eines Kreises wächst im ersten Falle bei wachsendem Radius rascher, in letzterem Falle langsamer, als im parabolischen Falle. Also auch das ist ein Argument zu Gunsten des elliptischen Raumes."[24]

Die Verhandlungen während Schwarzschilds Berufung nach Göttingen liefen zunächst etwas zögerlich, zumal das Ministerium nicht bereit war, dem 28-jährigen die Leitung der Sternwarte ohne eine Bewährungsphase zu übertragen. Nachdem Blumenthal erfahren hatte, dass sein Freund den Ruf doch angenommen hatte, schickte er ihm eine Karte, um seine Freude darüber auszudrücken.

Blumenthal an Schwarzschild | Göttingen, den 18.X.1901
AK-D, Nachlass Schwarzschild, SUB Göttingen, 75, Nr. 6

Lieber Karl!

Zunächst allerherzlichsten Glückwunsch: es ist ganz besonders erfreulich, daß Du nach Göttingen kommst: für uns im allgemeinen, für mich im speziellen und, wie ich annehme, auch für Dich. Hoffentlich trifft Dich diese Karte noch in Frankfurt. Ich habe nämlich die Geschichte erst gestern offiziell erfahren und möchte Dir jetzt alle meine Dienste in Göttingen anbieten. Wenn ich mich insbesondere bei Einrichtung Deiner Wohnung verdient machen kann, so werde ich dies mit dem größten Vergnügen thun. Frau Hilbert sagt mir, daß es Dir davor graust. Also bitte über mich zu verfügen und mir insbesondere Deine Ankunft melden zu wollen!

---

[22]Herzberger Chaussee 49.

[23]Karl Schwarzschild war das älteste von sieben Kindern. Am engsten stand er zu seinem Bruder Alfred, der später ein bekannter Maler wurde.

[24]Schwarzschild antwortete am 31. Januar, woraufhin Klein am 6. Februar zurückschrieb: „Ich finde leider nicht die Zeit, eingehender über die Frage nachzudenken. Wie stellt sich die Sache, wenn man beim elliptischen Raume diejenige Lichtabsorption einführt, die hinterher nötig ist, damit man die Sterne nicht 2-mal sieht? Wie im hyperbolischen Raume, wenn man ebenso starke Lichtabsorption einführt?"

Beste Grüße an Dich und Deine große Familie!
O. Blumenthal.

Abbildung 2.2: Mitglieder der Göttinger Mathematischen Gesellschaft im Sommer 1902. Erste Reihe: Max Abraham, Friedrich Schilling, David Hilbert, Felix Klein (am Tisch), Karl Schwarzschild, Grace Chisholm Young, Friedrich Diestel und Ernst Zermelo. Zweite Reihe: Fanla, Hansen, Hans Müller, Dawney, Erhard Schmidt, Yoshiye Takuzi, Saul Epsteen, Hermann Fleischer und Felix Bernstein. Dritte Reihe: Otto Blumenthal, Georg Hamel, Conrad Müller

Blumenthal und Schwarzschild waren beide in den folgenden zwei Jahren von 1901 bis 1903 als Dozenten in Göttingen tätig, wo sie einander oft gesehen haben (Abbildung 2.2). Über die fröhliche Atmosphäre zu Schwarzschilds Zeit in der Göttinger Sternwarte berichtete Blumenthal später in seinem Nachruf auf ihn (Kapitel 5). In der Zwischenzeit pflegte Blumenthal weiterhin seine Kontakte mit den Pariser Mathematikern, vor allem mit Émile Borel. Im folgenden Schreiben geht es um eine kleine Angelegenheit im Vorfeld einer Reise nach Paris.

Blumenthal an Schwarzschild | Frankfurt, den 10.VIII.1903
AB-L, Nachlass Schwarzschild, SUB Göttingen, 75, Nr. 11

Lieber Karl!

Ich bin von Göttingen in solcher Eile abgefahren, dass ich alles Wichtige vergessen habe. Ich muss Dich daher um einen Gefallen bitten, der Dich hoffentlich nicht zu viel Zeit kosten wird.

Ich brauche nämlich zum Zwecke der Benutzung der „bibliothèque de la Sorbonne" meine Mitgliedskarte der „Sociéte Mathématique de France" und möchte Dich bitten, mir diese nachzuschicken.

Dazu hast Du folgendes zu thun. Beiliegend sende ich Dir einen Schlüssel. Dieser schliesst das verschliessbare Schränkchen auf meinem Schreibtisch. In dem oberen Fach dieses Schränkchens findest Du . . .

. . .

[Es folgen Angaben, wie Schwarzschild vorgehen sollte.]

Zu Deiner Beruhigung bemerke ich noch, dass der Auftrag lange nicht so compliziert ist, wie die Beschreibung. Im Übrigen war ich bei Deinen Eltern, mit denen ich einen sehr vergnügten Nachmittag verbracht habe. Sie lassen Dich natürlich bestens grüssen.

Meine Pariser Adresse!

6 rue Berthollet

Paris

Mit besten Grüssen an alles, was noch vorhanden ist,

Dein

O. Blumenthal.

2.2   Briefe aus Marburg

Im Sommersemester 1904 gab es eine vorläufig freie Lehrstelle in Marburg zu vertreten, und Blumenthal nahm das Angebot an. Dort lernte er den bekannten Algebraiker Kurt Hensel kennen. Hensel wurde ab 1903 Herausgeber des *Crelle-Journals*, der ältesten mathematischen Zeitschrift Deutschlands. Blumenthals Bild von ihm wie auch seine sonstigen Eindrücke von der kleinen Universitätsstadt an der Lahn teilte er kurz nach seiner Ankunft dem Ehepaar Hilbert mit. Dabei brachte er aber auch zum Ausdruck, wie unwohl er sich beim Abschied von seinen Göttinger Freunden fühlte. Seine warmen Worte für Käthe Hilbert zeigen deutlich, wie wichtig ihre Rolle, nicht nur als persönliche Beraterin Blumenthals, sondern auch als Unterstützerin vieler junger Mathematiker im Umkreis ihres Mannes, tatsächlich war.

Blumenthal an K. und D. Hilbert | Marburg, den 26.IV.1904
AB-L, Nachlass Hilbert, SUB Göttingen, 30, Nr. 1/2

Liebe gnädige Frau! lieber Herr Professor!

Ich wollte Ihnen erst dann schreiben, wenn ich wirklich etwas einigermassen Interessantes zu sagen hätte, und dies ist erst seit heute, dem Colleganfang, der Fall. Ohne diese Absicht hätte ich wohl schon viel früher geschrieben, denn es liegt mir ein Wunsch auf dem Herzen, den ich bei dem übereilten Abschied in Göttingen nicht mir habe erfüllen können.

Was mir fehlte und noch fehlt, kann ich nicht besser ausdrücken als durch den Ausdruck, dass mir eine Rede im Halse stecken geblieben ist. Das soll folgendes heissen: Ich hätte allen meinen Göttinger Bekannten und ganz besonders Ihnen so gerne noch einmal ausdrücklich ausgesprochen, wie unendlich viel ich Ihnen verdanke, wie sehr wohl ich mich bei Ihnen gefühlt habe, und wie aufrichtig und herzlich ich Ihnen dankbar bin für Ihre grosse Liebe und Freundlichkeit. Ich weiss wahrlich nicht, was aus mir geworden wäre, wenn ich nicht nach Göttingen und unter Ihren Einfluss gekommen wäre. Dass ich Ihnen wissenschaftlich rein alles verdanke, brauche ich ja wohl nicht besonders zu sagen; dass ich aber auch allgemein menschlich und gesellschaftlich an allen Ecken und Enden muss gegängelt werden, das wissen Sie, gnädige Frau, am besten. Mit wieviel unnützen und langweiligen Sorgen habe ich mich an Sie gewandt, und Sie haben immer das rechte Wort für mich gefunden, besonders dann, wenn Sie mich einfach auslachten, wie damals vor der Habilitation.

Da ich diese paar Dinge Ihnen nicht mehr habe sagen können, so wollte ich sie Ihnen wenigstens noch schreiben. Und obwohl mein Dank zunächst natürlich ganz besonders an Sie gerichtet ist, so wissen Sie, dass er – mutatis mutandis – der ganzen Göttinger mathematischen Fakultät gilt, vor allem auch Herrn und Frau Minkowski, bei denen ich ja sofort wie ein Kind des Hauses behandelt wurde.

Das waren die Dinge, die ich unbedingt los werden musste, jetzt wird es Sie wahrscheinlich mehr interessieren, wenn ich Ihnen ein wenig von hiesigen Verhältnissen erzähle.

Von der Stadt ist sehr wenig zu sagen: sie ist wesentlich schöner gelegen als Göttingen, dagegen in Bezug auf sog. Comfort der Neuzeit von verschwindender Grössenordnung. Bücher, Holzkohlen, etc. sind Dinge, die man lange suchen muss, bis man sie findet; bunte Mützen und Bänder dagegen findet man an allen Ecken und Enden, ob man sie nun finden möchte oder nicht, zu meiner Verwunderung sogar im Hörsaal.

Hensel und Frau sind wirklich von einer geradezu rührenden Herzlichkeit, „Tannhäuser"-Szenen[25] sind nicht wieder vorgekommen, und ich gestehe gerne ein, dass mein damaliges Urteil vollkommen falsch war. Einiges ist mir bei ihnen noch nicht ganz sympathisch, aber ich werde mich schon gut eingewöhnen. Neulich habe

---

[25]Eine unklare Anspielung auf Wagners Oper, in dem ein Sängerfest stattfindet, wobei jeder das Wesen der Liebe besingen soll.

ich einen Abend bei ihnen verbracht und dort den Juristen Leonhard (früher in Göttingen)[26] sowie den Germanisten Elster[27] kennen gelernt: letzterer macht mit einigem Nachdruck darauf aufmerksam, dass er einen Bruder im Kultusministerium hat.[28] Die ganze Gesellschaft unterscheidet sich merkbar von Ihrem Kreis: viel literarisches Gespräch, teilweise übrigens sehr interessant, und noch mehr Anekdoten.

Ausserdem habe ich mich endlich auch mit den jüngeren Collegen, Dalwigk (den man eigentlich nicht als jünger bezeichnen kann) und Jung bekannt gemacht.[29] Dalwigk war sehr liebenswürdig und hat mir einige gute Ratschläge gegeben, Jung spreche ich erst heute und habe wenig Eindruck von ihm. Er scheint eifrig bei der Redaktion des Crelle zu helfen, was für mich eine wesentliche Erleichterung ist.

Ausserdem hat heute das erste Colleg (Differentialrechung) stattgefunden. Es war recht gut besucht, ungefähr 30 Leute; da ich nichts Spezielles vorgetragen habe, sondern nur die übliche Einleitungsrede, ein wenig festlich frisiert, werden hoffentlich alle verstanden haben. Wie es weiter wird, ist unklar. Hensel ist, wie gewöhnlich, von den Studenten entzückt und lobt ihren Fleiss, Dalwigk und Jung sind wesentlich skeptischer. Das Jammervollste an der Marburger Universität sind einstweilen ganz entschieden die Tafeln, und ich denke mit Wehmut an das Riesending in Aud[itorium] 15, welches hoffentlich nun auch ein Schwammbrett von der richtigen Breite erhalten hat.

Zu den Prüfungen werde ich auch herangezogen werden: nächsten Freitag beginne ich und zwar sofort mit einem besonders hoffnungsvollen Kandidaten: älter als ich, seit 6 Jahren Lehrer an verschiedenen Gewerbeschulen, hat wenig gehört und kann gut genau nur das, was ich absolut gar nicht kann, nämlich elementare Differentialgeometrie. Als ich nach analytischer Mechanik fragte, wurde er sichtlich unsicher und erwiderte schliesslich mit flehender Stimme, er sei schon verheiratet. Dies ist keine Übertreibung!

Mit der Differentialrechnung werde ich schon einigermassen fertig werden: ich habe mir da schon ziemlich ein Programm zurechtgelegt; zur Zeit sitze ich an den Axiomen, die mich sehr interessieren, aber mir auch entschieden schwer vorkommen. Ich will mich im Stoff möglichst beschränken, Desargues und Pascal vielleicht ganz weglassen, nur die Begründung der projektiven Geometrie und die Lehre vom Inhalt in der Ebene bringen; dagegen möchte ich sehr gerne als Zugabe

---

[26]Der in Breslau geborene Jurist und Rechtshistoriker Rudolf Leonard (1851–1921) war von 1880 bis 1884 außerordentlicher Professor in Göttingen, bevor er nach Marburg kam. Er bekannte sich zeitlebens zum Judentum.

[27]Ernst Elster (1869–1940) war von 1895 bis 1928 Professor an der Universität Marburg.

[28]Es handelt sich um den Juristen und Nationalökonom Ludwig Elster (1856–1935). Dieser wurde 1897 Vortragender Rat für das Hochschulwesen im preußischen Kultusministerium, wo er zunächst im Schatten Friedrich Althoffs stand. Er trat 1916 von diesem Amt zurück.

[29] Friedrich von Dalwigk (1864––1943) studierte in Marburg, wo er 1892 bei Heinrich Weber promovierte. Erst 1902 habilitierte er sich in Marburg, wo er 1907 Professor wurde. Heinrich Wilhelm Ewald Jung (1876 1953) war seit 1902 Privatdozent in Marburg. Er wurde 1913 auf ein Ordinariat in Kiel berufen, das er 1920 aufgab, um eine Professur in Halle anzutreten.

noch die Dehn'sche Tetraeder-Arbeit[30] geben, ich glaube aber kaum, dass ich soweit komme. Ganz in Unklaren bin ich noch über die Übungen über Fourier-Reihen: bis zur ersten Stunde am nächsten Montag weiss ich hoffentlich besser Bescheid.

Sie wissen, wie sehr es mich interessieren wird, genauere Nachrichten von Ihnen zu erhalten; wie es mit dem Seminar werden wird? ob Zermelo[31] Sie dabei unterstützt? wie es Zermelo und seiner Schwester geht? etc.

Ich bitte Sie, die Familien Klein und Minkowski recht herzlich grüssen zu wollen, ebenso Zermelo und Frl. Mali.[32]

Mit besten Grüssen

Ihr

O. Blumenthal.

Nur sechs Tage später schrieb Blumenthal einen ähnlichen Bericht an Schwarzschild, in dem allerdings der Gesichtspunkt eines Junggesellen stärker in Erscheinung tritt. Diese beiden Briefe spiegeln außerdem den großen Unterschied zwischen Blumenthals unkomplizierter Freundschaft mit Schwarzschild und dem von Ehrfurcht geprägten Verhältnis zu Hilbert wider.

Blumenthal an Schwarzschild | Marburg, den 30.IV.1904
AB-D, Nachlass Schwarzschild, SUB Göttingen, 75, Nr. 12

Lieber Karl!

Durch die Güte meiner Schwester bin ich mit diesem Briefpapier beschenkt worden, welches die beiden Nachteile der Kleinheit und der Dicke in wunderbarer Weise vereinigt. Ich werde daher möglicher Weise nicht so viel auf den vier Seiten unterbringen, wie ich eigentlich auf dem Herzen habe.

Ich möchte doch einmal in einiger Ausführlichkeit Bericht erstatten darüber, wie es mir hier geht, und möchte dadurch einen analogen Bericht über die Göttinger Verhältnisse herausfordern, über welche ich recht schwach orientiert bin. Nur durch Braun[33] habe ich das Notdürftigste über den Semester-Anfang erfahren.

---

[30]Max Dehn, „Über den Rauminhalt", *Mathematische Annalen*, 55(1901): 465-478. Dehn gab die Lösung des dritten von Hilberts 23 Pariser Problemen.

[31] Ernst Zermelo (1871–1953) studierte in Berlin und promovierte 1894 dort mit einer Arbeit über Variationsrechnung unter Hermann Amandus Schwarz. Danach arbeitete Zermelo am Institut für Theoretische Physik in Berlin als Assistent bei Max Planck. Im Juli 1897 schrieb er an Felix Klein, dass er sich gern in Göttingen in theoretischer Physik habilitieren würde. Er siedelte bald danach über und reichte 1899 seine Habilitationsschrift „Hydrodynamische Untersuchungen über die Wirbelbewegungen in einer Kugelfläche"ein. Als Privatdozent in Göttingen begann er, sich – allerdings unter Hilberts Einfluss – mit der Mengenlehre zu beschäftigen.

[32]Mali Ebstein (1876–1943), die am 12. August 1908 Otto Blumenthals Ehefrau wurde.

[33]Der in Warschau geborene deutscher Chemiker Julius von Braun (1875–1939) studierte in Göttingen, wo er 1898 bei Otto Wallach promovierte. Er ging 1909 nach Breslau, und nach dem

Hier sehe ich bisher soweit mit Sicherheit voraus, daß ich ein sehr angestrengtes Semester vor mir haben werde, und daß ich in mehr als einer Hinsicht meine bisherige Lebensführung werde umkrempeln müssen. Insbesondere glaube ich nicht, daß ich hier unter den jüngeren Leuten jemanden finden werde, an den ich mich ähnlich werde anschliessen können wie an Euch oder an die russischen Damen, dh. so, daß ich uneingeladen, wenn ich einmal Lust habe, dort hingehen und einen trüben Abend verschwätzen kann. Es scheint hier überhaupt recht wenig unverheiratete junge Leute zu geben, und die wenigen von ihnen, die ich kennen gelernt habe – es sind oft [?] nur die Mathematiker – imponieren mir nicht recht. Herr v. Dalwigk, der ältere der beiden Privatdozenten, ist ein augenscheinlich sehr netter, aber stiller Mann, [mit] dem man jedenfalls sich nicht auf die Dauer wird interessant unterhalten können. Herr Jung, der jüngere, soll gescheit sein, ist aber jedenfalls sehr zurückhaltend und mir nicht besonders sympathisch. Allen Menschen hier haftet ein Zug von „Patentheit" an, mit dem ich mich nicht recht aussöhnen kann. Dafür ist mir weiter in Aussicht gestellt worden, daß die Geselligkeit hier sehr entwickelt ist, viel ärger als in Göttingen, so daß ich also mit tiefer Freude an das denken kann, was mir die Zukunft bringt.

Aber das ist entschieden der weniger wichtige Teil des Lebens. Die Arbeit hat sich hier jetzt in folgender Weise eingerichtet: Ich habe 5 Male wöchentlich, 11–12 Uhr Differential, 2 mal wöchentlich 6–7 Axiome der Geometrie, 1 mal 6–7 Übungen über Fourier-Reihen. Das letztere habe ich noch nicht angefangen, aber bisher auch noch nicht disponiert: da nächsten Montag die erste Stunde sein soll, so werde ich heute und morgen beträchtlich zu thun haben. Und es liegt mir gerade an den Übungen sehr viel. Diese Wochen-Einteilung ist sehr ungeschickt, und es wird in der That so kommen, daß ich meine Präparation jedenfalls in Quantität werde beträchtlich einschränken müssen, wenn ich auf einen grünen Zweig kommen will. Außerdem werde ich mir mein Mittagessen von 1 Uhr auf 12 Uhr vorlegen müssen, damit die Stunde von 12–1 nicht ganz nutzlos verloren geht. In der Differentialrechnung scheint mir bisher mein Publikum ziemlich treu geblieben zu sein, was nicht viel heißen will. Ich werde, nach einer Liste, die ich in der 1. Stunde herumgeschickt habe, etwa 30 Zuhörer haben, was recht anständig ist. Ich mache die Sache möglichst einfach, habe mit Koordinatenpapier angefangen, bringe jetzt graphische Darstellung der Funktionen, habe aber schon den allgemeinen Funktionsbegriff hinter mir, jetzt muß ich noch irgend eine glückliche Formulierung für Einführung des lim finden, dann habe ich das Ärgste überstanden. Allzu dumme Gesichter sind mir bis jetzt nicht aufgefallen. – In den „Axiomen" ist die Bevölkerung erheblich geringer, ich schätze auf 15–20 Leute und finde das ein wenig schäbig. Dafür habe ich die Freude, in diesem Kolleg zwei Leute zu haben, welche recht vernünftige Fragen gestellt haben: das kann also vielleicht anregend werden. Wie es aber mit den Fourier-Reihen wird? Da habe ich die übelsten Ahnungen!

Krieg wurde er 1921 auf den Lehrstuhl für Chemie an die Universität Frankfurt am Main berufen. Aufgrund seiner wissenschaftlichen Verdienste in Breslau wurde er in den preußischen Adelsstand erhoben; wegen seiner jüdischen Großeltern entfernten ihn später die Nationalsozialisten aus dem Hochschuldienst.

Ich will nur noch eine Geschichte erzählen. Ich bin hier vom Ministerium in die Prüfungskommission für Staatsexamen kommandiert worden und habe gestern bereits die Freude gehabt, zwei Stunden dabei zu sitzen, während Hensel prüfte, wobei ich die Kandidaten nicht beneidete, denn Hensel prüfte sehr schwer und meiner Ansicht nach in vieler Beziehung ungeeignet; und dann hatte ich selbst eine Stunde lang einen Unglücksmenschen auf dem Gewissen, der schließlich aus Gnade und Barmherzigkeit noch durchgelassen wurde, nur allein, weil ich mich nicht dazu entschließen lassen konnte, ihn durchfallen zu lassen. Es war aber ein geradezu klägliches Examen: die schönste Antwort war auf meine Frage, was eine Fourier-Reihe sei: „Ach ja! Die kommen in der Wärmeleitung vor!" Mehr wußte der Mann über diesen Gegenstand nicht, und über die übrigen Gegenstände wußte er wesentlich nicht mehr. Übrigens hat dieser Herr noch mit mir zusammen in München eine Vorlesung bei Pringsheim belegt.[34]

Ich möchte gern über folgende Gegenstände Auskunft haben: Wie gehen in Göttingen die Vorlesungen? Insbesondere wie sind Hilbert, Minkowski, Klein, Zermelo, Du, Biltz[35] zufrieden? [...] hat mir schon seine Zufriedenheit mitgeteilt. Wer macht das Fächer-Praktikum? Wie hat sich jetzt das Klein'sche Seminar eingerichtet? Ist Herglotz[36] in Lund? Ist Abraham[37] da und liest er? Wie ist die Geschichte mit der Berliner Artillerieschule ausgegangen? Oder schwebt sie noch? Ich bitte Dich, einmal in Deinen sonstigen Gewohnheiten eine Ausnahme zu machen und mir recht bald zu schreiben. Auch machen mir kurze Postkarten jederzeit Freude.

Beste Grüße an Biltz, Braun und Frau, und die übrigen lieben Leute.

Viele Grüße!

Dein

O. Blumenthal.

Während seines ersten Semesters in Marburg dachte Blumenthal oft an das wissenschaflichte Leben in Göttingen und träumte von einer baldigen Rückkehr. Schon Monate im Voraus teilte er Hilbert mit, welche Pläne er für das kommenden

---

[34] Blumenthal berichtete später über diese im Sommersemester 1896 gehaltene Vorlesung Alfred Pringsheims in (Lorey 1916) (siehe hierzu Anhang I).

[35] Wilhelm Biltz (1877–1943) studierte Chemie und kam 1900 nach Göttingen, wo er zunächst als Assistent bei Otto Wallach und ab 1903 als Privatdozent wirkte. Er bekam 1905 eine Professur in Clausthal.

[36] Gustav Herglotz (1881–1953) studierte zunächst in Wien, ging dann 1900 nach München, wo er wie Schwarzschild früher bei Hugo von Seeliger in Astronomie promovierte. Er habilitierte sich danach in Göttingen und wurde dort 1904 Privatdozent und ab 1907 außerordentlicher Professor für Astronomie und Mathematik. Zu dieser Zeit arbeitete er auch eng mit Emil Wiechert zusammen, der Göttingen zu einem Zentrum der Erdbebenforschung ausbaute. Herglotz bekleidete ab 1909 ein Ordinariat in Leipzig, kam aber 1925 wieder nach Göttingen als Nachfolger von Carl Runge auf dem Lehrstuhl für angewandte Mathematik.

[37] Max Abraham (1875–1922) stammte aus einer wohlhabenden jüdischen Kaufmannsfamilie. Er studierte Physik in Berlin, wo er 1897 bei Max Planck promovierte. Danach arbeitete er als Assistent bei Planck, bis er 1900 nach Göttingen kam. Er blieb bis 1909 als Privatdozent in Göttingen tätig.

Wintersemester schmiedete. Übrigens konnte er Hilbert berichten, dass er sich intensiv mit seinem *Grundlagen der Geometrie* (Hilbert 1899) beschäftigt habe. Dabei fand er einen einfachen Beweis für die Anordnung vierer Punkte auf einer Geraden.

Blumenthal an Hilbert | Marburg, den 7.V.1904
AB-L, Nachlass Hilbert, SUB Göttingen, 30, Nr. 2

Lieber Herr Professor!

Hauptzweck dieses Briefes ist, Ihnen meine Vorlesungen für das nächste Semester für die bevorstehende Vorlesungsconferenz anzuzeigen: ich glaube doch, dass Sie dieses Jahr Geschäftsführer des Seminars sind. Ich möchte gerne anzeigen:

Reihenentwicklungen der Physik, 3 stündig.

Ich habe ja schon mit Ihnen über diese Vorlesung gesprochen, sie soll das kleine Buch vorbereiten, das ich für Vieweg schreiben will.[38] Es ist vielleicht besser, ich lege noch keine bestimmten Stunden für die Vorlesung fest: ich möchte niemand die an sich knappen Zeiten wegnehmen. – Die Anzeige der Vorlesung aber halte ich für um so nötiger, als ich ohne bestimmte Gründe, nur aus der allgemeinen Betrachtung der hiesigen Lage heraus die Vorstellung gewonnen habe, dass ich wohl im Winter wieder in Göttingen sein werde.[39]

Ausserdem wollte ich Ihnen sagen, dass ich sehr vergnügt über die „Grundlagen der Geometrie"bin.[40] Ich lerne sehr viel bei der Vorlesung: ich habe mir besonders jetzt die Arbeit von Moore[41] durchgesehen, in der er den Satz von der Anordnung von 4 Punkten auf der Geraden (Ihr früheres Axiom) aus dem ebenen Zwischen-Axiom ableitet.[42] Die Sache ist noch wesentlich einfacher, als er sie darstellt, und lässt sich so ausdrücken: Da jede Gerade die Ebene in 2 Teile teilt (nach dem ebenen Axiom), teilt jeder Punkt einer Geraden die Gerade in 2 Halbstrahlen. Der Satz von der Zerlegung in zwei Halbstrahlen ist aber unmittelbar identisch mit dem Satze von der Anordnung der 4 Punkte. – Die Sachlage ist so einfach, dass man sich hinterher wundert, dass sie anfangs hat übersehen werden können. Auch Moore selbst operiert noch zu viel mit Projektionen und Hülfsfiguren.

Schliesslich danke ich Ihnen bestens für die Übersendung der Integralgleichungen, in denen ich schon ziemlich viel gelesen habe. Möglicherweise werde ich darüber in der hier zu gründenden Mathematischen Gesellschaft referieren.

---

[38]Blumenthal gab wohl bald danach dieses Vorhaben auf.

[39]Aus dieser Formulierung lässt sich ableiten, dass Blumenthal über die Dauer seiner Beschäftigung in Marburg keine konkrete Auskünfte vom Kultusministerium bekommen hatte.

[40]Gemeint ist die zweite Ausgabe von der Festschrift (Hilbert 1899).

[41] Eliakim Hastings Moore, On the Projective Axioms of Geometry, *Transactions of the American Mathematical Society*, 3(1)(1902): 142–158.

[42] Damit war die Überflüssigkeit des Hilbert'schen Axioms nachgewiesen, sodass das ursprüngliche Anordnungsaxiom II.4 in späteren Auflagen der *Grundlagen der Geometrie* entfällt. Ein Hinweis auf Moores Arbeit findet man auf S. 5 in der zweiten Auflage von (Hilbert 1899). Infolgedessen rückte das Axiom von Pasch auf und wurde fortan als das Axiom II.4 im revidierten System bekannt.

Ich bitte Sie, Frau Professor und Minkowski bestens grüssen zu wollen. Mit vielen Grüssen

Ihr

O. Blumenthal.

Blumenthals Interesse für die Himmelsmechanik geht aus der folgenden Postkarte klar hervor. Es handelt sich um die Schwachpunkte in einer von dem schwedischen Astronomen Hugo Gyldén (1841–1896) entwickelten Methode für die Behandlung gewisser Differentialgleichungen. Diese Schwächen wurden von Poincaré ans Licht gebracht, worauf Blumenthal die Aufmerksamkeit Schwarzschilds lenken wollte. Poincaré war zwar eine große Autorität auf diesem Gebiet, aber das Gleiche galt für den kurz erwähnten Gustav Herglotz, der damals Privatdozent für Astronomie und Mathematik in Göttingen war.

Blumenthal an Schwarzschild | Marburg, den 14. V. 1904
AK-D, Nachlass Schwarzschild, SUB Göttingen, 75, Nr. 8

Lieber Karl!

Du solltest wirklich dem heiligen Poincaré eine Kerze weihen. Ich habe heute mit vielem Vergnügen in den Comptes Rendus seine Note über die horistische Methode durchgesehen,[43] natürlich nicht im einzelnen. Aber die Endformulierung „on peut arriver à des résultates fantastique"[44] ist jedenfalls schön. Wirst Du daraufhin noch weiter Dich mit der Frage beschäftigen, oder ist die Sache und der gute Mann in Halle[45] damit endgültig abgethan? Es wäre mir interessant außerdem zu erfahren, ob Herglotz wieder in Göttingen ist und überhaupt endlich einmal etwas Anderes als Ansichtskarten aus Göttingen zu erhalten. Dein Bruder[46]

---

[43] Henri Poincaré, Sur la méthode horistique de Gyldén, *Comptes rendus hebdomadaires de l'Académie des sciences de Paris*, 18. April 1904, 138(16): 933–936. Poincaré publizierte eine längere Analyse der Methode Gyldéns in *Acta Mathematica* 29(1905): 235–272. Eine kurze Beschreibung der horistischen Methode findet sich im Referat Nr. 34.1004.01 im *Jahrbuch über die Fortschritte der Mathematik*.

[44] Poincaré schrieb hierzu: „Ceux qui voudront appliquer la methóde horistique risquent d'arriver à des résultats fantastique."

[45] Hugo Buchholz (siehe Blumenthal an Schwarzschild, 15. August 1898).

[46] Es handelt sich hier um Hermann Schwarzschild (1880-1944), der zunächst Jura in Marburg studiert hat, bevor er sich später den Agrarwissenschaften zuwandte. In einem Brief aus Göttingen vom 9. Januar 1904 schrieb Karl Schwarzschild an seine Eltern: „Diese Tage flogen so rasch, dass mir erst Mutters Karte in Erinnerung bringt, dass ich schon 8 Tage fort bin. Marburg machte mir einen sehr guten Eindruck, die Landschaft ist viel schöner als bei uns in Göttingen. Hermann hat sich einen hübschen Fleck zum Wohnen ausgesucht. In der Bahn traf ich gleich O. Blumenthal. Hier hatte sich nichts ereignet. Die ersten Tage verbrachte ich mit einem Entwurf und einer Eingabe an die Gesellschaft der Wissensch. für meinen Polhöhenapparat. Dann habe ich Kolleg gemacht und Donnerstag zu lesen angefangen. Nach dem Mittagessen bis zum Kolleg bin ich ein paar Mal Schlittschuh gelaufen. Heute thaut's wieder. Ausser auf dem Eis habe ich noch keine Leute gesehen" (Nachlass Schwarzschild, SUB Göttingen, 907, Beil. 3). Den Verweis

scheint zur Zeit doch ziemlich in der Arbeit zu sein, er erzählt wenigstens wenig von Spaziergängen. Wir essen jeden Tag zusammen zu Mittag.

Viele Grüße an Biltz und Braun![47]

O. Blumenthal.

Wie alle ehrgeizigen Privatdozenten, die Hoffnungen auf eine besoldete Stelle hegten, wollte der junge Otto Blumenthal über freie Vakanzen und laufende Berufungsverhandlungen möglichst gut informiert werden. In Göttingen kursierten ständig die neuesten Informationen, aber auch Gerüchte, während Blumenthal das Gefühl hatte, in Marburg ziemlich abseits von solchen Quellen leben zu müssen. Glücklicherweise konnte er sich an seinem Freund Schwarzschild wenden.

Blumenthal an Schwarzschild | Marburg, den 20.VI.1904
AK-D, Nachlass Schwarzschild, SUB Göttingen, 75, Nr. 10

Lieber Karl!

Ich erhalte soeben aus Frankfurt die aufregende Nachricht, daß Schilling[48] nach Danzig berufen worden ist. Ich möchte Dich bitten, mir darüber Details anzugeben! 1). in welcher Eigenschaft (Mathematiker, darstellender Geometer?), 2). hat er angenommen? 3). wenn ja, wer steht für Göttingen in Aussicht? (D...i [49] aus Strassburg?). Ich habe außerdem aus dieser Mitteilung zu meinem Schrecken ersehen, wie sehr ich aus dem Gebiete herausgekommen bin. Ich frage daher weiter an: Ist schon bestimmt, wer als Mathematiker nach Danzig kommen soll? Diese Frage hat ja einiges persönliche Interesse für mich. Ich habe vor langer Zeit einmal etwas von Gutzmer-Jena[50] läuten hören. — Ich wäre Dir sehr dankbar, wenn Du mir möglichst bald, wenn auch kurz, antworten wolltest. Teile mir dann, bitte, auch mit, wie die Dinge bei Braun stehen. Hoffentlich ist ja alles gut.

Ich habe nach wie vor viel zu thun. Von meiner Arbeit an dem Weierstrass-Referat, die ich sicher in Aussicht genommen hatte, ist noch keine Rede gewesen. Ich bin froh, wenn ich allwöchentlich von der Hand in den Mund meine Vorlesungen zu Stande bringe und dann am Sonntag mich ein wenig ausruhen kann und mir mehr allgemein das Nachfolgende überlegen. Es sind ja zum Glück nur noch 7 Wochen!

---

auf diesen Brief verdanke ich Herrn Dr. Adriaan Raap.

[47]Beide waren junge Chemiker, die ihre Karrieren in Göttingen mit Blumenthal begonnen hatten.

[48]Der Geometer Friedrich Schilling (1868–1950) studierte in Freiburg und Göttingen, wo er 1893 bei Felix Klein promoviert wurde. Als er 1904 an die Technische Hochschule in Danzig berufen wurde, kam Carl Runge (1856–1927) an seiner Stelle nach Göttingen, und zwar mit einem neuen Ordinariat für angewandte Mathematik.

[49]Gemeint ist der Geometer Martin Disteli (1862–1923).

[50]August Gutzmer war von 1899 bis 1905 Professor in Jena.

Mit Grüßen an Biltz und Dich! Biltz bitte ich noch bestens für seine Photographie [zu] danken!   O. B.

Blumenthal blieb noch ein Semester in Marburg, wo er inzwischen auch schon als inoffizieller Mitarbeiter für die *Mathematischen Annalen* tätig war, wie aus dem folgenden Brief hervorgeht. Darin erwähnt er gewisse Methoden der angewandten Mathematik, einer Richtung, welche sich in Göttingen durch die zwei neuen Fachvertreter Ludwig Prandtl und Carl Runge im Aufschwung befand. Blumenthals anschließende weitere Tätigkeit als Redakteur für die *Annalen* wird in Kapitel 6 dokumentiert.

Blumenthal an Schwarzschild | Marburg, den 25.X.1904
AB-D, Nachlass Schwarzschild, SUB Göttingen, 75, Nr. 20

Lieber Karl!

Ich weiß nicht, ob ich gut thue, Dir gerade heute zu schreiben, denn ich bin heute in etwas gedrückter Stimmung und zwar mit gutem Grunde. Das erstere wäre nichts Außergewöhnliches, aber der letzte Umstand tritt erheblich seltener ein.

28. 10. 1904.

An dieser Stelle trat eine Unterbrechung von 3 Tagen ein, weil ich durchaus keine Zeit zur Fortsetzung des Briefes hatte, außerdem nicht in schlechter Stimmung schreiben wollte. Die damalige schlechte Laune war dadurch verursacht, daß meine Vorlesungen am Donnerstag erschreckend schlecht besucht waren. Das hat sich seither zum Glück erheblich gebessert: es scheint nur der etwas frühe Termin des Anfangs an der Sache Schuld gewesen zu sein.

Im übrigen fühle ich mich Dir und ganz Göttingen gegenüber sehr schuldig, weil ich auf den rührenden Empfang, den ich bei allen gefunden habe, bis jetzt noch mit keiner Silbe reagiert habe. Ich bitte Dich also vor allem Biltz und die Braun'sche Familie vielmals grüßen zu wollen. Beiden werde ich in nächster Zeit schreiben. Ebenso bitte ich um beste Grüße an Prandtl:[51] Du kannst ihm auch mitteilen, daß ich mit seinen Vektor-Ausführungen vollständig einverstanden sei, und in der That die Einführung in der einfachen, rein physikalischen Art zu geben gedenke, wie er sie vorschlägt. Nur in einigen Einzelheiten der Einführung decken sich seine Ideen mit meinen Wünschen nicht. Von Deinem Bruder habe ich außerdem zwei freudige Ereignisse vernommen: 1). daß bei den Briefen schließlich doch etwas herausgekommen ist; 2). daß Runge[52] mit Euch am Tisch ißt. Das letztere

----

[51]Ludwig Prandtl (1875–1953) begann zu dieser Zeit gerade seine bahnbrechende Karriere in Göttingen als Forscher auf dem Gebiet der Hydro- und Aerodynamik. Er wurde zu einem engen Freund Schwarzschilds und etwas später auch Blumenthals.

[52]Carl Runge war vorher Prandtls Kollege an der Technischen Hochschule in Hannover. Beide wurden gleichzeitig 1904 nach Göttingen berufen.

muß außerordentlich angenehm sein; nur der arme Biltz wird wohl stark unter Mathematik gesetzt sein: versteht er sich denn jetzt einigermaßen mit Prandtl?

Wenn Du übrigens nur noch eine möglichst gute Formel für den *sin* suchst, die bis zu 15° gilt, so glaube ich Dir eine solche geben zu können. Es ist einfach das Newton'sche Interpolationspolynom 2ten Grades, mit den Interpolationspunkten $0, 7\frac{1}{2}, 15$: dies giebt sicher überall eine Genauigkeit auf 3, wenn nicht 4 Stellen. Ich bin nämlich jetzt gerade in der Differentialrechnung mit Interpolationsproblemen beschäftigt, die ich als Einführung zur Taylor'schen Reihe gebrauche. Die Sachen interessieren mich sehr, ich hätte nie gedacht, daß es auf diesem Gebiete so viel Vernünftiges und mir gänzlich Unbekanntes giebt.

Ich kann bisher nicht sagen, daß ich meine Zeit seit der Abreise von Göttingen sehr fleißig und nutzbringend ausgenutzt habe. Wesentlich Kolleg-Vorbereitung, sonst fast nichts, sicherlich nichts, woraus noch etwas Gutes werden kann. Mit den Annalen habe ich bis jetzt sehr wenig zu thun: Ich bin selbst ganz erschreckt darüber, wie wenig Arbeiten und wie wenig Druckbögen einlaufen: nur ein Auszug aus der Doktor-Arbeit von Lietzmann[53], freilich gleich so gräßlich redigiert, daß ich dem Vefasser einige wohlmeinende Ratschläge einsenden mußte.

Gerade habe ich in der Zeitung die große Nachricht gelesen, daß Nernst[54] den lange erwarteten Ruf nach Berlin bekommen hat, voraussichtlich als Nachfolger von Landolt[55], obwohl dies nicht genauer angegeben war. Es wird mich sehr interessieren, zu erfahren, was man in Göttingen von dieser Angelegenheit denkt und wie sie wahrscheinlich ausgehen wird. Hat sich übrigens unterdessen auch die Affäre Thomson[56] weiter entwickelt? Es giebt so viele Fragen, die ich zu stellen hätte, und es ist so wenig tröstlich zu denken, daß Du doch aller Voraussicht nach keine einzige beantworten wirst!

Ich schliesse mit besten Grüssen an alle schon oben genannten Persönlichkeiten + Borsche[57] + Hilbert + Minkowski!

    Viele Grüsse!   Dein O. B.

---

[53] Walther Lietzmann (1880–1959) promovierte 1904 bei Hilbert. Seine Dissertation „Über das biquadratische Reziprozitätsgesetz in algebraischen Zahlkörpern" bildete die Grundlage für seine Arbeit „Zur Theorie der *n*-ten Potenzreste in algebraischen Zahlkörpern" (*Mathematische Annalen* 60(1905): 263–284). Lietzmann wurde später ein einflußreicher Didaktiker und diente von 1928 bis 1932 als Sekretär der 1908 gegründeten Internationalen Mathematischen Unterrichtskommission (IMUK), die bis 1920 unter dem Vorsitz Felix Kleins stand.

[54] Walther Nernst (1864–1941) war in der Zeit zuvor in Göttingen tätig. Anfang der 1890er Jahre war er dort Assistent und Privatdozent bei dem Physiker Eduard Riecke, bis er 1895 zum ordentlichen Professor ernannt wurde. 1905 wechselte er nach Berlin, wo er bis 1932 als rdentlicher Professor für Physikalische Chemie wirkte.

[55] Hans Heinrich Landolt (1831–1910) war ein Schweizer Chemiker, der in Zürich studiert hatte, und in Breslau 1853 promovierte. Er bekam 1870 den Lehrstuhl für Organische und Anorganische Chemie an der neu gegründeten Polytechnischen Schule zu Aachen. 1881 kam er nach Berlin, als er einem Ruf an die Landwirtschaftliche Hochschule Berlin folgte. Zehn Jahre später übernahm Landolt die Leitung des II. Chemischen Instituts an der Universität.

[56] Möglicherweise spielt Blumenthal hier auf eine Streitfrage zwischen Nernst und Joseph John Thomson in Bezug auf die Nernst-Thomson-Regel an.

[57] Der Chemiker Walther Borsche (1877–1950) arbeitete lange Zeit an der Organischen Abteilung des Göttinger Instituts für Chemie unter der Leitung von Otto Wallach.

Blumenthal an Hilbert | Marburg, den 13.XI.1904
AK-D, Nachlass Hilbert, SUB Göttingen, 30, Nr. 3

Lieber Herr Professor!

... [Der anfängliche Teil dieser Karte ist auf S. 187 abgedruckt.]

Indirekt durch die Zeitung und direkt durch meine Schwester habe ich erfahren, daß Herr V[ahlen][58] aus Königsberg nach Greifswald kommt. Es ist schön, daß man endlich bei Berufungen der Anciennität nach geht: für den Rest sind jetzt in der That nur noch jüngere Bewerber übrig. [Da ich] hier sehr wenig erfahre, muß ich mich bei Ihnen erkundigen, ob F[urtwängler][59] aus Potsdam nach Poppelsdorf gekommen ist, und was eigentlich aus Hannover wird?

Ich werde Ihnen sicher in nächster Zeit ausführlicher schreiben. Einstweilen bitte ich Sie, Frau Professor meine besten Grüße bestellen zu wollen.

Mit vielen Grüssen
Ihr
O. Blumenthal.

Blumenthal hatte offenbar doch eine gute Informationsquelle, denn Furtwängler gab zu dieser Zeit seine Stelle in Potsdam auf und ging nach Bonn, um eine Professur an der landwirtschäftlichen Akademie in Poppelsdorf anzunehmen. Später wurde er Blumenthals Kollege an der RWTH Aachen, aber nach drei Jahren ging er zurück nach Bonn.

---

[58]Theodor Vahlen (1869–1945) studierte in Berlin und forschte in der Zahlentheorie und den Grundlagen der Geometrie. Er kam tatsächlich 1904 nach Greifswald, wurde dort aber erst 1911 Ordinarius. Nach dem Ersten Weltkrieg stand er rechtsradikalen Kreisen nahe, sodass er während der NS-Zeit eine Karriere als Hochschulpolitiker beginnen konnte. Zwischen 1934 und 1937 leitete Vahlen das Amt Wissenschaft im Reichsministerium für Wissenschaft, Erziehung und Volksbildung.

[59]Es handelt sich um Philipp Furtwängler (1869–1940), der sein Studium in Göttingen fast beendet hatte, als Blumenthal dort zu studieren begann. Er reichte 1896 seine Doktorarbeit bei Felix Klein ein und wurde später vor allem für seine Arbeiten in der Klassenkörpertheorie bekannt. Furtwängler war allerdings nicht nur ein reiner Mathematiker, wie Blumenthal selbst. Er hat auch mehrere Jahre lang gravimetrische Messungen am Geodätischen Institut in Potsdam durchgeführt.

Kapitel 3

Professor in Aachen (1905–1910)

3.1 Erste Jahre in Aachen

Arnold Sommerfeld (Abbildung 3.1) vertrat seit 1900 den Lehrstuhl für Technische Mechanik in Aachen. In den folgenden sechs Jahren wurde die Aachener Technische Hochschule zu einem führenden Zentrum für technische Forschung in Deutschland. Sommerfeld setzte sich dafür ein, dass die höhere Analysis für die Lösung schwieriger technischer Aufgaben zum Einsatz kam. In dieser Hinsicht wurde er ein Vorbild für Otto Blumenthal in der relativ kurzen Zeit, als die beiden an der TH Aachen zusammenarbeiteten. Kurz nach seiner Ankunft schickte Blumenthal seinem Freund Schwarzschild einen kurzen Bericht über die Atmosphäre dort zu.

Blumenthal an Schwarzschild | Aachen, den 26.X.1905
AK-D, Nachlass Schwarzschild, SUB Göttingen, 75, Nr. 15

Lieber Karl!

Ich gratuliere zum Semesteranfang. Ich darf mir ja diese Schadenfreude leisten, da ich bereits seit 8 Tagen lese. Die Beteiligung ist bis jetzt gut, ich muß mich aber schwer in Acht nehmen, die Leute weiter hinauszulesen: heute habe ich durch Befragen festgestellt, daß es „etwas" zu rasch ging. – Im Übrigen geht's recht anständig. Meine größte Freude habe ich an den hiesigen Menschen, die mir sehr offen und nett entgegenkommen. Sommerfeld ist natürlich unschätzbar. Ich habe mich auch mit den Physikern Wüllner[1] und Hagenbach[2] angefreundet: der erste

---

[1] Adolf Wüllner (1835–1908) war schon seit 1863 in Aachen tätig, und zwar zunächst als Direktor der Provinzial-Gewerbeschule. Er wurde bald danach mit der Planung und den Vorarbeiten für die in Aachen zu gründende Polytechnische Schule beauftragt. Diese wurde 1870 eröffnet, und sie ging 1880 in der Rheinisch-Westfälisch Technischen Hochschule (RWTH) Aachen auf. Als Experimentalphysiker beschäftigte sich Wüllner mit Dampf wie auch mit der Elektrizitätslehre und der Optik.

[2] August Hagenbach (1871–1955) war Professor in Bonn, bevor er 1904 nach Aachen kam. Er

© Springer-Verlag GmbH Deutschland, ein Teil von Springer Nature 2018
D. E. Rowe, *Otto Blumenthal: Ausgewählte Briefe und Schriften I*,
Mathematik im Kontext, https://doi.org/10.1007/978-3-662-56725-8_3

Abbildung 3.1: Sommerfeld auf einem Skiurlaub in den Bayerischen Bergen, 1909.
Deutsches Museum München

ist natürlich sehr alt und beide sehr experimentell, aber es läßt sich doch mit ihnen
reden. Ein Elektrotechniker hat mir eine ganz lustige Maximum- und Minimum-
Aufgabe gestellt, die ich glücklich gelöst habe. Sie war zwar nicht schwer, aber man
mußte doch ein wenig nachdenken. Das Mittagessen ist besser als im [...](?); die
Gesellschaft auch gut, hier enthalte ich mich aber des entsprechenden Vergleiches.
Die Stadt selbst ist nett gelegen, nämlich ähnlich wie Hannover nach Prandtls Definition – 5 Minuten Großstadt, sonst Fabriknest. Zermelo zum Trost sei bemerkt,
daß es hier noch <u>viel</u> mehr regnet als in Göttingen. – Ich möchte recht gern auch
von Euch hören; wenn Du eine Karte von über 3 Zeilen möglich machen kannst,
so wäre ich sehr dankbar. – Viele Grüße an Prandtl, Braun und Borsche![3]

 Dein O. B.

 Ich habe unterdessen bereits 2-mal Wohnung gewechselt. Die jetzige ist defi-
nitiv. Adresse umstehend (Aachen, Vincenz-Strasse 7)

---

blieb dort nur zwei Jahre, da er 1906 einen Ruf nach Basel annahm. Er arbeitete vorwiegend auf
den Gebieten der Spektroskopie, des elektrischen Lichtbogens und der Rotationsdispersion.

[3]Walther Borsche (1877–1950) war von 1899 bis 1926 an dem Göttinger Institut für Chemie
unter der Leitung von Otto Wallach tätig. Danach wurde er nach Frankfurt berufen.

Etwa eine Woche später schrieb Blumenthal an Käthe und David Hilbert, um sie über die Aachener Verhältnisse und sein neues Leben zu informieren. Im letzten Absatz wechselt er das Thema, um einige Bemerkungen über Mathematik für Studierende der Naturwissenschaften zu machen. Seine scharfe Kritik am neuen Lehrbuch für Chemiker von Georg Scheffers zeigt, wie Blumenthal immer für hohe mathematische Standards plädierte.

Blumenthal an K. und D. Hilbert | Aachen, den 3.XI.1905
AB-L, Nachlass Hilbert, SUB Göttingen, 30, Nr. 7

Liebe gnädige Frau! Lieber Herr Professor!

Es ist also wirklich schon genau ein Monat, dass ich aus Göttingen abgefahren bin, ich merke es erst, indem ich das Datum schreibe und bin um so mehr beschämt, dass ich noch nichts habe von mir hören lassen. Dass ich schon sehr lange mit dem Gedanken umgehe, können Sie sich ja denken, aber ich wartete immer noch auf ein besonders erzählenswertes Ereignis. Ein solches wird aber wohl in absehbarer Zeit nicht eintreten.

Wenigstens bin ich jetzt so weit, dass ich die Verhältnisse hier einigermassen übersehe. Ich fühle mich bis jetzt sehr wohl und hoffe, dass es so bleiben wird. An Sommerfeld habe ich natürlich eine grosse Stütze, ich kann mich mit allem und jedem Anliegen an ihn wenden; er sorgt auch ganz rührend dafür, dass ich mit möglichst vielen „Kollegen"bekannt werde. Auch einrosten werde ich in seiner Nähe wohl kaum; er ist ja so lebendig, dass ich mir ihm gegenüber recht unbeholfen vorkomme. Er wird mir hoffentlich vor allem ein gutes Teil Mechanik beibringen, denn das brauche ich hier sehr nötig. Die Mathematik an sich ist zwar gefürchtet und geachtet, aber weniger beliebt. Was nicht hindern soll, dass ich sie weiter betreibe.

Eine in gewisser Weise angenehme Enttäuschung war Jürgens.[4] Ich hatte mir ihn feindselig vorgestellt, und auch Sommerfeld hatte trübe Ahnungen. Es hat sich aber herausgestellt, dass er ein äusserst gutmütiger Mensch ist, der ein bischen „Herr Professor"genannt und gut behandelt sein will, dann aber wirklich alles Mögliche tut, um es mir leicht zu machen. Wissenschaftlich ist er freilich eine ganz unglaubliche Null, auch persönlich augenscheinlich ohne jede Interessen, der richtige „Pädagog"im neuen Sinne. Vorlesungen hält er unverdrossen, je mehr, desto besser, giebt sich wohl auch Mühe damit, aber es ist nicht möglich, mit ihm über den Inhalt zu sprechen, nur über die Form spricht er sehr viel und sehr lange.[5]

---

[4] Enno Jürgens war seit 1888 Professor für Mathematik an der TH Aachen; er starb schon Anfang 1907.

[5] Blumenthals Urteil über Jürgens teilte Brouwer vermutlich nicht, denn er zitierte in seiner Note „Beweis der Invarianz der Dimensionenzahl" (*Mathematische Annalen*, 70 (1911): 161–165) die Kritik, welche dieser gegen frühere Beweisversuche für die Dimensionserhaltung von Cantor, Thomae und Netto erhoben hatte, in: Enno Jürgens, Der Begriff der n-fachen stetigen Mannigfaltigkeit *Jahresbericht der Deutschen Mathematiker-Vereinigung*, 7 (1899): 50–54.

Ausserdem habe ich Kötter kennen gelernt,[6] der allerdings ein höchst eigentümliches Original ist mit Hühneraugen auf jeder Zehe, ein bischen Zermelo, aber gar nicht verbittert; er hat ja auch keinen Grund dazu.

Das viel wichtigere Element sind natürlich die Techniker, von denen ich wenigstens einige kenne: bei diesen muss ich erst in die Schule gehen, bis ich über sie reden kann; bisher erscheint mir alles, was sie sagen, äusserst schwierig. Nur einem Elektrotechniker habe ich einmal etwas helfen können.

Das wären die Kollegen. Was die Studenten anbelangt, so bin ich noch nicht recht klug geworden. Mein Hauptkolleg ist natürlich gut besucht: das ist obligatorisch; ich zeige ausserdem recht viele Figuren, mache etwas naturwissenschaftliche Beispiele, die mir selbst jedenfalls mehr Freude machen als den Hörern, so habe ich bisher noch keine allzu bemerkbaren Verluste zu verzeichnen. Aber mit etwas Schonung wollen die Herren doch behandelt sein. – Ganz wunderbare Erfahrungen habe ich dagegen mit meinem höheren Kolleg gemacht; es war Funktionentheorie, unter einem möglichst appetitlichen Titel angezeigt. Resultat: in der Vorbesprechung erschien 1 Mann. Es war so traurig, dass ich mir bei Sommerfeld Trost suchen musste. Der nahm aber die Sache nicht tragisch und meinte, das sei immer so. Am nächsten Tag erschien ein 2. Mann, Oberlehrer dahier, und wollte auch an der Vorlesung teilnehmen. Daraufhin gab ich ihr unverblümt den Titel „Funktionentheorie" und berief auf Rat von Jürgens, der in praktischen Dingen sehr erfahren ist, eine zweite Vorbesprechung ein. Da erschienen plötzlich triumphierende 4 Mann, heute noch ein Fünfter, und Sommerfeld will noch einen sechsten schicken. Es wird ein ganz stolzes Kolleg für hiesige Verhältnisse. Ernsthaft gesprochen, ist es mir doch recht lieb, dass die Vorlesung zu Stande kommt; ich mochte nicht gerne mit einem halben Reinfall anfangen, wenn ich ja auch daran höchst unschuldig gewesen wäre.

Gestern habe ich etwas gesehen, was mir meine sonstigen „pädagogischen" Neigungen sehr verleidet hat. <u>Scheffers</u> hat ein „Lehrbuch der Mathematik für Chemiker" herausgegeben,[7] das ich trotz manchem Originellen und Guten, das darin ist, für eine Schande halte. Es ist die reinste Eselsbrücke, alles in Confitüren eingewickelt, damit es nicht nach Medizin schmeckt, mit dreierlei verschiedenem Druck, damit man ja sieht, was wichtig ist: ich neige ja schon dazu, dem Naturell, dh. der Interesselosigkeit der Hörer zu sehr nachzugeben, aber diese Sorte von Pädagogik hat mich doch aufgeregt. Ich bin neugierig, was unter diesen Händen aus dem Serret wird![8] Es ist ja so leicht, klar und einfach zu sein, wenn man alles weglässt, was etwas Überlegung erfordert.

... [Die Fortsetzung des Briefes ist auf S. 191 abgedruckt.]

---

[6]Ernst Rudolf Kötter war seit 1897 Professor für Darstellende Geometrie an der Technischen Hochschule Aachen.

[7]Georg Scheffers studierte in Leipzig bei Sophus Lie und gab in den 1890er Jahren mehrere Vorlesungen Lies nach seiner eigenen Bearbeitung heraus. Er wurde später Professor an der Technischen Hochschule Darmstadt und ab 1907 an der Technischen Hochschule Charlottenburg. In dieser Zeit verfasste er eine Reihe mathematischer Lehrbücher, von denen einige sehr erfolgreich waren.

[8]Scheffers gab das Analysis-Lehrbuch von Joseph Serret in deutscher Übersetzung heraus.

Kurz vor Weihnachten bekam Blumenthal die erfreuliche Nachricht, dass seine Professur in Aachen in ein Ordinariat umgewandelt werden sollte (Abbildung 3.2). Dank dieser glücklichen Wende fühlte er sich nun in der Lage, Sommerfeld, der eine Professur für Technische Mechanik innehatte, von gewissen Aufgaben entlasten zu können. Übrigens wollte er die Hilberts informieren, dass er mit seinen Aachener Kollegen, einschließlich Enno Jürgens, bestens auskomme. Es fiel ihm jedoch schwer, sich an den Studienplan der technischen Hochschule zu gewöhnen, welcher den Studenten keine Zeit zum selbstständigen Nachdenken ließ.

Blumenthal an K. und D. Hilbert | Frankfurt, den 22.XII.1905
AB-L, Nachlass Hilbert, SUB Göttingen, 30, Nr. 8

Liebe gnädige Frau! lieber Herr Professor!

Ich hatte stets die Absicht, Ihnen in diesen Weihnachtstagen einen langen Brief zu schicken, hätte wohl aber noch ein wenig damit gewartet, wenn nicht ein ganz unerwartetes Ereignis alles umgeworfen hätte. Ich bin nämlich seit einer Woche Ordinarius, oder, mit richtiger technischer Bezeichnung, etatsmässiger Professor für Mathematik in Aachen, mit 4660 M[ark] Gehalt + Wohnungszuschuss, Mitglied des Abteilungskollegiums (Fakultät), kurz es sind auf einmal alle irdischen Würden auf meinen Schädel niedergeregnet. Dass die Sache so ganz unerwartet rasch gegangen ist, liegt wohl an dem sehr energischen Vorgehen der Abteilung, die entschieden gegen die Verwandlung ihrer Professur in eine Docentur protestierte. Ich kann sagen, dass ich über diese Wendung der Dinge sehr glücklich bin: es ist nicht mehr die stürmische Freude, wie bei der ersten Berufung im Juli, sondern ich überlege mir die Sache mit Ruhe und finde, dass es, auch abgesehen von dem Gehalte und von dem endlich erlangten Gefühle der Sicherheit, ein grosses Glück für mich ist, dass ich jetzt längere Zeit an einer Technischen Hochschule werde arbeiten können. Ich glaube, dass es für mich, meiner ganzen Anlage nach, gut und richtig sein wird, wenn ich die Stellung der Mathematik nach möglichst vielen Seiten hin kennen lerne, und es ist mir schon jetzt ganz klar geworden, dass ich sehr erhebliche Zeit brauchen werde, um mich in die Technik so weit einzuarbeiten, dass ich den Herren dort mit mathematischem Rat an die Hand gehen kann. Das tut bis jetzt Sommerfeld allein, und zwar in ganz vorzüglicher Weise, hoffentlich bringe ich es auch einmal so weit, dass ich ihn etwas entlasten kann. Dass ja bei vernünftiger technischer Beschäftigung die rein mathematische Arbeit nicht notwendig leiden muss, beweist das Beispiel von Sommerfeld und Fricke.[9]

Für die nächste Zeit freilich wird es etwas schlimmer damit aussehen: ich will versuchen, wenigstens mein <u>Borel</u>-Buch noch rasch fertig zu machen; wann ich an meine lange projektierten Schottkyschen Funktionen komme, das ist nicht abzu-

---

[9]Robert Fricke (1861–1930) war einer der engsten Mitabeiter Felix Kleins und vor allem bekannt durch das vierbändige Werk über elliptische Modulfunktionen und automorphe Funktionen, das aus Kleins Vorlesungen entstand. Fricke war ab 1894 bis zu seinem Tode Professor für Mathematik an der Technischen Hochschule in Braunschweig.

Abbildung 3.2: Otto Blumenthal, Professor der Mathematik in Aachen, 1907

sehen, wahrscheinlich haben bis dahin die Integralgleichungen meine Methoden
überflüssig gemacht. Damit Sie übrigens sehen, wie in Aachen fortschrittlich gearbeitet wird, kann ich erzählen, dass sich am vorigen Dienstag gelegentlich einer Fusstour ein Dreimännerbund gebildet hat, der die praktische Brauchbarkeit
der Fredholmschen Entwicklungen zur Lösung schwerer Randwertaufgaben (also
Schnelligkeit der Konvergenz etc.) untersuchen will. Der Bund besteht aus Sommerfeld als Pessimisten, mir als Optimisten und Sommerfelds sehr tüchtigem Assistenten[10] als Versuchsobjekt. Wir wollen sehen, was dabei herauskommt.

Das verflossene Vierteljahr war zwar etwas anstrengend, aber in jeder Beziehung erfreulich. Das Verhältnis zu den verschiedenen Kollegen ist nach wie vor
gut, mit Jürgens vertrage ich mich vollkommen und werde mich auch stets mit
ihm vertragen, denn unsere Wege kreuzen sich nie, im Gegenteil ergänzen wir
uns sehr gut. Ich glaube in der Tat, dass er nur möglichst in Ruhe gelassen zu
werden wünscht, und mir für alles, was ich allein und ohne unerlaubte Hülfe tun

---

[10]Es handelt sich um den niederländischer Physiker Peter Debye (1884–1966). Nach der Beendigung seines Studiums in Aachen wurde er 1905 Sommerfelds Assistent für Technische Mechanik. Als Sommerfeld ein Jahr später den Lehrstuhl für Theoretische Physik an der Ludwig-
Maximilians-Universität München bekam, nahm er Debye mit. Damit begann dessen steile Karriere, die im Jahre 1936 in der Verleihung des Nobelpreises für Chemie gipfelte.

kann, völlig freie Hand lassen wird. Als Docent ist er sehr beliebt, in dieser Beziehung werde ich von ihm lernen können, wenn ich auch seinen Rat nicht viel in Anspruch nehmen werde. Er erzielt wohl in der Mehrzahl der Fälle grössere Verständlichkeit auf Kosten der Gründlichkeit, indem er schwierige Sachen einfach weglässt, und dieses Prinzip denke ich mir nicht anzugewöhnen. Als idealer Docent gilt hier, soviel ich hören konnte, Heffter.[11] Mit mir sind sie noch nicht recht zufrieden: ich soll zu schnell lesen. Man darf hier vor allem gar nichts der häuslichen Überlegung überlassen, sondern muss alles, worauf man etwas Wert legt, mit allen Zwischenrechnungen in der Stunde durchführen: der Stundenplan der Technischen Hochschulen ist so unglaublich und ganz zwecklos mit Vorlesungen und besonders Zeichenübungen überlastet, dass zu häuslicher Arbeit den Studenten keine Zeit bleibt. An diese Tatsache muss ich mich noch gewöhnen: das ist nicht ganz einfach.

Mathematische Gesellschaft existiert in Aachen nicht, dafür ein allgemeiner Dozentenverein, ein von Sommerfeld arrangiertes und besonders von Wieghardt[12] unterstütztes mechanisch-technisches und noch ein physikalisches Kolloquium. Ich habe schon in allen drei Veranstaltungen vortragen müssen: der Vortrag im Dozentenverein war, glaube ich, ganz zweckentsprechend: Integraphen. Das nächste Mal denke ich etwas weniger Rücksicht auf die Techniker zu nehmen und vielleicht ein wenig Mengenlehre oder sonstige Logik vortzutragen.

Bei Sommerfeld bin ich auch viel im Hause. Es ist sehr nett und einfach dort, vielleicht etwas mehr Kinderwirtschaft und Musik, als ich gewohnt bin, aber im allgemeinen ausserordentlich behaglich und anregend.

Es ist mir kaum möglich, dieses Jahr den gewohnten moralischen Jahresabschluss zu machen und mir zu überlegen, was mir in diesem Jahre alles geschehen ist. Es ist zu viel und zu mannigfach. Aber eines wird mir dabei immer klarer und klarer, nämlich wie unendlich viel ich dem Göttinger Kreis und vor allen Dingen Ihnen ganz persönlich verdanke. Und ich darf Ihnen dies wohl einmal aussprechen und Ihnen recht herzlich alles Gute für das kommende Jahr wünschen!

Ich bitte um viele Grüsse an Minkowskis, G. E. Müller[13] und Familie Klein. Ist Sophiechen[14] vergnügt mit ihrem Leutnant der Reserve?

Mit herzlichen Grüssen und Glückwünschen

Ihr

O. Blumenthal.

---

[11]Lothar Heffter kam 1904 als Ordinarius nach Aachen, ging jedoch schon 1905 fort, um eine Professur an der Universität Kiel anzunehmen.

[12]Karl Wieghardt promovierte 1903 in Göttingen bei Felix Klein und habilitierte sich im folgenden Jahr an der Technischen Hochschule Aachen. Er ging schon 1906 nach Braunschweig, wo er außerordentlicher Professor für Technische Mechanik wurde.

[13]Georg Elias Müller kam 1881 nach Göttingen als Nachfolger von Rudolf Hermann Lotze auf den Lehrstuhl für Philosophie. Er gründete 1887 das Göttinger Psychologische Institut, das große Bedeutung für die Experimentalpsychologie errang. Im Jahre 1904 gründete Müller auch die Gesellschaft für experimentelle Psychologie, Vorläuferin der heutigen Deutschen Gesellschaft für Psychologie.

[14]Kleins Tochter Sophie war mit dem Rechtsanwalt Eberhard Hagemann verheiratet.

Die geographische Lage von Aachen unweit der französischen Hauptstadt war auch ein Vorteil für Blumenthal, der sehr gern nach Paris fuhr. Seine Freundschaft mit Émile Borel wurde zu dieser Zeit noch enger, und er bewunderte die vielfältige geistige Atmosphäre, die sich um ihn umgab. Andererseits waren ihm gewisse Gegensätze zwischen den Franzosen und Hilbert in Bezug auf die Mengenlehre durchaus bewusst. Borels kritische Haltung insbesondere gegenüber Zermelos Auswahlaxiom wurde zwei Jahre früher in einem Brief von Blumenthal an Hilbert vom 15. November 1904 zur Sprache gebracht (Kapitel 6). Daraus entstand eine wichtige Grundsatzdebatte in Frankreich.[15]

Blumenthal an K. und D. Hilbert | Aachen, den 18.I.1906
AB-L, Nachlass Hilbert, SUB Göttingen, 30, Nr. 9

Liebe gnädige Frau! lieber Herr Professor!

... [Der Anfang dieses Briefes ist auf S. 192 abgedruckt.]

Ich habe die letzten Tage der Weihnachtsferien zu einer Spritztour nach Paris benutzt, einesteils, um Verwandte zu besuchen, anderenteils aus allgemeiner Liebhaberei. Es war auch diesmal noch viel schöner als sonst, besonders da ich auch mit den Herren der Sorbonne zusammenkam. Besonders habe ich <u>Borel</u>[16] und <u>Langevin</u>[17] gesehen, mit beiden war es eine sehr angeregte Unterhaltung. Die Herren sind ganz merkwürdig vielseitig, sehr abweichend von unserer Arbeitsweise: haben Sie z. B. das erste Heft der <u>Borel</u>'schen „Revue du Mois"[18] gesehen[?] Da ist alles drin, von Mathematik bis zu Politik und Theaterkritiken, aber es ist alles gut und vernünftig. Und wenn ich auch zuerst etwas gelacht habe, finde ich doch hinterher das Unternehmen sehr verdienstvoll und wohltätig. Es soll mich übrigens keinen Augenblick wundern, wenn Borel und ich demnächst eine deutsch-französische mathematische Allianz gründen. Er hat solche sehr allgemeine Ideen, und wir verstehen uns gegenseitig sehr gut.

Ich habe hier noch etwas Mühe mir klar zu machen, dass ich nunmehr „defini-

---

[15] Hierzu findet man viel Details in (Moore 1982).

[16] Émile Borel studierte an der École Normale Supérieure in Paris. Danach ging er 1893 an die Universität Lille, dann wechselte er 1896 an die École Normale Supérieure, wo er auch zwischen 1910 und 1920 Direktor war. Blumenthal besuchte seine Vorlesungen während seines ersten Pariser Aufenthalts und stand danach in engem Kontakt mit ihm. Borel erhielt 1909 zusätzlich einen eigens für ihn eingerichteten Lehrstuhl für Funktionentheorie an der Sorbonne.

[17] Der Physiker Paul Langevin studierte an der École Supérieure de physique et de chimie industrielles de la ville de Paris und setzte seine Laufbahn an dieser Institution fort, zuletzt als Direktor. Er bekam 1909 eine Professur für Physik am Collège de France.

[18] Die Zeitschrift *La Revue du Mois* wurde 1906 von Borel und seiner Frau Marguerite Appell (bekannt als sehr erfolgreiche Schriftstellerin unter dem Pseudonym Camille Marbo und Tochter des Mathematikers Paul Appell) gegründet. Langevin war auch Mitglied der Redaktion. Diese Zeitschrift bestand bis 1926, allerdings mit einigen Unterbrechungen.

tiv"bin. Ich war so sehr an alljährlichen mindestens einmaligen Wohnungswechsel
gewohnt, dass mir die Aussicht auf eine Zeit der Ruhe merkwürdig erscheint. Mein
Urteil über meine hiesigen Kollegen ist aber nach wie vor das gleiche, sehr günstige. Jürgens scheidet eben wissenschaftlich und auch menschlich je länger, desto
mehr aus, aber gesellschaftlich werde ich stets sehr gut mit ihm stehen. Die Som-
merfeldsche Kinderwirtschaft wird in meinem Beisein möglichst zurückgedrängt.
Und sonst ist ja Frau Sommerfeld eine ganz reizende Frau.[19]

Ich hoffe, dass ich demnächst wieder an eigene Arbeit komme. Leider habe
ich zwei Referate für die „Deutsche Literaturzeitung"übernommen, die ich noch
erledigen muss. Es sind sicher die letzten, die ich übernehmen werde. Dann will
ich zunächst einmal mein Buch für Borel schreiben, damit die deutsch-französische
Allianz nicht scheitert. Ob ich wohl noch an die Automorphen komme, bevor Sie,
Herr Professor, und das Göttinger Comité alles fertig gemacht haben?

Dass Ebstein seine Stellung aufgiebt, ist ja wohl im Interesse der Sache recht
gut. Es ist aber ein schönes Zeichen seiner Klugheit und Kritik, dass er sich zu
diesem Schritt entschliesst[20]. Frl. Mali bin ich sehr dankbar für die Nachricht von
der Verlobung der Schwester Annemarie, mit der ich immer ein sehr zärtliches und
respektvolles Verhältnis hatte. Auch danke ich Frl. Mali vielmals für ihre Grüsse
und ihre Neujahrskarte.

Meiner Schwester geht es sehr gut. Sie ist stark beschäftigt und hat zu Weihnachten meine Eltern mit ihren stark pädagogischen Interessen zum Teil etwas
gelangweilt. Aber ich glaube, sie hat sehr recht und bringt etwas Brauchbares aus
ihrer Beschäftigung heraus. – Dass Zermelo[21] sich über seinen Titel freuen würde,
hätte ich nie gedacht. Er hat mir aber auch selbst sehr vergnügt geschrieben.

Mit vielen Grüssen an Sie und Minkowskis,

Ihr

O. Blumenthal.

———

Wie sehr Blumenthal sich um seine Beziehungen zu Göttingen bemühte, wird
in dem folgenden Brief an Schwarzschild deutlich. Verglichen mit der eher langweiligen Atmosphäre in Frankfurt waren Göttingen und Paris die zwei Orte, an

———

[19] Johanna Sommerfeld (1874–1955) war die Tochter des Göttinger Kurators Ernst Höpfner. In
Göttingen fand in den Weihnachtsferien 1897 ihre Hochzeit statt (Eckert 2013, 124–128, 172–176).

[20] Als Privatdozent in Göttingen lernte Blumenthal den Mediziner Wilhelm Ebstein (1836–
1912) kennen. Dieser kam schon 1874 nach Göttingen als Leiter der internen Poliklinik. Sein
Entschluss sich zurückzuziehen, hatte wohl mit der Tatsache zu tun, dass er als 70-jähriger die
Aufgaben dieser Stelle nicht wie zuvor bewältigen konnte. Es entstand auch eine enge Freundschaft zwischen Blumenthal und Ebsteins Tochter Amalie (Mali), die er am 12. August 1908
heiratete.

[21] Angeregt durch Diskussionen mit Erhard Schmidt fand Ernst Zermelo einen Ansatz für die
Lösung des Wohlordnungsproblem, die er im selben Jahr in den *Mathematischen Annalen* in der
Arbeit „Beweis, daß jede Menge wohlgeordnet werden kann" publizierte. Aufgrund dieser Leistung
wurde Zermelo 1905 auf Antrag von Hilbert zum Titularprofessor in Göttingen ernannt.

denen Blumenthal sich besonders wohl fühlte. Zum Schluss berichtet er über die neuesten Auseinandersetzungen in Aachen zwischen den Ingenieuren und den Vertretern der Abteilung V, geführt von Sommerfeld. Diese Episode zeigt, dass der Kampf zwischen Klein, der 1898 die Göttinger Vereinigung zur Förderung der technischen Mechanik ins Leben gerufen hat, und Alois Riedler, seinem Hauptgegner unter den Ingenieuren, noch keineswegs zu Ende war. Blumenthal fragte Schwarzschild außerdem, ob er einen gewissen Satz kenne, den Blumenthal bei einer Untersuchung über konforme Abbildungen gefunden hatte.

Blumenthal an Schwarzschild | Aachen, den 26.II.1906
AB-D, Nachlass Schwarzschild, SUB Göttingen, 75, Nr. 16

Lieber Karl!

Ihr Göttinger habt sicher wieder Grund, Euch über mich zu beklagen: ich will damit nicht sagen, daß ich mich Eurer Tugend allzusehr zu rühmen hätte. Jedenfalls aber ist es Zeit, daß ich wieder einmal etwas mehr von mir hören lasse. Ich freue mich ja auch selbst schon so lange auf die Gelegenheit, mich einmal wieder mit Euch auszusprechen, und nur die Furcht, daß meine Mitteilungen zu unbefriedigend oder zu unbedeutend werden, hält mich häufig vom Schreiben ab.

Unser Zusammensein zu Weihnachten war zwar, wenn es stattfand, sehr nett, aber mir wenigstens haben die zwei Abende, noch dazu in verschiedenen Wirtshäusern oder in Gesellschaft von Lorey[22] nicht recht genügt. Die allgemeine Familienfront zu Weihnachten ist augenscheinlich der Freundschaft und wissenschaftlichen Interessengemeinschaft nicht günstig. Ich will hier gleich die Frage stellen, die ich <u>zu beantworten</u> bitte. Du wirst verständnisvoll entschuldigen daß ich dieses Wort noch besonders unterstrichen habe. Es handelt sich um Göttinger Ferienpläne. Ich möchte in den Ferien viel arbeiten, möchte andererseits nach Göttingen fahren, vielleicht auch noch nach Paris. Dies alles wird nicht möglich sein, aber um auch nur einen Teil auszuführen, habe ich mir gedacht, es wäre vielleicht das Beste, wenn ich den Göttinger Aufenthalt mit dem Arbeiten vereinigte. Hier fangen die Ferien etwa 20. März an. Wie steht es bei Euch? Wenn ich die letzten März– und ersten Apriltage in Göttingen verbrächte, träfe ich dort jemanden und käme ich einigermaßen gelegen? Es wäre mir sehr wichtig, darüber <u>bald</u> zu hören. Besonders auch, was Braun, Hilberts, Prandtl angeht; daß Du eine der Hauptpersonen in dem Drama (?) bist, brauche ich wohl kaum besonders zu sagen.

Wenn ich ganz aufrichtig sein soll, geht mir's seit Weihnachten recht hundsmiserabel, und zwar ganz allein durch meine eigene Schuld, so daß ich nicht das Recht habe, mich zu beklagen. Ich schlafe unendlich viel und arbeite entsprechend

---

[22]Wilhelm Lorey (1873–1955) wurde in Frankfurt am Main geboren. Er studierte in Halle, München und Göttingen, wo er anschließend ein spezielles Studium als Mitglied des Seminars für Versicherungswissenschaften absolvierte. Lorey stand schon seit 1896 im höheren Schuldienst und promovierte 1901 in Halle. Er war maßgeblich an der Reformbewegung des mathematischen Unterrichts beteiligt. Im Rahmen dessen schrieb er u.a. das Standardwerk *Das Studium der Mathematik an den deutschen Universtäten seit Anfang des 19. Jahrhunderts* (1916).

wenig. Die paar trübseligen Referate, die ich Dir und Prandtl zugesandt habe, sind so ziemlich das einzige Produkt eigener Überlegung seit Weihnachten. Es ist trübselig. Im Kolleg habe ich auf die Dauer an mehrfachen Integralen herumgestumpft, verschiedene Varietäten von Trägheitsmomenten gerechnet und mich schließlich selbst dabei derartig gelangweilt, daß ich geradezu fluchtähnlich zu Differentialgleichungen übergegangen bin. Hier kann ich mir doch wenigstens einiges selbst überlegen, gerade jetzt sitze ich an einer Geschichte, die nicht mehr so hoffnungsvoll aussieht wie am Anfang. Nur eine kleine Geschichte habe ich noch einmal gelegentlich in der Funktionentheorie gefunden. Ich wüßte gerne, ob Dir die Sache bekannt ist. Du bist darin entschieden Spezialist. – Gegeben ein elektrisch geladener Einheitspol innerhalb einer leitenden Schale. Das Potential ist eine Greensche Funktion, und es ist sehr bekannt, daß das Potential zwischen Punkt und Leiter kein Maximum oder Minimum hat. Nun hat mich – bei Gelegenheit einer Frage der conformen Abbildung – das Potential weniger interessiert, sondern vielmehr die wirkende Kraft

$$K = \sqrt{\left(\frac{\partial U}{\partial x}\right)^2 + \left(\frac{\partial U}{\partial y}\right)^2}. \quad \text{(ich habe ebenes Problem)}$$

Satz: <u>Auch die wirkende Kraft hat „im Innern"weder Maximum noch Minimum. Insbesondere kann sie nirgends im Innern verschwinden.</u> (Letzteres ist für die conforme Abbildung fundamental).

Der Satz folgt sehr einfach aus einer anderen (?) Differentialgleichung, der die wirkende Kraft genügt, nämlich:

$$K\Delta K = \left(\frac{\partial K}{\partial x}\right)^2 + \left(\frac{\partial K}{\partial y}\right)^2.$$

Ist Dir diese Gleichung oder der Satz bekannt? Ich habe [sie](?) bisher nicht finden können, habe allerdings auch nicht genau nachgesehen.

Zur Zeit stehen wir im Zeichen des Carnevals. Die Menschen sind hier während dieser Zeit gänzlich verrückt, johlen und gröhlen auf der Gasse und scheinen sich zu amüsieren, ohne daß man recht sieht, worüber (?) und womit. Gestern war es so arg, daß ich bereits die Absicht hatte, beschleunigt abzureisen, heute vertrage ich es besser, aber ziemlich dösig macht die Sache doch.

Daß Du auch einmal unter den Klauen (?) von Else H.-K.[23] gelitten hast, freut mich beinahe. Jetzt freue Dich nur auf die Wiederholung bei der betreffenden Wohltätigkeitsveranstaltung, die sicher nicht ausbleiben wird. Ich habe hier auf einem Kostümball mitmachen müssen, bei dem ich mich aber nicht angestrengt habe. Ich kann nicht sagen, daß ich bisher einen großen Eindruck von der hiesigen Geselligkeit oder Gesellschaft bekommen habe. Jeder einzeln ist recht nett und

---

[23] Offenbar eine junge Frau, die sich stark für den noch unverheirateten Schwarzschild interessierte.

sympathisch, aber keiner von genügend ausgesprochener Individualität, mit dem ich es auf die Dauer gut aushalten kann.

Bei Sommerfelds ist's leider zur Zeit etwas trübselig. Beide fühlen sich „krüppelhaft", schleichen herum und sind nicht recht (?) für außergewöhnliche Sachen zu haben, z. B. eine größere Tour, die ich für den Carneval vorgeschlagen habe.

Daß Sommerfeld aber tatsächlich die Stütze und Basis der hiesigen Institute ist, hat sich neulich sehr drastisch erwiesen. Wir haben nämlich hier einen kleinen Krach mit Riedler gehabt, eine der Freuden, die sich anscheinend ständig wiederholen.[24] Die Abteilung III für Maschinenbau, die hier aus recht unfähigen Herren besteht, hatte sich Riedler als Kommissar aus Berlin geholt, um sich zu reorganisieren. Diese Reorganisation wurde in aller Stille vorgenommen, und als wir uns den Schaden besahen, hatten sie uns plötzlich die Mathematik ungefähr auf die Hälfte beschnitten (einfach die ganze Mathematik im 2. Studienjahr gestrichen), außerdem das physikalische Praktikum für unnötig erkannt. Darüber natürlich helle Aufregung in der Abteilung V (allgemeine Wissenschaften), wußte aber keiner richtig, wie die Sache anzudrehen sei, bis Sommerfeld ein saugrobes Telegramm an Naumann[25] diktierte und daraufhin auch richtig die Erlaubnis erhielt, an der endgültigen „Reform"-Sitzung der Abteilung III teilzunehmen, wo er so lange gegen Riedler energisch wurde, bis dieser seinerseits milde werden mußte. So ist denn diesmal die Gefahr noch beschworen.

Wir sind den Ingenieuren vernünftig entgegengekommen, aber wir haben uns nicht hinausschmeißen lassen, und ich glaube in der Tat, daß die Mathematik, so wie sie jetzt hier eingerichtet ist, sehr gut steht. Ich habe auch Jürgens noch einige Privatreformen unterbreitet, auf die er merkwürdiger Weise ohne Weiteres eingegangen ist. Die Geschichte wird jetzt recht gut gehen. Überhaupt vertrage ich mich mit Jürgens rührend gut: er ist ein sehr gutmütiger und geschäftlich kluger, sonst merkwürdig – sagen wir – „einfacher" Mensch. Wissenschaftlich und pädagogisch haben wir wahrscheinlich diametral entgegengesetzte Ansichten, aber darüber sprechen wir nicht und fühlen uns sehr wohl. – Auch sonst geht's mit den Kollegen sehr gut.

Die Carnevalsgröhler auf der Straße sind allmählich zu Winsel- und Heultönen übergegangen, woraus ich schließe, daß es bald Mitternacht sein muß. Da ich außerdem nichts weiter zu schreiben habe, schließe ich also und bitte Dich

---

[24] Alois Riedler (1850–1936) war von 1888 bis 1921 Professor für Maschinenbaulehre an der Technischen Hochschule Berlin-Charlottenburg. Er galt seit den 1890er Jahren als Anführer der Ingenieursbewegung, die die Reduktion der Mathematik in den Lehrplänen der Technischen Hochschulen forderte. Zusammen mit dem Elektroingenieur Adolf Slaby setzte er sich für das Promotionsrecht für Ingenieure ein. Kaiser Wilhelm II. wurde von deren Argumenten überzeugt, und somit konnten ab 1899 die preußischen Technischen Hochschulen den Titel „Dr. Ing." verleihen. Riedler war zugleich ein heftiger Kämpfer gegen Felix Kleins Bestrebungen, Spitzenforschung in den technischen Wissenschaften an den preußischen Universitäten einzuführen. Zu diesem Hintergrund in Bezug auf Sommerfelds Berufung und weitere Tätigkeit in Aachen siehe (Eckert 2013, 154–157).

[25] Otto Naumann war als Ministerialrat im preußischen Kultusministerium für das Hochschulwesen zuständig. Er arbeitete eng mit dem „geheimen Kultusminister" Friedrich Althoff zusammen.

nur noch, alle lieben Bekannten, besonders Brauns, Prandtl, Borsche bestens zu
grüßen. Auch danke ich vielmals für die Begutachtung des „[...]" (?) Biske[26], der
umgehend zurückgewandert ist, sowie für die Karte aus Clausthal. Letzterer Dank
richtet sich auch an Friederichsen[27] und Runge.

Viele Grüße!

O. B.

Blumenthal lernte Ludwig Prandtl (1875–1953) offenbar im Jahre 1904 kennen, also bald nach dessen Berufung nach Göttingen. Bei dieser Gelegenheit richtete Klein Seminare mit Themen aus der angewandten Mathematik ein, an denen
Prandtl und Schwarzschild teilnahmen. Die letzteren wurden alsbald Duzfreunde,
während die Freundschaft zwischen Blumenthal und Prandtl etwas länger reifte,
bevor sie zu diesem Schritt übergingen. Im folgenden Brief geht Blumenthal erneut
auf Sommerfelds Rolle in der Riedler-Affäre in Aachen ein.

**Blumenthal an Ludwig Prandtl | Aachen, den 22.III.1906
AB-L, Nachlass Prandtl, Archiv zur Geschichte der
Max-Planck-Gesellschaft, Berlin**

Lieber Herr Prandtl!

Ich habe Ihnen heute als Drucksache eingeschrieben die Finsterwalder-Bogen
zurückgeschickt, die Sie mir im Herbst geliehen haben.[28] Ich hatte sehr gehofft,
sie Ihnen jetzt persönlich zurückgeben zu können, aber daraus ist, wie gewöhnlich,
nichts geworden. Einmal hatte mich Schwarzschilds Bericht von der grossen Leere,
die ich in Göttingen jetzt antreffen würde, schon vorher abgeschreckt, dann aber
ist mir gestern ein sehr lieber Onkel in Paris gestorben: ich muss also heute in aller
Eile nach Paris fahren und werde wohl auch einige Tage dort bleiben. Klein ist
ja auch dort und hatte mich ohnedies „hinbefohlen", also werde ich nebenbei noch
das Vergnügen haben, Mitarbeiter für den 7. Band der Enzyklopädie zu werben.[29]

------

[26] Gemeint ist vermutlich der Astronom Felix Biske, der gelegentlich mit Schwarzschild korrespondierte (siehe Nachlass Schwarzschild, SUB, Briefe 70). Die begutachtete Arbeit könnte evtl.
F. Biske, *Réflexion de la lumière sur l'eau ébranlée*, *Zeitschrift für Mathematik und Physik* 53
(1906): 419-428, gewesen sein.

[27] Max Friederichsen (1874–1941) habilitierte sich 1903 in Geographie bei Hermann Wagner in
Göttingen. Nach seiner Berufung 1906 nach Rostock wirkte er an mehreren deutschen Universi-
täten im Osten – Greifswald, Königsberg und Breslau –, wo er vor allem als Fachmann für die
Deutschtumsforschung im osteuropäischen Raum bekannt wurde.

[28] Prandtl hatte bei Sebastian Finsterwalder (1862–1951) in München studiert.

[29] Es gab zu dieser Zeit den Plan, die große *Encyklopädie der mathematischen Wissenschaften*
mit einem siebten abschließenden Band zu krönen. Diese Idee wurde allerdings im Laufe der
Zeit aufgegeben. Der Band hätte Berichte über neuere Ergebnisse und Literatur in Bezug auf die
Geschichte, Philosophie und Didaktik der Mathematik enthalten. Darüber berichtete Walther von
Dyck 1908 auf dem Internationalen Mathematiker-Kongress in Rom (*Jahresbericht der Deutschen*

Nach Göttingen kann ich daher bei den kurzen Ferien, die man hier zu Ostern hat, nicht kommen, dagegen habe ich diese Reise fest für Pfingsten in Aussicht genommen, wo ich dann die Gesellschaft vollständig zu treffen hoffe. Alsdann werde ich Ihnen auch eine Broschüre über den Rechenschieber mitbringen, die Sie mir gleichfalls geliehen haben, die ich aber noch ein wenig behalten möchte, da ich im nächsten Semester Rechenschieber vorzutragen haben werde.

Die Nachrichten, die ich aus Erlangen [Göttingen-DR] erhalte, sind zwar recht spärlich, aber sie interessieren mich alle sehr: unter anderem möchte ich gerne wissen, welche wunderbare Art von Differentialrechnung mit Übungen Hilbert und Carathéodory zusammen in 4 Stunden verzapfen wollen: 2 Stunden pro Dozent finde ich etwas wenig.

Ich bin heute Abend etwas wirr, was daher kommt, dass mir einmal der Todesfall sehr im Kopfe herumgeht und dass ich heute ausserdem mit einer etwas überstürzten Arbeit noch rasch das Semester zu Ende gebracht habe. Dieses Wintersemester der Technischen Hochschulen ist schauderhaft. Es nimmt gar kein Ende und strengt, finde ich, sehr erheblich an.

Ich will Ihnen noch ein wenig über meine bisherigen technischen Erfahrungen erzählen. Daran, dass ich es jemals zu dem technisch-mechanischen Gefühl bringen werde, das Sie und Sommerfeld besitzen, muss ich wohl verzweifeln. Mir macht jeder Ansatz aus der Mechanik nach wie vor die grössten Schwierigkeiten, und ich verliere meine meiste Zeit und Mühe tatsächlich mit dem Zusammenstellen der angewandten Aufgaben, die ich in den Übungen vorlegen will. Ich gebe auch, ebenso wie Finsterwalder, Bogen aus, die aber einen sehr vorläufigen Charakter tragen: das nächste Mal müssen sie viel besser werden. Es macht mir besondere Freude, meine Aufgaben aus allen möglichen Gebieten zusammen zu suchen. Zu näheren Bekannten habe ich nun einen Bauingenieur und einen Elektrotechniker, beides sehr gescheite Menschen, die auch genügend Mathematik können, dass man sich mit ihnen verstehen kann. Von diesen erhalte ich elektrotechnische und statische Aufgaben in genügender Anzahl. Aber es fehlt mir noch ein Maschinenmann, der mir aus diesem Gebiete ähnliches liefern könnte. Ich will ganz im Geheimen sagen, dass die hiesige Abteilung III wenig auf der Höhe ihres Berufes steht.

Ein wenig hoffe ich doch in diesem halben Jahr in den Gedankengang eines Technikers eingedrungen zu sein: als ich herkam, hatte ich davon ja gar keine Ahnung. Sommerfeld und die beiden technischen Herren, von denen ich sprach, haben ganz gut auf mich eingewirkt. Das Traurige ist, dass ich über dem neuen Stoff, den ich aufnehmen musste, gar nicht ans eigene Arbeiten gekommen bin. Ich bin eigentlich schändlich faul gewesen in diesem Semester, und verzweifele auch daran, dass ich in den Ferien das viele Verlorene wieder einbringen kann.

Mit den Studenten vertrage ich mich soweit gut: ich habe bis zum Schluss ein Auditorium von 25–30 Leuten behalten, zum Schluss wurden es sogar wieder mehr; was dazwischen abgeschreckt hat, der Carneval oder die mehrfachen Integrale, weiss ich nicht. Letztere waren übrigens wirklich derart langweilig, dass ich zum

Mathematiker-Vereinigung 17 (1908): 213–226).

Schluss mit Beschleunigung abbrach. Es war nicht mehr zum Aushalten mit den ewigen Trägheitsmomenten, die ich berechnete.

Mittendrin hatten wir auch noch eine Riedler-Affäre, die uns unsere ganze Mathematik hätte kosten können, wenn nicht Sommerfeld mit solcher Energie aufgetreten wäre, dass Herr Riedler schliesslich zurückziehen musste. Zur Zeit sind wir in der schönen Lage, dass Abteilung II uns mehr Mathematikstunden geben will, als wir wollen, und Abteilung III dafür alles Erdenkliche verkürzen möchte. Ich liebe überhaupt Abteilung II sehr.

Also noch besten Dank für Ihren langen Brief und für die Bogen. Sie finden beim Datum eine neue Adresse, die vom 5. April ab, und dann hoffentlich für lange Zeit gilt.

Viele Grüsse

Ihr O. Blumenthal.

Für die Jahresversammlung der DMV in Stuttgart, die vom 16. bis zum 20. September 1906 stattfinden sollte, kündigte Blumenthal einen Vortrag an. Er wollte referieren über die Theorie der ganzen transzendenten Funktionen und den Picard'schen Satz, d. h. über die wesentlichen Inhalte seines noch in Vorbereitung befindlichen Buches. Sein Vortrag wurde als erster auf das Tagungsprogramm gesetzt, während Hilbert in der zweiten Sitzung sprach („Über Wesen und Ziele der Integralgleichungen"[30]). Im Vorfeld dieser spannenden Ereignisse schrieb Blumenthal mit einer aktuellen Nachricht aus Aachen: Sommerfeld wurde nach München berufen. Es war der große Wendepunkt in Sommerfelds Karriere (siehe (Eckert 2013)).

Blumenthal an Hilbert | Aachen, den 26.VII.1906
AB-D, Nachlass Hilbert, SUB Göttingen, 30, Nr. 12

Lieber Herr Professor!

Vielen Dank für die Übersendung Ihrer Arbeit![31] Da ich jetzt gerade in Ferien gekommen bin, werde ich gute Zeit haben, sie zu lesen und zu studieren. Die Sachen liegen mir ja sehr und interessieren mich außerordentlich. Ich freue mich jetzt außerdem besonders darauf, in Ruhe meinen Stuttgarter Vortrag[32] und mein Borel-Buch präparieren zu können, das ja bis jetzt noch ganz im Argen liegt.

---

[30]Eine überarbeitete Fassung dieses Vortrags wurde 1908 auf dem IV. Internationalen Mathematiker-Kongress in Rom präsentiert und erschien im folgenden Jahr unter dem Titel: Wesen und Ziele einer Analysis der unendlichvielen unabhängigen Variablen, *Rendiconti del Circolo Matematico di Palermo*, XXVII (1909): 59–74.

[31]Vermutlich handelt es sich hier um: David Hilbert, Grundzüge einer allgemeinen Theorie der liearen Integralrechnungen, *Nachrichten von der Gesellschaft der Wissenschaften zu Göttingen, Mathematisch-Physikalische Klasse*, 1905, 307–338.

[32]Blumenthal veröffentlichte eine leicht überarbeitete Fassung seines Stuttgarter Vortrags als „Über ganze transzendente Funktionen" (Blumenthal 1907a).

Ich habe Ihnen eine sehr wichtige Neuigkeit mitzuteilen. Sommerfeld hat gestern seinen Ruf nach München erhalten und zwar in sehr günstiger Form, so daß er selbstverständlich annimmt. Es herrscht die größte Glückseligkeit in der Familie. Und ich bin auch sicher, daß ihm diese Veränderung der Umgebung und der Tätigkeit sehr gut tun und ihn aus seinen trüben Gedanken wieder herausreißen wird. Für uns Hinterbliebene freilich wird es schwer sein, besonders werde ich mir ein ganz anderes selbständiges Auftreten angewöhnen müssen als bisher. Es wird auch recht schwer fallen, einen vollkommen geeigneten Nachfolger zu finden. Ich habe schon sehr ernstlich an Carathéodory gedacht. der mir viele brauchbare Eigenschaften für den Posten zu vereinigen scheint. Was denken Sie dazu? Ist er vor allem in seinen Neigungen genügend vielseitig und wenig abstrakt, um eine technische Mechanik zu lesen? Denn Prinzipien-Mechanik wäre hier gänzlich verfehlt.

Sie haben ja wohl aus dem *Annalen*-Cirkular ersehen, daß das Elektronenheft jetzt in Gang kommen soll[33]. Leider habe ich von Herglotz eine glatte und entschiedene Absage bekommen, abgefasst in einem Ton, der erstens keine Erwiderung meinerseits möglich macht, zweitens eine tiefe Verstimmung bei Herglotz verrät. Könnten Sie nicht vielleicht ihm noch einmal gut zureden? Er unterschätzt die Wichtigkeit seiner Arbeit ganz entschieden[34].

Sind Sie vor Stuttgart in Göttingen? Ich halte es für sehr möglich, daß ich in der Gegend des 10. September mit meinen Eltern in Eisenach sein werde. Da würde ich sehr gerne einmal nach Göttingen herüberkommen, wenn ich dort jemand treffen würde.

Mit besten Grüßen an Sie und Frau Professor
Ihr
O. Blumenthal.

Im Herbst 1906 reiste Blumenthal nach England; bei dieser Gelegenheit lernte er den Mathematiker G. H. Hardy aus Cambridge kennen. Hardy stand damals am Anfang seiner Karriere, erst mit der Berufung Edmund Landaus im Jahre 1909 entstand eine engere Beziehung zwischen ihm und den Göttinger Mathematikern. Hardy setzte sich nach dem Ersten Weltkrieg für die Entpolitisierung der wissenschaftlichen Verhältnisse in Europa ein. Die Ankunft von Hans Reissner, Sommerfelds Nachfolger in Aachen, zeigte Blumenthal auch in diesem Schreiben an Hilbert an (Abbildung 3.3).

------

[33]Hilbert und Minkowski haben sich seit 1905 intensiv für die neuen Elektronontheorien interessiert. Geplant war ein Sonderheft der *Annalen*, dem diese Thematik gewidmet sein sollte. Es kamen allerdings Verzögerungen, sodass am Ende nur zwei Arbeiten erschienen sind. Die längere war: Paul Hertz, Die Bewegung eines Elektrons unter dem Einflusse einer stets gleich gerichteten Kraft, *Mathematische Annalen*, 65 (1908): 1–86.

[34]Gustav Herglotz gab offenbar dem Druck Hilberts nach. Seine Arbeit erschien als: G. Herglotz, Über die Integralgleichungen der Elektronentheorie, *Mathematische Annalen*, 65 (1908): 87–106.

Abbildung 3.3: David und Käthe Hilbert auf einem Ausflug mit Hermann Minkowski, ca. 1907. Hinten, von links nach rechts sitzend: Alfred Haar, Franz Hilbert,
eine unbekannte Freundin und Ernst Hellinger

Blumenthal an Hilbert | Aachen, den 15.X.1906
AB-L, Nachlass Hilbert, SUB Göttingen, 30, Nr. 14

Lieber Herr Professor!

[Der Anfang dieses Briefes ist ist auf S. 202 abgedruckt.]

. . .

Sommerfeld hat Ihnen wohl erzählt, dass ich erst seit etwa 8 Tagen wieder in Aachen bin. Mein Londoner Aufenthalt war über alle Erwartung anregend
und schön. Ich war auch einen Tag in Cambridge, wo ich in dem Mathematiker
Hardy einen Bekannten hatte. Ich verdanke diese Bekanntschaft einer *Annalen*-
Korrespondenz. Ich habe mich sehr gefreut, in Hardy einen sehr interessierten und
gescheiten Menschen kennen zu lernen, den man, glaube ich, wird im Auge behalten müssen. Er ist noch ganz jung und hat viele vernünftige Ideen, leidet aber
sehr darunter, dass er mit seinen Interessen in Cambridge ziemlich allein steht.

Im Übrigen habe ich auf dieser Reise keine Wissenschaft betrieben, was mir
auch, glaube ich, ganz gut bekommen ist. Dafür bin ich hier schon wieder gründlich in die Sache hineingekommen. Besonders hatte ich in letzter Woche ziemlich
viel mit Prüfungen zu tun, was kein Vergnügen war. Sommerfelds Nachfolger,

Reissner[35], ist bereits seit einer Woche hier, ich habe gestern mit ihm einen Spaziergang gemacht: er scheint jedenfalls ein sehr vernünftiger Mann zu sein; zu wissenschaftlichem Gespräch sind wir nicht recht gekommen, da Reissners Frau uns begleitete.

Wenn Sie die Idee, Sie im Februar zu Carneval in Göttingen zu besuchen, wirklich für so vernünftig halten, muss ich sehen, dass ich sie in der Tat durchführen kann. Es bleibt ja nach Stuttgart noch sehr viel zu sagen übrig. Dort war ja eigentlich zu privatem Gespräch gar keine Zeit.

Mit vielen herzlichen Grüssen an Sie, Frau Professor und Minkowskis
Ihr
O. Blumenthal.

3.2　Blumenthals französischer Stickstoff

Im folgenden Brief an die Hilberts erwähnt Blumenthal seine Pläne für das Buch *Principes de la théorie des fonctions entières d'ordre infini*, das er allerdings erst 1910 im Druck sehen wird. Zu dieser Zeit widmete sich Hilbert intensiv in mehreren Aufsätzen seiner Theorie von Integralgleichungen, die Blumenthal später in (Hilbert 1912) zusammenstellen wird.

Blumenthal an K. und D. Hilbert | Frankfurt, den 29.XII.1906
AB-L, Nachlass Hilbert, SUB Göttingen, 30, Nr. 15

Liebe gnädige Frau! lieber Herr Professor!

Obwohl ich Ihnen sehr wenig zu sagen habe, möchte ich Ihnen doch wenigstens ganz kurz meine besten Glückwünsche senden. Ich habe ein etwas anstrengendes Vierteljahr hinter mir, da ich 10 Stunden Vorlesung wöchentlich hatte, und habe infolge dessen auch nur gerade meinen Stuttgarter Vortrag druckfertig machen können (Blumenthal 1907a): zu anderer Arbeit bin ich nicht gekommen. Jetzt will ich mit meinem Buche über ganze Funktionen für Borel beginnen. Den Stoff habe ich ja schon in dem Vortrag im wesentlichen gesammelt.

Ich habe noch nicht für die Integralgleichungen V gedankt; ich habe sie aber wenigstens soweit gelesen, dass ich ungefähr die Methode kenne. Der Ausgangspunkt von den linearen Gleichungen gefällt mir immer besser. Durch Sommerfelds Weggang habe ich einen Doktoranden geerbt, in dessen Arbeit gleichfalls unendlich viele lineare Gleichungen eine entscheidende Rolle spielen.[36] Die Art und Weise freilich, wie Sommerfeld sie behandelt hat, ist nur sehr heuristisch. Vielleicht muss

---

[35]Hans Reissner (1874–1967) wandte sich in Aachen der Luftfahrt zu und gründete dort das Aerodynamische Institut, bevor er 1913 eine Professur an der Technischen Hochschule in Berlin-Charlottenburg annahm.

[36] Jakob Dondorff, *Die Knickfestigkeit des geraden Stabes mit veränderlichem Querschnitt und veränderlichem Druck, ohne und mit Querstützen*, 1907.

ich mir darüber noch einmal Rat erholen. Freilich ist die ganze Arbeit des Doktoranden dadurch merkwürdig erschwert, dass der Doktorand nur mit Gewalt gepresst worden ist und fortwährend eindringlich versichert, dass er zu Mathematik weder Lust noch Veranlagung habe. Beides ist leider wahr.[37]

Dieser Brief ist dadurch sehr erschwert, dass er in Frankfurt am Familientisch geschrieben wird, wo ich in der Zwischenzeit meine Schwester in Anatomie prüfen soll. Meiner Schwester geht es übrigens sehr gut. Sie hat Ihnen ja schon zu Weihnachten ihre Grüsse gesandt, sie bittet mich jetzt, sie zu Neujahr zu wiederholen. Ebenso lassen meine Eltern Sie herzlich grüssen.

Mit besten Grüssen und Glückwünschen
Ihr
O. Blumenthal.

Während der großen Semesterferien im Sommer 1907 unternahm Blumenthal eine längere Eisenbahnreise durch Deutschland, Frankreich und die Schweiz. Einen Bericht darüber gab er einem unbenannten Göttinger Freund, der offensichtlich als Chemiker an der Universität tätig war, wahrscheinlich als Privatdozent. Dies lässt sich aus Blumenthals Bemerkungen in Bezug auf gemeinsame Freunde wie auch aus seinen lustigen Anspielungen auf chemische Prozesse im erweiterten Sinne entnehmen. So erzählt er von einem französischen Stickstoff, den er seit 1904 atmet und an dem er fast erstickt, nämlich durch die Arbeit an seinem Buch für Borel.

Blumenthal an einen Freund | Aachen, den 23.X.1907
AB-D, Nachlass Schwarzschild, SUB Göttingen, 75, Nr. 17

Lieber Freund![38]

Wenn ich Ihnen heute nicht schreibe, so tue ich es überhaupt so bald nicht, denn morgen beginnen die Vorlesungen. Also ist es notwendig, daß ich mich endlich zu diesem lange geplanten Briefe aufraffe. Wenn ich es übrigens bis jetzt nicht getan habe, so ist daran zufällig einmal nicht Faulheit meinerseits daran schuld, eher noch Faulheit Ihrerseits, denn ich habe von Ihnen außer einer Ansichtskarte

---

[37]Man wird an Hilberts Abschiedsrede an Blumenthal erinnert, in der er ihn u.a. dafür lobt, dass er „intraktable Doktoranden, an denen wir verzweifeln, selber übernimmt".

[38]Der Empfänger dieses Briefes war anscheinend ein Göttinger Chemiker und früherer Studiengenosse Blumenthals und Julius Brauns. Mit hoher Wahrscheinlichkeit kam dieser aus dem großen Kreis von Doktoranden Otto Wallachs. Von 1889 bis 1915 war Wallach Direktor des Chemischen Instituts in Göttingen und organisierte dort den Ausbau des Instituts und eine Neuausrichtung des Studiums. Zu seinen Mitarbeitern gehörten Arthur Kötz (organische Synthese), Julius Meyer (Pulegensäure), Wilhelm Biltz (Terpenchemie und anorganische Chemie), Albert Hesse (Terpenchemie), Karl Arthur Scheunert, Walther Borsche (Amid-, Imidchloride), Johannes Sielisch, Heinrich Wienhaus und Carl Mannich. Blumenthal kannte mehrere dieser Wallach-Schüler und war ein guter Freund von Biltz. Es handelt sich allerdings nicht um ihn, der ledig war, sondern um einen Familienvater. Übrigens war Biltz zu dieser Zeit nicht in Göttingen ansässig, da er inzwischen als Direktor des chemischen Laboratoriums an der Bergakademie in Clausthal tätig war.

aus Engelberg[39] seit Urzeiten nichts mehr erfahren. Aber auch die ist nicht schuld, sondern vielmehr die erfreuliche Tatsache, daß ich sehr viel und Angenehmes zu tun habe und den ganzen Tag nicht davon loskomme.

Jeder Mensch hat seinen Stickstoff. Julius ist den seinigen voriges Jahr losgeworden.[40] Bei ihm geht es immer rascher als bei mir. Ich hoffe meinen bis Weihnachten los zu sein. Er ist ein französischer Stickstoff und heißt: Sur les fonctions entières d'ordre infini.[41] Ich atme ihn seit August 1904 und bin schon beinahe daran erstickt. In diesem Jahr hat er sich endlich in geeigneter Weise mit dem Sauerstoff der Bretagne gemischt und ist in reaktionsfähigen Zustand übergegangen. Allgemein menschlich gesprochen: Nachdem ich 3 Jahre lang auf die Dauer in dem Verarbeiten von denselben beiden Punkten hängen geblieben war, bin ich dieses Jahr auf der Ferienreise, die ich zu diesem Zweck gemacht hatte, endlich auf meine Dummheit aufmerksam geworden, und sitze jetzt seit meiner Heimkehr an der angenehmen Aufgabe, meine teilweise noch recht ungeordneten Gedanken in druckfähiger Form aufs Papier zu bringen. Bis jetzt geht alles ganz gut, und wenn ich nicht noch einmal alles zusammen umstoßen muß, um eine große Verbesserung anzubringen – was sich gerade eben als möglich in Aussicht gestellt hat – so hoffe ich bald mit der Arbeit fertig zu sein und zu Weihnachten 128 Seiten Manuskript an den Verleger schicken zu können. Und auch, wenn die große Umwälzung nötig sein sollte, so kann sie nur eine erhebliche Vereinfachung mit sich bringen, jedenfalls keine neue Komplikation. Meiner Resultate bin ich bereits sicher, und sie scheinen mir durchaus nett und fast alle neu.

– Es liegt ein Unstern über diesem Brief. Ich kann mich durchaus nicht dazu sammeln, weil mir gerade jetzt eine wahrscheinlich hinterher doch falsche Idee im Kopfe herumgeht. Ich will also lieber die Wissenschaft verlassen und über Menschliches reden.

Da ist nun vor allen Dingen meine Reise, von der ich noch lange zehren werde. Während Sie als behagliche Familienmenschen sich mit möglichst viel Göttingern, inclusive Vater Busolt[42], nach Engelberg gesetzt haben, habe ich lieber meine goldene Freiheit und meine großen Gelder benutzt, um mir noch einmal etwas Außergewöhnliches zu leisten und nach gelinder Rechnung eine Reise von 3100 km

---

[39] Ein beliebter Ort des Sommer- und Wintertourismus in der Schweiz. Engelberg liegt 25 km südlich des Vierwaldstättersees in einem flachen, weiten Hochtal. Der Ort geht auf die 1120 gegründete Benediktinerabtei Kloster Engelberg zurück. Der Name Engelberg leitet sich von einer Legende ab, wonach Engelsstimmen die Gründung der Abtei veranlassten.

[40] Julius von Braun, der gemeinsame Freund von Blumenthal und Biltz, war zu dieser Zeit noch Privatdozent in Göttingen. Er bekam aber 1909 eine Professur in Breslau, wo er 1911 aufgrund seiner wissenschaftlichen Verdienste in den preußischen Adelsstand erhoben wurde. Nach dem Krieg wurde er ordentlicher Professor für Chemie an der Universität Frankfurt am Main. Wegen seiner jüdischen Großeltern wurde er allerdings 1935 aus dem Dienst entfernt.

[41] Es handelt sich um Blumenthals Buch *Principes de la théorie des fonctions entières d'ordre infini*, das 1910 bei Gauthier-Villars in Paris erschien.

[42] Georg Busolt (1850–1920) arbeitete von 1897 bis zu seinem Tod als Althistoriker in Göttingen. In einem Brief vom 7. Januar 1905 schreibt er, dass er anderthalb Wochen im Engelberger Tal war (siehe *Georg Busolt: His career in his letters*, S. 147). Blumenthals Formulierung „Vater Busolt" kann sich übrigens nicht auf Busolts Vater beziehen, weil der schon 1900 gestorben war.

Eisenbahn nebst etwas Schiff zu machen. Die Tour war ziemlich abenteuerlich und mußte auf dem Atlas nachgesehen werden. Zielpunkt war die Bretagne, wo eine verwitwete Tante mich in eine ganz kleine Villa eingeladen hatte. Aber ich bin nicht gerade auf dem nächsten Weg hingefahren. Zuerst nämlich besuchte ich meinen zur Zeit verstrohwitweten Vater 8 Tage lang in Frankfurt, wo wir sehr vergnügt zusammen waren und eigentlich jeden Abend im Café saßen. Dann verbrachte ich 8 Tage mit meiner Mutter und Schwester in einem Nest an der Schwarzwaldbahn, Hornberg, nicht weit von Triberg. Es ist sehr schön dort, war aber doch nicht ganz das. Wenn man eine zweistündige Tour macht, wird man angestaunt und stark gewarnt. Die meiste Bevölkerung geht bis zur nächsten Bank und liest ein sog. „gutes Buch". Die Hauptsache war aber schließlich, daß sich die beiden Damen dort sehr wohl fühlten. Besonders meiner Schwester geht es überhaupt glänzend: sie sitzt ganz in der Arbeit, und es tut ihr sehr gut, gelegentlich ihres Lehrerinnen-Examens auf einige recht üble Lücken ihrer Höhere-Töchter-Bildung aufmerksam zu werden, besonders in Naturwissenschaft, wo es wirklich teilweise schauderhaft aussieht. Im Übrigen sehr frisch, vergnügt und angeregt.

– Von Hornberg aus besuchte ich noch einen säumigen Doktoranden in Aarau und brachte ihn ein wenig auf den Schwung, hatte dabei auch meine Freude an einem netten und vom Fremdenverkehr noch unberührten Nest. Dann ging's mit nur 3-stündigem Aufenthalt in Paris 24 Stunden durch bis nach Perros-Guirec bei Lannion (an der Nordküste der Bretagne zwischen Paimpol (oder Tréguier) und Morlaix (die beiden Nester stehen auf jedem Atlas)). Dort habe ich ganz herrlich 14 Tage in [einer] mir ganz neuen, fremdartigen und gleichzeitig außerordentlich anmutenden Umgebung verbracht, viel gelaufen, einige Male in der See gebadet, auch einmal eine Segelpartie gemacht, im Übrigen in meinem schönen Garten gesessen oder drinnen herumpromeniert und Mathematik getrieben: mit Erfolg. Da ich denn nun aber doch einmal so weit war, bin ich auch noch ein wenig weiter gefahren und habe die ganze Nordküste der Bretagne mit ziemlicher Gründlichkeit abgegrast: Morlaix, Brest, St. Malo, Mont St–Michel, alles Sachen die mir vorher ebenso unbekannt waren, wie sie Ihnen wahrscheinlich noch jetzt sind, und dabei alles äußerst sehenswert, teilweise überwältigend großartig. Zum guten Schluß, um noch einmal ganz anderes Volksleben zu sehen, eine Fahrt nach Jersey, die allerdings durch Ungunst der Witterung einigermaßen verunglückte – wir lagen 8 Stunden auf dem Wasser und konnten wegen Nebel nicht weiter – aber mir doch den gewünschten Gegensatz englischen und französischen Lebens recht deutlich zeigte. Schließlich 6 Tage nach allen Richtungen durch Paris gelaufen, einige Freunde gesehen, andere vergebens aufgesucht, besonders auch ein paar sehr nette Stunden mit Henri verlebt.[43] Henri, der sehr grüßen läßt, hat jetzt endlich eine definitive und zwar sehr glänzende Stellung als maître des conférences à l'Ecole des Hautes Etudes erhalten und ist ziemlich am Zenit seiner Wünsche. Er hat einen ganz merkwürdig netten Kreis von Freunden um sich, in dem ich allmählich auch

---

[43] Der Physikochemiker und Psychologe Victor Henri (1872–1940) kommt auch in Blumenthals Tagebüchern vor (siehe (Felsch 2011, 82, 124, 129, 135, 372)).

bekannt zu werden anfange. Er will jetzt eine Revue de Chimie Physique appliquée à la Biologie herausgeben. Das erste Heft muß demnächst erscheinen. Auch die alte Mutter lebt noch und ist gänzlich unverändert. Um auch etwas russisches auf dieser internationalen Reise zu haben, habe ich bei ihnen [...] (?) getrunken, woran ich auch lange nicht mehr gedacht hatte. Es ist aber immer noch gut.

Nun habe ich mich wohl genügend ausgequetscht und verdiene eine ähnlich quetschige Antwort. Ich möchte sehr viel wissen. Vor allem das Wohlbefinden der Corona, Sie, Schwarzschild, Prandtl, Borsche. Dann was man zu Tammann, Zsigmondy sagt. Unter den gegebenen Verhältnissen scheint mir die Lösung eigentlich hervorragend gut[44]. Was sich Kötz[45] über Kolloiden und Chemie für Lehramtskandidaten denkt? Es ist eine anerkannte Tatsache, daß sich heutzutage jeder, der sonst nicht mehr weiter kann, in die Pädagogik rettet. Und hole sie der Teufel! Was macht der „Meister"?[46] Hat er nun endlich den Tritt (?) begriffen? Etc. etc. Sie wissen ja, es interessiert mich alles, was in Göttingen vor sich geht. Wenn es geht, sehe ich mich auch zu Weihnachten einmal selbst um.

Im übrigen trösten Sie sich: ich schaffe mir in nächster Zeit eine Schreibmaschine an. Viele Grüße an alle Bekannten und an die kleine Elisabeth.

Ihr O. Bl.

Blumenthal war stets über die neuesten Göttinger Begebenheiten in der Mathematik und den Naturwissenschaften gut informiert. Hierzu gehörten die bahnbrechenden Recherchen in der physikalischen Chemie, die mit dem 1896 gegründeten Institut für physikalische Chemie verbunden waren. Der damalige Leiter des Instituts war Walther Nernst (1864–1941), der 1890 nach Göttingen kam, um als Assistent Eduard Rieckes zu arbeiten. Beide richteten danach am Physikalischen Institut eine Abteilung für Physikalische Chemie ein. Auf diesem neuen Gebiet war Nernst sehr erfolgreich, sodass er schon 1891 ein neu erschaffenes Extraordinariat bekam. Drei Jahre später erhielt er aber einen ehrenvollen Ruf als Nachfolger von Ludwig Boltzmann in München. Klein, Riecke und Wallach wollten alles tun, um Nernst in Göttingen zu halten, und so meldeten sie sich beim Kultusministerium, wo Friedrich Althoff ein offenes Ohr für ihr Anliegen hatte. So wurden Nernst ein Ordinariat und ein eigenes Institut gewährt.

1903 kam ein neues Institut für Anorganische Chemie hinzu, unter der Leitung von Gustav Tammann (1861–1938), der Chemie in Dorpat (heute Tartu, Estland) studiert hatte. Als Walther Nernst 1905 einen Ruf aus Berlin annahm, wurde sein Institut zunächst kommissarisch von Friedrich Dolezalek (1873–1920) geleitet. Erst 1908 wurde die Nachfolge Nernsts dadurch gelöst, dass Tammann zum neuen Direktor des Instituts für Physikalische Chemie ernannt wurde. Im

---

[44]Zu diesem Thema siehe die Erläuterung im Kommentar unten.

[45]Der Chemiker (Friedrich) Arthur Kötz (1871–1944) war damals Privatdozent in Göttingen.

[46]Offenbar eine Anspielung auf Otto Wallach, der 1909 zum Präsidenten der Deutschen Chemischen Gesellschaft gewählt wurde. Im Jahr danach wurde ihm der Nobelpreis für Chemie verliehen.

selben Jahr wurde Richard Zsigmondy als ordentlicher Professor für Anorganische Chemie berufen, um die Leitung des Tammann-Instituts zu übernehmen. Er blieb in Göttingen bis zu seinem Tod im Jahr 1929. Diese neuen Berufungen in der Chemie waren von entscheidender Bedeutung für den Aufstieg Göttingens zu einem Zentrum von Weltrang. 15 Jahre nach Otto Wallach wurde Richard Zsigmondy der Nobelpreis für Chemie verliehen.

Blumenthals andauernder Kampf mit seinem französischen Stickstoff bildet auch das Hauptthema im folgenden Brief an Hilbert. Er beginnt aber mit einigen Worten über den plötzlichen Tod von Fritz Jerosch, einem Verwandten Käthe Hilberts.

Blumenthal an Hilbert | Aachen, den 13.XI.1907
AB-L, Nachlass Hilbert, SUB Göttingen, 30, Nr. 16

Lieber Herr Professor!

[Der Anfang dieses Briefes ist auf S. 202 abgedruckt.]
...

Die Nachricht vom Tode des Herrn Fritz Jerosch[47] ist allerdings sehr traurig. Er muss gewiss ein gut begabter Mensch gewesen sein. Ich halte es für wahrscheinlich, dass der Wunsch besteht, seine kleine Arbeit über Fourier-Reihen noch nach dem Tode herauszugeben. Ich wäre in diesem Falle durchaus bereit, die Arbeit nochmals durchzugehen und zu versuchen, ob ich sie vollständig verstehen und in lesbare Form bringen kann. Sie könnte dann in dieser umredigierten Form, natürlich ohne Nennung meines Namens, in die *Annalen* kommen.[48]

Ich bitte Sie, auch Frau Professor zu diesem traurigen Verlust mein aufrichtiges Beileid auszudrücken.

Mir geht es augenblicklich nicht ganz so gut wie in den Ferien. Mein Borelbuch hängt an einer bestimmten Stelle und will nicht vorwärts. Ich hatte mich lange daran herumgeplagt, einen Satz zu beweisen, der mir absolut selbstverständlich vorkam und [als] eine naheliegende und handgreifliche, aber sehr wichtige Verallgemeinerung meiner Theorie erschien. Da er sich aber durchaus nicht beweisen liess, suchte ich schliesslich nach einem Gegenbeispiel und fand auch eines, das alles Gewünschte zeigt. Nun will ich, zur Abschreckung künftiger Generationen, dieses Gegenbeispiel zu Papier bringen, und das kostet eine furchtbare Arbeit. Einmal stellte sich sogar ein böser Bock heraus. Ich sitze also schon 14 Tage an derselben Stelle, habe eigentlich alles fertig im Kopf oder sogar in Kladde und komme über anderen Kram nicht dazu auszuarbeiten. Was ich aber einmal ausgearbeitet habe,

---

[47]Jerosch war ein Verwandter von Hilberts Frau Käthe, geb. Jerosch, der in Göttingen Mathematik studierte. Er reichte im August 1907 eine Arbeit für die *Annalen* ein, starb aber bald danach infolge einer misslungenen Operation. Hermann Weyl überarbeitete seinen Text für die Veröffentlichung.

[48]Die Arbeit erschien als: Fritz Jerosch und Hermann Weyl, Über die Konvergenz von Reihen, die nach periodischen Funktionen forstschreiten, *Mathematische Annalen*, 66 (1908): 67–80.

reisse ich den nächsten Tag als zu kompliziert wieder entzwei: Eine bestimmte
Stelle von 2 Seiten Länge habe ich jetzt, so glaube ich, schon das fünfte Mal von
A bis Z umgearbeitet, und zwar jedesmal eine ganz neue Methode angewandt.
Allmählich wird's ja wohl auf diese Weise wirklich möglichst einfach werden. Aber
zeitraubend ist die Methode. Borel will, dass ich das Manuskript bis Neujahr ein-
sende, damit das Buch noch zum Römischen Kongress richtig erscheint. Ich sehe
das vollständig ein und eile mich, so gut ich kann. Aber unter der Eile darf die
Gewissenhaftigkeit nicht leiden.

Dazu haben sie mich auch noch gezwungen, Versicherungsmathematik zu
lesen, zu der ich gar keine Lust habe. 3 Hörer! Zum Glück scheint das Büchlein
von Loewy[49] alles Wissenswerte zu enthalten.

Mit besten Grüssen an Sie und Frau Professor
Ihr
O. Blumenthal.

Nach einem Besuch bei Hilberts in Göttingen bedankte sich Blumenthal
für deren Gastfreundlichkeit. Vor allem interessant sind seine Bemerkungen im
zweiten Absatz, wo er Hilberts allgemeinen Zugang zu Differentialgleichungen in
der Mechanik seiner eigenen Vorliebe für spezielle Probleme, die man mit dafür
geeigneten Prinzipien behandeln müsse, gegenüberstellt.

Blumenthal an Hilbert | Aachen, den 6.III.1908
TB, Nachlass Hilbert, SUB Göttingen, 30, Nr. 17

Liebe gnädige Frau! lieber Herr Professor!

Da meine liebe Schreibmaschine nach längerer Reparatur wieder bei mir eingetroffen ist, will ich Ihnen gerne auf ihr meinen allerbesten Dank für die schönen
Göttinger Tage sagen. Es war in der Tat noch genussreicher als ich es erwartet
hatte, und ganz besonders Ihre herzliche Gastfreundschaft und Liebe hat mir sehr
wohl getan. Ich hoffe sehr, dass Sie auch mir angemerkt haben, wie gut es mir
ging und gefiel. Denn, ohne mich sonst mit Engel[50] vergleichen zu wollen, weiss

----

[49] Alfred Loewy, *Versicherungsmathematik*, Leipzig, Sammlung Göschen, 1903. Loewy stammte aus einer streng orthodoxen jüdischen Familie. Er wurde 1894 in München bei Ferdinand
Lindemann promoviert. Danach ging er nach Freiburg, wo er sich 1897 habilitierte. Er verbrachte seine Karriere bis 1933 dort, ab 1902 als außerordentlicher Professor. Loewy wurde 1916 zum
Honorarprofessor und schließlich 1919 zum Professor ernannt. Er war hauptsächlich Algebraiker, befasste sich jedoch nebenbei mit Versicherungsmathematik (vgl. (Remmert 1995)). Zum
persönlichen Schicksal von Alfred Loewy und seiner Frau Therese in der NS-Zeit siehe (Ott
1994).

[50] Friedrich Engel (1861–1941) war zu dieser Zeit Ordinarius in Greifswald, wohin er 1904
auf die Stelle des Geometers Eduard Study berufen wurde. Engel verbrachte die besten Jahre
seiner Karriere vorher in Leipzig, wo ab 1886 Sophus Lie wirkte. Als engster Mitarbeiter Lies
arbeitete Engel sein dreibändiges Werk über Transformationsgruppen aus, das zwischen 1888 und
1893 erschien. Dafür erntete er allerdings weder von Lie noch von den maßgebenden deutschen

ich, dass ich das letzte Mal wenig getan hatte, meinen Wirten meine Gegenwart angenehm zu machen.

Ich wäre sehr glücklich, wenn Herr Professor keine allzu traurige Vorstellung von meiner Mathematik bekommen hätte. Ich komme mir immer geradezu betrübend dumm vor, wenn alle Uebrigen so schöne Ideen auskramen können und ich so ganz stumm dabeisitze und nur gerade folgen kann. Jedenfalls kann ich versichern, dass das nur an persönlicher Unbegabtheit liegt, nicht an einem verstumpfenden Einfluss der Technischen Hochschule oder gar an sog. „pädagogischen"Tendenzen, für die ich jetzt weniger als je etwas übrig habe. Über das Prinzip der virtuellen Verrückungen[51] habe ich noch in der Bahn nachgedacht und dabei den characteristischen Unterschied unserer Auffassungsweise endlich gefunden. Ich fasse nämlich das Prinzip lediglich als eine <u>Folge</u> der Lagrangeschen Gleichungen auf und benutze die Tatsache, dass es in bestimmten Fällen rechnerisch bequemer ist als die Gleichungen selbst; dagegen liegt es mir fern, das Prinzip als Grundlage der ganzen Mechanik voranstellen zu wollen: auf diese Frage kam es mir gar nicht an. Ich glaube, dass sich eine ganze Reihe unserer Meinungsverschiedenheiten darauf zurückführen lassen, dass Sie, lieber Herr Professor, etwas allgemein begründen wollen, ich dieselbe Sache speziell anwenden will. Die beiden Standpunkte wären sicher völlig gleichwertig, wenn ich nur wirklich auf meinem Gebiet etwas leisten wollte; dass es aber daran fehlt, das ist die traurige Tatsache, die ich in Göttingen immer besonders deutlich merke.

Die Gesellschaft bei Schwarzschild ist noch sehr nett gewesen.[52] Ihr Urteil über Pompeckj[53] muss ich freilich teilen, obwohl ich mit der festen Absicht hinging, ihn sehr nett zu finden. Im übrigen dauerte die Gesellschaft so lange, dass ich um ein Haar sogar meinen Zug versäumt hätte. Nun habe ich gestern schon wieder 3 Stunden, heute eine gelesen und bin so langsam wieder vom Göttinger Privatdozenten zum Aachener Ordinarius degradiert. Ich will jetzt möglichst fleissig arbeiten, um mein Buch unter Dach zu bringen. Leider habe ich noch eine ganze Masse anderer Beschäftigung, die vor Semesterende erledigt sein muss.

Viele Grüsse an Franz, der mir in seiner Art wieder sehr gut gefallen hat, und um den Sie sich hoffentlich nicht mehr lange werden Sorgen machen müssen.[54]

Mathematikern nennenswerte Anerkennung.

[51]Es handelt sich um einen Begriff aus der analytischen Mechanik, wobei von gewissen virtuellen Verschiebungen, d.h. infinitesimal kleinen, aber sonst willkürlichen und instantan wirkenden Verrückungen, in Kraftsystemen ausgegangen wird. Dabei treten virtuelle Zwangskräfte auf, die mit der Arbeit des Systems in Zusammenhang stehen. Die Gesamtwirkung dieser Zwangskräfte sollte allerdings gewissermaßen im Gleichgewicht bleiben, sodass das Prinzip der virtuellen Arbeit die Forderung stellt, dass die Summe aller von den Zwangskräften verrichteten virtuellen Arbeiten bei einem System im Gleichgewicht verschwinden muss.

[52]Blumenthal berichtete in seinem Nachruf auf Schwarzschild von der heiteren Atmosphäre, welche bei seinen geselligen Abenden in der Göttinger Sternwarte herrschte (siehe Kapitel 5).

[53]Der Geologe und Paläontologe Josef Felix Pompeckj (1867–1930) kam, wie Hilbert, aus Ostpreußen. Er war von von 1907 bis 1913 Ordinarius in Göttingen und ab 1911 ordentliches Mitglied der Gesellschaft der Wissenschaften.

[54]Franz Hilbert war das einzige Kind von David und Käthe Hilbert. Sein psychischer Zustand machte von früh an Sorgen, die dann später sehr ernsthaft wurden. Zu dieser Zeit war Franz erst

Nochmals vielen Dank und herzliche Grüsse. Drei französische Bücher schicke ich Ihnen gleichzeitig. Den „Puits de Sainte-Claire"[55] wünscht auch Frl. Mali. Ich wäre Ihnen sehr dankbar, wenn Sie mir gelegentlich mitteilen wollten, wie die Geschichte mit G.E. Müller ausgegangen ist.[56]

Ihr

O. Blumenthal.

3.3 Die Nachfolge Minkowskis

Nach dem plötzlichen Tod Minkowskis im Januar 1909 infolge einer Blinddarmentzündung wurde sofort über seinen Nachfolger verhandelt. Am Ende dieser Verhandlungen stand einer Dreierliste mit den Name Otto Blumenthal, Adolf Hurwitz und Edmund Landau, alle *aequo loco*.[57] Hurwitz war ein ehemaliger Schüler Kleins und außerdem Hilberts Mentor in Königsberg, wo er bis 1892 lehrte. Klein versuchte, ihn in diesem Jahr nach Göttingen zu berufen, aber dieser Plan scheiterte, womöglich wegen antisemitischer Stimmen in der Fakultät oder im Ministerium (Rowe 2007). Er bekam als Trost einen Ruf an das Polytechnikum in Zürich. Anders als bei Blumenthal und Hurwitz gab es keine engeren Verbindungen zwischen Landau und den Göttinger Mathematikern, aber am Ende fiel die Entscheidung für ihn aus. Blumenthal reagierte darauf in folgendem Brief an seinen ehemaligen Doktorvater.

Blumenthal an Hilbert | Aachen, den 20.II.1909
TB, Nachlass Hilbert, SUB Göttingen, 30, Nr. 18

Lieber Herr Professor!

Aachen liegt in Bezug auf den Nachrichtendienst ein bischen aus der Welt, und wenn mir nicht Ebstein und Frau die Ernennung Landaus mitgeteilt hätten, so hätte ich sie möglicherweise erst aus dem Klatschblättchen erfahren.

Sie können sich denken, wie sehr mich diese Nachricht interessiert. Ich will zuerst ganz objektiv schreiben. Ich meine, und habe es von Anfang an gemeint, dass Landau der gegebene Nachfolger von Minkowski war. Er ist doch von einer ausserordentlichen Beweglichkeit und dabei so gründlich, dass man jede seiner Untersuchungen unbesehen als richtig hinnehmen kann. Auch, was mir meine Schwiegereltern von dem „frischen Blut" schreiben, scheint mir sehr richtig. Mit Landau

---

15; als er 20 wurde, erlitt er einen geistigen Zusammenbruch (siehe Blumenthals Brief an Karl Schwarzschild vom 30. Dezember 1913 in Kapitel 4).

[55] Ein Roman von Anatol France.

[56] Müller war Professor für Experimentalpsychologie in Göttingen, bei dem Blumenthal studiert hatte. Worauf seine Anfrage sich bezog, scheint unklar zu sein.

[57] Eine Transkription des Gutachtens über die drei Kandidaten ist in Anhang III auf S. 315 abgedruckt.

saugt Göttingen das Gute auf, was die Berliner Schule strenger Observanz in letzter Zeit hervorgebracht hat, und gewinnt dadurch sicher an Vielseitigkeit.

Nun komme ich zu persönlichem. Ich habe erfahren, dass auch ich auf der Liste gestanden habe. Dafür kann ich Ihnen und den anderen Herren, die so freundlich an mich gedacht haben, nicht dankbar genug sein. Ich bin entschieden stolz auf diesen Erfolg, und denke lieber gar nicht darüber nach, ob ich Ihre gute Meinung irgendwie rechtfertige. Ich müsste auch lügen, wenn ich nicht ganz offen eingestehen wollte, dass ich einem Rufe zu Ihnen mit Freuden gefolgt wäre. Aber, je mehr ich über die Sache nachdenke, um so mehr komme ich zu der Überzeugung, dass es gut so ist wie es gekommen ist. Und das sind keine Erwägungen wie bei dem Fuchs und den Trauben. Es ist für mich besser, ich bleibe noch ein wenig für mich allein und beginne energisch mit eigener Produktion auf einem neuen Gebiete, bei dem ich länger bleiben kann – denn meine ganzen Funktionen sind ja bald erschöpft, schlage mich auch allein mit ungünstigeren Verhältnissen herum. In Göttingen käme ich mir doch etwas als „untergekrochen" vor, denn dort ist ja so gut für alles äussere gesorgt und man sitzt mit allem so an der Quelle, dass ein Mensch, der in der Produktion etwas zurück ist wie ich, sich dort ganz verwöhnt. Ausserdem fühle ich mich ja in Aachen wohl und habe die Reize der Technik noch nicht ausstudiert. Ich hoffe, dass ich auch durch Stark angenehme Anregung bekomme, wenn er auch ein wunderbarer Heiliger ist.[58]

Mit Landau hoffe ich bei meinen Göttinger Besuchen in gutes Einvernehmen zu kommen. Wir haben uns ja seit unserer gemeinsamen Pariser Zeit nicht viel gesehen.[59]

Sie dürfen nicht erschrecken, ich habe hier in letzter Zeit mich in Pädagogik betätigt, allerdings in einer Weise, die mir Freude macht, nämlich in volkstümlichen Mathematikkursen für Laien, besonders Arbeiter. Ich habe meine Freude daran gehabt, wie viel Verständnis und Liebe ich für meine Mathematik gefunden habe. Dabei habe ich das angenehme Bewusstsein, ein vollkommen ernstes und gar nicht so leichtes Programm vorgetragen zu haben.

---

[58] Blumenthal kannte Johannes Stark aus seiner Göttinger Zeit, zumal beide sich fast gleichzeitig dort habilitiert hatten. Stark kam 1908 von der Technischen Hochschule Hannover nach Aachen als ordentlicher Professor für Physik und blieb bis 1917, als er nach Greifswald berufen wurde. Er war ein begabter Experimentator, der 1905 den optischen Doppler-Effekt in Kanalstrahlen entdeckt hatte. 1913 wies er die heute als Stark-Effekt bezeichnete Aufspaltung der Spektrallinien in elektrischen Feldern nach, wofür er 1919 den Nobelpreis bekam. Stark war außerdem ein hemmungsloser Antisemit, wie Blumenthal im November 1912 persönlich zu spüren bekam. Es handelte sich damals um ein Berufungsverfahren in Gießen, wo Stark gegen ihn intervenierte. Einzelheiten hierzu findet man in der Korrespondenz in Kapitel 4.

[59] Blumenthal war ein Jahr älter als Edmund Landau, der bei Georg Ferdinand Frobenius in Berlin promoviert wurde. Beide hatten nach ihren Promotionen in Paris studiert, bevor sie ihre Habilitationsarbeiten eingereicht haben. Als Experte für analytische Zahlentheorie verfügte Landau über fundierte Kenntnisse in der komplexen Analysis, einem Gebiet, das Blumenthal in seiner Pariser Zeit besonders interessierte. Dass sie danach in brieflichem Kontakt miteinander standen, wissen wir aus einer Fußnote in (Blumenthal 1907b, **223**), wo Blumenthal sich auf eine Mitteilung Landaus bezieht. Als Redakteur für die *Annalen* äußerte sich Blumenthal ziemlich unglücklich über Landaus Forderungen bezüglich zügiger Veröffentlichung einer seinen Arbeiten (siehe dazu Kapitel 6).

Mein Borelbuch [(Blumenthal 1910)] wird hoffentlich bald erscheinen. Ich muss leider auf dringenden Rat von Erhard Schmidt[60] ein Kapitel sehr erheblich umarbeiten. Es ist zwar alles richtig, aber schwerfällig.

Ich sage Ihnen also nochmals meinen besten Dank dafür, dass Sie mich auf die Liste gesetzt haben.

Beste Grüsse an Sie und Frau Professor!

Ihr O. Blumenthal.

———————

Während der nächsten zwei Monate arbeitete Blumenthal fleißig an seinem Buch, das aber erst 1910 im Handel zu kaufen war. In seinem *Préface* stellte er das Werk als eine Fortsetzung von Borels *Leçons sur les séries entières* dar. Er bedankte sich außerdem bei seinem Freund Erhard Schmidt für seine kritischen Kommentare, während er auch die Hoffnung zum Ausdruck brachte, dass sein *Mémoire* auch Interesse für diese Theorie in Deutschland fördern würde (siehe Anhang V auf S. 321). Blumenthal schrieb dieses *Préface* schon im April 1909, also um die Zeit, als Henri Poincaré seine Wolfskehl-Vorträge in Göttingen hielt und Felix Klein sein 60. Geburtstag dort feierte.

3.4   Poincaré besucht Göttingen

Am 27. Juni 1908 veröffentlichte die Göttinger Gesellschaft der Wissenschaften die Bedingungen für die Verleihung des Wolfskehl-Preises, der für die Lösung der Fermat'schen Vermutung ausgesetzt wurde. Hilbert forderte Blumenthal auf, eine entsprechende Ankündigung in den *Mathematischen Annalen* vorzubereiten. Der Preis war nach dem Willen des Stifters Paul Friedrich Wolfskehl (1856–1906) mit der enormen Summe von 100.000 Goldmark dotiert. Hilbert kam auf die glückliche Idee, die Zinsen dieses Geldes zu verwenden, um ausländische Gäste nach Göttingen einzuladen. Somit begründete die Wolfskehl-Stiftung die berühmten Vorträge gleichen Namens, die Ende April 1909 von Henri Poincaré eröffnet wurde. Er bekam als Honorar für seinen Zyklus von sechs Vorträgen 2500 Mark. Die Begrüßungsrede wurde von Hilbert gehalten.

**Hilbert an Poincaré bei der Eröffnung der Poincaré-Woche
Göttingen, den 22. April 1909 (Nachlass Hilbert, SUB Göttingen, 579)**

Hochgeehrter Herr Kollege,

Ich begrüsse Sie namens der Kommission der Wolfskehlstiftung und danke Ihnen für die Bereitwilligkeit, mit der Sie unserer Einladung gefolgt sind ja sogar

———————

[60]Schmidt promovierte 1905 bei Hilbert und wurde 1910 als Nachfolger Paul Gordans nach Erlanger berufen. Zu dieser Zeit war er an der ETH Zürich tätig.

die Unbequemlichkeit auf sich nehmen wollen, sich der deutschen Sprache zu bedienen, damit Sie uns und weiteren studentischen Kreisen das Verständniss Ihrer Vorträge erleichtern. Dem ersten Unternehmen der Wolfskehlstiftung geben Sie durch den Glanz Ihres Namens die Weihe.

Sie wissen, hochgeehrter Herr Kollege, wie wir alle, wie eng stets die mathematischen Interessen zwischen Frankreich und Deutschland waren und gegenwärtig sind. Auch wenn wir uns nur flüchtig der Entwicklung in der nahen Vergangenheit erinnern und wenn wir aus dem vielstimmigen und reichen Konzert der mathematischen Wissenschaft nur die beiden Grundtöne Zahlen- und Funktionentheorie herausgreifen, so denken wir etwa an Jacobi, der in Hermite den hervorragendsten Fortsetzer seiner arithmetischen Ideen hat, Hermite, der die arithmetische Fahne in Frankreich entfaltete, die dann wieder, durch unseren Minkowski nach Deutschland hinübergebracht wurde. Oder denken wir nur an die Namen Cauchy, Riemann, Weierstrass, Poincaré, Klein, Hadamard. Diese Namen bilden eine Kette, deren Glieder fortgesetzt in einander sich schliessen. Die mathematischen Fäden zwischen Frankreich und Deutschland sind so mannigfaltig und stark, wie nirgendwo zwischen zwei Nationen, so dass wir in mathematischer Hinsicht Deutschland und Frankreich als ein einziges Land anzusehen haben.

Nun kommen Sie selbst, um auch die persönlichen Beziehungen enger zu knüpfen; dafür sind wir Ihnen dankbar und versprechen uns die schönsten und reichsten Früchte.

Drei Tage später, am 25. April 1909, gab es einen Empfang bei den Hilberts. Der Anlass war zunächst Poincarés Anwesenheit, aber vor allem galt es, den 60. Geburtstag Felix Kleins zu feiern. Hilbert hielt dabei eine Lobrede auf Klein unter Erwähnung von Poincaré wie auch dem kurz zuvor verstorbenen Minkowski (abgedruckt in Anhang IV auf S. 318). Einen persönlichen Eindruck von der Poincaré-Woche geht aus dem folgenden Brief von Schwarzschild an Sommerfeld hervor. Der letztere hatte sich bei Schwarzschild in Bezug auf die Lehrfähigkeit von Ernst Zermelo erkundigt. Diese Anfrage kam jedoch eigentlich von dem Physiker Wilhelm Wien in Würzburg.

Schwarzschild an Sommerfeld | Göttingen, den 19. IV. 1909
AB-L, Nachlass Sommerfeld, Deutsches Museum München

Lieber Sommerfeld!

Die Frage, ob Zermelo einigermassen verständlich vorträgt, ist sehr glatt zu beantworten, da er manchmal sogar ganz ausgezeichnet vorträgt. Er sieht blühend aus, hat sein Colleg durchgehalten und, soviel ich weiß, nicht über seine Gesundheit geklagt. Ich vermute, daß er das kritische Alter für Schwindsuchtskandidaten glücklich überwunden hat. Mehr kann ich Ihnen leider nicht sagen, da ich die jüngeren Mathematiker im letzten Semester sehr wenig zu Gesicht bekommen habe. Doch werden Sie auch von seinen näheren Freunden (Hilbert inkl.) ehrliche Auskunft bekommen.– Ich wollte vor dem Absenden des Briefes noch Positiveres über Zermelo zu erfahren suchen, dies hat sich aber nicht unauffällig machen lassen[61].–

Poincaré hat hier über Hertz'sche Wellen vorgetragen, d.h. er behandelte das Problem der [real?] reflektierenden Kugel, indem er genau wie Debye in den Cylinderfunktionen zu asymptotischen Werten überging. Debye hat es offenbar schöner gemacht – woraus Sie mein Urteil über des letzteren Arbeit entnehmen mögen. Was Poincaré mehr gethan, als bisher Debye, ist, wenn ich nicht irre, daß er die Näherung für gegen den Kugelradius kurze Wellen soweit treibt, daß er nicht nur die geometrische Optik, sondern auch die erste Beugungswirkung erhält. Leider hat sich Poincaré – für mich wenigstens – trotz all meiner Verehrung für ihn als persönlich ungenießbar ergeben – im Gegensatz zu der Münchner theoretischen Physik. Inzwischen habe ich nun auch noch Ihre drahtlose Telegraphie durchgesehen. Die Lösung steht ja herrlich wie mit einem Zauberschlag da. Die Diskussion habe ich nur überflogen, fühle Ihnen aber nach, dass die Halbleitereigenschaft der Erde viel wichtiger ist als die Krümmung ihrer Oberfläche. Werden Sie nicht beides noch zusammen koppeln, um der Wirklichkeit ganz gerecht zu werden?

Gestern war Klein's 60. Geburtstag, inoffiziell und halb geheim, aber doch festlich mit Abendfeier bei Hilberts, der in alter kindlicher Heiterkeit eine höchst verschlungene Polonaise anführte.

Über Debye werde ich später sehr genau referieren.

Mit vielen Grüssen Ihr

K. Schwarzschild.

Ob Blumenthal die ganze Poincaré-Woche anwesend war, bleibt ungewiss, obwohl wahrscheinlich. Auf jeden Fall war er bei der Feier am 25. April dabei, wie in dem folgenden Brief an Klein angedeutet wird. Dieser Begleitbrief wurde exakt ein halbes Jahr danach geschrieben, als Blumenthal sein etwas verspätetes Geburtstagsgeschenk, nämlich sein gerade frisch gedrucktes Borel-Buch, mit Widmung an Klein zusendete.

---

[61]Sommerfeld gab diese Einschätzung Schwarzschilds direkt an Willy Wien weiter, erwähnte allerdings, dass „auch Minkowski gelegentlich die Vorträge Zermelos in der mathematischen Gesellschaft als besonders geistreich, klar und formvollendet rühmte. Sie werden also wohl mit gutem Gewißen behaupten können, daß Z. für Vorgeschrittenere ein sehr geeigneter Lehrer ist." Am Ende haben die Würzburger sich dafür entschieden, ihren hiesigen Kollegen Eduard von Weber in das freie Ordinariat aufrücken zu lassen.

Blumenthal an Klein | Aachen, den 25.X.1909
TB, Nachlass Klein, SUB Göttingen, VIII: 137

Sehr geehrter Herr Geheimrat!

Heute nach genau einem halben Jahre kann ich Ihnen endlich mein verspätetes Geschenk zu Ihrem sechzigsten Geburtstag übersenden. Damals hätte ich Ihnen gern wenigstens den ersten Bogen in Korrektur vorgelegt, aber selbst dieser war nicht fertig geworden. Ich bitte Sie also, noch nachträglich mein kleines Buch über ganze Funktionen mit der Widmung annehmen zu wollen. Wenn Sie auch selbst über diesen Gegenstand nicht gearbeitet haben, so ist es doch gut begründet, dass ich Ihnen diese funktionentheoretische Arbeit widme, denn Ihre Auslegung der Riemannschen Gedanken, insbesondere Ihre alte Funktionentheorie von 1881 hat mich als Studenten einfürallemal für die Funktionentheorie begeistert. Ausserdem ist der eigentliche Grundgedanke meines Buches, die „fonction-type", eine geometrische Idee, und daher gleichfalls Ihr Erbteil.

Mit besten Grüssen
Ihr
O. Blumenthal.

3.5　Blumenthal lernt Lebesgue kennen

Zwei Jahre später schrieb Blumenthal den folgenden Brief an Hilbert, um ihn u.a. über seine neuesten Erlebnisse während seines Aufenthalts in Paris zu informieren. Bei dieser Gelegenheit machte er die Bekanntschaft Henri Lebesgues, ohne allerdings zu ahnen, dass er dadurch in eine schwierige Kontroverse verwickelt werden sollte.

Blumenthal an Hilbert | Aachen, den 27.X.1910
TB, Nachlass Hilbert, SUB Göttingen, 30, Nr. 27

Lieber Herr Professor!

. . .

[Der Anfang dieses Briefes ist auf S. 215 abgedruckt.]

Wir haben hier als Furtwänglers Nachfolger, wie Sie wissen, Kutta aus Jena bekommen.[62] Ein rechtes Urteil habe ich noch nicht über ihn, hoffentlich macht er sich gut. Ein zweiter Furtwängler wird er wohl kaum sein.

---

[62] Philipp Furtwängler promovierte 1896 bei Felix Klein mit einer Arbeit über ein zahlentheoretisches Thema. Er wurde 1910 von Aachen nach Bonn berufen; sein Nachfolger wurde Wilhelm Kutta, der wiederum schon 1912 nach Stuttgart wegberufen wurde. Heute ist Kutta vor allem wegen des Runge-Kutta-Verfahrens zur Lösung gewöhnlicher Differentialgleichungen bekannt.

Wir haben in den Ferien eine sehr schöne Reise nach Paris gemacht, Mathematiker freilich habe ich leider nicht gesehen, die waren noch alle in Ferien. D[as] h[eisst] ich habe doch die Bekanntschaft von Lebesgue gemacht, der zufällig in Paris war. Er ist sehr interessant und sagte mir, dass er schon seit langer Zeit nicht nur einen, sondern mehrere Beweise des Satzes von der Invarianz der Dimensionenzahl besitzt, den Brouwer jetzt in den *Annalen* bewiesen hat. Einen dieser Beweise, der sehr witzig aussieht, hat er mir für die *Annalen* eingeschickt. Ich habe ihn nicht genau auf Richtigkeit der Durchführung, sondern nur auf Richtigkeit der Idee angesehen; in Einzelheiten kann man sich doch auf einen so scharfsinnigen Mann verlassen. Wenn Sie aber noch genau nachprüfen wollen, steht die Arbeit Ihnen zur Verfügung.

Haben Sie etwas mit Teubner bezüglich Erhöhung der Assistentengelder erreicht?

Mali geht es sehr gut, sie lässt vielmals grüssen.

Beste Grüsse an Sie und Frau Professor. Ich bitte Sie nochmals um <u>baldigen</u> Bescheid.[63]

Ihr

O. Blumenthal.

Diese Begegnung mit Lebesgue brachte Blumenthal bald in Verlegenheit, und zwar wegen Brouwers Kritik an Lebesgues kurzer Mitteilung (Lebesgue 1911a). Diese Veröffentlichung bestand aus einem Auszug aus Lebesgues Brief vom 14. Oktober 1910. Blumenthal fügte diese Note direkt nach Brouwers kurzem Aufsatz „Beweis der Invarianz der Dimensionenzahl"(Brouwer 1911) ein. Die Kontroversen, die hieraus entstanden sind, werden in Kapitel 7 ausführlich dargestellt. Nach 1912 traten diese Streitfragen allerdings ziemlich in den Hintergrund, tauchten dann aber im Jahre 1922 erneut auf. Danach haben diese umstrittenen topologischen Themen andere turbulente Ereignisse des Zeitraums von 1922 bis 1928 begleitet, die zu erheblichen Problemen für Blumenthal und die *Annalen* führten. Brouwers kritische Rolle dabei bildet ein zentrales Thema in Band II.

---

[63]Diese Mahnung bezieht sich auf den ersten Teil des Briefes (siehe Kapitel 6).

Kapitel 4

Freundschaft mit Schwarzschild (1909–1916)

4.1 Schwarzschild in Potsdam

Während seiner ersten Jahre in Göttingen lernte Karl Schwarzschild Else Rosenbach, die Tochter des Medizinprofessors Friedrich Julius Rosenbach, kennen. Elses Mutter Franziska Rosenbach, geb. Merkel, war eine Enkelin des berühmten Göttinger Chemikers Friedrich Wöhler. Karl und Else verliebten sich, aber Elses Mutter setzte sich gegen die Verlobung ihrer Tochter mit einem Juden ein. Erst im Juli 1909 gaben die Eltern ihren Widerstand auf, und zwar genau zu der Zeit, als Schwarzschild sich in Verhandlungen über einen an ihn ergangenen Ruf nach dem Potsdamer Observatorium befand. Am 21. September 1909 nahm er das ehrenvolle Angebot endgültig an, genau einen Monat bevor die Hochzeit in Göttingen stattfand. Otto Blumenthal bedauerte sehr, dass er nicht dabei sein konnte. Drei Tage zuvor schreibt er Glückwünsche an seinen Freund.

Blumenthal an Schwarzschild | Aachen, den 19.X.1909
TB, Nachlass Schwarzschild, SUB Göttingen, 75, Nr. 19

Lieber Karl!

Wenn ich Deiner Hochzeit beiwohnen könnte, würde mich ja jedenfalls der Teufel reiten, dass ich eine Rede halten müsste. Da ich nicht komme, bekommst Du sie schriftlich, und zwar in angenehm gekürzter Form.

Es lohnt auch nicht, viele Worte zu machen. Du bist derjenige unter meinen Freunden, und überhaupt unter allen Menschen, die ich kenne, dem ich in jedem Augenblick mit grösster Sicherheit eine glückliche Zukunft prophezeit habe. Du hast eine so frohe Weltauffassung, und soviel Recht dazu, dass Du Dich immer

© Springer-Verlag GmbH Deutschland, ein Teil von Springer Nature 2018
D. E. Rowe, *Otto Blumenthal: Ausgewählte Briefe und Schriften I*,
Mathematik im Kontext, https://doi.org/10.1007/978-3-662-56725-8_4

zufrieden und glücklich fühlen wirst. Hier kommt es aber noch mehr darauf an, dass Du auch andere mit Sicherheit glücklich machen wirst, wenn sie das Herz auf dem rechten Fleck haben. Und da man das ja von Fräulein Else ohne Übertreibung behaupten kann, so kann man Euch wohl eine gute Ehe voraussagen, mit allem dem Glück was sie mit sich bringen kann. Das wird wohl sich bei jedem in einer anderen Form einstellen, aber ich denke, bei jedem in der, die er am meisten liebt.

Ich überlasse daher auch die Zukunftswünsche lieber Deiner Liebhaberei und glaube fest, dass sie sich erfüllen werden.

Es ist gewiss sehr schade und tut mir ausserordentlich leid, dass wir nicht zur Hochzeit kommen können. Aber Mali darf nun einmal ärztlicherseits nicht reisen, und das war auch für mich ausschlaggebend.

Wir haben Dir durch einen hiesigen Kunsthändler eine farbige Radierung von Prins zuschicken lassen.[1] Wir hatten sie zur Probe ein paar Tage in unserem Zimmer hängen und soviele Freude daran, dass wir sie schliesslich mit Neid haben ziehen lassen. Ich hoffe, dass sich Alfred[2] nicht schaudernd davon abwendet.

Fräulein Else sage, bitte, meine allerbesten Glückwünsche. Potsdam ist ja einigermassen im Mittelpunkte Deutschlands, da hoffe ich Euch beide gelegentlich zu sehen, wenn anders Euch nicht das Schicksal einmal auf der Durchreise nach Aachen führt. Denn anders als auf der Durchreise ist noch kein Mensch hierher gekommen.

Beste Glückwünsche auch an Deine Eltern und Geschwister. Deinen Vater hätte ich gerne bei Deiner Hochzeit gesehen: ich denke mir, er wird von Herzen froh sein. Deinen Brüdern kannst Du sagen, dass ich unbedingt auf sie eine Rede gehalten hätte, insbesondere auf ihr vernünftiges System, einen jeden, der gerade besonderen Grund zu Einbildung hat, gründlich zu verhauen. Vielleicht verhauen sie Dich auch nach dem Standesamt.

Leb recht wohl und nochmals alles Gute!
Dein O.

Lieber Herr Schwarzschild, ich möchte Ihnen selbst noch meine allerherzlichsten Glückswünsche sagen und Sie bitten, Else den folgenden Brief von mir abzugeben. Es ist zu bedauern, dass wir nicht bei Ihrer Hochzeit dabei sein können.

Mit den herzlichsten Grüßen
Ihre Mali Blumenthal

Der nachfolgende Brief wurde mehr als ein Jahr später geschrieben. Inzwischen sind beide Eltern Otto Blumenthals im Dezember 1911 gestorben. Er berichtet von diesen Frankfurter Ereignissen, wie auch über seine vier Jahre jüngere Schwester Anna, die ebenfalls mit Karl Schwarzschild befreundet war. Die lang-

---

[1] Johannes Huibert Prins (1757–1806) war ein niederländischer Maler.
[2] Alfred Schwarzschild (1874–1948) war selbst Maler.

jährige Freundschaft zwischen den Familien Blumenthal und Schwarzschild geht klar daraus hervor.

Blumenthal an Schwarzschild | Aachen, den 21.I.1912
TB, Nachlass Schwarzschild, SUB Göttingen, 75, Nr. 22

Lieber Karl!

Deine Briefe zum Tode meiner Eltern haben mir beide sehr wohl getan[3], und ich möchte Dir noch besonders dafür danken und Dir gleichzeitig ein wenig über uns berichten. Es hat mich sehr gefreut, dass gerade Du meinen Vater noch kurz vor seinem Tode gesprochen hast. Er hat immer sich besonders gern mit Dir unterhalten, und hat auch nach dieser letzten Unterhaltung noch seine Befriedigung ausgedrückt. Für Dich allerdings muss es hart gewesen sein, denn er soll ja an diesem Abend schon sehr elend gewesen sein, während am Tage vorher, als ich ihn sprach, eine (be-) entscheidende Veränderung noch nicht zu bemerken war. Am Todestag meiner Mutter hätte ich Dich gern noch gesprochen, aber da warst Du ja schon abgereist. Deine Eltern waren ganz rührend, haben uns besucht, obwohl Deine Mutter augenscheinlich stark erkältet war, und dann war Dein Vater noch auf dem Friedhof, obwohl ich ihm sehr nahe gelegt hatte, es nicht zu tun. Deinen Vater bewundere ich: ich weiss, wie lange Ihr Euch schon Sorgen um seine Gesundheit macht, und doch hält er sich wesentlich immer auf dem gleichen Stand.

Es wird jetzt so werden, dass meine Schwester in Frankfurt bleibt, sich eine 5-Zimmer-Wohnung mietet und weiter ihren Wohltätigkeitsgeschäften sich widmet, die sie schon im letzten Jahr stark beschäftigt und angezogen haben. Ich hoffe und glaube, dass sie sich dabei glücklich fühlen wird. Es ist jedenfalls der vernünftigste Entschluss, den sie fassen konnte. Vor allen Dingen aber muss sie, wenn erst die Geschäfte der Hausauflösung vorüber sind, zu uns kommen und sich hier ein wenig umsehen.

Mali und Tochter Margretlein geht es sehr vorzüglich. Mit dem Gewicht geht es Margretlein wie Agäthlein[4] aber mein Vater steht mit seiner Ansicht, dass es auf die Dicke nicht sehr ankommt, im Einklang mit unserem hiesigen Arzt. In der Tat ist das Kind auch so vergnügt und lebig, dass wir uns nur in ganz verlorenen Augenblicken um ihr Wohlergehen vom Kilogramm-Standpunkt Sorge machen. Wenn sie so bleibt, wie sie ist, wird sie frech, und das ist ja die nutzbringendste Charakter-Eigenschaft.

Mit der Wissenschaft wird es in diesem Winter nicht viel. Die ewigen Reisen nach Frankfurt haben zu viel Zeit gekostet. Ich werde Dir aber bald zwei

---

[3]Blumenthal hatte offenbar seitdem nur wenig Zeit gehabt, um diesen Antwortbrief zu schreiben. Sein Vater Ernst und seine Mutter Eugenie sind am 9. bzw. 24. Dezember 1911 gestorben. In einem Brief vom 4. Januar 1912 an Hilbert (Kapitel 224) schreibt Blumenthal von „den Aufregungen des Dezembers".

[4]Margrete Blumenthal war zu dieser Zeit etwa sieben Monate alt; Agathe, die Tochter von Karl und Else Schwarzschild, schon 14 Monate.

Separata schicken können. Der eine, über asymptotische Integration von Differentialgleichungen, enthält auch praktisch brauchbares, der andere ist komplex mit mehreren Veränderlichen. Er kommt in eine Festschrift, die dem guten alten Heinrich Weber zu seinem 70. Geburtstag gewidmet wird, Redakteur Epstein.[5] Ich finde das eine nette Idee, denn Weber hat vielen Menschen Freude gemacht und sich immer so in sich selbst verkrochen, dass man eigentlich von seiner Existenz nie gesprochen hat. Ausserdem leide ich stark unter Aerodynamik, dh. unter einer Vorlesung darüber, die ebenso viel Arbeit wie Freude macht. Wenigstens glaube ich die theoretischen Ansätze und vor allem ihre Berechtigung oder das Gegenteil jetzt begriffen zu haben und sie auch anderen begreiflich machen zu können. Es ist da natürlich noch fast alles zu tun, aber alles auch so schwer, dass mir die Lust zum Anfassen bis jetzt nicht gekommen ist. Vielleicht kommt sie noch.

Wir haben wieder Berufungsschmerzen. Mein Fachkollege Kutta geht nach Stuttgart.[6] Er war tüchtig und gewissenhaft, aber fast in allen Dingen im Grund anderer Ansicht als ich, wenn wir auch immer uns leicht haben einigen können. Ich möchte jetzt einen jüngeren, der recht viel Leben in sich hat.

Lebe wohl und lass es Dir recht gut gehen. Mali und ich grüssen Dich und Frau Else bestens.

Dein O. B.

Im folgenden Brief berichtet Blumenthal über eine eingereichte Arbeit von einem gewissen Zeippel, welcher Schwarzschild begutachten sollte. Da die Arbeit näher an Blumenthals Fachexpertise in der komplexen Analysis lag, schickte Schwarzschild sie weiter an seinen Freund. Trotz Blumenthals wohlwollender Meinung scheint dieser Aufsatz nirgendwo veröffentlicht worden zu sein. Dieser Brief ist allerdings vor allem deshalb wertvoll, weil Blumenthal nebenbei einige Bemerkungen bezüglich seiner eigenen Forschungen einfließen lässt.

Blumenthal an Schwarzschild | Aachen, den 28.V.1912
TB, Nachlass Schwarzschild, SUB Göttingen, 75, Nr. 24

Lieber Karl!

Die Zusendung des Manuskripts hatte also doch einen tieferen Sinn. Ich habe nicht geflucht, sondern gestern Abend den Zeippel[7] sine ira et studio durchgelesen. Das Gebiet, das er behandelt, ist mir sehr vertraut, denn ich habe mit Darboux,

---

[5] Schwarzschilds alter Freund Paul Epstein (1871–1939) wirkte als Lehrer an der Technischen Schule in Straßburg und gleichzeitig als Privatdozent an der Universität. Das Buch *Festschrift Heinrich Weber zu seinem siebzigsten Geburtstag am 5. März 1912, gewidmet von Freunden und Schülern* enthält Beiträge u.a. von Blumenthal, Dedekind, Hilbert und Sommerfeld.

[6] Martin Wilhelm Kutta (1867–1944) nahm 1912 eine Professur an der Technischen Hochschule Stuttgart an.

[7] Der Autor dieser Arbeit war möglicherweise der schwedische Astronom Hugo von Zeipel.

Mémoire sur les fonctions de très grands nombres[8] meine Dissertation gemacht. Ich finde den Zeippel im allgemeinen recht ordentlich. Im speziellen habe ich folgende Bemerkung.

Es ist sehr schön, dass Zeippel die Cauchyschen Aufsätze herausgeholt hat, von denen ich aber gar nichts wusste. Die neuere Entwicklung knüpft aber überall an das *Mémoire sur les fonctions des très grands nombres* an. Ich würde deshalb vorschlagen, dass die beiden Integralformen

$$\int f(z)(z-a)^n\, dz \quad \text{und} \quad \int f(u)\phi(u)^n\, du\,,$$

die bisher in zwei verschiedene Nummern genommen werden, gemeinsam behandelt werden sollen, und zwar in einem ersten Paragraphen die Behandlung von Cauchy, in einem zweiten die neueren Arbeiten. Auf diese Weise werden z.B. die beiden identischen Uebergänge auf den Seiten 77 und 86 vermieden. Zu den Arbeiten von Cauchy ist nachzutragen, dass die Cauchysche Methode der Integralauswertung für

$$\int f(u)\phi(u)^n\, du\,,$$

wenn $\phi(u)$ einen grössten Wert auf dem Integrationsweg hat, auch von Debye (Math. Ann. 67) für Besselsche Funktionen benutzt wird. Debye hat dort die Methode von Riemann übernommen, wofür er in der Einleitung Citat giebt. Dieser Riemann muss jedenfalls auch in der Encyclopädie citiert werden.

Hinsichtlich der Arbeiten, die an Darboux anschliessen. Zeippel citiert für die Koeffizientenabschätzung bei Funktionen der Form mit Singularitäten $\log^n(z-a)(z-a)^\alpha$ die Arbeit von Hadamard (S. 83). Ich kann dort die Abschätzung explizit nicht finden, vielleicht liegt das aber an oberflächlicher Lektüre. Wohl aber habe ich diese Koeffizientenabschätzung in meiner Dissertation „Ueber Entwicklung einer willkürlichen Funktion nach den Nummern des Kettenbruchs für $\int_{-\infty}^{0}\frac{\phi(\xi)d\xi}{z-\xi}$" (Göttingen 1898) schon 10 Jahre vor Hamy gegeben[9]. Bei mir ist dabei der Exponent des Logarithmus um eine Einheit zu gross angegeben, das lässt sich aber durch eine partielle Integration leicht richtig stellen. Die Bestimmung des Exponenten ist richtig im Falle nicht ganzen α. (Seite 37 meiner Dissertation). Im Anschluss an Hamy ist dann noch eine Arbeit von Fejér (C.R. 30 novembre 1908)[10] erschienen, die eine Art wesentlicher Singularitäten behandelt, und citiert zu werden verdient, wenn sie auch vielleicht für die Astronomie weniger in Betracht kommt. Sonst wüsste ich den Citaten nichts hinzuzufügen, aber ich bin ja kein grosser Literaturkenner.

---

[8] Gaston Darboux, Mémoire sur l'approximation des fonctions de très grands nombres, *Journal de mathématiques pures et appliquées*, 3. Aufl., Bd. 4, 1878.

[9] M.T.A. Hamy promovierte 1887 mit der Arbeit Étude sur la figure des corps célestes. Blumenthal bezieht sich auf seine Arbeit „Sur l'approximation des fonctions de grands nombres", *Journal de Mathématique*, 6(4) (1908): 203–287.

[10] Lipót Fejér, Sur le développement d'une fonction arbitraire suivant les fonctions de Laplace, *Comptes Rendus* 146 (1908): 224–227.

Ich bin durchaus Deiner Meinung, dass die Referate über die einzelnen Arbeiten zu lang ausgesponnen sind. Besonders bei Hamy handelt es sich nach meiner Ansicht weniger um originelle Ideen, als um die Durchführung im einzelnen. Ich glaube, dass es genügen wird, die leitenden Ideen der einzelnen Arbeiten, und dann die Endformeln anzugeben. Den Zwischenrechnungen kann man ohnehin in dieser gedrängten Kürze nicht folgen. Formeln wie 149 (S. 81), die aus der Stirlingschen Reihe erhalten werden können, gehören sicherlich nicht in diesen Zusammenhang. In dem spezifischen astronomischen Teil ist mir die Breite weniger aufgefallen, ich habe ihn freilich auch mit weniger Verständnis gelesen. Da scheint Féraud schöne Sachen gemacht zu haben.

Holomorph ist auch ein gangbarer deutscher Ausdruck. Weierstrass sagt „regulär"oder „analytisch"oder auch „regulär-analytisch"; genauer, diese Ausdrücke werden von der Weierstrassschen Schule gebraucht, er selbst sagte nur „regulär". Man kann also holomorph durchaus lassen. Nicht angängig ist „Coupure", wofür „Querschnitt"gesagt werden muss. Ausserdem würde ich „admissibel"in „zulässig"verbessern. Das Deutsch ist ja überhaupt an einigen Stellen nicht admissibel. Aber im allgemeinen habe ich einen guten, vor allem sehr fleissigen, Eindruck von dem Artikel.

Du erhältst ihn also beiliegend mit meinem Segen zurück. Wenn ich wollte, hätte ich gleich Gelegenheit zur Revanche. Denn Moulton hat uns für die Annalen eine Arbeit über das Dreikörperproblem zugeschickt (geschlossene Bahnen in der Nähe derjenigen, von Lagrange aufgefundenen, wo alle drei Körper Ellipsen beschreiben). Wenn Du besonderes Interesse dafür hast, schicke ich sie Dir gern zu, sonst nehme ich Sie auf Moultons Autorität hin unbesehen an.[11]

Bei uns geht alles gut. Ich habe leider in diesem Semester für den wegberufenen und noch nicht ersetzten Kutta eine Vertretung und daher noch mehr als sonst zu tun, mache mir gerade die Pfingstferien etwas zur Arbeit zu nutze. Die Familie freut sich in erfreulicher Weise ihres Lebens. Ich hoffe, dass auch bei Dir alles in Ordnung ist, und bald in noch schönere Ordnung kommt. Denn diese letzten Wochen vor dieser Geburt habe ich als recht unerfreulich empfunden.

Leb wohl und viele Grüsse, von dreien an dreie.

Dein O. Bl.

4.2   Antisemitismus verhindert eine Berufung Blumenthals

Nach sechs Jahren Lehrtätigkeit an der Technischen Hochschule in Aachen freute sich Blumenthal darüber, dass er gute Aussichten hatte, auf eine Professur an der Universität Gießen als Nachfolger Eugen Nettos (1846-1919) berufen zu werden. Er wurde in der Tat für diese Stelle von Nettos neuen Kollegen Ludwig Schlesinger (1864–1933) nominiert. Die Gießener Fakultät hätte allerdings in einer

---

[11]Es ist unklar, ob diese Arbeit Moultons von Schwarzschild begutachtet wurde. Sie erschien kurz danach als: F. R. Moulton, Periodic oscillating satellites in the problem of three bodies, *Mathematische Annalen* 73 (1913): 441–479.

gemeinsamen Sitzung über die Berufungsliste abstimmen müssen, bevor sie an das Ministerium abgehen könnte. Es war für Schlesinger sicherlich schwer abzuschätzen, wie sein Vorschlag dort ankommen würde. Er war selbst ein Neuling in Gießen, der erst 1911 als Nachfolger von Moritz Pasch dorthin kam. Schlesinger hatte sich aber an Klein und Hilbert gewandt, um zumindest die notwendige Unterstützung aus Göttingen in der Hand zu haben. Von Hilbert erhielt er eine besonders starke Empfehlung, wie der folgende Entwurf zeigt. Er ist handschriftlich von Käthe Hilbert aufgeschrieben und enthält einige geringfügige Textkorrekturen in Hilberts eigener Handschrift. Inwieweit sich der fertige Brief an Schlesinger möglicherweise von diesem Entwurf unterschied, ist nicht bekannt.

D. Hilbert an L. Schlesinger, Entwurf mit Notizen, 1912[12]

An Schlesinger

Zunächst möchte ich Ihnen mitteilen, dass unsere Fakultät seinerzeit (Febr. 1909) pari passi neben Hurwitz und Landau für das durch Mink[owski]s Tod erledigte Ordinariat Blumenthal vorgeschlagen hat. Das damals von Klein, Runge und mir vorgelegte Gutachten lege ich in Abschrift bei.[13]

Wenn Erkundigungen über B[lumenthal] von außerhalb weniger günstig zu lauten scheinen, so kann dies nur daher rühren, dass wir Alle als Bl[umenthal] seine Laufbahn begann außerordentlich hohe Erwartungen hegten und er infolge der außerordentlich angestrengten Thätigkeit als math[ematischer] Organisator an der technisch[en] Hochschule in Aachen, und als Redakteur der Annalen sich in wissenschaftlich-productiver Richtung nicht derart bethätigen konnte, als es bei einer Beförderung in eine Univers[itäts]-Stellung der Fall gewesen wäre. Niemand empfindet dies so lebhaft wie er selber. Freilich würden in der jüngeren Generation wohl Math[ematiker] sein die Blumenthal an Originalität übertreffen (Cara[théodory], Schmidt, Koebe) doch würden diese für die Gießener Professur nicht mehr in Frage kommen. Jedenfalls hat er die reinste Liebe zur Wissenschaft und verfügt über ein (?) Wissen in allen Teilen der Mathematik. Ich glaube Ihre Fakultät würde eine vortreffliche Acquisition an Bl[umenthal] machen, und Sie selbst eine vortreffliche Ergänzung an ihm finden. Hingebender Fleiß und Pflichttreue zeichnen ihn aus. Bez[üglich] seiner Leistungen als Lehrer kann ich [...] das günst[ige] Gutachten über Bl[umenthal] nur bestätigen. Er hat sich mit seinen Studenten stets die größeste Mühe gegeben. Seine menschlichen Qualitäten habe ich stets aufs Beste bewährt gefunden und da ich ihn sehr gut kenne, bin ich überzeugt, daß er auch Ihnen ein zuverlässiger Mitberather sein würde.

Perron, Hartogs u.a. kann ich nicht für so bedeutend halten, daß sie Bl[umenthal] vorgezogen werden sollten.

---

[12]Abschrift, geschrieben von Käthe Hilbert, Nachlass Hilbert, 462, Nr. 4

[13]Eine Transkription des Gutachtens ist in Anhang III auf S. 315 abgedruckt.

Im Nachlass von David Hilbert befindet sich bei diesem Briefentwurf ein undatiertes Blatt mit einigen weiteren Notizen über Blumenthal in seiner eigener Handschrift. Anscheinend entstammen diese Bemerkungen Hilberts aus der Zeit als Blumenthals Kandidatur für die Nachfolge Minkowskis zur Diskussion stand.[14]

D. Hilbert: Notizen über Blumenthal, Nachlass Hilbert, 462, Nr. 4

Fortsetzung unseres Betriebes möglichst wie bisher. Dazu ist geradezu Lebensfrage für uns die Aufrechterhaltung der Beziehungen zur Zuhörerschaft. Hensel und Hölder[15] klagten, dass solche, die nur der Wiss[enschaft] wegen studieren, fast gar nicht da sind. Hier in Göttingen ist das ganz anders. Diesen entgegenkommen, sie früh herausfinden, und uns zuführen, das verstand Blumenthal wie kein anderer und unterzog sich dieser Aufgabe mit grosser Liebe. Als B[lumenthal] von hier wegging entstand eine fühlbare Lücke, die erst durch M[inkowski]s erhöhtere Tätigkeit und durch Hellinger, Haar, Toeplitz ausgeglichen wurde.

Blumenthal ist eine selbstlose Natur, die der Wissenschaft und der guten Sache wirkliche Opfer zu bringen im Stande ist.

Blumenthal hat Freude an der Arbeit an sich und würde uns in allen Lagen eine zuverlässige Stütze sein.

Blumenthals Produktion, wenn sie sich auch bisher nicht so entwickelt hat, so würde sie doch hier wesentlich fördern; bei seinem eisernen Fleiss kann er leicht den anderen voraus kommen.[16]

Blumenthal wollte schon vorher Theodore von Kármán als Nachfolger Kuttas nach Aachen berufen, aber den Ruf bekam stattdessen Georg Hamel. Bald danach war allerdings der Lehrstuhl für Mechanik neu zu besetzen, nachdem Hans Reissner einen Ruf von der Technischen Hochschule Charlottenburg angenommen hatte. Daraufhin setzte sich Blumenthal erneut mit Kármán in Verbindung.

---

[14]Die nachfolgenden Sätze wurden für das obige Briefkonzept in Hilberts Hand geschrieben.

[15]Kurt Hensel unterrichtete in Marburg, wo die Anzahl der Studenten relativ gering war, während Otto Hölder seit 1899 Professor an der viel größeren Leipziger Universität war.

[16]Als Beilage fasste Frau Hilbert eine Liste von Blumenthals Veröffentlichungen zusammen, zu welcher ihr Mann Randnotizen hinzufügte.

Blumenthal an Theodore von Kármán | Aachen, den 29.X.1912
TB, Karman Papers, Caltech, Pasadena Kalifornien

Lieber Herr von Karman!

Zunächst danke ich Ihnen recht herzlich für ihre liebenswürdige Beleidsbezeugung beim Tode meines Schwiegervaters.

Dann habe ich etwas geschäftliches. Es ist jetzt fest, dass Reissner zum 1. April nach Berlin geht. In einer vorläufigen Beratung über die Nachfolge ist natürlich von Ihnen die Rede gewesen, und wird auch weiter die Rede sein. Wollen Sie mir, bitte, ein Verzeichnis der von Ihnen gehaltenen Vorlesungen (wenn möglich, mit ungefährer Angabe der Zuhörerzahl) und einen kurzen Lebenslauf einschicken. Ich habe Ihren Lebenslauf, den ich seinerzeit von Runge erbeten hatte, leider nicht mehr zur Hand.

Sie verzeihen ja wohl, dass ich jetzt direkt, nicht auf dem üblichen Umweg über befreundeten Ordinarien, mit Ihnen verhandele. Dass Sie ja für Reissners Nachfolge in Frage kommen, wird Ihnen ja ohnehin kein Geheimnis sein. Sie werden natürlich in aller Interesse handeln, wenn Sie meine Anfrage vertraulich behandeln. Und was schliesslich werden wird, weiss ich natürlich selbst noch nicht.

Beste Grüsse
Ihr
O. Blumenthal.

Die Berufung ging diesmal für Kármán durch, während jedoch Blumenthals eigene Chancen in Gießen wegen einer dort herrschenden antisemitischen Haltung scheiterten. Mittlerweile erfuhr Blumenthal von Schlesinger, dass es bei der entscheidenden Fakultätssitzung schlecht gelaufen sei. Der Grund dafür war ein vertraulicher Bericht aus Aachen, geschrieben von dem Physiker Johannes Stark, einem bekannten Antisemiten. Dieser warf Blumenthal vor, in einem Berufungsverfahren den jüdischen Kandidaten bevorzugt zu haben. Die zwei Gießener Mathematiker Schlesinger und Pasch waren beide jüdischer Herkunft, sodass diese Angelegenheit sicherlich sehr unangenehm für sie sein musste, zumal sie kaum etwas gegen Starks Unterstellungen vorbringen konnten. Möglicherweise gab es schon vorher Skepsis innerhalb der Fakultät in Bezug auf Blumenthals Kandidatur. Nun aber musste Blumenthal zu seiner eigenen Verblüffung entdecken, dass seine Chancen durch die Intervention seines Aachener Kollegen endgültig vernichtet wurden. Über die Einzelheiten hierzu berichtete er ausführlich im folgenden Brief an Hilbert.

Blumenthal an Hilbert | Aachen, den 2.XII.1912
TB, Nachlass Hilbert, SUB Göttingen, 30, Nr. 37

Lieber Herr Professor!

Ich muss Ihnen heute einen ziemlich traurigen Brief schreiben. Wie Sie wissen, hatte Schlesinger die Absicht, mich an erster Stelle für Nettos Nachfolge in Giessen vorzuschlagen. Wie er schreibt, haben Klein und Sie mich auch dabei aufs wärmste unterstützt. Trotzdem ist die Sache gescheitert und zwar aus einem mir sehr unangenehmen Grunde. Der Giessener Physiker König[17] hat sich an unseren lieben Herrn Stark hier gewandt, und dieser hat in seiner Auskunft die Vorgänge bei der Berufung Hamel-Kármán so dargestellt, als ob ich damals absichtlich lauter Juden auf die Liste gesetzt und mich, als ich auf das Bedenkliche meiner Liste aufmerksam gemacht worden sei, unkollegial benommen hätte. Damit war es natürlich bei dem ohnehin in Giessen herrschenden Antisemitismus für mich vorbei. Ich empfinde nun diese Auskunft, abgesehen von dem Schaden, den sie mir gebracht hat, als ehrenrührig, kann aber, soviel ich sehe, wegen der Unfassbarkeit der Beleidigung auf keinem offiziellen Wege etwas tun, um mir mein Recht zu verschaffen. Unser Abteilungsvorsteher hat an einen ihm bekannten Kollegen nach Giessen geschrieben und ihm den richtigen Sachverhalt dargestellt, mit der Bitte, ihn den dortigen Herren bekannt zu geben. Das wird hoffentlich etwas nutzen.

Ich möchte aber auch Ihnen und Klein eine authentische Darstellung der damaligen Vorgänge geben. Denn es ist ja immer vorauszusehen, dass eine solche schlechte Saat weiter wuchert und noch einmal an anderer Stelle zu meinem Schaden hervorkommt. Wenn etwas derartiges zu Ihren Ohren kommen sollte, bitte ich Sie recht dringend, auf Grund dessen, was ich Ihnen jetzt schreibe, zu meinem Schutze einzutreten. Ich glaube nicht, dass ich schon selbst mit Ihnen über die Sache gesprochen habe, jedenfalls wird es nichts schaden, wenn ich alles noch einmal schriftlich fixiere.

Ich schicke voraus, dass mich Starks Verhalten, nach dem, wie er sich sonst hier benimmt, nicht wundert. Er hat sich mit unserer ganzen Abteilung überworfen und sucht, nicht nur an mir, sondern auch an allen anderen, eine kleinliche Rache.

Unsere Liste für Kuttas Nachfolge bestand aus Kármán, Hilb und Liebmann.[18] Kármán hatte ich mit aller Absicht an erster Stelle vorgeschlagen, weil seine vorzügliche Eignung für unsere Stelle nach meiner Ansicht alle formalen Bedenken gegen ihn unterdrücken musste. Hilb hielt ich ganz ausdrücklich nicht für einen Juden, sondern wollte gerade in ihm, im Gegensatz zu Kármán, einen reinen Germanen auf die Liste bringen. Liebmanns Wahl geschah auf Wunsch von Kut-

---

[17] Der Experimentalphysiker Walter König kam 1905 als Nachfolger von Paul Drude nach Gießen und bekleidete diese Stelle bis 1930. Er war im akademischen Jahr 1911/1912 Rektor der Universität Gießen.

[18] Es handelte sich um Theodore von Kármán (1881–1963), Emil Hilb (1882–1929) und Heinrich Liebmann (1874–1939). Kármán wurde 1913 auf den Lehrstuhl für Mechanik als Nachfolger von Hans Reissner berufen.

ta, ich habe für ihn gegen Rothe[19] gestimmt, trotz einiger sachlicher Bedenken, die ich gegen ihn hatte. An seine jüdische Abstammung habe ich erst später gedacht. Ich muss also den Vorwurf auf mich nehmen, aus übergrosser Sachlichkeit und aus einer mir sehr tiefgehenden Abneigung gegen das Eindringen in Privat-Verhältnisse wissenschaftlicher Persönlichkeiten, eine sehr ungeschickte Liste aufgestellt zu haben, die dementsprechend auch lebhaften Widerspruch erregte. Ich habe aber dann, als ich auf die Fehler meiner Liste aufmerksam gemacht wurde, sofort meinen Fehler eingesehen und habe zugestimmt, dass Hamel neben Kármán an erster Stelle genannt wurde.[20] Meine sachlichen Gründe, die mir damals Kármán lieber machten als Hamel, halte ich noch heute aufrecht, obwohl ich Hamels ausgezeichnete Eigenschaften als Mathematiker und Kollegen (vom persönlichen sehe ich als selbstverständlich ab) sehr anerkenne.[21] Man kann mir also mit keinem Recht den Vorwurf unkollegialen Verhaltens machen. Der einzige Vorwurf, den ich mir selbst schon gemacht habe, ist der einer allzugrossen Nachgiebigkeit. Das ist auch damals in einer Senatssitzung, in der Stark sehr schlecht abschnitt, ganz offiziell zum Ausdruck gekommen.

Ich habe das Gefühl, als sei ich Ihnen diese Generalbeichte schuldig gewesen. Denn ich weiss wirklich nicht, wem ich sie ablegen soll, wenn nicht Ihnen. Klein habe ich auch geschrieben, sachlich gleich, im Ton wohl etwas ruhiger. Ob ich an Giessen viel verloren habe, ist eine andere Frage. Es ist möglich, dass ich hier besser dran bin als dort. Aber die Universität hätte mich gelockt. Und dass es mir keine angenehme Idee ist, mit einem solchen Kollegen hier sitzen zu bleiben, ist wohl auch verständlich. Vielleicht findet sich doch einmal eine Fakultät, der meine paar Arbeiten gefallen, und die in der Beurteilung von Personen vorurteilsfrei ist.

Sonst geht es uns hier ganz nach Wunsch. Wir wohnen jetzt im eigenen Haus, sehr nett und behaglich. Mali hat sich von ihrer schweren Zeit in Göttingen rasch erholt, ist tätig und heiter.[22]

Viele Grüsse an Frau Professor und Sie von uns beiden.

Ihr O. Blumenthal.

Hilbert war natürlich entsetzt, dass Stark seine unverhohlenen antisemitischen Ansichten in diesem Berufungsverfahren einbrachte. Er reagierte prompt auf diese ärgerliche Nachricht, bekam eine Abschrift des Briefes von Stark an König und machte selbst eine Kopie davon.

---

[19]Rudolf Rothe (1873–1942) bekam 1914 einen Ruf von der Technischen Hochschule Berlin, an der er bis 1939 wirkte.

[20]Georg Hamel (1877–1954) wurde daraufhin nach Aachen berufen. 1919 folgte er einen Ruf an die Technische Hochschule Berlin.

[21]Blumenthal kannte Hamel seit seiner Zeit als Privatdozent in Göttingen (siehe hierzu den Brief in Kapitel 2 von Blumenthal an Schwarzschild vom 13. März 1901).

[22]Ihr Vater ist kurz zuvor in Göttingen gestorben. Einzelheiten hierzu sind im Brief von Blumenthal an Schwarzschild vom 31. Dezember 1912 zu finden.

Johannes Stark an Walter König | Aachen, den 25.XI.1912[23]

Sehr geehrter Herr Kollege,

Ihren freundlichen Brief ... Diskretion behandeln zu wollen.

Bl[umenthal] ist entgegen dem Wunsche der Abteilung V (er stand an dritter Stelle auf der Liste) auf Betreiben Sommerfelds hierher berufen worden. Er ist jüdischer Abstammung und dies ist wohl der Grund, dass er trotz seiner Bemühungen in kein warmes Verhältnis zu der Mehrzahl der hiesigen Kollegen gelangen konnte. Das Verhältnis ist, zumal korrekt bleibend, noch kühler geworden, seitdem sich herausstellte, dass er an der hiesigen Hochschule der Mittelpunkt exklusiv jüdischer Bestrebungen ist. Vor 2 Jahren brachte er bei der Besetzung der 2ten Mathematikprofessur an erster Stelle einen jüdischen ungarischen Herrn in Vorschlag, der selbst seinen Namen magyarisiert hatte.[24] Als dieser von der Abteilung abgelehnt wurde, schlug er uns einen Deutschen seiner Rasse vor und nur, indem wir neben diesen einen nicht jüdischen Herrn (Kutta) setzten und der Senat diesen besonders dem Minister enpfahl, blieb uns eine Verstärkung des jüdischen [Konzerns?] an unserer Hochschule erspart. Als wir vor einem Jahr in Folge des Fortgangs von Kutta jene Professur von neuem zu besetzen hatten, präsentierte er uns eine ausschliesslich rein jüdische Liste, an deren Spitze einen Ungarn, dessen Familie ihren ehemals deutschen Namen magyarisiert hatte. Um wenigstens einen einzigen nicht jüdischen Herrn auf die Liste zu bringen, hatten wir mit Bl[umenthal] vor der Abstimmung verabredet, dass wir für seinen Kandidaten stimmen würden, wenn er für den ihm präsentierten 4ten Mann stimmte. Leider hielt er nicht Wort bei der Abstimmung – so gelangte seine Liste allein in den Senat. In diesem wurde nun gegen die Liste von allen Ingenieurkollegen Einspruch erhoben und die Liste zu einer Revision oder Ergänzung an die Abteilung zurückgegeben. Nunmehr erst bequemte sich die jüdische Partei einen Candidaten der Minderheit neben dem Ungarn an die erste Stelle zu setzen. Dieser Minderheits-Kandidat wurde dann auch von der Regierung berufen.

Sie können sich denken, dass Herr Bl[umenthal] nach diesen Vorkommnissen sich nicht mehr wohl an unserer Hochschule fühlt und dass vor allem die Ingenieurkollegen seine Wegberufung begrüssen würden.

Ueber Herrn Bl[umenthal] als Lehrer ... geschätztes Mitglied unserer phys[ikalischen] Ges[ellschaft]. Wenn ich oben von seinem Verhältnis zu der Mehrzahl seiner Kollegen sprach, so galt dieses nicht von mir; ich schätzte ihn vielmehr als Kollegen hoch. Und falls er in Giessen nicht in die Versuchung geraten könnte, für Rasse-Genossen einseitig Partei zu ergreifen, so würde er nach m[einer] Ansicht sehr gut hinpassen und würde sich wohl als Kollege viele Sympathien erwerben.

J. Stark

---

[23] Abschrift von D. Hilbert, Nachlass Hilbert, 462, Nr. 4.
[24] Gemeint ist Theodore von Kármán.

Bald danach wurde Friedrich Engel (1861–1941) statt Blumenthal nach Gießen berufen. Engel blieb dort bis zu seiner Emeritierung 1930 als langjähriger Kollege von Moritz Pasch und Ludwig Schlesinger aktiv. Blumenthals Enttäuschung über die verpasste Chance in Gießen war groß, aber er konnte sich zumindest über die gerade bevorstehende Berufung Theodore von Kármáns freuen.

Blumenthal an Hilbert | Aachen, den 21.XII.1912
TB, Nachlass Hilbert, SUB Göttingen, 30, Nr. 39

Lieber Herr Professor!

. . .

[Der Anfang des Briefes ist auf S. 232 abgedruckt.]

Über Giessen werde ich mich trösten, weil ich mich eben trösten muss. Es ist aber eine Tatsache, dass mich vielleicht noch nie etwas so deprimiert hat wie diese Geschichte. Schlesinger hatte mich auch zu hoffnungsfreudig gemacht. Unterdessen war gestern Kármán hier, war mit Reissner, Hamel und mir zusammen und hat, glaube ich, auch auf Hamel einen guten Eindruck gemacht. Ich freue mich sehr, dass diese Berufung ohne Schwierigkeiten und in so erwünschter Weise verlaufen ist. Ich bin auch davon überzeugt, dass Kármán es hier gut haben wird.

Dass sie nicht an Stark geschrieben haben, war unzweifelhaft richtig. Ich hoffe sehr, dass ich der letzte bin, dem er geschadet hat. Denn allmählich werden wohl alle Physiker und Mathematiker merken, dass er als Gelehrter nicht überragend und als Mensch sehr gering ist.

Seit gestern ist Frau Ebstein bei uns. Wir freuen uns sehr, sie erheblich frischer und besser zu finden, als wir nach ihren Briefen angenommen hatten.

Recht frohe Weihnachten und glückliches neues Jahr Ihnen und Frau Professor.

Ihr O. Blumenthal.

4.3 Das Leben geht weiter

Zum Jahreswechsel schrieb Blumenthal an Schwarzschild über Neuigkeiten in seinem Familienleben, insbesondere die Vermählung seiner Schwester mit einem gewissen Hans Storm, einem Enkel des berühmten Schriftstellers Theodor Storm. Zudem ließ er seinen Freund wissen, wie sein Kollege Stark seine Chancen auf eine Professur in Gießen verdorben hat.

Blumenthal an Schwarzschild | Aachen, den 31.XII.1912
TB, Nachlass Schwarzschild, SUB Göttingen, 75, Nr. 25

Lieber Karl!

Ich wünsche euch alles Gute zum Neuen Jahr, viel Arbeit und viel Freude. Ich habe Dir, glaube ich, nur auf gedrucktem Formular für Deine Teilnahmsbezeugung zu Ebsteins Tod gedankt. Was Du damals geschrieben hast, hat Mali und mir ausserordentlich wohl getan, denn es war in wenigen Worten eine wahre und liebevolle Würdigung des lieben alten Mannes. Mali ist Anfang November nach Aachen zurückgekommen, recht mitgenommen von der schweren Zeit in Göttingen, jetzt aber hat sie sich glücklicherweise wieder vollständig erholt. Das Heilmittel war merkwürdiger Weise ein Umzug, denn wir haben unsere Etage wegen Raummangel verlassen müssen und bewohnen seit 15. November Rütscherstrasse 50 ein Häuslein für uns. Es ist eine grosse Verbesserung. Wenn ich jetzt Maschine schreibe, weiss ich doch wenigstens, wen ich damit im Nachmittags- oder Nachtschlaf störe. Aber auch die übrigen Familienmitglieder empfinden die Aenderung als entschiedenen Fortschritt, besonders auch das kleine Margretlein, das mit Begeisterung Treppen sich hinaufführen lässt. Ueber die sonstigen Umstände dieser kleinen Person belehrt einliegendes Bild. Was macht demgegenüber die zahlreiche Familie Schwarzschild?

[Handschriftlich] Frau Ebstein ist über die Feiertage bei uns zu Besuch. Sie hat sich zu unserer grossen Freude hier sehr gut erholt.

Seit vorgestern ist meine Schwester verheiratet. Sie heisst Frau Storm und ist Schwiegerenkelin des Dichters Theodor Storm.[25] Der Mann ist Mediziner, erheblich jünger als sie und mit dem Studium noch nicht fertig. Er studiert in Göttingen, wo die beiden auf der Gosslerstrasse sich eine sehr nette Wohnung gemietet haben. Sie haben sich letzten Winter in Freiburg kennen gelernt. Die ganze Sache klingt etwas abenteuerlich, ist es aber weniger als sie klingt, denn Herr Storm macht einen sehr guten, zuverlässigen und gescheiten Eindruck. Ich denke, er wird seinen Weg machen und meine Schwester mit ihm glücklich werden. Diejenige, die sich über die Heirat natürlich am schwersten beruhigt, ist Frau Hilbert, die ich am Sonntag, als ich zur Hochzeit in Göttingen war, nur schwer auf andere Gesprächsgegenstände bringen konnte.

Wissenschaftlich habe ich in letzter Zeit so gut wie nichts getan. Ich scheine in das extensive Stadium zu geraten und schicke Prandtl für seine Zeitschrift[26] eine kleine Note mit Figuren über die Druckverteilung längs Joukowskischer Tragflächenformen.[27] Hätte ich gewusst, das mich die Note vier Wochen kosten würde,

---

[25] Der in Husum geborene Theodor Storm (1817–1888) war ein bedeutender Novellist und Lyriker.

[26] Gemeint ist vermutlich die im Jahre 1910 gegründete *Zeitschrift für Flugtechnik und Motorluftschiffahrt*, bei der jedoch die erwähnte Note Blumenthals nicht aufgenommen wurde.

[27] Der russische Mathematiker, Aerodynamiker und Hydrodynamiker Nilolai Joukowski galt als Vater der russischen Luftfahrt. Der Zusammenhang von Zirkulation und Auftriebskraft wurde erstmalig zwischen 1905 und 1910 von ihm wie auch Kutta untersucht.

hätte ich es wohl nicht angefangen. Auch ist mir in der letzten Zeit eine Universitätsprofessur an der Nase vorbeigegangen: in Giessen bin ich von dem Fachvertreter an erster Stelle vorgeschlagen, dann aber von der Fakultät aus nicht klaren aber jedenfalls nicht sachlichen Gründen zurückgewiesen worden. Unser lieber Physiker Stark hat mir dabei durch eine gehässige und unwahre Auskunft besonders geschadet. <u>Ich warne vor diesem Herrn</u>. Uebrigens bist Du, ausser Klein und Hilbert der einzige, der von der ganzen Geschichte weiss und ich bitte Dich um Stillschweigen. Demgegenüber ist erfreulich, dass wir jetzt Karman als Mechaniker und Aerodynamiker nach Aachen bekommen, Reissner geht ja nach Berlin. Mit ihm und Hamel als nächsten Kollegen lässt sich's schon gut bestehen, auch wenn der Physiker ausfällt.

Lebe wohl, herzliche Glückwünsche und beste Grüsse an Dich und Deine Frau.

Dein O. Bl.

Im Juni 1913 machte Blumenthal eine Urlaubsreise mit seinem Freund Arnold Sommerfeld nach Val Sugana, ein Tal in Norditalien, das zu dieser Zeit in der Nähe der Grenze zwischen Österreich-Ungarn und Italien lag. Auf der Rückreise überlegten sie eine Aufgabe der Variationsrechnung, welche Blumenthal zum folgenden mathematischen Brief an Sommerfeld veranlasste.

Blumenthal an Sommerfeld | Aachen, den 13.IV.1913
TB, Nachlass Sommerfeld, Deutsches Museum München

Lieber Sommerfeld!

Als Zeichen, dass ich auch ohne Schlafwagen verhältnismässig heil nach Hause gekommen bin, schicke ich Dir eine Lösung der Variationsaufgabe, mit der wir gestern leider den Brenner verduselt haben. Die Lösung hat für die Vorlesung den grossen Vorteil, dass man alle Schwierigkeiten in das Wort „augenscheinlich" hineinwerfen kann. Dieses Wort würde aber auch bei der Durchführung Deines gestrigen Gedankens mit Determinanten eine erhebliche Rolle spielen.

Ich bezeichne die gesuchte Funktion mit z, alle unabhängigen Variabelen mit ω und nehme der Einfachheit halber nur eine Nebenbedingung. Das Problem lautet

$$(1) \qquad \int f(\omega, z)\, d\omega = \min, \qquad \int g(\omega, z)\, d\omega = C.$$

Man betrachte die Schar der Variationsprobleme

$$\int [f + \lambda g]\, d\omega = \min$$

und nehme als „augenscheinlich"folgendes an: Es existiert für jeden Wert von λ

eine Funktion $z = Z(\omega, \lambda)$, die das Variationsproblem löst, und diese Funktion ist eine stetige Funktion von λ.

Jetzt betrachte man

$$\int g(\omega, Z(\omega, \lambda))\, \mathrm{d}\omega\,.$$

Dies ist eine stetige Funktion von λ, und es sei schliesslich „augenscheinlich", dass sie bei variierendem λ alle Werte annehmen kann. Es giebt also einen Wert λ_0, sodass

$$\int g(\omega, Z(\omega, \lambda_0))\, \mathrm{d}\omega = C$$

wird. Dh. aber das folgende: Löse ich das Variationsproblem

$$\int [f + \lambda_0 g]\, \mathrm{d}\omega = \min$$

ohne jede Nebenbedingung, so ist die lösende Funktion $Z(\omega, \lambda_0)$ gleichzeitig eine Lösung des Variationsproblems (1) mit Nebenbedingung. Auf das Variationsproblem ohne Nebenbedingung aber lassen sich die üblichen Methoden anwenden.

Um noch einmal zusammenzufassen: Jedes Integral des vorgelegten Variationsproblems mit Nebenbedingung löst selbstverständlich auch das Variationsproblem

$$(2) \qquad \int [f + \lambda g]\, \mathrm{d}\omega = \min$$

bei beliebigem λ, zu diesem Variationsproblem tritt aber bei allgemeinem λ noch die Nebenbedingung hinzu. Es giebt aber, wie gezeigt, ein bestimmtes $\lambda = \lambda_0$, für das die Nebenbedingung von selbst erfüllt ist, also wegfällt. Also ist jede Lösung des Variationsproblems mit Nebenbedingung auch Lösung eines Lagrangeschen Variationsproblems ohne Nebenbedingung, was zu beweisen war.

Von den „augenscheinlichen" Voraussetzungen lassen sich einige beweisen, in der Hauptsache aber muss man sie postulieren, damit überhaupt das Variationsproblem mit Nebenbedingungen erfüllbar sein soll.

Ich denke, die Sache ist so richtig. Ich habe sie übrigens nirgends abgeschrieben, sondern mir in der Umgegend von Düren selbst zurechtgelegt. Bedenken lassen sich wohl auf mündliche Besprechung aufsparen.

Nun hoffe ich, dass Du hinterher, aber natürlich nicht sofort, die guten Wirkungen der Reise doch verspürst und dass Du die Val Sugana und Deinen Begleiter in gutem Andenken behältst. Ich jedenfalls bin Dir für manche Anregung und Tröstung sehr dankbar, und finde, dass es eine schöne Reise war. Ich habe auch die Ueberzeugung, dass sich die Fachsimpelei durchaus innerhalb gesundheitlich zulässiger Grenzen gehalten hat.

Lebe wohl, viele Grüsse an Deine Frau, und alles Gute!

Dein
O. Blumenthal .

Kurz vor Neujahr 1914 schrieb Blumenthal einen Brief an Schwarzschild über seinen Besuch bei den Hilberts in Göttingen. Zu dieser Zeit war die Familie durch die psychischen Probleme ihres Sohnes Franz sehr betroffen. Blumenthal berichtete auch weiter über seine Fortschritte bei der Übersetzung seines Buches *Principes de la théorie des fonctions entières d'ordre infini* (Blumenthal 1910). Allerdings wurde eine deutsche Fassung dieses Werkes offenbar niemals veröffentlicht. Möglicherweise konnte Blumenthal während des Krieges das Projekt nicht weiterverfolgen und ließ es danach fallen.

Blumenthal an Schwarzschild | Aachen, den 30.XII.1913
TB, Nachlass Schwarzschild, SUB Göttingen, 75, Nr. 26

Lieber Karl!

Ich möchte Dir und Deiner Frau alles Gute zum Neuen Jahr wünschen und Dir gleichzeitig sagen, dass ich Dich am 20. Oktober in Berlin verfehlt habe. Es ist ein grosses Pech, dass wir uns gleichzeitig zu so aussergewöhnlicher Zeit Ferien gemacht haben. Es wäre vielleicht vernünftig gewesen, wenn ich mich vorher angemeldet hätte, aber an dem Resultat hätte das wohl auch nichts geändert, denn ich hatte meine Reise gerade eben zwischen Beendigung einer Arbeit und Beginn der Vorlesungen eingekeilt, sodass da nichts zu verschieben war. Wenn ich Dich damals getroffen hätte, hätte ich Dir viel von Turbulenz bezw. Nicht-Turbulenz erzählt. Ich habe nämlich der angewandten Mathematik einen negativen Dienst leisten können, indem ich gezeigt habe, dass die einzige Hoffnung, die man zur Erklärung der Turbulenz endlich zu haben glaubte – eine Arbeit von Fritz Noether– Essig ist. Ich habe die Sache unterdessen der Münchener Akademie eingereicht und warte jetzt auf Korrekturen.[28] Du bekommst sie dann bald. Mathematisch scheint sie mir ganz amüsant, hydrodynamisch ist sie jedenfalls nützlich, wenn es mir auch lieber gewesen wäre, ein positives als ein negatives Resultat zu einer an negativen Resultaten so reichen Theorie hinzugefügt zu haben.[29]

Persönlich hat mir die Arbeit gut getan. Bis August hatte ich ein geradezu ekelhaftes Gefühl geistiger Verkommenheit. Seitdem bin ich wieder recht dick in der Arbeit drin, und damit fühle ich mich wieder wohler. Ich wage sogar zu hoffen, dass ich in diesem Winter die Uebersetzung meines französischen Buches fertig bekomme, an der ich seit zwei Jahren maikäfere, und die ich längst in die Ecke

---

[28] Diese Arbeit ist (Blumenthal 1913).

[29] Fritz Noether konnte zeigen, dass es eine kritische Geschwindigkeit gibt, oberhalb derer die zweidimensionale, laminare Strömung einer reibenden Flüssigkeit instabil wird. Richard von Mises hatte kurz zuvor nachgewiesen, dass die stationäre Laminarströmung kleinen Schwingungen gegenüber bei allen Geschwindigkeiten stabil bleibt. Noether gab ein Beispiel einer nichtstationären Strömung, die bei zu großer Geschwindigkeit instabil wird. Blumenthals Argumentation zeigte aber, dass dieses Ergebnis falsch war, sodass unklar blieb, ob eine laminare Strömung in eine turbulente übergehen kann.

geschmissen hätte, wenn ich nicht Kontrakt mit Teubner hätte. Aber ein Buch schreibe ich erst wieder, wenn ich senil geworden bin und den „Schatz meiner Erfahrung" ausleeren muss.

Vor Weihnachten habe ich mir wieder ein paar Tage abgeknapst und war in Göttingen, habe meine Schwester besucht, ihr nettes Kind[30] bewundert, sie selbst sehr wohl gefunden. Jetzt aber ist sie durch den plötzlichen Tod ihres Schwiegervaters in tiefe Trauer versetzt. Hilberts haben grosses Unglück mit Franz gehabt, Ihr habt das ja wahrscheinlich direkt gehört.[31] Als ich dort war, ging es dem Jungen viel besser. Sie waren sehr betrübt, sonst aber so nett, dass ich dort wieder einmal einen der Abende aus der ganz alten Zeit verlebt habe, so ganz interessant und behaglich. Vor allem war Hilbert selbst weniger schroff und grammophonisch als in den letzten Jahren. Klein hatte leider den Husten, das ist ja immer ein gefürchteter Zustand. Er hat mich aber auf die neuen Arbeiten von Sundman über das Dreikörperproblem aufmerksam gemacht, die in der Finnischen Gesellschaft veröffentlicht sein sollen, und die Frage aufgeworfen, ob wir uns diese nicht für die Annalen verschaffen sollten.[32] Kannst Du mir etwas über die Arbeiten sagen? Ich wäre Dir sehr dankbar, wenn Du es bald tun könntest. Nach Kleins Mitteilungen handelt es sich um Betrachtung der Bahnen mit Einschluss der Zusammenstösse. Was Klein sonst darüber wusste, war nicht recht klar. Du wirst die Sachen ja ex officio gut kennen.

Im Hause geht es gut. Wir sollen bald wieder ein Kind bekommen.[33] Bis jetzt sieht alles danach aus, als ob es auch wirklich so würde. Mali ist wohl und hat es auch besser als das letzte Mal, wo sie im Bett liegen musste. Wir haben jetzt mit Mutter Ebstein schöne Weihnachten gefeiert, an denen das Margretlein sichtlichen und vor allem hörbaren Anteil genommen hat (Puppenwagen aus Holz mit Steinen drin).

Ich will ein Unternehmen gründen und bitte um freundliche Unterstützung hoher Königlich Preussischer Behörden. Ich eröffne einen Briefkasten für asymptotisch zu integrierende Differentialgleichungen. Wenn Du etwas brauchbares hineinzustecken hast, dann tu's. Die Noethersche Turbulenz hat schon drin gesteckt.

In Deinem letzten Briefe schreibst Du, Du wollest Einsteins Aequivalenzprinzip mit Sonnenspektren tot machen. Ist das gegangen?[34] Wir treiben jetzt

---

[30] Dieses älteste Kind von Blumenthals Schwester, Ena Storm, ist schon im Alter von 17 Jahren gestorben.

[31] Franz Hilbert (1893–1969), das einzige Kind von David und Käthe Hilbert, litt unter einer nicht diagnostizierten psychischen Störung.

[32] Der finnische Astronom Karl Sundman gab 1909 die erste analytische Lösung des Dreikörperproblems in Form einer konvergenten Potenzreihe.

[33] Am 18. Februar wurde Ernst Blumenthal geboren.

[34] Einstein machte schon 1911 eine quantitative Vorhersage über die Rotverschiebung, die Schwarzschild prüfen wollte. Die Auswertung der Vermessungen dauerte aber mehrere Monate, sodass die Ergebnisse erst nach Ausbruch des Krieges erscheinen konnten. Die Arbeit (Schwarzschild 1992, I: 267–279) wurde von Einstein in der Sitzung am 15. November 1914 der Preußischen Akademie der Wissenschaften vorgelegt. Schwarzschild drückte sich darin skeptisch aus, betrachtete aber die Prognose Einsteins als eine noch offene Frage. Blumenthal beschreibt diesen ersten Versuch in seinem Nachruf auf Schwarzschild (Kapitel 5).

hier unter Karmans Vortritt viel theoretische Physik. Ich habe es sehr gut mit Hamel und Karman, es sind feine Leute. Stark ist wieder einmal grosser Mann geworden, und wird als solcher hoffentlich bald einen Ruf erhalten.[35]

Mali grüsst und gratuliert Dir und Frau Else herzlich. Viele Grüsse und nochmalige Glückwünsche.

Dein O. Bl.

4.4 Die ersten Kriegsjahre

Die ersten Nachrichten, die Blumenthal während seines Kriegsdienstes bekam, trafen ihn tief. Darüber schrieb er in einer Karte an Hilbert.

Blumenthal an Hilbert | Concy, den 22.XI.1914
AK-L, Nachlass Hilbert, SUB Göttingen, 30, Nr. 43

Lieber Herr Professor!

Vorgestern habe ich Ihre Karte vom 18.10. erhalten. Sie hat mehr als einen Monat gebraucht, um mich zu erreichen, trotz völlig richtiger Adresse. Ich bin erschüttert durch die Nachricht vom Tode von und Lenz. Es waren zwei tüchtige Menschen. Garbes Annalenarbeit wird jetzt posthum erscheinen und wehmütige Gefühle erwecken.[36] Wie geht es überhaupt den Annalen? Hat Dyck meine Vertretung übernommen, wie ich ihn gebeten habe? Oder ruht das Geschäft gänzlich?[37] Neulich habe ich geträumt, ich hätte Annalenkorrektur zu lesen, und so ekelhaft mir dies Geschäft sonst war, so glücklich machte mich der Gedanke jetzt. Auch Nernsts und Runges Söhne gefallen; von unserer Hochschule ein sehr tüchtiger Privatdozent und ein guter Assistent: es ist schrecklich, wie viele Opfer der Krieg schon im Kreise meiner wissenschaftlichen Bekannten gefordert hat. Mir geht es noch unverändert gut. Ich habe wenige Entbehrungen und keine Gefahr überstehen müssen, und hoffe, dass ich seinerzeit gesund und arbeitsfähig nach Hause kommen werde. Das Politisieren habe ich mir gänzlich abgewöhnt, ich forsche nicht danach, ob es lange oder kurz bis zum Frieden dauert. Ich freue mich der erreichten Erfolge, die ich für bedeutend, aber lange nicht für entscheidend halte.

---

[35] Johannes Stark war seit 1908 in Aachen tätig. 1913 wies er den sogenannten Stark-Effekt nach, d.h. die Aufspaltung der Spektrallinien in elektrischen Feldern. Blumenthals Wunsch, dass er bald wegberufen werden möge, bezieht sich auf Starks fatale Einmischung in dem Gießener Berufungsverfahren etwa ein Jahr zuvor (siehe den obigen Briefverkehr). Stark wurde 1915 als Nachfolger Eduard Rieckes in Göttingen nominiert, aber seine Berufung scheiterte an dem Widerstand Hilberts. Er ging 1917 an die Universität Greifswald, bevor er 1920 nach Würzburg berufen wurde. Inzwischen erhielt er 1919 den Physik-Nobelpreis.

[36] E. Garbe, Zur Theorie der Integralgleichung dritter Art, *Mathematische Annalen*, 76 (1915): 527–547. Die Redkation schrieb dazu, dass der Verfasser am 22. August 1914 in den Vogesen gefallen sei.

[37] Die Geschäfte der *Annalen* wurden während des Krieges in erster Linie von Carathéodory geführt. Zu Walther von Dycks damaligen Tätigkeiten siehe (Hashagen 2003).

Beste Grüsse an Sie und Frau Professor.

Ihr

O. Blumenthal.

Ihre guten Nachrichten über Klein haben mich sehr erfreut und auch etwas
amüsiert.

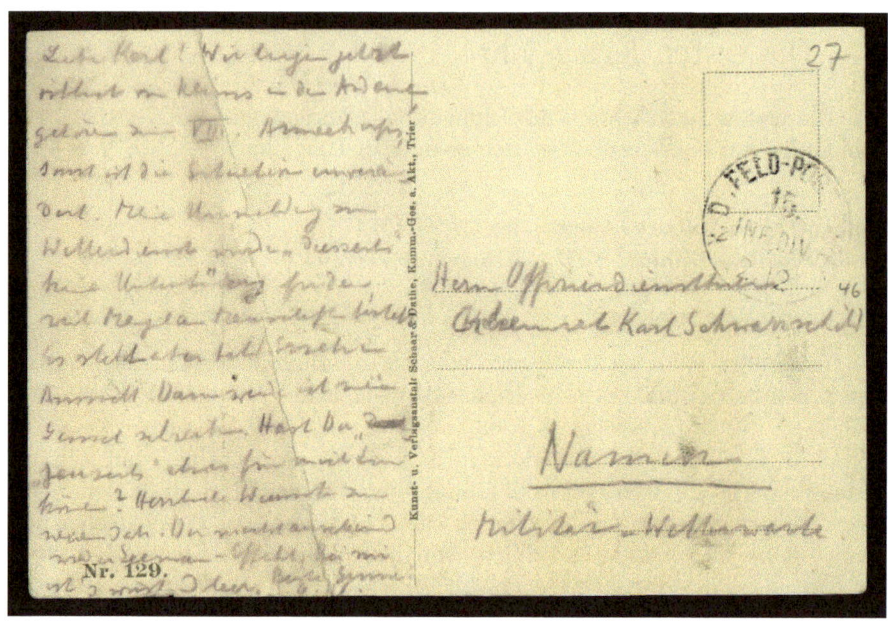

Abbildung 4.1: Blumenthal an Schwarzschild aus St. Etienne (Ardennen), 27. Dezember 1914

Blumenthal und Schwarzschild meldeten sich bald nach Ausbruch des Krieges
zum Militärdienst. Als Unteroffizier des Landsturms wurde Schwarzschild zunächst
als Leiter einer Feldwetterstation in Namur in Belgien eingestellt. Blumenthal bekam dagegen eine sehr langweilige Arbeit mit einer Kolonne unweit von Namur. In
folgender Karte an seinen Freund war er noch guter Hoffnung, dass Schwarzschild
ihm dabei helfen könnte, ihm eine Einstellung im Wetterdienst zu verschaffen
(Abbildung 4.1 und 4.2).

**Blumenthal an Schwarzschild | St. Etienne (Ardennen), den 27.XII.1914
AK-L, Nachlass Schwarzschild, SUB Göttingen, 75, Nr. 27**

Lieber Karl!

Wir liegen jetzt östlich von Reims in den Ardennen, gehören zum VIII. Ar-

Abbildung 4.2: Vorderseite der Postkarte von Blumenthal an Schwarzschild. Die kleine Stadt Longuyon wurde Anfang des Ersten Weltkriegs von deutschen Truppen weitgehend zerstört

meekorps, sonst ist die Situation unverändert. Meine Ummeldung zum Wetterdienst würde „diesseits" keine Unterstützung finden, weil Mangel an Mannschaft besteht. Es steht aber bald Ersatz in Aussicht. Dann werde ich mein Gesuch schreiben. Hast Du „jenseits" etwas für mich tun können? Herzliche Wünsche zum neuen Jahr. Du machst anscheinend wieder Zeemann-Effekt. Bei mir ist's wüst und leer. Beste Grüsse! O. Bl.

Kurz nach der Jahreswende beschrieb Blumenthal etwas ausführlicher seine Situation. Schwarzschild hatte sich inzwischen für ihn eingesetzt, aber Blumenthal blieb nach wie vor bezüglich seiner erhofften Versetzung pessimistisch.

Blumenthal an Schwarzschild | St. Morel, den 16.I.1915
AK-L, Nachlass Schwarzschild, SUB Göttingen, 75, Nr. 28

Lieber Karl!

Vielen Dank für Deine Bemühungen. Ich fürchte allerdings, dass nicht viel daraus wird. Wer einmal in einer Kolonne sitzt, der bleibt darin. Dabei habe ich wirklich gar nichts zu tun. Die Tätigkeit der Kolonne besteht darin, dass sie an der

Bahn Munition lädt und diese dann in mehreren Fahrten an die Batterie abgiebt. Das sind jedesmal Fahrten von etwa 7 Stunden durch ganz entsetzliches, völlig zerweichtes Gelände. Da die Batterie eben nicht viel schiesst, so finden diese Fahrten nur etwa einmal wöchentlich statt. Sonst hatten wir bisher gar nichts zu tun. In letzter Zeit sind wir ausserdem noch als Erdarbeiter bei einem Feldbahnbau und als Fahrer von Basalt–Kleinschlag herangezogen worden. In ersterer Eigenschaft habe ich das erste wissenschaftliche Instrument seit 5 Monaten wiedergesehen, ein Nivellier-Instrument, das ein Landmesser bediente. Es hat mich ordentlich mit Sehnsucht erfüllt. – Meine Frau ist in der Tat seit Weihnachten in Göttingen. Sie ist 6 Wochen lang in Wilhelmshöhe im Sanatorium gewesen, um nervöse Depressionszustände auszukurieren, hat eine sehr geglückte Kur hinter sich und ist nun als völlig geheilt bei Frau Ebstein, wo auch die Kinder sind. Unsere Frauen haben sich bis 8. Januar noch nicht getroffen, werden es aber wohl sicher jetzt tun. – Weisst Du, dass Rümelin,[38] früher Assistent bei Tammann, dann in Aachen, gefallen ist. Er war ein sehr gescheiter und vielversprechender Mensch, auch persönlich höchst angenehm. Hamel ist in den Vorstand der D[eutschen] Mathematiker-Vereinigung gewählt worden. Wenn ich noch lange hier liege, versuche ich einmal etwas Ballistisches.

Beste Grüsse!
Dein O.Bl.

Im folgenden Brief an Arnold Sommerfeld erzählt Blumenthal von seiner Betroffenheit wegen des Todes des Geophysikers Friedrich Bidlingmeir. Am Anfang des Krieges wurde dieser als Hauptmann der Reserve in Avocourt schwer verwundet. Sein Leichnam wurde erst einen Monat später im Argonnerwald gefunden, wohin er sich verletzt geschleppt hatte.

Blumenthal an Arnold Sommerfeld | 22.II.1915
Nachlass Sommerfeld, Deutsches Museum München

Lieber Freund!

Vielen Dank für die lieben Briefe. Die sehr guten Nachrichten über Mali haben mich sehr gefreut. Ich wusste ja von ihr und den Verwandten, dass es ihr gut geht, aber die Freundschaft sieht schärfer und sicherer als die Verwandtschaft. Das ist der Segen dieses Krieges, dass Mali durch ihn eine ausgiebige Erholung bekommen hat. Hoffentlich dauern die guten Folgen länger an als der Krieg selbst, der mir vielfach mit dem Zeichen ∞ behaftet scheint. Der Tod des armen Bidling-

---

[38]Gustav Rümelin (1882–1914) stammte aus einer liberalen württembergischen Familie von Rechtswissenschaftlern. Er studierte Physik in Göttingen, wo er Assistent bei Gustav Tammann (1861–1938) wurde. Ab 1911 wirkte er dort als Privatdozent. Kurz vor Ausbruch des Krieges ging er nach Aachen als Dozent für Physikalische Chemie.

meir[39] betrübt mich tief. Er hat nicht viel Glück im Leben gehabt, der arme Kerl. In seiner Aachener Zeit besonders war er sehr unglücklich und beinahe wunderlich. Dein Nachruf ist sehr schön.[40] Eine genauere Analyse der wissenschaftlichen Arbeiten wird ja wohl auch noch erscheinen. Er war gewiss ein Mensch, der selbständig und originell dachte. Mir geht es weiter vegetierend gut, vielleicht werde ich jetzt in der Landwirtschaft verwandt. .. ??: entwegter ??

Beste Grüsse!

O. Blumenthal.

Im Sommer 1915 bekam Blumenthal seinen wohlverdienten Urlaub und damit die Chance, seine Frau und Kinder wieder in Göttingen zu besuchen. Die Hörsäle zu dieser Zeit waren beinahe leer, da die meisten Studenten im Feld waren. Nicht wenige waren inzwischen gefallen. Obwohl der Krieg inzwischen schon fast ein ganzes Jahr währte und unzählig viele Menschenopfer gefordert hatte, ging der Wissenschaftsbetrieb für den Hinterbliebenen in Göttingen noch weiter. Darüber berichtete Hilbert im folgenden Brief an Schwarzschild, unter Erwähnung des Hauptereignises: die Vorträge von Einstein über die Gravitationstheorie.

Hilbert an Schwarzschild | Göttingen den 17.VII.1915
AB-L, Nachlass Schwarzschild, SUB Göttingen, 331

Lieber Schwarzschild,

Schon lange wollte ich einmal ausführlich an Sie schreiben; aber auch heute komme ich nicht dazu, diesen Vorsatz auszuführen. Die Veranlassung meines gegenwärtigen Schreibens ist vielmehr nur die: Mein früherer Assistent Dr. Baule[41] hatte sich gleich zu Kriegsbeginn als Kriegsfreiwilliger bei den Pionieren gemeldet, ist verwundet worden und wird nunmehr zum Offizier ausgebildet; er wird in etwa 8 Tagen dienstfähig u. Leutnant. Er ist ausgebildeter Mathematiker und Physiker und es wäre doch möglich, dass Sie für ihn Verwendung wüssten. In diesem Falle wäre ich Ihnen sehr dankbar, wenn Sie mir möglichst bald Bescheid gäben. Er ist ein ganz besonders vortrefflicher und zu Allem brauchbarer Mensch und ich würde ihn gern gut untergebracht sehen. Wenn er nach seiner Beförderung zum Leutnant

---

[39] Friedrich Bidlingmeir (1875–1914) studierte Mathematik und Physik in Tübingen und promovierte 1900 in Göttingen bei Woldemar Voigt. Er war vor allem für seine meteorologischen und geomagnetischen Untersuchungen bekannt, die er als Teilnehmer an der ersten deutschen Südpolarexpedition (1901–1903) erarbeitete. Nach seiner Habilitation 1909 in Berlin war er kurzfristig an der Technischen Hochschule Aachen tätig, bevor er 1912 nach München ging, wo er als Observator an der erdmagnetischen Station der Münchner Sternwarte arbeitete.

[40] Arnold Sommerfeld, Friedrich Bidlingmeir (1875–1914), *Physikalische Zeitschrift*, 16 (1915): 17 f.

[41] Bernhard Baule (1891–1976) promovierte 1914 bei Hilbert mit der Dissertation „Theoretische Behandlung der Erscheinungen in verdünnten Gasen ". Er war einer der wenigen Überlebenden der Schlacht von Langemarck.

den Wunsch aussprechen könnte, einer bestimmten Stelle überwiesen zu werden, so meint er mit Sicherheit, dass man seinem Wunsche stattgeben würde.

Augenblicklich ist ja Blumenthal hier und es ist eine Wohltat für uns wieder einmal einen Menschen zu sehen, der vernünftig geblieben ist.

Wir haben hier während der beiden Kriegssemester vielen wissenschaftlichen Betrieb gehabt. An meinem Seminar nehmen fast alle math. u. phys. Dozenten incl. Voigt u. Tammann teil[42]; der Hauptmacher ist natürlich Debye.[43] Während des Sommers hatten wir hier zu Gast der Reihe nach: Sommerfeld, Born, Einstein. Besonders die Vorträge des letzten über Gravitationsth[eorie] waren ein Ereignis. Ferner war Pohl hier und hat über seine [?] Arbeiten vorgetragen.

Ueber Sie und Ihre Tätigkeit habe ich ab und zu von Ihrem Schwiegervater gehört. Nernst ist ja besonders hervorragend tätig. Von meinen mir am nächsten stehenden jungen Leuten sind bisher glücklicher Weise noch alle heil – obwohl zum Teil sehr gefährdet, wie Courant u. Behrens[44], unsere beiden math. Privatdozenten.

4.5   Im Wetterdienst

Schwarzschild fand seine Tätigkeit an der Feldwetterstation in Namur unbefriedigend, und so wurde er auf eigenen Wunsch einem höheren Artilleriekommando zugeteilt. Danach wurde er an verschiedenen Stellen der Westfront, aber auch im Osten eingesetzt (Abbildung 4.3). Er erhielt das Eiserne Kreuz und wurde zum Leutnant befördert. Während dieser Zeit setzte er mehrere wissenschaftliche Untersuchungen fort, worüber er Blumenthal gelegentlich informierte. Später schrieb Blumenthal in Hinblick auf seine wissenschaftlichen Leistungen in der Kriegszeit, dass Schwarzschild „gerade einige seiner besten physikalischen Arbeiten im Felde geschrieben hat. Nur ein Geist, in dem alle Rohstoffe völlig klar geordnet bereit

---

[42]Der in Leipzig geborene Physiker Woldemar Voigt (1850–1919) besuchte in seiner Heimatstadt die humanistische Thomasschule, wo einst J.S. Bach gewirkt hatte. Er studierte Physik in Königsberg, und zwar bei dem Begründer der theoretischen Physik in Deutschland, Franz Neumann . Danach wirkte er dort von 1875 bis 1883 als außerordentlicher Professor, bevor er nach Göttingen kam. Seine Begeisterung für Musik machte ihn in Göttingen besonders bekannt, vor allem durch die jährlichen Bach-Konzerte, die er mit großer Leidenschaft dirigierte. Gustav Tammann (1861–1938) kam 1903 nach Göttingen als Direktor des neu gegründeten Instituts für Anorganische Chemie. Vier Jahre später wurde er Direktor des Instituts für Physikalische Chemie.

[43]Der in Maastricht geborene Peter Debye (1884–1966) studierte zunächst Elektrotechnik an der Technischen Hochschule Aachen, wo er von Arnold Sommerfeld entdeckt wurde. Als Sommerfeld 1906 nach München wegberufen wurde, nahm er ihn mit. Debye promovierte 1908 dort bei Sommerfeld im Bereich der theoretischen Physik. Zwischen 1914 und 1920 vertrat er sowohl die theoretische als auch Experimentalphysik in Göttingen. Zu dieser Zeit wurde er vor allem durch seine Untersuchungen zur Struktur kristalliner Materialien bekannt.

[44]Richard Courant (1888–1972) und Wilhelm Behrens (1885–1917). Behrens promovierte 1911 bei Klein mit der Dissertation „Ein der Theorie der Laval-Turbine entnommenes mechanisches Problem, behandelt mit Methoden der Himmelsmechanik". Er bekam 1913 die *venia legendi* in Physik, fiel aber 1917 im Krieg.

lagen, eine schöpferische Kombinationsgabe und ein unbeirrbarer Fleiß konnten diese Leistung vollbringen" (Blumenthal 1917).

Inzwischen bekam Blumenthal die ersehnte Nachricht, dass er sich nach Berlin begeben sollte, um eine neue Tätigkeit für den Wetterdienst anzufangen.

Blumenthal an Schwarzschild | Berlin-Schöneberg, den 26.VII.1915
AB-L, Nachlass Schwarzschild, SUB Göttingen, 75, Nr. 29

Lieber Karl!

Vielen Dank für Deinen Brief nach Göttingen, der mich in Berlin getroffen hat. Ich gehöre augenblicklich der Schreibstube an, die sich selbst schöner als Minor bezeichnet, trage die Beobachtungen von rd. 100 Stationen in n verschiedenen Schlüsseln in m Listen ein und lerne hierdurch nach Ansicht unseres wissenschaftlichen Leiters, des mir sonst unbekannten Professor Less[45], ungemein viel Meteorologie. Dies wird mir um so notwendiger sein, als ich bereits in den nächsten Tagen ein sehr viel schöneres Kommando erhalten werde, nämlich die Leitung der Wetterdienststelle am neu zu gründenden Luftschiffhafen Hannover. Du kannst Dir denken, dass das ein Posten ist, nach dem ich mir die Finger lecke. Die Hochschule in Hannover und die Nähe Göttingens sind gar verlockend. Berlin ist mir entschieden zu viel, besonders da ich von $7\frac{1}{2}$ Uhr bis abends 8, mit $2\frac{1}{2}$ stündiger Mittagspause Dienst habe. Ich habe immer Anlage zum „Canadier" gehabt und bin es in den 11 Monaten Feld dermassen geworden, dass ich mich in gesittete Verhältnisse überhaupt schwer, in die über-gesitteten Berliner gar nicht fügen kann. Hannover wird besser sein, allein schon wegen der geringeren Entfernungen. Militärstiefel passen vielfach nicht recht, da wird $\frac{1}{2}$ Stunde Pflaster zur Qual. Zu meinem grossen Bedauern werde ich Deine Frau nicht aufsuchen können: die blödsinnigen Bureaustunden genügen als Grund.

Meinen Brief werden sie Dir von Baille nachgeschickt haben und Du wirst Dich über die Inhaltslosigkeit gewundert haben. Ich war damals derartig platt über die ganze Geschichte, ausserdem noch so benommen durch die Urlaubsgefühle und -freuden, dass ich keine Gedanke zusammen brachte. Ausserdem ging mir meine Vermessungsgeschichte im Kopf herum, von der Dir Eckert (?) wohl gesprochen haben wird. Sie ist an sich reizvoller als die Meteorologie, und ich wollte auch nicht Eckert und seinem Hauptmann gegenüber, die sehr nett mit mir gewesen waren, den Anschein doppelten Spiels erwecken. Dass ich Dir von Herzen dankbar bin dafür, dass Du mich aus der Kolonne gerissen hast, kann ich Dir aber jetzt, nach der Entscheidung, mit besonderer Freude sagen. Die Verhältnisse in der Kolonne waren doch in der letzten Zeit dank der Überheblichkeit unseres Kommandeurs, dem sein Leutnantsgrad zu Kopf gestiegen ist, schwer erträglich. Ich hatte selbst nicht viel auszustehen, aber die ewige Schimpferei überall und immer ging auf die

---

[45] Gemeint ist wohl der Meteorologe Emil Less (1855–1935), der 1884 wissenschaftlicher Leiter des Berliner Wetterbüros wurde und später bis 1923 Leiter der öffentlichen Wetterdienststelle Berlin war.

Nerven. In der Meteorologie habe ich fürs erste noch viel zu viel zu lernen und zu arbeiten, um mich zu langweilen. Ich will mir ein paar Bücher anschaffen und in Hannover studieren. Unter meinen Assistenten befindet sich auch wenigstens ein interessierter und gescheiter Mensch, da soll schon etwas herauskommen.

Über Deine jetzige Tätigkeit habe ich nur ein paar Andeutungen unseres hiesigen Leutnants gehört und kann mir ein ungefähres Bild machen. Ich möchte aber gerne wissen, durch welche Versuche und Beobachtungen Du Dir Deine Erfahrungsdaten verschaffst.

Sehr verwunderlich ist mir, dass Du mein Telegramm aus Göttingen (Beantwortung Deiner Anfrage nach meiner Adresse) nicht erhalten hast. Es war gerichtet an: V. Armee, 27.2. (?), Fuss-Artilleriebrigade Schnabel[46], so war die Adresse in 2 Telegrammen angegeben. Es scheint da ein übeler Lesefehler des Telegraphisten unterlaufen zu sein. Dass Du mich in Baille besuchen wolltest, ist rührend, und dass Du mich nicht getroffen hast, tief beklagenswert. Wir werden wohl schon bis zum Frieden warten müssen, wenn so ein Ding überhaupt noch existiert, oder Du musst mich zu Deinem ballistischen Assistenten machen.

Lebe wohl, lieber Karl, ich danke Dir vielmals herzlich für Deine treue Hülfe, die gerade zu rechter Zeit gekommen ist, lass Dir's recht gut gehen.

Dein alter O. Bl.

Über die genaueren Umstände und Ereignisse bei Blumenthals Versetzung nach Berlin erfuhr Schwarzschild aus dem folgenden Brief von Mali Blumenthal.

Mali Blumenthal an Schwarzschild | Göttingen, den 28.VII.1915
AB-D, Nachlass Schwarzschild, SUB Göttingen, 74, Nr. 1

Lieber Herr Schwarzschild,

vorigen Samstag kam Ihr Brief an Otto hier an; ich habe ihm denselben sofort nach Berlin-Schöneberg, Militär-Wetterzentrale nachgeschickt und er hat ihn auch erhalten. Ob er Ihnen schon antworten konnte, weiß ich nicht; jedenfalls möchte ich Ihnen gern ein paar Worte schreiben und Ihnen herzlichst danken für die große Freude, die Sie mir dadurch gemacht haben, daß Sie sich für die Verlegung meines Mannes so freundlich bemüht haben. Es ging alles ganz wunderbar schnell. Am 22sten war Ottos Urlaub zu Ende, am 21sten Mittags, nachdem ich gerade mit Ihrer Schwägerin Agnes Rosenbach telefoniert hatte wegen Ihrer Adresse, kam ein Telgramm von dem Colonnenführer mit der Nachricht der Versetzung an die Militär-Wetterzentrale Berlin-Schöneberg. Damit reiste Otto Nachts ab, und der gefürchtete Abschied wurde unter diesen Umständen nicht sehr schwer. Nun kommt es aber noch besser: denken Sie, heute schreibt Otto, daß er als Leiter einer Militär-Wetterwarte nach Hannover kommt. Was könnte überhaupt günstiger für

---

[46]Der Kommandeur des Fußartilleriebrigade-Kommandos 2 war damals der Generalmajor Johann Schnabel.

Abbildung 4.3: Karl Schwarzschild in Kriegsdienst. Nachlass Schwarzschild, SUB Göttingen

uns sein; mir kommt es noch ganz unwahrscheinlich vor, daß ich es auf einmal so gut haben soll. Und ich denke, Otto wird nach diesem Jahr mit seinen vielerlei Strapazen und Entbehrungen den Ruheposten auch zu schätzen wissen. Wie ich höre, haben Sie es in Namur nicht mehr recht ausgehalten. Sie werden ja wohl wissen, daß man bei Rosenbachs etwas besorgt um Sie ist. Daraufhin habe ich Ihrer Schwiegermutter auch den Satz aus Ihrem Brief an Otto: „blos an den Gefechtstagen wimmele ich etwas in den Artilleriestellungen herum" sorgfältig verschwiegen. Zum eisernen Kreuz gratuliere ich vielmals. So weit hat es Otto noch nicht gebracht, d.h. der Wunsch seines Wachtmeisters, es ihm zu verschaffen, hat bei dem Herrn Leutnant u. Colonnenführer taube Ohren gefunden. Im übrigen war mein Mann mit einigen wirklich netten Leuten zusammen und möchte sicher dies Jahr in seiner Erinnerung nicht missen. Wie schade, daß Sie nichts voneinander wußten, da Sie doch ziemlich nahe beieinander waren. – Lassen Sie es sich recht gut gehen! Ihre Frau und Ihre Kinder habe ich hier nicht oft aber mit großer Freude gesehen; Martin sieht Ihnen lächerlich ähnlich.

Mit vielen herzlichen Grüßen,
Ihre Mali Blumenthal.

Daß Sie unsere telegrafische Antwort auf Ihr Telegramm nicht erhielten, ist sonderbar.

Wie glücklich die Blumenthals sich bei dieser unverhofften Wendung fühlten, brachte Otto in einer kurzen Darstellung seines Alltags in Hannover zum Ausdruck.

Blumenthal an Schwarzschild | Hannover, den 10.IX.1915
AK-L, Nachlass Schwarzschild, SUB Göttingen, 75, Nr. 30

Lieber Karl!

Deine gemeinsame Karte mit Biltz hat mich höchlich erfreut. Ein Zusammentreffen im Feld mit einem guten Freund muss ein wirklicher Gewinn sein. War Biltz vielleicht der Chauffeur, der Dich mit dem übrigen Stab durch Kowno [Kaunas] fahren sollte? In diesen verdrehten Zeiten ist auch dieses Zusammentreffen denkbar. Mit der Wetterei habe ich mich ziemlich angefreundet. Zu meinen Prognosen kann ich noch niemandem raten. Da wir aber noch kein Luftschiff haben, auch keine Aussicht auf eines, so verlangt auch niemand eine von mir. Im übrigen machen wie normal täglich unsere Beobachtungen, schäkern mit den Telegraphistinnen, zeichnen Wetterkarten auf Grund der Hamburger Telegramme, die wir jetzt endlich erhalten, und überlegen uns gelegentlich, was eine Böe ist. Letzteres wird meist als zu schwierig wieder aufgegeben. Auch habe ich heute bei dem L. B. I Sohlen und Schuhnägel für Stiefelreparatur bestellt. Allmählich hoffe ich auch wieder etwas zu mathematisieren. Auch üben wir uns, die wichtigsten meteorologischen Fakten in klassischem Griechisch auszudrücken, wobei die Worte κουμουλόστρατος und πιλωτης[47] eine besondere Rolle spielen. Mali besucht mich häufig, dann spreche ich kein Griechisch. Grüsse, bitte, Biltz, wenn Du ihn noch einmal siehst. Lass Dir's gut gehen,
Dein O. Bl.

4.6   Schwarzschilds Krankheit und Tod

Im Frühling 1916 befand sich Blumenthal an der Ostfront. Er berichtete Schwarzschild über die Lebens- und Arbeitsbedingungen dort in einem Dorf in Litauen. In der Zwischenzeit hatte sich Schwarzschild eine schlimme Hautkrankheit zugezogen und musste deswegen in März 1916 nach Potsdam transportiert werden. Blumenthal wusste vermutlich noch nicht, dass sein Freund von Pemphigus heimgesucht worden war, einer lebensbedrohlichen Krankheit. Allerdings wurde er darüber informiert, dass Schwarzschild unter der Obhut seines Schwagers, Dr. Fritz Rosenbach, stand, weswegen er sich nach dem Erfolg von dessen Behandlung erkundigte.

---

[47]Diese griechische Wörter bedeuten „Stratocumulus-Wolken", bzw. „Piloten".

Blumenthal an Schwarzschild | Feldwetterstation 23, AOK Scholtz, den 2.IV.1916
AK-L, Nachlass Schwarzschild, SUB Göttingen, 75, Nr. 31

Lieber Karl!

Nun bin ich schon seit fast 3 Wochen in Russland, und es geht mir völlig wohl. Gegend: zwischen Kowno [Kaunas] und Dünaburg, Ort: ein hbsches, charakteristisches litauisches Dorf mit sauberer, ungezieferarmer Bevölkerung; Lokal: eine grosse Stube mit 3 feldmässigen Betten, einem natürlichen und einem feldmässigen Tisch, 2 langen Bänken und einem sehr schonungsbedürftigen Stuhl, auf dem noch ein Polsterrest sitzt. Die Tätigkeit ist dadurch etwas anders als in Namur, dass wir näher an der Front sind und weniger für die Wetterzentralen als für Flieger-Abteilungen zu liefern haben. Andererseits sind wir aber so weit von der Front weg, dass wir nur aus weiter Ferne die schweren Geschütze hören. Ich glaube, dass die Tätigkeit weniger faul ist, als in Namur: an schönen Tagen, wie heute, werden wir gehörig in Atem gehalten. Ich bin auch infolge dessen noch nicht zu mathematischer Arbeit gekommen, in den nächsten Tagen wird es aber wohl werden. – Wie geht es Dir und Deiner Krankheit? Ist Rosenbachs Behandlung erfolgreich?[48] Hoffentlich wirst Du das langweilige Zeug bald los und erholst Dich auch sonst gut zu Hause. Du warst doch an jenem Sonntag recht müde. Von meiner Familie habe ich gute Nachrichten. Lebe recht wohl, grüsse Frau Else. Schreibe einmal in diese Einöde.

Dein
O. Bl.

Einen Monat später wurde Blumenthal langsam klar, dass Schwarzschild in Lebensgefahr schwebte. Inzwischen musste Blumenthals Gruppe das litauische Dorf verlassen, worüber er in dem folgenden Brief berichtet.

Blumenthal an Schwarzschild | Nowo-Alexandrowsk, den 12.V.1916
AB-L, Nachlass Schwarzschild, SUB Göttingen, 75, Nr. 33

Lieber Karl!

Meine Frau schreibt mir, dass Du in einer Klinik liegst und von Deiner Hautkrankheit arg geplagt wirst. Das tut mir von Herzen leid. Es ist kaum möglich, Dich als Kranken vorzustellen. Jetzt wo die Welt als Ganzes krank ist, ist es ja wohl kein Wunder, wenn es auch der einzelne wird. Ich hoffe aber, dass Du erheblich früher wieder gesund wirst als die Welt und auch gründlicher: denn das arme

----

[48]Es handelt sich vermutlich um Schwarzschilds Schwager Fritz Rosenbach. Schwarzschilds Schwiegervater, Friedrich Julius Rosenbach (1842–1923), war außerordentlicher Professor am Direktorium der Universitäts-Poliklinik in Göttingen, wo er allgemeine Chirurgie und chirurgische Operationslehre unterrichtete.

Europa wird eine schwere und lange Rekonvaleszenz durchmachen müssen. Ich hätte Dir schon früher geschrieben, wenn wir nicht einen Stationswechsel hätten vornehmen müssen. Wir lagen so schön fast 2 Monate lang in unserem idyllischen Kaleki, freuten uns an dem beginnenden Frühling, der Blüte der Obstbäume. Da wurden wir rauh und kalt herausgerissen und erheblich weiter nordöstlich nach Nowo-Alexandrowsk verlegt. Jetzt haben wir zwar den Vorteil, in einer Stadt zu liegen, aber leider ist die Stadt fast gänzlich von der Bevölkerung verlassen. Wir bewohnen aber allein für uns ein kleines Gütchen vor der Stadt und haben es so behaglich, wie man es im Kriege haben kann. Ich bin sogar von meinen dankbaren Untertanen mit einem eigenen Schreibtisch + Schreibtisch-Sessel beschenkt worden. Ich denke, wir werden uns auch hier in wenigen Tagen ganz wohl fühlen. Zur Zeit kränkt und belästigt uns ein schwerer Kälterückfall, auf den unsere Sommer-villa mangels eines Ofenrohrs nicht eingerichtet ist. Der Erfolg auf der Höhe 304 giebt wieder Mut. Das ist doch wohl ein sehr grosser Fortschritt.

Mache Du also ebensolche und noch grössere und werde bald wieder der Alte! Viele Grüsse an Frau Else.

Lebe recht wohl!

Dein

O. Blumenthal.

Diesen Brief bekam Schwarzschild nicht mehr zu sehen, denn am 11. Mai, einen Tag bevor Blumenthal ihn schrieb, war er schon tot. Sein Testament hatte Karl Schwarzschild kurz nach Ausbruch des Krieges verfasst. Es sah im Fall seines Todes u.a. vor, nach welchen Grundprinzipien seine Frau ihre drei Kinder erziehen sollte. Was Schwarzschilds wissenschaftlichen Nachlass betraf, wurde er Blumen-thal zusammen mit Schwarzschilds Schwager Robert Emden,[49] Ludwig Prandtl und Carl Runge anvertraut. Sie sollten auch die hinterlassenen Manuskripte von Schwarzschild sichten. Diese Arbeit nahm Blumenthal gern auf, indem er diesen Teil des Nachlasses ordnete und mit kurzen Kommentaren versah. Parallel dazu bereitete er einen eindrucksvollen Nachruf auf Schwarzschild (Blumenthal 1917) vor, welcher im *Jahresbericht der Deutschen Mathematiker-Vereinigung* erschien und in Kapitel 5 des vorliegenden Bandes abgedruckt ist. Über seine Vorberei-tungen bezüglich dieses Nachrufs berichtete Blumenthal in dem nachfolgenden abschließenden Brief an Else Schwarzschild.

---

[49]Robert Emden (1862–1940) war mit Karl Schwarzschilds Schwester Klara verheiratet. Ab 1907 wurde er Professor für Physik und Meteorologie an der Technischen Hochschule Mün-chen. Im selben Jahr publizierte er das große Werk *Gaskugeln: Anwendungen der mechanischen Wärmetheorie auf kosmologische und meteorologische Probleme*, welches von seinem Schwager ausführlich, aber auch kritisch rezensiert wurde (siehe (Schwarzschild 1992, I: 280–309)).

Königliches Amtsgericht | Potsdam, den 10.VII.1916
TD, Nachlass Schwarzschild, SUB Göttingen, 20, Nr. 2

Gegenwärtig: von der Linde, Geheimer Justizrat, als Richter. In dem heute zur Eröffnung einer Verfügung von Todes wegen des Geh. Regierungsrats, Direktors des Astrophysikalischen Observatoriums Professors Dr. Karl Schwarzschild von hier anstehenden Termin erschien die Witwe Schwarzschild, Else geb. Rosenbach von hier. Die Persönlichkeit der Erschienenen wurde durch Sachkenntnis festgestellt. Die Sterbeurkunde, nach welcher der Erblasser am 11. Mai 1916 gestorben ist, wurde überreicht. Die Erschienene hatte eine offene Schrift als eigenhändiges Testament des eingangs genannten Ehemannes überreicht. Das Testament wurde der Beteiligten verkündet. Es ist datiert: Potsdam, den 19. August 1914.

<u>**T e s t a m e n t**</u>

Für den Fall meines Todes <u>bestimme</u> ich folgendes: Universalerbin und Vormund meiner Kinder soll meine Frau Else geb. Rosenbach sein. Alles Vermögen, das ihr jetzt oder später von seiten der Familie Schwarzschild zufällt, soll mündelsicher angelegt werden. Es ist ihr nicht erlaubt, Teile dieses Vermögens zu verleihen. Zu Testamentsvollstreckern bestimme ich meinen Bruder Alfred Schwarzschild und meine beiden Schwäger Robert Emden und Fritz Rosenbach.

Ich bemerke, dass mir die Anrechnung meiner Privatdozentenzeit in München, beginnend Juli 1899, auf mein pensionsfähiges Dienstalter bei der Berufung nach Potsdam von Seiten des Ministeriums schriftlich zugesichert wurde.

Ferner spreche ich folgende <u>Wünsche</u> aus: Robert Emden soll meine rein wissenschaftlichen Bücher zur Benutzung erhalten und sie später unter diejenigen meiner oder seiner Söhne verteilen, die ein ernstes naturwissenschaftliches Interesse zeigen. Meine wissenschaftlichen Manuskripte mögen Blumenthal, Emden, Prandtl, Runge durchblättern und, wenn sie wollen, behalten. Vieles, was der Veröffentlichung wert ist, wird nicht dabei sein.

Meine Frau möge die Kinder[50] in Göttingen grossziehn, möglichst in eigenem Hause, nicht im Hause ihrer Eltern. Soweit es durchführbar ist, sollen sie jährlich mit Angehörigen der Familie Schwarzschild zusammen sein. Meine Frau möge alle ihre Strenge in der Erziehung der Kinder zusammen nehmen, Liebe und Wärme wird sie ihnen immer genug geben. Die Kinder sollen die Schule möglichst normal besuchen, die Schule soll auch immer die Hauptsache bleiben, daneben mögen sie aber möglichst viel Sport treiben und so viel Liebhabereien, als sie können. Sie sollen bescheiden und bedürfnislos, auch knapp an Geld gehalten werden. Nur für ihre geistige und körperliche Ausbildung sollen keine Mittel gespart werden.

Freie Verfügung über Vermögen oder Zinsen soll ein Sohn nicht erhalten, bevor er selbst 1200 M jährlich regelmässig verdient, falls er den Doktor hat, oder bevor er 3000 M jährlich regelmässig verdient, falls er den Doktor nicht hat. Für eine Tochter möge das gleiche gelten bis zu ihrer Heirat oder bis zu ihrem 25ten

---

[50] Agathe (geb. 1910), Martin (geb. 1912) und Alfred Schwarzschild (geb. 1914).

Lebensjahre, falls sie bis dahin noch nicht geheiratet hat.

In Fragen der Religion und Rasse mögen die Kinder so unbewusst und unbelastet aufwachsen, wie sich das durchführen lässt. Später aber sollen sie wissen, dass ihre Herkunft sie verpflichtet, wenn sie unbewusst Partei ergreifen, sich auf Seite der Unterdrückten zu stellen.

In allem vertraue ich meiner guten Frau. Nur um sie in der Durchführung ihrer Prinzipien zu bekräftigen, spreche ich diese Wünsche aus.

Potsdam den neunzehnten August neunzehnhundert und vierzehn.

Karl Schwarzschild

Zwei Monate nach Schwarzschilds Tod bekam Blumenthal die Trauerreden von seiner Witwe zu lesen. Er bedankte sich bei ihr dafür und erzählte auch kurz von dem Nachruf auf ihren Mann, den er derzeit aufarbeitete (Kapitel 5). In der Zwischenzeit starb auch Karls Vater, Moses Martin Schwarzschild – ein Ereignis, dass alte Erinnerungen aus Blumenthals Jugend in Frankfurt hervorrief.

**Blumenthal an Else Schwarzschild | Feldwetterstation 23, den 22.VII.1916
AB-L, Nachlass Schwarzschild, SUB Göttingen, 75, Nr. 33**

Liebe Frau Else!

Vielen herzlichen Dank für die Trauerreden auf Karl, die mir meine Frau gestern eingeschickt hat. Wilke[51] hat Recht: ohne den Krieg wäre eine grosse Reihe von Freunden zur Beerdigung nach Göttingen gereist. Die Reden sind schön, jede in ihrer Art, und wenn man sie zusammen nimmt, das sieht man wohl, was für ein besonderer Mann Karl war. Ich arbeite an einem Nachruf auf ihn, der in den Jahresberichten der Deutschen Mathematiker-Vereinigung erscheinen soll. Ich habe von verschiedenen Seiten, besonders von Emden und Sommerfeld, Material erhalten, und hoffe, aus meinen Erinnerungen auch einiges neues hinzufügen zu können. Es ist mir eine besonders liebe Arbeit, es fällt mir dabei so vieles Liebe, Halbvergessene wieder ein.

Nun ist auch der Vater Schwarzschild seinem Sohne nachgefolgt.[52] Es war zu erwarten, und ist gut für den alten Mann. Aber die Frau in ihrer Einsamkeit tut mir sehr leid.

Leben Sie recht wohl, liebe Frau Else, und nochmals herzlichen Dank. Wenn Sie nach Göttingen übersiedeln, hoffe ich, dass Sie in regem Verkehr mit meiner Frau treten, wie es die Väter – und wohl auch die Mütter – in ihrer Jugend getan haben. Beste Grüsse!

Ihr   O. Blumenthal.

---

[51]Möglicherweise handelt es sich hier um den Chemiker Dr. Ernst Wilke-Dörfurt (1881–1933), der nach seinem Studium in Göttingen eine Mitarbeiterstelle innehatte. Er wirkte in den 1920er Jahren an der Technischen Hochschule in Stuttgart.

[52]So starb Moses Martin Schwarzschild (1837–1916) etwa zwei Monate nach seinem Sohn Karl.

Kapitel 5

Blumenthals Würdigung von Schwarzschild, 1917

Karl Schwarzschild[1]

Von Otto Blumenthal in Aachen, z.Z. im Felde

Am 11. Mai 1916 ist Karl Schwarzschild, Direktor des Astrophysikalischen Instituts in Potsdam, gestorben.

Er war nicht Mathematiker von Fach, aber es ist eine Ehre für die Mathematik, ihm ein Denkmal neben den Besten der ihren zu setzen. Er war Astronom, ein Jünger der alten allumfassenden Astronomie, der Schwester der philosophia naturalis. So führte ihn vielseitige, tief gehende astronomische Wissbegier hinüber zu der Physik und zu den exakten Naturwissenschaften im allgemeinsten Sinne. Und wo er bohrte, erschlossen sich ihm schöne Funde.

Da ich diesen Nachruf im Felde schreibe und Literatur nur in beschränktem Maße einsehen kann, vermag ich nur Bruchstücke einer Analyse von Schwarzschilds wissenschaftlichem Werk zu geben. Mein Wunsch ist aber, das prächtige Bild des Menschen und Forschers festzuhalten, das mir eine jahrelange Freundschaft eingeprägt hat.

I.

Wer von Schwarzschild spricht, muss tönende Worte durchaus vermeiden. Sie stünden in grellem Gegensatze zu der Schlichtheit und Natürlichkeit des Mannes. Und doch charakterisiert ihn nichts besser als die Aussage: Er war ein genialer Mensch. Sein Wesen war völlig harmonisch und klar. Im Leben wie in der Wissenschaft fand er instinktiv den richtigen Weg. So erklärt sich die zwingende Macht

---

[1] Aus dem *Jahresbericht der Deutschen Mathematiker-Vereinigung*, 26 (1917): 56–75.

seiner Persönlichkeit: sein Auftreten war gänzlich anspruchslos, vielfach etwas verlegen, aber bald brach seine natürliche, zwanglose Heiterkeit durch, und wen er dann mit seinen blanken Augen anlachte, der gewann ihn lieb und spürte den Hauch seines Geistes.

Die Quellen von Schwarzschilds wissenschaftlicher Leistung liegen in zwei scharf hervortretenden Eigenheiten seiner Begabung.

Zunächst besaß er eine ungemeine Leichtigkeit und Schärfe der Auffassung. Sie äußerte sich sehr deutlich bei Diskussionen oder wissenschaftlichen Gesprächen. Nach kurzem Nachdenken, dessen Intensität an gespannten Gesichtszügen zu erkennen war, hatte er das Wesen einer Frage erfasst und vermochte, häufig mit überraschender Klarheit, sie neuartig zu formulieren und an Bekanntes anzuknüpfen. Und diese Fähigkeit erstreckte sich über weite Gebiete, von der Mathematik bis zur Chemie. Mit ihrer Hilfe sammelte er das reiche, vielseitige Wissen, auf das sich seine Arbeiten gründen. Klar geordnete, immer bereite Kenntnisse können nur durch angespannte Arbeit erworben werden, und doch erinnere ich mich nur weniger Fälle, wo er längere Zeit mit Anstrengung Literatur studierte. Er muss eben in ungewöhnlichem Maße seine Geisteskräfte habe konzentrieren können und die Zeit aufs äußerste ausgenutzt haben. Dieser Gabe verdankt er es vor allem auch, dass bei ihm der Mensch neben dem Gelehrten nicht zu kurz kam. Er hatte Sinn und Zeit für alles Schöne, für Kunst und Dichtung, für Sport, für Bergbesteigungen und große Reisen, auf denen er mit offenen Augen um sich sah, nicht zum mindesten auch für Geselligkeit, und zwar um so mehr, je ausgelassener sie war. In ihm lebte neben dem Professor der „Schwarzschildbub", und die Vereinigung beider gab einen Menschen von seltener Vollkommenheit.

Schwieriger ist es, die zweite Wurzel von Schwarzschilds Produktion zu kennzeichnen. Man kommt zu der klarsten Auffassung, wenn man das Wesen dieser Produktion aufzudecken versucht. Jede wissenschaftliche Schöpfung bedarf der Anregung von außen, sie besteht in der Verknüpfung vorhandener Gedanken und Tatsachen. Je inhaltsreicher und bedeutsamer die Neubildung ist im Vergleich zu dem benutzten Material, um so größer die Leistung; je ferner liegend die Verknüpfung, um so höher die Originalität. Die Mittelmäßigkeit kleidet Vorhandenes aus, ihre Neuschöpfung vermehrt das Wissen nur unerheblich; ganz wenige Geister schaffen Gedankenverbände, hinter deren Mächtigkeit die ursprünglichen Anregungen verschwinden. Aber auch die Männer sind vorzüglich, bei denen die Neuschöpfung von gleicher Größenordnung ist wie der verarbeitete Stoff, und unter diesen steht Schwarzschild an erster Stelle. Seine besondere Bedeutung liegt darin, dass er seine Tätigkeit auf ein ungewöhnlich weites Gebiet erstreckte und tief gehende schwierige Probleme bearbeitete.

Hierin äußert sich, was ich kennzeichnen wollte, die eigentliche Grundeigenschaft seines Geistes: die Freiheit und Unbefangenheit des Denkens. Da gab es keine Sonderfächer und Trennungen. Aus allen Gebieten der Wissenschaft nahm er Anregungen und Ideen mit offenem Sinne auf, verknüpfte und verarbeitete sie mit seinem Wissen und gewann rasch ein sicheres Urteil über ihre Bedeutung. Er war kritisch in dem guten Sinne, dass er richtig und falsch, wichtig und unwichtig fast instinktiv zu scheiden wusste, dagegen war er nicht skeptisch und ängstlich, im Gegenteil hatte er eine entschiedene Vorliebe für kühne, auch gewagte Ideenbildungen. So hielt er mit sichtlichem Behagen in der Göttinger Gesellschaft der Wissenschaften einen Festvortrag über „Lamberts kosmologische Briefe".[2] So kam es auch – und das ist eine seiner größten Leistungen –, dass er, der Astronom mit überzeugtem Eifer die neuen Theorien der bewegten Elektrizität aufgriff und sowohl in der Bewegungslehre des starren Elektrons wie in dem Einsteinschen Relativitätsprinzip als einer der ersten mitgearbeitet hat. Ursprünglich waren es wohl astronomische Fragen (Lichtdruck), die ihn in die Elektrizität einführten. Aber er konnte auf keinem Gebiet Schüler bleiben. Ein würdiger Gegenstand zog ihn, unabhängig von dem Zweck, der ihn zuerst darauf geführt hatte, um seiner selbst willen an, und er ward zum Forscher auf Gründen, die er in nebensächlicher Absicht betreten hatte.

Wie er sich selbst einschätzte, zeigt recht anschaulich ein Ausspruch vor seinem Doktorexamen: „Ich weiß nicht, warum ich summa cum laude bekommen soll, aber wenn ich es nicht bekomm', dann ärger' ich mich." Was damals der Student sagte, hätte mit den gleichen Worten später der Geheimrat sagen können. Bescheiden selbstbewusst, ging er mit großer Ruhe und Bestimmtheit seinen wissenschaftlichen Weg. Freundschaftliche Kritik, auch wenn sie ihm einmal ungelegen kam, nahm er gern und behaglich auf.

Für den mathematischen Leserkreis bedarf Schwarzschilds Stellung zur Mathematik einer besonderen Kennzeichnung. Vor allem war er Meister in der Mechanik. Und zwar war es ein allseitiges Können: einerseits das mechanische Feingefühl des Ingenieurs, der verwickelte Bewegungen ohne Rechnung qualitativ überschaut, andererseits freie Beherrschung der analytischen Methoden von Lagrange bis Poincaré. In diesen Methoden bestand das Rüstzeug, mit dem er seine astronomischen und physikalischen Aufgaben bewältigte. Dazu kam eine erstaunliche Gewandtheit in formaler Rechnung. Sie tritt fast in allen Arbeiten auffallend hervor. Mir ist dafür ein eigenes Erlebnis besonders bezeichnend: er lieferte mir eines Abends in Göttingen nach kurzer Rechnung mit Hilfe einer trigonometrischen Umformung den Konvergenzbeweis für ein von mir gefundenes Iterationsverfahren zur Lösung der Keplerschen Gleichung, den ich auf begrifflich-geometrischem Wege einen Tag lang vergebens gesucht hatte. Rein mathematische Untersuchungen zogen ihn um ihrer selbst willen weniger an, er erfasste sie aber mit der Klarheit des besten Fachmathematikers. So gewann er in einem Vortrag „über das zulässige Krümmungsmaß des Raumes"[3] dieser klassischen Gaußschen Frage eine neue Seite ab, indem er gewisse Besonderheiten der Fixsternverteilung mit einem elliptischen Raumbild in Zusammenhang setzte. Richtiger Mathematiker war er auch in seinem Gefühl für Bündigkeit und Vollständigkeit der Schlüsse: er nannte es „Reinlichkeit". Gegen

---

[2]Nachrichten der K. Gesellsch. d. Wissensch. zu Göttingen. Math.-phys. Klasse. 1907.

[3]Vortrag, gehalten auf der Astronomischen Gesellschaft zu Heidelberg, 1900. Vierteljahresschrift der Astronomischen Gesellschaft, 1900.

unkontrollierte Näherungsmethoden war er äußerst misstrauisch, und die einzige scharf abfällige Kritik, die ich von ihm gehört habe, galt einer astronomischen Theorie, deren Reihenentwicklung auf einen scheinbar plausibeln, aber ungenügenden Schluss gegründet waren und sich in der Tat bei näherem Zusehen als unzulässig herausstellten. In seiner dritten Arbeit „Zur Elektrodynamik"[4] suchte er die erste Näherung für die Lösung eines Variationsproblems, in das unendlich viele Ableitungen eingehen: den Beweis für die Richtigkeit seines Verfahrens erbringt er in aller Kürze durch Majorantenmethode. Ein schöner Beleg für Schwarzschilds analytische Kunst ist die Note „Über die Integralgleichungen der Stellarstatistik"[5]: er löst hier ein besonderes System von 2 Integralgleichungen 2. Art, indem er die gesuchten Funktionen mit den Fourierschen Integralen der gegebenen in Beziehung setzt.

Zwei Arbeiten Schwarzschilds haben einen ausgesprochenen mathematischen Charakter. Die eine verdankt ihr Entstehen einer äußeren Ursache: im Anschluss an ein Göttinger Seminar und auf Anregung F. Kleins arbeitete er gemeinsam mit H. Hahn und G. Herglotz die Boussinesq'sche Theorie der Turbulenz durch. Der Aufsatz der drei Verfasser „Über das Strömen des Wassers in Röhren und Kanälen"[6] gibt in mathematisch-klarer Form einen Überblick über die grundlegenden Annahmen und die Ergebnisse dieser verwickelten Lehre. – Weitaus bedeutender ist die Arbeit „Die Beugung und Polarisation des Lichtes durch einen Spalt."[7] Sie gibt ein vorzügliches Beispiel Schwarzschildscher Arbeitsweise. Ein astronomisches Bedürfnis hatte ihn veranlasst, die Beugungsfigur im Fernrohr weit außerhalb des Fokus zu untersuchen.[8] Sogleich zog ihn das einzige, bis dahin streng, d. h. ohne Zuhilfenahme des Huygensschen Prinzips, gelöste Beugungsproblem an, Sommerfelds Beugung an einer Halbebene. Schwarzschild gelingt die Erledigung des praktisch wichtigsten Beugungsfalles; er zeigt nämlich, dass eine Erweiterung der Sommerfeldschen Methode auch die Beugung an einem geradlinigen Parallelspalt liefert: dazu dient ein konvergentes alternierendes Verfahren, das von Sommerfelds Lösung ausgeht. Es ist eine bedeutende Leistung, nicht nur wegen der Tragweite der Resultate, sondern auch wegen der Schwierigkeit der mathematischen Methoden. (Sommerfelds Lösung wird durch Spiegelmethode im doppelt-überdeckten Raum gewonnen.) Schwarzschild selbst beurteilte sie mit den Worten: „Ich hab' nur gesehen, dass es ganz einfach geht."

Ein dauerndes Verdienst um die Mathematik hat sich Schwarzschild durch die Redaktion des astronomischen Bandes VI 1 der Enzyklopädie der mathematischen Wissenschaften erworben. Es war eine mühselige, langsam vorrückende Arbeit, die er nicht mehr hat zu Ende führen können. Die Schwierigkeit lag, wie bei allen Bän-

---

[4]„Zur Elektrodynamik III: über die Bewegung des Elektrons". Nachrichten der K. Gesellsch. d. Wissensch. zu Göttingen. Math.-phys. Klasse 1903.

[5]Astron. Nachrichten, Bd. 185.

[6]Von H. Hahn, G. Herglotz und K. Schwarzschild, Zeitschrift f. Math. u. Physik, Bd. 51., 1904

[7]Math. Annalen, Bd. 55, 1902.

[8]„Die Beugungsfigur im Fernrohr weit außerhalb des Fokus". Sitzungsber. der Math.-physik. Klasse der K. Bayer. Akad. d. Wissensch., Bd. 28, 1898.

den der Enzyklopädie, die sich auf Anwendungen beziehen, in der Notwendigkeit
einer von dem üblichen abweichenden Darstellung, die, unter Weglassung mancher
astronomisch wichtigen Einzelheit, das mathematisch Interessante besonders her-
vorhebt. Schwarzschild besaß die Vielseitigkeit, den Takt und die Arbeitskraft, um
durch umsichtige Auswahl der Mitarbeiter und tief eindringende Durcharbeitung
der Manuskripte die Mathematik und die Astronomie in gleichem Maße zu Worte
kommen zu lassen. Die Enzyklopädie hat durch seinen Tod viel verloren.

1.

Karl Schwarzschild ist am 9. Oktober 1873 in Frankfurt a. M. aus wohlhaben-
der kaufmännischer Familie geboren. In seinem Elternhause herrschten regste geistige Interessen, besonders nach der künstlerischen Seite, und eine herzerquickend
gesunde Fröhlichkeit. Die Liebe zur Astronomie erwachte in Schwarzschild schon
in den Kinderjahren. Er baute als Junge sich selbst ein Fernrohr, zu dem er die
Linsen von erspartem Taschengeld kaufte. Um das Jahr 1885 machte ihn sein Vater mit dem Frankfurter Mathematiker und Astronomen T. Epstein[9] bekannt, an
dessen Instrumenten er zuerst beobachten lernte und mit dessen Sohn, jetzigem
Professor der Mathematik in Straßburg, er mathematische Studien betrieb, z. B.
Euler las.[10] Schon damals war bei ihm der Weg von Rezeption zu Produktion sehr
kurz. 1890, als er Primaner war, erschienen in den Astronomischen Nachrichten
seine ersten Arbeiten über Bahnbestimmung der Doppelsterne, in denen auf einfa-
chem Wege folgende Aufgabe gelöst wird:[11] Ein Nebenstern bewege sich um einen
Hauptstern von erheblich größerer Masse. Die Beobachtung liefert die Projektion
der Bahn des Nebensterns auf die zur Richtung Erde–Hauptstern senkrechte Ebene. Dann zeigt Schwarzschild, dass sich aus der beobachteten Projektion die wahre
Bahn und die Masse des Hauptsterns durch eine einfache Elimination mit Hilfe
der Newtonschen Gleichungen errechnen lassen. Es wird dabei nur vorausgesetzt,
dass auch Geschwindigkeit und Beschleunigung in der Projektionsebene durch die
Beobachtung hinlänglich genau festgelegt sind.

Schwarzschilds Universitätsstudium vollzog sich 1891-1896 in Straßburg und
München. In Straßburg trieb er unter Becker hauptsächlich beobachtende Astronomie, hat auch einige Beobachtungen publiziert[12] und von dieser gründlichen praktischen Schulung dauernden Gewinn behalten. In München, in Seeligers Schule,
trat die theoretische Richtung in den Vordergrund, die seiner Neigung und Veranlagung am besten entsprach. Er hat sich immer mit besonderer Freude einen
Schüler Seeligers genannt, zwischen Lehrer und Schüler blieb ein dauerndes herz-
liches Verhältnis bestehen. Die Münchner Jahre waren überhaupt für ihn reich

---

[9]Verfasser eines bekannten elementaren astronomischen Lehrbuches „Geonomie" (Wien 1888,
Gerold).

[10]Für diese Nachrichten sage ich Herrn Professor P. Epstein besten Dank.

[11]„Zur Bahnbestimmung nach Bruns". Astron. Nachrichten, Bd. 124, 1890; „Methode zur Bahnbestimmung der Doppelsterne". Astron. Nachrichten, Bd. 124, 1890.

[12]„Beobachtung von veränderlichen Sternen und der Nova Aurigae auf der K. Universitäts-
sternwarte in Straßburg". Astron. Nachrichten, Bd. 129, 1890.

an vielfacher wissenschaftlicher und künstlerischer Anregung; er hat damals auch
eine von Lindemann gestellte mathematische Preisaufgabe über konforme Abbildung eines durch Ellipsen- und Hyperbelbögen begrenzten Bereichs gelöst, aber
die Arbeit aus Bescheidenheit nicht eingereicht. Einige während dieser Zeit entstandene astronomische Arbeiten sind aus dem Studium von Poincarés Mécanique
céleste hervorgegangen, besonders die Doktordissertation[13] über „Die Poincarésche
Theorie des Gleichgewichtes einer homogenen rotierenden Flüssigkeitsmasse". Das
Doktorexamen bestand Schwarzschild summa cum laude im Sommer 1896. Gleich
danach ging er als Assistent an die v. Kuffnersche Sternwarte in Wien-Ottakring,
die unter der Leitung de Balls stand.

Hier beginnt seine wissenschaftliche Selbständigkeit. Um die Sternphotographie zur Helligkeitsbestimmung der Sterne zu verwenden, untersuchte er experimentell die Schwärzung der photographischen Platte durch Licht verschiedener
Helligkeit und legte das Resultat in dem „Schwärzungsgesetz", einer Formel der
Gestalt $s = \alpha h^{\beta}$ (s = Schwärzung, h = Helligkeit), nieder. Auf diese Ereignisse
gründete er die photographische Photometrie der Gestirne, von der er umfangreiche Anwendungen machte.[14] Die bedeutendste dieser Arbeiten „Beiträge zur
photographischen Photometrie der Gestirne" hat ihm 1899 in München als Habilitationsschrift gedient. In der Wiener Zeit, entwickelte sich auch eine charakteristische Besonderheit seiner wissenschaftlichen Betätigung, eine ausgesprochene Lust
zu populären astronomischen Darstellungen, besonders über neue Entdeckungen
und Erscheinungen in der Fixsternwelt. So schrieb er in Wien mehrere Artikel für
die Zeitschrift „Die Zeit"; aus den Göttinger Jahren erinnere ich mich eines im
Verein „Frauenbildung-Frauenstudium" gehaltenen Vortrags „Über die Physik des
Mondes", aus der Berliner Zeit erwähne ich wegen seines merkwürdigen Gegenstandes einen Vortrag „Über Amateurastronomen und Amateurastronomie". Die
wertvollste Blüte dieses Zweiges seiner Tätigkeit ist das kleine Buch „Über das System der Fixsterne,"[15] hervorgegangen aus einem Vortragszyklus im Freien Deutschen Hochstift in Frankfurt a. M.[16] Diese Darstellungen, in denen die neuesten,
im Flusse befindlichen Fragen besprochen werden, wirken durch einen ungemein

---

[13]„Die Poincarésche Theorie des Gleichgewichtes einer homogenen rotierenden Flüssigkeitsmasse". Inauguraldissertation, München. Neue Annalen der K. Sternwarte in München, Bd. 3,
1898.

[14]„Die Bestimmung von Sternhelligkeiten aus extrafokalen photographischen Aufnahmen". Publikationen der Kuffnerschen Sternwarte, Wien, Bd. 5, 1900.; Beiträge zur photographischen
Photometrie der Gestirne. Publikationen der Kuffnerschen Sternwarte, Wien, Bd. 5 (Habilitationsschrift). Mit einem Zusatz von L. de Ball.; Über die photographische Vergleichung der
Helligkeit verschiedenfarbiger Sterne. Sitzungsber. d. K. Akad. d. Wissensch. in Wien. Math.-
naturw. Klasse, Bd. 109, Abt. IIa., 1900.; Über sensitometrische Regeln und ihre astronomische
Anwendung. Jahrbuch f. Photographie und Reproduktionstechnik f. d. Jahr 1900.

[15]„Über das System der Fixsterne". (Aus populären Vorträgen.) Zu Seeligers 60. Geburtstag.
Leipzig 1909, B. G. Teubner.

[16]„Über die Fixsterne". Jahrbuch des Freien Deutschen Hochstifts zu Frankfurt a. M., 1908. -
siehe auch: Astronomie. Das Jahr 1913. Ein Gesamtbild der Kulturentwicklung. Leipzig 1913, B.
G. Teubner und Bearbeitung einiger Abschnitte in Newcomb-Engelmann, Populäre Astronomie,
5. Aufl., 1914.

plastischen, anschaulichen Vortrag, und ihre freudige Begeisterung reißt mit. Sie sind ein Muster populär-wissenschaftlicher Darstellung: es steckt viel Wissen, viele Arbeit und Überlegung darin, aber der Leser hat das Gefühl der Selbstverständlichkeit und Gefälligkeit. Den mündlichen Vortrag belebte außerdem die sprühende Persönlichkeit, die klingende, fröhliche Stimme.

Von Wien kehrte Schwarzschild 1899 nach München zurück und habilitierte sich für Astronomie. In seine kurze Privatdozentenzeit fallen die schon oben besprochenen Arbeiten über die „Beugung und Polarisation des Lichtes durch einen Spalt"[17] und über das „Zulässige Krümmungsmaß des Raumes."[18]

2.

Im Herbst 1901 wurde Schwarzschild als Nachfolger des verstorbenen Astronomen Wilhelm Schur als Direktor der Sternwarte nach Göttingen berufen. Zuerst Extraordinarius, wurde er im August 1902 zum Ordinarius ernannt, 1907 wurde er Mitglied der K. Gesellschaft der Wissenschaften.

Schwarzschild war noch nicht 28 Jahre alt, als er die Direktion der Sternwarte übernahm. Es war eine heikle Aufgabe, zu deren Gelingen ihm nur ein angeborener, feiner und sicherer Takt verholfen hat. Die Art seiner Geschäftsführung konnte oberflächlichem Blick etwas genial-nachlässig erscheinen. Aber es wurde gearbeitet auf dieser Sternwarte, vom Direktor bis hinunter zum Wärter und zum Schreibmaschinenfräulein, und jeder hatte eine Arbeit, die er gern tat und gut leistete. Schwarzschilds nächstes Ziel war, die Sternwarte für Sternphotographie einzurichten, wozu sich das größte Instrument des Instituts, das Repsoldsche Heliometer, nicht eignete. Durch einen merkwürdigen Zufall bot gerade damals ein Privatmann, Besitzer einer Privatsternwarte, sein Instrument, einen schönen Refraktor, der Göttinger Sternwarte zum Geschenk an. Das Instrument erhielt eine gute Aufstellung unter besonderer Kuppel und wurde mit der von Schwarzschild ersonnenen Schraffierkassette versehen.[19] An diesem Instrument wurden von Schwarzschild, seinen Assistenten und seinen Schülern die photometrischen Beobachtungen gemacht, die in dem großen Katalogwerk „Aktinometrie der Sterne der B. D. bis zur Größe 7.5 in der Zone 0° bis +20° Deklination"[20] niedergelegt sind. Die Konstruktion und Montierung der Schraffierkassette war lange eine Lieblings-

---

[17]Math. Annalen, Bd. 55, 1902.

[18](Vortrag, geh. auf d. Astron. Gesellsch. zu Heidelberg, 1900.) Vierteljahreszeitschrift der Astron. Gesellschaft, 1900.

[19]„Über eine Schraffierkassette zur Aktinometrie der Sterne". Von Br. Meyermann und K.S., Astronomische Nachrichten, Bd. 170, 1906, und „Über eine neue Schraffierkassette" (mit Br. Meyermann). Astron. Nachrichten, Bd. 174, 1907.

[20]„Aktinometrie der Sterne der B. D. bis zur Größe 7.5 in der Zone 0° bis +20° Deklination". Teil A. Unter Mitwirkung von Br. Meyermann, A. Kohlschütter, O. Birk. Herausgegeben von K. S. Abhandlungen der K. Gesellsch. d. Wissensch. zu Göttingen. Math.-phys. Klasse. Neue Folge. Bd. 6, 1910, und Teil B. Unter Mitwirkung von Br. Meyermann, A. Kohlschütter, O. Birk und W. Dziewulski. Herausgegeben von K. S. Abhandlungen der K. Gesellsch. d. Wissensch. zu Göttingen. Math.-phys. Klasse. Neue Folge. Bd. 8, 1912.

beschäftigung Schwarzschilds. Er hatte eine entschiedene Liebhaberei für Feinmechanik und ein praktisches Auge für den Bau von Apparaten. „Astronomische Beobachtungen mit elementaren Hilfsmitteln" ist das Thema eines Vortrags, den er 1904 in einem Ferienkurs für Oberlehrer gehalten hat.[21] Die erste photographische Einrichtung, die er an seinem Refraktor anbrachte, bestand in einer roh aus vier Brettern gezimmerten Röhre und seiner Reisekamera. Und diese Einrichtung hat befriedigend gearbeitet. – Außer dem Refraktor mit Schraffierkassette verdankt die Göttinger Sternwarte Schwarzschild noch ein Instrument eigener Erfindung, ein hängendes Zenitfernrohr, mit dem die Deklination von Zenitsternen photographisch bestimmt wurde.[22] Schon früher hatte Schwarzschild die Idee des hängenden Zenitfernrohrs in einem Reiseinstrument zur photographischen Breitenbestimmung verwirklicht.[23]

In engem Anschluss an die praktische Tätigkeit auf der Sternwarte stehen die drei bedeutenden „Untersuchungen zur geometrischen Optik".[24] Schwarzschild untersucht hier systematisch auf Grund des Eikonalbegriffs die Fehler 3. und 5. Ordnung der optischen Systeme, gewinnt die Resultate seiner Vorgänger Seidel und Petzval nach einheitlicher Methode wieder und geht über sie hinaus. Er betont, dass sich durch zwei Linsen nicht sämtliche Fehler 3. Ordnung beseitigen lassen, und gibt, indem er die zu beseitigenden Fehler in bestimmter Weise auswählt, ein für astrophysikalische Zwecke besonders vorzügliches Objektiv an. Das Objektiv für das Göttinger Zenithfernrohr ist nach dieser Anweisung geschliffen worden. Günstiger stellt sich die Beseitigung der Fehler 3. Ordnung bei Verwendung von Hohlspiegeln an Stelle der Linsen: Schwarzschild gibt die Berechnung eines ausgezeichneten Spiegelteleskops mit zwei Spiegeln.

Von theoretisch-astronomischen Arbeiten der Göttinger Zeit hebe ich nur zwei heraus. In der Note „Über das Gleichgewicht der Sonnenatmosphäre"[25] betrachtet Schwarzschild eine neue Art des Gleichgewichts einer horizontal geschichteten Gasmasse, das „Strahlungsgleichgewicht", bei dem jede Schicht durch Strahlung der anderen Schichten ebenso viel Energie empfängt als sie ausstrahlt. Wenn die Absorption proportional der Dichte des Gases angenommen wird, lässt sich die Verteilung von Temperatur und Dichte in dem Gase in geschlossener Form berechnen. Die Ergebnisse lassen sich durch Anwendung auf die Helligkeitsvertei-

---

[21]„Astronomische Beobachtungen mit elementaren Hilfsmitteln". Beiträge zur Frage des Unterrichtes in Physik und Astronomie an den höheren Schulen. Vorträge, gehalten bei Gelegenheit des Ferienkurses für Oberlehrer der Mathematik und Physik in Göttingen, Ostern 1904. Herausgegeben von E. Riecke. Leipzig, B. G. Teubner.

[22]„Bestimmung der Polhöhe von Göttingen und der Deklination von 375 Zenithsternen mit der hängenden Zenithkamera". Von K. S. und W. Dziewulski. Abhandlungen der K. Gesellsch. d. Wissensch. zu Göttingen. Math.-phys. Klasse. Neue Folge. Bd. 8, 1911.

[23]„Über photographische Breitenbestimmung mit Hilfe eines hängenden Zenithkollimators". Astron. Nachrichten, Bd. 164, 1903; „Über photographische Ortsbestimmung". Jahrb. f. Photographie und Reproduktionstechnik f. d. Jahr 1903.

[24]„Untersuchungen zur geometrischen Optik I., II., III.", Astron. Mitt. d. K. Sternwarte zu Göttingen. 9. Teil, 10. Teil, 11. Teil; (Abhandlungen der Königl. Gesellsch. d. Wissensch. zu Göttingen. Math.-phys. Klasse Neue Folge. Bd. 4.)

[25]Nachrichten der K. Gesellsch. d. Wissenschaften zu Göttingen. Math.-phys. Klasse. 1906.

lung der Sonne mit der Wirklichkeit vergleichen und ergeben eine bemerkenswerte Übereinstimmung, wesentlich besser als die üblichen Annahmen des isothermen oder adiabatischen Gleichgewichts. Im „einen einfachen Gedanken in einfachster Form auszuführen", legt Schwarzschild dieser Note die Strahlungsgesetze in roher Vereinfachung zugrunde: eine wesentliche Korrektur gibt er in einer seiner letzten Arbeiten.[26] – Sehr anregend und charakteristisch sind zweitens die Untersuchungen „Über die Eigenbewegungen der Fixsterne".[27] Reiches Beobachtungsmaterial hatte ergeben, dass die Eigenbewegungen der Fixsterne – nach Abzug der Apexbewegung der Sonne – nicht nach allen Seiten gleichmäßig verteilt sind, sondern gewisse Richtungen auszeichnen. Kapteyn war den Beobachtungsergebnissen gerecht geworden durch die Annahme zweier sich durchsetzender Sternschwärme. Schwarzschild möchte „an der unitarischen Auffassung festhalten". Er zeigt, dass man ähnlich gute Übereinstimmung wie durch die Zweischwarmhypothese auch dadurch sehr einfach erhält, dass man im Raume der Geschwindigkeiten die Flächen gleicher Sterndichten als ähnliche und ähnlich gelegene Ellipsoide wählt (statt der bei gleichmäßiger Verteilung auftretenden Kugeln). Die Orientierung der Ellipsoide ergibt die bevorzugten Richtungen.

In Göttingen begann Schwarzschild auch die Reihe seiner Arbeiten über Elektrizitätslehre mit den drei wichtigen Noten „Zur Elektrodynamik."[28] Den ersten Anlass zur Beschäftigung mit diesem Gegenstande mag ihm die Bredichin-Arrheniussche Theorie der Kometenschweife gegeben haben, die er schon in München in wesentlichen Punkten verbessert hatte.[29] Als er nach Göttingen kam, hatte gerade Wiechert seine Theorie der bewegten Elektrizität ausgearbeitet und Abraham durch Einführung des masselosen starren Elektrons Kaufmanns Versuche erklärt. Schwarzschild griff diese Gedanken mit Begeisterung auf. Sein erstes Ziel war, die Bewegung der Elektrizität den leistungsfähigen analytischen Methoden der klassischen Mechanik zu unterwerfen. Sogleich gelang ihm ein glücklicher Wurf: er führte die Bewegung der Elektrizität auf ein Hamiltonsches Prinzip zurück. Dies wird erhalten, indem man unter das Hamiltonsche Integral außer den aus der Mechanik bekannten Gliedern die über sämtliche Ladungen erstreckte Summe $\sum eL$ aufnimmt, wo $L = \Phi + \mathfrak{v} \cdot \mathfrak{A}$ (Φ elektrisches, $\mathfrak{A}$ magnetisches (Vektor-)Potential, $\mathfrak{v}$ Geschwindigkeitsvektor). Dieses Prinzip liefert nur die ponderomotorischen Kräfte, eine Erweiterung ergibt auch das elektromagnetische Feld. Dazu ist unter das

---

[26]„Über Diffusion und Absorption in der Sonnenatmosphäre". Sitzungsber. d. K. Preuß. Akad. d. Wissensch., 1914.

[27]Nachrichten d. K. Gesellsch. d. Wisensch. zu Göttingen. Math.-phys. Klasse. 1907 und „Über die Bestimmung von Vertex und Apex nach der Ellipsoidhypothese aus einer geringeren Anzahl beobachteter Eigenbewegungen". Nachrichten der K. Gesellsch. d. Wissensch. zu Göttingen. Math.-phys. Klasse. 1908.

[28]„Zur Elektrodynamik I, Zwei Formen des Princips der kleinsten Aktion in der Elektronentheorie."„Zur Elektrodynamik II, Die elektrodynamische Kraft."„Zur Elektrodynamik III, über die Bewegung des Elektrons." Nachrichten der K. Gesellsch. d. Wissensch. zu Göttingen. Math.-phys. Klasse. 1903.

[29]„Der Druck des Lichts auf kleine Kugeln und die Arrheniussche Theorie der Cometenschweife". Sitzungsber. d. Math.-phys. Klasse d. K. Bayer. Akad. d. Wissensch., Bd. 31, 1901.

Hamiltonsche Integral noch eine mit $\mathfrak{E}^2 - \mathfrak{H}^2$ proportionale Größe einzuführen ($\mathfrak{E}$ elektrische, $\mathfrak{H}$ magnetische Kraft). Sommerfeld macht in seinem Nachruf auf Schwarzschild[30] die Bemerkung, dass Schwarzschild in seinem Prinzip einen Teil der Weiterentwicklung der Elektrizitätslehre vorweggenommen hat. Denn die bei ihm auftretenden Größen sind relativistische Invarianten; sein zweites Prinzip ist bereits identisch mit Mies späterem „Prinzip der Weltfunktion" (in der Grenze für unendlich schwache Felder). In dieser Hinsicht geht also die Tragweite des Prinzips weit über die von Schwarzschild selbst gemachten Anwendungen hinaus. Für ihn handelt es sich um die Rotationen eines starren masselosen kugelförmigen Elektrons. Diese lassen sich nämlich durch Abrahams quasistationäre Berechnung nicht fassen. Schwarzschild leitet aus dem Variationsprinzip zuerst die allgemeinen Bewegungsgleichungen des Elektrons in Gestalt von Differentialgleichungen unendlich hoher Ordnung ab und reduziert diese auf eine einfache Näherungsform für den Fall solcher Rotationen, bei denen die Oberfläche des Elektrons mit einer im Vergleich zur Lichtgeschwindigkeit geringen Geschwindigkeit sich bewegt. Außerdem müssen, wie bei Abraham, die translatorischen und Drehbeschleunigungen gering sein. Die schönste Anwendung betrifft die kräftefreie Bewegung des Elektrons: diese ist eine Schraubenbewegung, wobei gleichzeitig das Elektron eine reguläre Präzession um die Parallele zur Schraubenachse ausführt.

So bedeutend diese literarischen Erfolge sind, es wäre grundverkehrt, wollte man Schwarzschilds Göttinger Tätigkeit nur nach ihnen beurteilen. Unter Schur hatte die Astronomie an der Universität eine Einzelstellung eingenommen, durch Schwarzschild wurde sie mit dem allgemeinen wissenschaftlichen Leben verwoben. Die Sternwarte war eine Wallfahrtsstätte für einen freundschaftlich verbundenden Kreis jüngerer Dozenten. Da war immer regste wissenschaftliche Unterhaltung und geistvoll frohe Laune; zwischen den Himbeersträuchern des Sternwartengartens ist mancher durch Schwarzschilds Rat um einen guten Gedanken reicher geworden. In den mathematisch-physikalischen Unterrichts- und Forschungsorganismus der Universität trat die Astronomie bald als verbindendes, bald als ergänzendes Glied ein. In der neu eingerichteten Vorlesung „Allgemeine Astronomie" wurden Mathematiker und Physiker mit Himmelsmechanik und Astrophysik bekannt gemacht. In der Mathematischen wie in der Physikalischen Gesellschaft war Schwarzschild ein angesehenes Mitglied, seine Mitarbeit in eigenen Vorträgen und in der Diskussion gleich bedeutungsvoll. Eine Tatsache verdient noch eine besondere Erwähnung. Schwarzschild war einer der ersten, die in Göttingen mit tätigem Interesse für die Luftschifffahrt hervortraten. Es mag der Sport gewesen sein, der ihn am Freiballon zuerst anzog. Aber sogleich griff er wissenschaftlich handelnd ein, und zwar bei einer wesentlichen Aufgabe, der Ortsbestimmung im Ballon. Hierfür gab er Ta-

---

[30]Die Naturwissenschaften 1916. Jahresbericht d. Deutschen Mathem.-Vereinigung. XXVI. 1. Abt. Heft 1/4.

feln[31] heraus und entwarf ein Diagramm[32] zur Beschleunigung der Rechenarbeit. Vor allem aber konstruierte er seinen Ballonsextanten, eine sinnreiche Abänderung des Libellenquadranten, womit sich auch im schwankenden Ballon oder Luftschiff die Polhöhe leicht und genau bestimmen lässt.[33]

<h3 style="text-align:center">3.</h3>

In Göttingen trug Schwarzschild sich gelegentlich mit dem Plan einer Filiale der Göttinger Sternwarte in einem meteorologisch begünstigten Klima, einem Berglande Südeuropas. Denn wenn er auch mit dem bescheidenen Göttinger Institute schöne Erfolge erzielt hatte, so war er sich doch bewusst, dass er nur mit erheblich größeren Mitteln seine photographischen Methoden zu voller Leistungsfähigkeit steigern könne. Dieser Gedanke war auch für seinen Entschluss maßgebend, als ihm 1909 die Nachfolge Vogels als Direktor des Astrophysikalischen Instituts in Potsdam angetragen wurde. So lieb ihm sein Göttinger Wirkungskreis war, so manche Bedenken er gegen die in Potsdam ihm bevorstehenden Verwaltungsgeschäfte hatte, er nahm den Ruf ohne Zögern an und zog, jung verheiratet, im Herbst 1909 mit seiner jungen Frau auf dem Telegraphenberg ein. Seine Potsdamer Tätigkeit ist reich an Erfolgen und reich an Ehren gewesen. 1912 wurde er zum Mitglied der Berliner Akademie erwählt. Seine akademische Antrittsrede vom 26. Juni 1913[34] ist ein Meisterstück, herzerfreuend in ihrer frischen Begeisterung und ursprünglichen Ausdrucksweise. Er wendet sich gegen die Ansicht, dass die Astronomie eine alternde Wissenschaft sei, und in seiner Darstellung sieht man wahrlich die grünen Zweige aus dem schwarzen Stamm hervorschießen. Als Mitglied der Akademie hatte er das Recht, an der Universität Vorlesungen zu halten, und machte mit Freude davon Gebrauch. Die Universität wünschte ihn sich noch enger zu verbinden und ernannte ihn im Februar 1916 zum ordentlichen Honorarprofessor: es war schon zu spät.

Schwarzschilds Wirksamkeit als Direktor des Observatoriums kennzeichnet sein Mitarbeiter und Nachfolger Professor Müller in seiner Grabrede vollkommen mit folgenden Worten: „Er sollte in Potsdam die Leitung einer der größten Sternwarten der Welt, eines von seinem Vorgänger mustergültig eingerichteten und verwalteten Instituts übernehmen, sich in Wissenszweige hineinarbeiten, die ihm zum Teil bis dahin ferner gelegen hatten. Ein anderer wäre vielleicht vor der Größe dieser Aufgabe zurückgeschreckt. Für seinen Feuergeist gab es keine Hindernisse. Mit spielender Leichtigkeit fand er sich in den verschiedenen Arbeitsgebieten zurecht,

---

[31]Tafeln zur astronomischen Ortsbestimmung im Luftballon bei Nacht. Von K. S. und O. Birk. Göttingen 1909.

[32]Über einen Transformator zur Auflösung sphärischer Dreiecke, besonders für Zwecke der Ortsbestimmung im Luftballon. Zeitschrift für Instrumentenkunde, 1910.

[33]„Künstlicher Horizont und Ballonsextant". Zeitschrift für Instrumentenkunde, 1910. und „Libellenhorizont und Libellensextant". Zeitschr. f. Flugtechnik u. Motorluftschiffahrt, 1918.

[34]„Antrittsrede des Herrn K. S. 26 Juni". Sitzungsber. d. K. Preuß. Akademie d. Wissensch., 1913 (Anhang VII auf S. 325).

und seine erstaunliche Auffassungsgabe setzte ihn in unglaublich kurzer Zeit instand, überall anregend, fördernd, helfend, ratend, einzugreifen."

Im Sommer 1910 unternahm Schwarzschild eine mehrwöchige Reise nach Amerika zur Teilnahme an der Versammlung der Solar-Union auf der Sternwarte des Mount Wilson (Kalifornien). Er besichtigte auch die übrigen großen Sternwarten der Vereinigten Staaten und berichtete über seine Eindrücke in der Internationalen Wochenschrift für Wissenschaft und Technik.[35] Bei Beginn des Krieges stellte sich Schwarzschild, im Militärverhältnis Unteroffizier des Landsturms, als Kriegsfreiwilliger dem militärischen Wetterdienst zur Verfügung und rückte am 10. September 1914 als Leiter einer Feldwetterstation nach dem Westen aus. Diese Tätigkeit befriedigte ihn nicht lange, er begann Untersuchungen „über den Einfluss von Wind und Luftdichte auf die Geschossbahn"[36] und wurde auf seinen Wunsch einem höheren Artilleriekommando zugeteilt, mit dem er an verschiedenen Stellen der Westfront und vorübergehend auch im Osten Beobachtungen zu artilleristischen Zwecken anstellte. Bald erhielt er das Eiserne Kreuz und wurde zum Leutnant befördert. Daneben setzte er mit Anspannung wissenschaftliche Untersuchungen fort. Es ist bewundernswert, dass er gerade einige seiner besten physikalischen Arbeiten im Felde geschrieben hat. Nur ein Geist, in dem alle Rohstoffe völlig klar geordnet bereit lagen, eine schöpferische Kombinationsgabe und ein unbeirrbarer Fleiß konnten diese Leistung vollbringen.

Schwarzschild hatte sich erst kurz vor Ausbruch des Krieges wieder physikalischen Untersuchungen zugewandt. In seinen ersten Potsdamer Jahren hatte er produktiv fast ausschließlich auf astronomischem und astrophysikalischem Gebiet gearbeitet. Unterdessen war Einsteins allgemeine Relativitätstheorie herausgekommen. Hierzu versuchte Schwarzschild zunächst einen experimentellen Beitrag zu liefern, indem er die von Einstein behauptete Rotverschiebung der Spektrallinien durch die Gravitation an einer besonders günstigen Bande im Sonnenspektrum feststellen wollte.[37] Der Nachweis ist nicht gelungen. Aber Schwarzschild schreibt darüber an Sommerfeld: „Ich wundere mich, wie verhältnismäßig gleichgültig mir die empirische Bestätigung der allgemeinen Relativität ist. Ich bin schon zufrieden, in einem so schönen Gedankengebäude spazieren zu gehen." Einsteins Erklärung der Perihelbewegung des Merkur zog ihn naturgemäß vor allem an. Doch arbeitete Einsteins Rechnung mit einem Näherungsverfahren, auf dessen Bedenklichkeit Schwarzschild hinweist. Es gelingt ihm, „Einsteins Resultate in vermehrter Reinheit erstrahlen" zu lassen, indem er das Gravitationsfeld eines Massenpunktes in geschlossener Form hinschreibt.[38] Sein hauptsächliches Hilfsmittel ist ein geschickt

---

[35] „Die großen Sternwarten der Vereinigten Staaten". Internationale Wochenschrift für Wissenschaft und Technik, 1910.

[36] Der K. Preuß. Akad. d. Wissenschaften vorgelegt am 8.11.1915. (Die Arbeit kann aus militärischen Gründen erst nach dem Kriege gedruckt werden.)

[37] „Über die Verschiebungen der Bande bei 3883 Å im Sonnenspektrum". Sitzungsber. d. K. Preuß. Akad. d. Wissensch., 1914.

[38] „Über das Gravitationsfeld eines Massenpunktes nach der Einsteinschen Theorie". Sitzungsber. d. K. Preuß. Akad. d. Wissensch., 1916.

gewähltes Koordinatensystem (abgeänderte Polarkoordinaten). Dieselbe Methode gibt auch die explizite Aufstellung des Gravitationsfeldes in dem der astronomischen Wirklichkeit besser angepassten Falle einer Kugel aus inkompressibler Flüssigkeit.[39] Es ergeben sich merkwürdige Resultate. Während in einigem Abstand von der Kugel das Feld sich wenig von dem des Massenpunktes unterscheidet, herrscht im Innern der Kugel die Geometrie eines sphärischen Raumes mit einem Krümmungsradius, der nur von der Dichte der Kugel abhängig und immer größer als der Kugelradius ist. Der Kugelradius kann nicht einen Betrag überschreiten, der der Wurzel aus der Dichte umgekehrt proportional ist, und das gleiche gilt für die Masse der Kugel. Der Massenpunkt lässt sich also nicht als Grenzfall einer Kugel aus *inkompressibler* Flüssigkeit gewinnen.

Die Theorie der Spektrallinien war von jeher ein Lieblingsgegenstand von Schwarzschilds Spekulationen gewesen. „Es müsste einmal ein Kepler über dieses Material kommen", war sein Ausdruck. Die neuen Entdeckungen des multiplen Zeeman-Effektes und des Stark-Effektes (Aufspaltung der Linien im elektrischen Feld) fesselten ihn. Er bewies in einer bedeutenden Arbeit[40] über den Zeeman-Effekt den allgemeinen Satz, dass kein irgendwie gekoppeltes, elastisch schwingendes Elektronensystem eine magnetische Aufspaltung der Spektrallinien von der tatsächlich beobachteten Breite zulassen kann.[41] Inzwischen griff die Quantentheorie ein. Insbesondere erschloss um die Jahreswende 1915/16 Sommerfeld einen neuen Erklärungsweg für Wasserstoff ähnliche Spektren durch eine kühne Ausdehnung der Quantenhypothese.[42] Er zeichnet unter den (elliptischen) Bewegungen eines Elektrons um einen anziehenden Kern (Modell des Wasserstoffatoms) diejenigen aus, bei denen die Wirkungsintegrale nach den vom Kernmittelpunkt ausgehenden Polarkoordinaten ganzzahlige Vielfache des Quants h sind. Es gibt dann mehrere ausgezeichnete Bewegungen, die zu der gleichen Linie der Balmerschen Serie Anlass geben. Da aber eine äußere Kraft jede dieser Bewegungen in anderer Weise stört, so kann Sommerfeld die Vermutung aussprechen, dass beim Stark-Effekt ebenso viele *tatsächliche* Zerlegungen erhalten werden, als nach der Theorie *Möglichkeiten* des Entstehens der gleichen Balmerlinie vorhanden sind, also eine multiple Zerlegung. Sommerfeld hat diese besondere Anwendung seiner allgemeinen Anschauungen nicht selbst durchführen können, weil sein Quantenansatz auf periodische Bahnen zugeschnitten war; die gestörten Bahnen aber sind unperiodisch. Hier griff Schwarzschild ein.[43] Noch im Felde, kaum 8 Tage nach dem Empfang von Sommerfelds Arbeit, hatte er bemerkt, dass die Auswahl der

---

[39]„Über das Gravitationsfeld einer Kugel aus inkompressibler Flüssigkeit nach der Einsteinschen Theorie". Sitzungsber. d. K. Preuß. Akad. d. Wissensch., 1916.

[40]„Über das Gravitationsfeld eines Massenpunktes nach der Einsteinschen Theorie". Sitzungsber. d. K. Preuß. Akad. d. Wissensch., 1916.

[41]Im zweiten Teil der Arbeit wird gezeigt, dass die Annahme intramolekularer Magnetfelder die Breite der Aufspaltung verdoppeln kann; die beobachteten Aufspaltungen gehen aber gelegentlich auch hierüber hinaus.

[42]Zur Theorie der Balmerschen Serie (4.12.1915). Die Feinstruktur der Wasserstoff- und der Wasserstoff ähnlichen Linien (8.1.1916), Sitzber. Akad. München 1916.

[43]„Zur Quantenhypothese". Sitzungsber. d. K. Preuß. Akad. d. Wissensch., 1916.

quantenhaft auszuzeichnenden Variabeln sich auch in dem allgemeinen Falle der sog. „bedingt-periodischen Bewegungen" widerspruchslos durchführen lässt, d. h. solcher Bewegungen, bei denen die kartesischen Koordinaten periodische Funktionen mit der Periode 2π gewisser von der Zeit linear abhängiger Winkelgrößen (aber nicht der Zeit selbst) sind. In dieser Leistung äußert sich, kurz vor dem Ende zum letzten mal, mit besonderer Deutlichkeit die Schärfe und blitzartige Schnelligkeit von Schwarzschilds Auffassung. Eine Reihe kritischer Bemerkungen zeigt, wie genau und allseitig er das Problem der Erweiterung des Quantenansatzes durchgedacht hat. In die Gruppe der bedingt-periodischen Bewegungen gehört auch die Bewegung des umlaufenden Elektrons unter dem Einfluss eines homogenen elektrischen Feldes, der Stark-Effekt. Schwarzschild kann daher über Sommerfeld hinausgehen. Durch Heranziehung der Jacobischen Integrationsmethode mittels der partiellen Differentialgleichung führt er die Rechnung vollständig durch und findet schöne Übereinstimmung mit der Erfahrung.[44]

Als Schwarzschild innerhalb 8 Tagen diese Arbeit „Zur Quantenhypothese" konzipierte, war er bereits schwer krank. Er litt seit seiner Rückkehr aus dem Osten an einer bösartigen Hautkrankheit (Pemphigus), die, vom Munde ausgehend, sich allmählich über den ganzen Körper verbreitete. Anfang März musste er Erholungsurlaub für unbestimmte Zeit nehmen. Damals habe ich ihn in Potsdam zum letzten mal gesehen. Er schien müde, aber war für alles empfänglich und teilnehmend wie immer. Dass die Krankheit lebensgefährlich sei, ahnte wohl niemand. Auf die Frage, ob ihm das Leiden sehr belästige, antwortete er einmal: „Es würde mich mehr belästigen, wenn ich die Quanten nicht hätte." In Potsdam arbeitete er die „Quantenhypothese" aus, bald aber musste er sich zur Behandlung in ein Krankenhaus begeben. Die Korrekturen seiner Arbeit hat er wenige Tage vor seinem Tode dort gelesen. Am 11. Mai erschien die Quantenarbeit im Druck, am Abend des gleichen Tages verschied er im Krankenhaus. Er wurde in Göttingen beigesetzt, wo er selbst eine Grabstätte ausgewählt hatte.

Unter allen Opfern, die der Krieg gefordert hat, ist keines edler als er. Seine Freunde aber können von Schwarzschild die Worte gebrauchen, die Hilbert einst auf Minkowski gesprochen hat: „Er war mir ein Geschenk des Himmels."

Blumenthal an Else Schwarzschild | Charlottenburg, den 24.III.1918
AB-L, Nachlass Schwarzschild, SUB Göttingen, 75, Nr. 34

Liebe Frau Else!

Es ist sehr gut, dass Sie mich wegen des Nachrufs gefragt haben. Ich hatte vor einiger Zeit entdeckt, dass Seeliger nicht auf Ihrer Liste stand und daraufhin meinen Nachruf an ihn geschickt, habe auch eine sehr erfreuliche Antwort von ihm erhalten. Sommerfeld besitzt meinen Nachruf schon lange. Diese beiden

---

[44]Zu demselben Resultate, mit noch einigen Verbesserungen, war gleichzeitig auch Sommerfelds Schüler P. Epstein gelangt.

Nachrufe brauchen Sie also nicht zu schicken. An Finsterwalder zu schicken habe ich keinen rechten Anlass, ich wüsste nicht, dass er Karl besonders nahe gestanden hat. Dagegen besteht grosse Freundschaft zwischen Finsterwalder und Emden. Ich überlasse es Ihnen, auch von meinem Nachruf ein Exemplar an Finsterwalder zu schicken. Darf ich bei dieser Gelegenheit auch für mich um ein Exemplar des Hertzsprungschen Nachrufs bitten?

Gestern Abend haben wir Ihren Schwager Rohst (?) besucht und dort Ihre Schwiegermutter getroffen. Es war sehr anregend und nett. Meiner Familie geht es gut. Untergrundbahn und Elektrische spielen besonders in der Vorstellung des Kleinen eine grosse Rolle. Das Margretlein ist über solche Kindlichkeiten schon mehr erhaben. Es geht aber mit Begeisterung in seine neue Schule und malt grosse lateinische Buchstaben. Der Brief Ihrer Agathe hat alle erwünschte Freude gemacht. Eine Antwort wird bald erfolgen, aber das Magretlein ist, fürchte ich, schreibfauler als Ihr Agathlein, auch weniger kalligraphisch. Die Orthographie dagegen ist beiderseits gleich.

Meine Frau hat sich gut hier eingerichtet und hat tüchtige Hülfe an dem Kinderfräulein. Leider müssen wir wieder einmal umziehen, freilich nur innerhalb des Hauses. Mitte April werden wir in dem Hause eine abgeschlossene Vierzimmerwohnung bekommen, was ich mir sehr angenehm denke.

Herzliche Grüsse von Haus zu Haus!

Ihr

O. Blumenthal.

Kapitel 6

Blumenthal als Redakteur (1904–1914)

6.1 Die Probejahre bei den *Mathematischen Annalen*

Schon als Privatdozent in Göttingen arbeitete Blumenthal im Hintergrund für die *Annalen*. Diese Phase seiner Tätigkeit leitete dann zu seiner Aufnahme in die Redaktion über, die aber erst ein Jahr später bei seiner Übersiedlung nach Aachen stattfand. Als er im Herbst 1904 eine Vertretungsstelle in Marburg annahm, musste er Hilbert über die *Annalen*-Geschäfte brieflich informieren.

Blumenthal an Hilbert | Marburg, den 13.XI.1904
AK-D, Nachlass Hilbert, SUB Göttingen, 30, Nr. 3

Lieber Herr Professor!

Es ist eine Arbeit von Netto[1] für die Annalen eingelaufen. Dyck meint, man möge sie Ihnen allenfalls zur Begutachtung einschicken; ich glaube aber kaum, daß Sie drauf besonderen Wert legen werden, und gebe Ihnen daher eine kurze Inhaltsangabe: wenn Sie ja aber die Arbeit noch selbst zu sehen wünschen, werde ich sie Ihnen zuschicken. Sie kann ja ohnehin unmöglich abgelehnt werden. ... (Es folgen einige Sätze über die Arbeit.) ... Sonst ist über die Arbeit nichts zu sagen; man wird sie aber Ihres Verfassers wegen zweifellos aufnehmen.[2] Wenn Sie freilich

---

[1] Eugen Netto (1848–1919) war vor allem als Experte für Kombinatorik und Gruppentheorie bekannt. Er war seit 1888 Ordinarius in Gießen.

[2] Diese Meinung Blumenthals spiegelte seine pragmatische Haltung als Redakteur wider. In diesem Falle wusste er vermutlich auch, dass Netto und sein Gießener Kollege Moritz Pasch, obwohl beide aus der Berliner Schule stammend, regelmäßig Arbeiten für die *Annalen* einreichten (siehe hierzu die Statistiken in (Tobies/Rowe 1990, 38–44)). Diese Arbeit erschien als: Eugen Netto, Ein Problem der Elimination, *Mathematische Annalen*, 61 (1905): 88–94.

© Springer-Verlag GmbH Deutschland, ein Teil von Springer Nature 2018
D. E. Rowe, *Otto Blumenthal: Ausgewählte Briefe und Schriften I*,
Mathematik im Kontext, https://doi.org/10.1007/978-3-662-56725-8_6

mit dieser Auffassung nicht einverstanden sein sollten, müßte ich Ihnen die Arbeit lieber noch einsenden.

. . .

[Die Fortsetzung des Briefes ist auf S. 105 abgedruckt.]

———

Gleich danach bekam Blumenthal „einen entrüsteten Brief" von Émile Borel, der Ernst Zermelos Beweis für den Wohlordnungssatz in Cantors Mengenlehre scharf kritisierte (Zermelo 1904). Zermelo verwendete dafür das sogenannte Auswahlprinzip, das er als Leitidee für den Beweis von Hilberts Doktoranden Erhard Schmidt bekommen hatte. Borels Kritik führte zu einer Debatte über die Gültigkeit des Auswahlprinzips, zu welchem unter den französischen Mathematikern allein Jacques Hadamard sich bekannte.

Blumenthal an Hilbert | Marburg, den 15.XI.1904
AB-L, Nachlass Hilbert, SUB Göttingen, 30, Nr. 5

Lieber Herr Professor!

Ich bestätige mit besten Dank den Empfang der eingesandten Arbeiten, die ich baldigst an Teubner weitersenden werde. <u>Dehn</u> soll in Bd. 60/1 aufgenommen werden.[3] Die kleine Arbeit von <u>Kober</u> werde ich, wenn ich bis zum nächsten Mittwoch von Ihnen keine anderweitige Nachricht habe, zurücksenden: sie scheint doch recht unbedeutend zu sein. Ausserdem kann ich die Wichtigkeit der Aufgabe nicht einsehen.

Die Schottky'sche Arbeit habe ich mir nur kurz angesehen. Bis jetzt beweist er eben nur nochmals die Borel-Landau'schen Resultate. Aber vielleicht kommt er mit seinen etwas einfacher aussehenden Methoden weiter.[4]

Wegen Zermelo hat mir auch <u>Borel</u> einen entrüsteten Brief geschreiben: er hat ganz recht: dass jeder Untermenge ein in ihr enthaltenes Element zugeordnet werden kann, d.h. dass eine derartige Zuordnung a priori festgesetzt werden kann, wie dies die Schmidt-Zermelo'sche Idee ist, das ist ein Postulat, und bei dem Continuum ist gerade eine solche Zuordnung bis jetzt nicht ausführbar.[5] Aber es wird ja Zermelo nur freuen, in dieser Weise angegriffen zu werden, da er ja gerade in einer Erwiderung zeigen wollte, dass ohne dieses Postulat überhaupt kein – oder

———

[3]Max Dehn, Ueber den Inhalt sphärischer Dreiecke, *Mathematische Annalen* 60 (1905): 166–174.

[4]Diese Arbeit wurde offenbar entweder abgelehnt oder zurückgezogen (siehe unten).

[5]Siehe (Borel 1905); zu den Kontroversen über Zermelos Auswahlprinzip siehe (Moore 1982). In Hilberts eigener Formulierung des ersten von seinen 23 Pariser Problemen hatte er eine solche explizite Wohlordnung verlangt: „Es erhebt sich nun die Frage, . . . ob das Continuum auch als wohlgeordnete Menge aufgefaßt werden kann, was Cantor bejahen zu müssen glaubt. Es erscheint mir höchst wünschenswert, einen direkten Beweis dieser merkwürdigen Behauptung von Cantor zu gewinnen, etwa durch wirkliche Angabe einer solchen Ordnung der Zahlen, bei welcher in jedem Teilsystem eine früheste Zahl aufgewiesen werden kann."

fast kein – Beweis in der Mengenlehre möglich ist.[6]

Ich sende Ihnen beiliegend in der Aufzeichnung eines meiner Schüler, der darüber [eine] Staatsexamens-Arbeit macht, ein Beispiel einer stetigen, am Punkte 0 nicht nach Fourier entwickelbaren Funktion. Der Beweis für die Unmöglichkeit der Entwicklung findet sich bei Du-Bois-Reymond. Dass die Curve unstetige Tangenten hat, macht wohl nichts aus: genauere Untersuchungen über die Gesamtheit analoger Curven, welche gleichfalls keine Entwicklung gestatten, soll der Herr noch weiter anstellen. Die Sache sieht ganz aussichtsreich aus. Das angegebe Resultat, dass $\rho(x)\sin(1/x)$ (bei gegen 0 gehendem ρ) immer nach Fourier entwickelbar ist, scheint mir neu zu sein. Auf der Rückseite des Blattes habe ich noch eine spezielle Ausführung des Beispieles vermerkt.

Mit besten Grüssen an Sie und Frau Professor.
Ihr
O. Blumenthal.

Schottky hat nie eine Arbeit in den *Annalen* publiziert, aber Blumenthals Bemerkungen deuten darauf hin, dass der bei ihm eingereichte Text möglicherweise die vorläufige Fassung einer Arbeit war, die erst zwei Jahre später erschienen ist.[7] Diese Arbeit bezog sich auf einen früheren Aufsatz Schottkys.[8] Über beide Arbeiten Schottkys referierte Paul Stäckel für das *Jahrbuch über die Fortschritte der Mathematik*. In seinem zweiten Referat musste er zugeben, die Bedeutung der ersten Arbeit falsch eingeschätzt zu haben, da er durch eine Bemerkung im Text fehlgeleitet worden sei.[9] Auch Blumenthal schätzte, trotz seiner hohen Kompetenz in diesem Bereich, die Bedeutung Schottkys neuer Beweisführung anscheinend falsch ein.

Die Kritik Émile Borels an Zermelos Beweis des Wohlordungssatzes löste eine Kettenreaktion in Frankreich aus. Es folgten gleich danach Reaktionen von Hadamard, Baire und Lebesgue.[10] Borel wurde von der *Annalen*-Redaktion aufgefordert, seine Kritikpunkte mitzuteilen, und er führte diese in einer kurzen wie auch höflichen Form aus (Borel 1905). Zermelo reagierte zunächst nicht auf die Einwände Borels, sondern erst in (Zermelo 1908a), wo er zu sämtlichen inzwischen

---

[6] Zermelo reagierte allerdings erst in (Zermelo 1908a).

[7] Friedrich Schottky, Bemerkung zu meiner Mitteilung: Über den Picardschen Satz und die Borelschen Ungleichungen, *Sitzungsberichte der Preußischen Akademie der Wissenschaften zu Berlin*, 1906: 32–36.

[8] Friedrich Schottky, Über den Picardschen Satz und die Borelschen Ungleichungen, *Sitzungsberichte der Preussischen Akademie der Wissenschaften zu Berlin*, 1904: 1244–1263. Diese wiederum stellte eine gewisse Verallgemeinerung gegenüber Edmund Landaus im gleichen Band veröffentlichte Arbeit Über eine Verallgemeinerung des Picardschen Satzes dar (siehe *Sitzungsberichte der Preußischen Akademie der Wissenschaften zu Berlin*, 1904: 1118–1133).

[9] Dort schrieb Schottky: „Man wird sofort sehen, dass dieser Beweis bis zum Schlusse von § 2 nichts anderes ist, als eine genauere, in manchen Punkten abgeänderte Fassung desjenigen, den Borel in den Comptes Rendus von 1896 gegeben hat."

[10] Siehe hierzu (Moore 1982, 92–103, 311–320) und (Hesseling 2003, 3–23).

erschienenen Argumenten seiner Gegner Stellung bezog. Kurz danach stellte er in (Zermelo 1908b) das erste Axiomensystem für die Mengenlehre auf. Diese spannende Geschichte findet man in (Moore 1982) ausführlich dargestellt.

Im folgenden Brief geht es um eine Reihe neuerer Arbeiten, über welche Blumenthal berichtet, in dem er aber auch vorläufige Entscheidungen empfiehlt. Hierbei sieht man deutlich, dass er schon als Privatdozent die zentrale Rolle in der Verwaltung des Schriftverkehrs für die *Annalen* übernommen hatte.

Blumenthal an Hilbert | Marburg, den 21.II.1905
AB-L, Nachlass Hilbert, SUB Göttingen, 30, Nr. 6

Lieber Herr Professor!

Ich danke Ihnen für die Übersendung der 3 Manuskripte, bin aber sehr im Ungewissen, was ich damit anfangen soll. Die Arbeit Eugen Meyer denke ich allerdings einfach mit einem höflichen Briefe zurückzuschicken:[11] ich verstehe zwar nichts von projektiver Geometrie, finde aber alle Meyer'schen Betrachtungen ganz aussergewöhnlich langweilig.[12] Ausserdem entwickelt der Herr in Bezug auf Fruchtbarkeit eine furchtgebietende Ähnlichkeit mit Niels Nielsen[13] – von dem jetzt zu meiner grossen Freude auch Hensel[14] einen schätzenswerten Beitrag erhalten hat – und noch mehr mit dem gewesenen Saul Epsteen.[15]

Dagegen macht mir Maurer Sorgen. Ich kann nämlich nichts dafür thun, dass die Arbeit beschleunigt wird. Es ist soviel vorgezogen worden und soviel ausserordentlich altes Material rückständig, dass ich eine so dicke Arbeit frühestens in das Septemberheft aufzunehmen versprechen kann. Ich weiss aber nicht, ob Herr Maurer, wenn er Eile hat, mit diesem Termin einverstanden ist. Ich wollte Ihnen daher noch einmal ausdrücklich diese Calamität vortragen und Sie bitten, wenn Sie dies für gut halten, Herrn Maurer in diesem Sinne zu schreiben. Die Arbeit scheint ja ganz nett zu sein, aber wenn sie Eile hat, müsste sie doch an die *Göttinger Nachrichten* abgegeben werden.[16]

Das Ehepaar Young wird ja wohl mehr Zeit mit dem Abdruck haben. Ausser-

---

[11]Sie wurde dennoch veröffentlicht als: Eugen Meyer, Über die in einem Reyeschen Komplexe enthaltenen Regelscharen, *Mathematische Annalen*, 61 (1905): 200–202.

[12]Eugen Meyer publizierte im vorangegangenen Jahr: Über die Kollineationen, die auf zwei windschiefen Geraden vorgeschriebene Punktprojektivitäten erzeugen, *Mathematische Annalen*, 59 (1904): 398–408.

[13]Nielsen war zu dieser Zeit als Dozent in Kopenhagen tätig.

[14]Der Marburger Ordinarius Kurt Hensel war von 1903 bis 1936 Herausgeber des *Journal für die reine und angewandte Mathematik*, der ältesten mathematischen Zeitschrift Deutschlands.

[15]Epsteen ist 1878 in San Francisco geboren und kam nach Europa als Student von der University of California in Berkeley. Er studierte in Göttingen (vgl. das Gruppenfoto, Abbildung 2.2) und promovierte 1901 in Zürich. Danach bekam er eine Stelle an der University of Chicago, ging aber nach einem Jahr nach Boulder Colorado, wo er bis zum Ende seiner Karriere wirkte.

[16]Diese Arbeit Ludwig Maurers wurde am 25. Februar 1905 von Hilbert der Göttinger Gesellschaft der Wissenschaften vorgelegt; sie erschien bald danach als: L. Maurer, Die Differentialgleichungen der Mechanik, *Göttinger Nachrichten*, 1905, 91–116.

dem kann eine so kleine Arbeit immer einmal gelegentlich eingeschoben werden.[17]

Mit besten Grüssen an Sie und Frau Professor

Ihr
O. Blumenthal.

Gegen Endes des Jahres 1905 machte Blumenthal sich Sorgen über die schwindende Anzahl von Arbeiten für die *Annalen*. Er berichtet auch über seine Bemühungen, Hilberts neueste Arbeit über Integralgleichungen zu verstehen. Dies war die dritte von sechs solchen Arbeiten, die zwischen 1904 und 1910 erschienen sind. Blumenthal stellte sie 1912 als Buch in seiner Monographienreihe zusammen. Er schrieb darüber später, „mir scheint, dass sich auch für diese Untersuchungen Hilbert von vornherein ein axiomatisches Programm gesteckt hat" (Blumenthal 1935, 408).

Blumenthal an K. und D. Hilbert | Aachen, den 3.XI.1905
AB-L, Nachlass Hilbert, SUB Göttingen, 30, Nr. 7

Liebe gnädige Frau! lieber Herr Professor!

. . .

[Der Anfang des Briefes ist auf S. 109 abgedruckt.]

Mit den Annalen geht's eigentlich nicht gut: es läuft so merkwürdig wenig neues Material ein. <u>Kistler</u> hat mir einen Auszug aus dem letzten Teil seiner Dissertation geschickt (Umkehrproblem),[18] der ganz gut geraten ist, nur hat er mich darin nicht einmal erwähnt, natürlich ohne jede böse Absicht. Ausserdem hat mir erfreulicherweise <u>Boutroux</u> eine Arbeit über den Satz von <u>Landau</u> (ganze Funktionen) versprochen, die wohl bald einlaufen wird.[19] Die „Anfrage" von <u>Ehrenfest</u>, die Sie mir auf Gnade und Ungnade überlassen haben, bin ich an Jahnke[20] losgeworden, der damit augenscheinlich sogar vergnügt war. In die Annalen passte sie gar nicht hinein.

---

[17]Grace und Wilhelm Henry Young lebten zwischen 1899 und 1908 in Göttingen, wo sie gemeinsam in der Mengenlehre ausgewiesene Experten waren. In vielen Fällen wurde sie allerdings nicht als Koautorin neben ihm benannt, wie auch bei dieser Arbeit, W. H. Young, Zur Theorie der nirgends dichten Punktmengen in der Ebene, *Mathematische Annalen*, 61 (1905): 281–286.

[18]Hugo Kistler promovierte 1905 in Göttingen bei Hilbert mit der Arbeit „Über Funktionen von mehreren komplexen Veränderlichen". Aus diesem Brief geht allerdings hervor, dass die Arbeit im Wesentlichen von Blumenthal betreut wurde. Vermutlich gehörte Kistler zu der Gruppe der „intraktable[n] Doktoranden, an denen wir verzweifeln" (aus Hilberts Rede, die am Anfang der Einleitung zitiert wurde), um die aber Blumenthal sich gekümmert hat.

[19]Offenbar bekam Blumenthal einen solchen Text von Pierre Boutroux nicht.

[20]Eugen Jahnke (1861–1921) studierte in Berlin und war ab 1905 Professor an der dortigen Bergakademie. Er war auch Herausgeber des *Archivs für Mathematik und Physik*.

Ausserdem habe ich Ihre letzte Göttinger Note[21] gelesen und, glaube ich, den Kern verstanden: ich laboriere noch an einigen Fragen wegen der Fortsetzbarkeit der Funktionen herum, aber das ist eine allgemeinere Unwissenheit bei mir, die ich jetzt in meiner „Funktionentheorie" los werden muss.

Ich bitte um recht herzliche Grüsse an Herrn und Frau Minkowski , ebenso an Klein und Schwarzschild. Sommerfeld und Frau lassen vielmals grüssen. Ich bin sehr gespannt auf automorphe Neuigkeiten. Ferner hätte ich gerne die Habilitationsarbeit von Carathéodory möglichst bald für die Annalen.[22]

Mit besten Grüssen
Ihr
O. Blumenthal.

––––––––––

Eine von Blumenthal betreute Arbeit führte zu einem Vorkommnis, das er zweifellos gern vermieden hätte.

**Blumenthal an K. und D. Hilbert | Aachen, den 18.I.1906
AB-L, Nachlass Hilbert, SUB Göttingen, 30, Nr. 9**

Liebe gnädige Frau! lieber Herr Professor!

Trotz Ermahnung muss ich mathematisch anfangen, dafür aber hoffentlich deutlich.

Mit der Arbeit Weller ist es eine tolle Sache. Es ist nämlich eine Staatsexamensarbeit, die ich in Marburg angeregt habe und in der alle Methoden, im Anschluss an einer Arbeit von Fischer-Brünn,[23] von mir angegeben worden sind. Ich weiss nicht, ob Weller gut oder schlecht getan hat, die Arbeit ohne Erwähnung dieser Tatsache bei Ihnen einzureichen, voraussichtlich hat er gut gethan, denn so haben Sie objektiv urteilen können. Da Sie nun bereits Bedenken geäussert haben und da ich weiss, wie wenig Neues die Arbeit methodisch gegen Fischer bietet, so werde ich sie ablehnen. Ich hoffe, dass Sie damit einverstanden sind. Ich will mir aber, einerseits aus Neugierde, andererseits, um dem Herrn die Freude zu machen, die Arbeit noch ansehen und will dann dem Herrn Bescheid schreiben, ob sie viel-

––––––––––

[21] David Hilbert, Grundzüge einer allgemeinen Theorie der linearen Integralrechnungen (Dritte Mitteilung), *Nachrichten von der Gesellschaft der Wissenschaften zu Göttingen, Mathematisch-Physikalische Klasse*, 1905, 307–338.

[22] Constantin Carathéodory, Über die starken Maxima und Minima bei einfachen Integralen, *Mathematische Annalen*, 62 (1906): 449–503.

[23] Ernst Sigismund Fischer wurde 1899 in Wien bei Leopold Gegenbauer promoviert. Danach studierte er bei Hermann Minkowski in Zürich und Göttingen, bevor er 1902 nach Brünn ging. Dort war er Assistent von Emil Waelsch an der Deutschen Technischen Hochschule, wo er ab 1904 Privatdozent und 1910 außerordentlicher Professor wurde. 1911 kam er nach Erlangen als Nachfolger von Paul Gordan, wo er großen Einfluss auf Emmy Noether ausübte. Sein Name ist vor allem bekannt durch den fundamentalen Satz von Riesz-Fischer über die Vollständigkeit der Funktionen in L^2.

leicht für das Archiv tauglich ist. Eine Empfehlung freilich kann ich ihr, nach der vielen Mühe, die ich damit gehabt habe, unmöglich mitgeben. Ich komme auch mehr und mehr zu der Überzeugung, dass der Verfasser nicht ganz normal ist.

Mit meiner alten Dissertation[24] sind Sie augenscheinlich zufriedener als ihr Verfasser, der sehr viel Böses darüber weiss. Das Beste ist allerdings gerade die Einleitung, wo ich Stieltjes popularisiert habe. Die Einführung der Integrale

$$\int d\Phi = \int \phi\, dx + \sum \sigma_i$$

rührt übrigens nicht von mir, sondern von Stieltjes her. Wegen der Integralgleichungen werde ich also noch warten, dann müssen wir uns notwendig über die praktische Brauchbarkeit klar werden.

... [Die Fortsetzung des Briefes ist auf S. 114 abgedruckt.]

Ihr
O. Blumenthal.

Als geschäftsführender Redakteur hatte Blumenthal nicht nur technische und organisatorische Probleme zu bewältigen. Manchmal gab es persönliche Reibereien, die seine Arbeit noch schwieriger machten. Der ehrgeizige Zahlentheoretiker Edmund Landau brachte ihn mit seinen Forderungen in Verlegenheit, wie er Hilbert in folgendem Brief ausführlich erläuterte.

Blumenthal an Hilbert | 07.III.1906
AB-D, Nachlass Hilbert, SUB Göttingen, 30, Nr. 10

Lieber Herr Professor!

Diese Geschichte mit Landau will mir nicht so recht behagen. Ich werde mich bestreben, möglichst objektiv zu sein und Ihnen nur die Tatsachen vorzulegen, um dann alles Ihrer Entscheidung zu überlassen. Nur soviel möchte ich allgemein sagen: das Interesse der Annalen verlangt natürlich, daß wirklich bedeutende Arbeiten – also solche, die entschieden höher stehen als der sonstige Annalen-Inhalt – natürlich unter allen Umständen und unter Weglassung aller sonstigen Gesichtspunkte aufgenommen werden. Wenn Sie die Landausche Arbeit in diese Kategorie rechnen, dann ist alles erledigt.[25] Dagegen halte ich es für sehr mißlich und gefährlich, eine Arbeit, der andere gleichberechtigt in den Annalen zur Seite stehen, nur deshalb so markant vorzuziehen, weil der Verfasser auftrumpft. Ich kann mich

---

[24]Eine Zusammenfassung davon, geschrieben von Adolf Hurwitz, ist in Anhang II auf S. 313 abgedruckt.

[25]Dies war anscheinend der Meinung Hilberts, denn Landaus Arbeit ist kurze Zeit später erschienen, und zwar als: Edmund Landau, Über die Darstellung definiter Funktionen durch Quadrate, *Mathematische Annalen*, 62 (1906): 272–285 (eingegangen am 31. August 1905).

bisher leider gar nicht mit Ihrer, wohl auch nicht sehr ernst gemeinten Äußerung einverstanden erklären, daß derartige bestimmte Folgerungen für die Redaktion heilsam seien. Im Gegenteil kommt gerade durch vorgezogene Arbeiten, deren ja schon immer zu viele existieren, die Redaktion in ständige Schwierigkeiten mit den „hinterbliebenen"Autoren, und ich kann es doch nicht unterlassen, zu sagen, daß gerade Landau einer der allerunangenehmsten Mahner ist.[26]

Dies vorausgeschickt, gebe ich Ihnen eine Liste der bei den Annalen noch liegenden bedeutenden Arbeiten mit ihren Umfängen in Druckseiten. Ich kann natürlich nicht sagen, wieviele davon schon bis zum 1. Oktober gedruckt sein werden, aber sicher ist, daß eine Anzahl davon noch übrig sein wird.

Landau, Definite Formen	18
Severi, Superficie algebriche[27]	32
Bohmiček, Relativ-Biquadratische Zahlk.	80
Meyer, Hilbert, Variationsrechnung	36
Klein, 3 Separata	30
S. Bernstein, Problème de Dirichlet[28]	20
Johansson, Automorphe F.[29]	17
Carathéodory, Starke Maxima und Minima	78
Schoenflies, Mengenlehre[30]	42
Lüroth, Abbildung höherdimensioneller Mannigfaltigkeiten auf niederdimensionelle	22
Furtwängler, Klassenkörper	36
Herglotz, Diffgl. bei automorphen F.	6

Wenn ich diese Zusammenstellung übersehe und mir vergegenwärtige, wieviele Arbeiten ich in dieser Zusammenstellung als minderwichtig ausgelassen habe,[31] obwohl sie doch auch ungefähr in der richtigen Reihefolge abgedruckt werden müssen, komme ich zu dem Resultat, dass die Landausche Forderung höchstwährscheinlich darauf hinauskommt, dass seine Arbeit noch vor Carathéodory und Furtwängler gedruckt wird.

---

[26] Blumenthal stand keineswegs allein in dieser Einschätzung von Landaus Persönlichkeit. Er musste allerdings später mit ihm einigermaßen auskommen, nachdem Landau als Minkowskis Nachfolger nach Göttingen berufen wurde.

[27] Francesco Severi, Sulla totalità delle curve algebriche tracciate sopra una superficie algebrica, *Mathematische Annalen*, 62 (1906): 194–225.

[28] Serge Bernstein, Sur la généralisation du problème de Dirichlet: Première partie, *Mathematische Annalen*, 62 (1906): 253–271.

[29] Severin Johansson, Ein Satz über die konforme Abbildung einfach zusammenhängender Riemannscher Flächen auf den Einheitskreis, Mathematische Annalen, 62 (1906): 177–183; Severin Johansson, Beweis der Existenz linear-polymorpher Funktionen vom Grenzkreistypus auf Riemannschen Flächen, *Mathematische Annalen*, 62 (1906): 184–193.

[30] Arthur Schoenflies, Beiträge zur Theorie der Punktmengen. III, *Mathematische Annalen*, 62 (1906): 286–328.

[31] Eine solche Arbeit war offenbar: Otto Spiess, Theorie der linearen Iteralgleichung mit konstanten Koeffizienten, *Mathematische Annalen*, 62 (1906): 226–252.

Ich überlasse es also Ihrem Ermessen, wie Sie mit der Arbeit zu verfahren gedenken. Vielleicht liesse sich auch auf diplomatischem Wege einiges erreichen, indem man Landau möglichst baldige Erledigung, aber ohne bestimmten Termin verspricht. Ich würde mich dann natürlich verpflichten, dieses gegebene Versprechen in aller Strenge einzuhalten.

Wo denken Sie die Ferien zu verbringen? Werden Sie in März in Göttingen sein? Ich habe halb und halb die Absicht, in Göttingen zu arbeiten, möchte aber natürlich zu einer Zeit da sein, wo ich Sie vor allen Dingen treffe. Im übrigen bezieht sich dies noch nicht auf die nächste Zukunft, da wir hier voraussichtlich noch 2 Wochen lang Vorlesung haben werden.

Mit vielen Grüssen an Sie und Frau Professor, der ich vielmals für Ihren sehr lieben Brief danke,

Ihr
O. Blumenthal.

Ich muss durchaus verhüten, dass dieser Brief den Eindruck erweckt, als sei ich *gegen* die Aufnahme der Landauschen Arbeit. Wenn der Brief stellenweise etwas gereizt klingt, so ist dies vielleicht begreiflich, denn die Annalen, und gerade solche kleinliche Redaktionssorgen, kosten mich unverhältnismässig viel Zeit und Schreiberei.

Sachlich enthalte ich mich beträchtlich jedes Urteils, da ich ja die neue Arbeit Landaus nicht kenne. Die Liste der übrigen „guten" Arbeiten lässt ja ein genaues Urteil darüber zu, wie weit Landau über den Durchschnitt steht, und danach muss entschieden werden.

Blumenthals Ärger über Landau ließ nicht nach. Nur einen Tag später schreibt er nochmals an Hilbert, diesmal doch mit dem Vorschlag, Landau möge seine ausgezeichneten Ergebnisse in einer anderen Zeitschrift veröffentlichen.

Blumenthal an Hilbert | Aachen, den 8.III.1906
AK-D, Nachlass Hilbert, SUB Göttingen, 30, Nr. 11

Lieber Herr Professor!

Besten Dank für die Übersendung der Arbeiten. Betreffs <u>Landau</u> habe ich jetzt mehr als je Bedenken. Die Arbeit ist ja sicher ausgezeichnet und die Resultate wichtig, aber, wie er selbst schreibt, sehr „für den Kenner". Landau kann es meiner Ansicht nach auch den Annalen nicht verübeln, wenn sie einmal auf seine Bedingungen nicht eingehen. Wir haben doch jetzt hinter einander sehr viele seiner Arbeiten veröffentlicht. Sie haben einmal den Satz aufgestellt: „Die Autoren sollen gebeten werden, wenn sie besonders fruchtbar sind, Ihre Fruchtbarkeit

doch zwischen mehrere Journale zu verteilen". Ich meine, dieser Satz ist auch
auf Landau anwendbar. Ich würde Sie also eigentlich jetzt bitten, auf diese bestimmten Landauschen Bedingungen <u>nicht</u> einzugehen: ich glaube nicht, dass die
dadurch in der Redaktion hervorgerufene wirklich <u>sehr grosse</u> Störung durch den
Wert der Arbeit voll aufgewogen wird. Am besten natürlich wäre, wir behielten
die Arbeit, aber ohne diese festen Bedingungen, die so sehr unangenehm sind.
<u>Korrekturen in Oktober, Veröffentlichung in Dezember will ich versprechen.</u> Wol-
len Sie nicht auf Grund dieser neuen Bedingungen noch einmal Verhandlungen
anknüpfen: das ist ja die neueste Marokkokonferenz![32]

In meiner Dissertation habe ich gesagt, dass

$$\int \frac{d\Phi}{z-\zeta}d\zeta = \int \frac{\phi\,d\zeta}{z-\zeta} + \sum \frac{\sigma}{X-z}$$

ist, wo die Summe convergiert und die σ positive Grössen sind. Ist der Satz nicht
richtig? Ich kann mir nicht denken, wo der Fehler ist.

Wir haben noch bis zum <u>23</u>. Vorlesung. Sind Sie ab dann noch in Göttingen?
Ich bitte Sie sehr um Antwort, auch wegen Landau!

Mit besten Grüssen

Ihr
O. Blumenthal.

———————

Hilbert schloss sich aber der Meinung Blumenthals nicht an, und somit wurde
diese Arbeit Landaus „Über die Darstellung definiter Funktionen durch Quadrate" im nachfolgenden Heft der *Annalen* gedruckt. Das Ergebnis dieser Verhandlungen teilte Blumenthal den Mitgliedern der Redaktion mit, als er das *Annalen*-
Zirkular ausschickte. Letzteres ging regelmäßig an sämtliche Mitglieder der Redaktion, die dann aufgefordert wurden, neu eingegangene Arbeiten einzutragen
und ihre jeweiligen Meinungen über diesen mitzuteilen. Dadurch arbeiteten die
Mitglieder auf einen allgemeinen Konsens hin, wobei Blumenthal oft andere Fa-
chexperten zurate zog, um sich ein fundiertes Urteil über eine Arbeit zu bilden.
Im folgenden Brief an die Redaktion verweist er auf ein neues Problem, nämlich
Platzmangel.

———————————————

[32]Blumenthal spielte hier auf die gleichzeitig laufenden Verhandlungen über den Konflikt zwischen Frankreich und Deutschland in Bezug auf Marokko an. Diese internationale Konferenz
fand vom 16. Januar bis 7. April 1906 in Algeciras (Spanien) statt, wo über eine Lösung der
Marokkokrise verhandelt wurde.

Blumenthal an die Mitglieder der *Annalen***-Redaktion | Aachen, den 21.IV.1906**
AB-L, Nachlass Klein, SUB Göttingen, VIII: 134

Anbei sende ich Ihnen das Annalen-cirkular für März und April.

Unterdessen ist das erste Heft von Band 62 in dem beabsichtigten Umfange von 11 Bogen erschienen, ferner ist auch das 2. Heft desselben Bandes bereits vollständig zum Druck gegeben und wird in der nächsten Zeit in folgenden Zusammenstellung erscheinen:[33]

Johansson, Abbildung Riemannscher Flächen		7
"	Lineare-polymorphe Funktionen	10
Severi, Curve algebriche		32
Spiess, Lineare Iteralgleichung		27
S. Bernstein, Généralisation du problème de Dirichlet		19
Landau, Definite Funktionen		14
Schoenflies, Ebene Punktmengen		43

Da aus redaktionellen Gründen die beiden ersten Hefte sonach ausnahmsweise stark gestaltet werden mussten, so werden die folgenden Hefte einen Umfang von 8 Bogen nicht überschreiten dürfen. Das nächste Heft hoffe ich dann etwa am 15. Juni ausgeben zu können, gedrucktes Materiel ist reichlich dazu vorhanden.

In dem „Annalen"-cirkular habe ich die in 62/2 aufgenommenen Arbeiten bereits durchstrichen. Sie sehen, dass im wesentlichen alle bis Anfang August eingelaufenen Arbeiten nunmehr publiziert sind. Ich möchte aber besonders daraufhin weisen, welche grosse Masse unveröffentlichten Materials noch übrig bleibt. Darunter befinden sich noch dazu eine grössere Anzahl recht umfangrecher Arbeiten, auch mehrere Arbeiten von erheblicher Bedeutung, welche Beschleunigung verlangen. Ich darf unter Hinweis auf diese wenig erfreulichen Verhältnisse nochmals die ergebene Bitte an alle Redakteure richten, mit der Aufnahme möglichst vorsichtig zu sein und insbesondere bei umfangreicheren Arbeiten den Verfassern nach Möglichkeit weitgehende Kürzungen zu empfehlen, wie dies neuerdings auf Vorschlag von Herrn Klein bei der Arbeit Mosch[34] mit gutem Erfolge geschehen ist.

Ich lege vier neue Bogen zur Anlegung eines neuen Cirkulars bei.

Ihr sehr ergebener
O. Blumenthal.

Neue Adresse: Rütscherstrasse 37[35]

---

[33] Blumental berechnete die Summe der Seitenzahlen am Ende. Sie betrug 152 Seiten oder 9, 5 Bogen, ein Ergebnis, das ihn zu den nachfolgenden Überlegungen veranlasste.

[34] Erich Mosch, Über Flächenscharen, deren orthogonale Trajektorien ebene Kurven sind, *Mathematische Annalen*, 63 (1907): 573–590.

[35] Es folgen kurze Anmerkungen der Redakteure Klein, Hilbert, A. Mayer, Gordan, Noether, v. Dyck und Weber. Alle erklärten sich mit Blumenthals Richtlinien einverstanden, wobei Hilbert zur Kenntnis gab, dass Carathéodorys Arbeit nicht knapper dargestellt werden könne.

Gerade bei solchen allgemeinen Problemen spielte nach wie vor Felix Klein eine entscheidende Rolle. Blumenthal reagierte auf seine Vorschläge im folgenden Brief.

Blumenthal an Klein | Aachen, den 24.IV.1906
AB-L, Nachlass Klein, SUB Göttingen, VIII: 135

Sehr geehrter Herr Geheimrat!

Besten Dank für die Zusendung des Concepts. Sie wissen ja, dass ich in allen wesentlichen Punkten damit einverstanden bin. Ich hoffe vor allem auch, dass es den gewünschten Erfolg haben wird.

Darf ich mir nur einige Bemerkungen über die Zusammenstellung der nächsten Annalenhefte erlauben.

Ich hatte allerdings für 62/3 Ihre Arbeiten, sowie Mayer und Hilbert in Aussicht genommen. Carathéodory aber gleichfalls aufzunehmen, halte ich für unmöglich. Zunächst schon wegen der Länge, denn wir haben nur 8 Bogen zur Verfügung. Dann aber liegt noch eine Arbeit von <u>Eisenhart</u> druckfertig vor. Diese Arbeit ist nach Stäckels Urteil, dem ich mich auch anschliessen kann, gut und interessant. Eisenhart ist ein junger Mensch, sehr tätig wie alle Amerikaner, es wäre schade ihn zurückzusetzen und abzustossen. – Ferner halte ich es für unbedingt nötig, die Arbeit Egorow mit den Arbeiten Hilbert und Mayer zusammen zu nehmen. Sie ist dadurch gestützt und die Annalen dadurch gleichfalls. – Ich füge hinzu, dass die Arbeit <u>Herglotz</u> gleichfalls in das nächste Heft wird aufgenommen werden.[36]

Was Heft 4 anbelangt, so verweise ich auf 2 Arbeiten von <u>Wendt</u> und <u>Hilb</u>. Die erste ist gruppentheoretischer Natur, ich habe also wenig Urteil darüber, aber <u>Steinitz</u> empfiehlt sie besonders als durchaus beachtenswert, die zweite, <u>Hilb</u>, über Reihen-Entwicklungen der Potentialtheorie wird sicher viele interessieren, da sie z. B. mich sehr interessiert. Ich mache schliesslich darauf aufmerksam, dass es Ihnen wahrscheinlich auch nicht richtig erschiene, <u>Lilienthal</u> allzu weit zurückzuschieben.[37]

Ich möchte mit diesen Bemerkungen nur eines sagen: ich bin gerne bereit, in dem Vorzugsrecht künftig freier als bisher Gebrauch zu machen, aber ich kann mich gerade der Auswahl, die Sie für die nächsten Hefte getroffen haben, nicht anschliessen. Ich glaube, Ihnen im Vorstehenden einige Arbeiten angegeben zu haben, welche durchaus Berücksichtigung wenigstens an der richtigen Stelle verdienen.

Ich habe dem System der Bevorzugung von <u>Carathéodory</u> und <u>Furtwängler</u>

---

[36] Blumenthal setzte diese Pläne fast alle um: Die Arbeiten von Dmitri Egorow, Adolf Mayer, Herglotz, Hilbert und Klein erschienen in Heft 3, während die von Carathéodory Luther Eisenhart („Associate Surfaces") erst in Heft 4 veröffentlicht werden konnte.

[37] Die Arbeiten von Ernst Wendt und Reinhold von Lilienthal wurden in Heft 4 gedruckt, aber die von Emil Hilb erschien erst in Band 63, Heft 1.

bereits unabhängig von Ihrem Schreiben dadurch Rechnung getragen, dass ich beide Arbeiten auf die nächste Satzliste gesetzt habe. Sie werden also sicher im Verlauf der nächsten drei Hefte erscheinen können.[38] Eine Konzentration aber auf die nächsten beiden Hefte halte ich nach meinem Überblick über den sonstigen Einlauf für zu weit gehend.

Ich wäre Ihnen sehr dankbar, wenn Sie mir über diesen Punkt nochmals Ihre Ansicht mitteilen wollten.

Mit besten Grüssen
Ihr sehr ergebener
O. Blumenthal.

6.2 Der offizielle Eintritt in die Hauptredaktion

Nach seiner erfolgreichen Probezeit wurde Blumenthals offizielle Ernennung zum geschäftsführenden Redakteur von der gesamten *Annalen*-Redaktion unterstützt. Es blieb nun allerdings die Frage nach der neuen Gestaltung der Titelseite (Abbildung 6.1).

Blumenthal an Klein | Aachen, den 5.V.1906
AB-L, Nachlass Klein, SUB Göttingen, VIII: 136

Sehr geehrter Herr Geheimrat!

Ihr Rundschreiben hat den Umweg über meine Adresse genommen. Ich sende es Ihnen beiliegend zurück und füge meinen alten Brief sowie das Cirkular bei, in welchem sich einige Bemerkungen über das Rundschreiben finden. Es herrscht ja augenscheinlich grosse Einmütigkeit in bezug auf die von Ihnen angeregten Fragen.

Ich weiss nicht recht, ob sich diese Einmütigkeit auch auf den letzten Absatz und den Rhombus bezieht, ich nehme aber an, dass wohl auch dieser Punkt genehmigt ist, da ja kein Einspruch erfolgt ist. Ich darf Ihnen nochmals meinen ganz besonderen Dank für Ihre Verwendung sagen, denn ich bin für diese Anerkennung allerdings sehr empfänglich und werde sehr stolz darauf sein, künftig auf der Vorderseite des Umschlags zu stehen. Ich werde im nächsten Rundschreiben – wenn Sie meinen, dass die Sache soweit perfekt ist – natürlich noch der ganzen Redaktion meinen Dank abstatten, Ihnen aber, sehr geehrter Herr Geheimrat, wollte ich ihn doch sofort und in ganz besonderem Masse danken, besonders auch für die sehr ehrenvolle Erwähnung, die Sie meiner Tätigkeit haben zu Teil werden lassen. Ich hoffe sehr, dass Sie auch weiter mit mir zufrieden sein sollen.

---

[38] Carathéodorys Arbeit erschien im nachfolgenden Heft 62(4), während Furtwänglers in 63(1) gedruckt wurde.

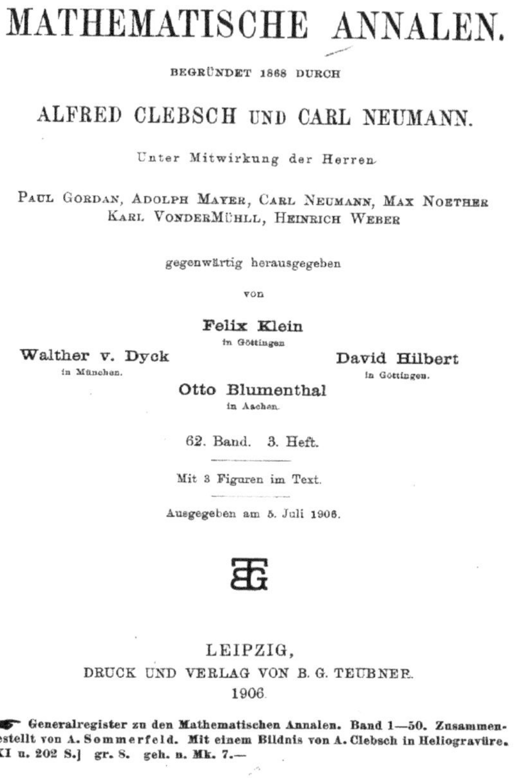

MATHEMATISCHE ANNALEN.

BEGRÜNDET 1868 DURCH

ALFRED CLEBSCH UND CARL NEUMANN.

Unter Mitwirkung der Herren

PAUL GORDAN, ADOLPH MAYER, CARL NEUMANN, MAX NOETHER
KARL VONDERMÜHLL, HEINRICH WEBER

gegenwärtig herausgegeben

von

Felix Klein
in Göttingen

Walther v. Dyck						**David Hilbert**
in München.							in Göttingen.

Otto Blumenthal
in Aachen

62. Band. 3. Heft.

Mit 3 Figuren im Text.

Ausgegeben am 5. Juli 1906.

LEIPZIG,
DRUCK UND VERLAG VON B. G. TEUBNER.
1906

Generalregister zu den Mathematischen Annalen. Band 1—50. Zusammengestellt von A. Sommerfeld. Mit einem Bildnis von A. Clebsch in Heliogravüre.
[XI u. 202 S.] gr. 8. geh. n. Mk. 7.—

Abbildung 6.1: Die Titelseite der *Mathematischen Annalen* ab Band 62, Heft 3

Es wären bei dieser Gelegenheit noch einige andere kleine Änderungen auf
dem Umschlag anzubringen, über die ich Sie um Ihren Rat bitten möchte. Ich lege
die betreffende Stelle in ihrer bisherigen Fassung bei.

1). Ist mein Name auch unter die „Verantwortliche Redaktion" auf der Rückseite aufzunehmen?

2). Der unter der „verantwortlichen Redaktion" stehende Absatz hat keinen
Sinn mehr. Es bieten sich zwei Möglichkeiten: entweder man schliesst den Satz mit
dem Wort „Gesamtredaktion" ab, was meiner Ansicht das Beste wäre; oder man
fügt, unter Weglassung das Bisherigen, hinter „Gesamtredaktion" eine Mitteilung
etwa folgender Fassung bei: „Mitteilungen, welche die Geschäftsleitung betreffen,
besonders an Bl."

Ich wäre Ihnen sehr dankbar, wenn Sie mir Ihre Ansicht über diesen, allerdings wenig wichtigen, Punkt sagen wollten. Ich muss ja dann in nächsten Anna-

lencirkular der Redaktion darüber Vorschläge unterbreiten.

Mit nochmaligem herzlichen Danke und besten Grüssen

Ihr sehr ergebener
O. Blumenthal.

Bei den *Annalen* galt schon lange die Regel, dass unveränderte Dissertationsarbeiten nicht erscheinen dürften. Die Doktorarbeit von Adolf Hurwitz aus dem Jahre 1881 scheint die letzte solche Ausnahme zu sein.[39] Im Falle Erhard Schmidts wurde die Dissertation erweitert und in zwei Teilen veröffentlicht.

Blumenthal an Hilbert | Aachen, den 01.VIII.1906
AK-L, Nachlass Hilbert, SUB Göttingen, 30, Nr. 13

Lieber Herr Professor!

Soeben hat mir Erhard Schmidt[40] eine Umarbeitung seiner Dissertation eingeschickt.

Sie ist in den alten Teilen unverändert geblieben, neu hinzugekommen ist ein augenscheinlich sehr nettes Kapitel über eine Verallgemeinerung der Entwicklung nach Laméschen Produkten: die allgemeine Frage, in welcher Weise sich eine Funktion in 2 Veränderlichen durch Summen von Produkten von je zwei Faktoren in einer Veränderlichen approximieren lässt, führt auf die unsymmetrischen Kerne. Sonstige Änderungen bietet nur die Einleitung, in der bereits ausführlich auf die Habilitationsschrift als Fortsetzung verwiesen ist.[41]

Wünschen Sie die Arbeit zu sehen und zu begutachten? Ich würde sie Ihnen dann sofort zuschicken. Der Fall liegt ja aber wohl vollkommen klar.[42]

Mit besten Grüssen
Ihr
O. Blumenthal.

---

[39] Adolf Hurwitz, Grundlagen einer independenten Theorie der elliptischen Modulfunctionen und Theorie der Multiplicatorgleichungen erster Stufe, *Mathematische Annalen*, 18 (1881): 528–592.

[40] Der in Dorpat geborene Erhard Schmidt (1876–1959) studierte bei Hermann Amandus Schwarz in Berlin, bevor er nach Göttingen zu Hilbert ging, wo er 1905 mit einer bedeutenden Arbeit über Integralgleichungen promovierte. Diese wurde in ergänzter und leicht überarbeiteter Form in den *Annalen* veröffentlicht. Somit konnte er zu Hilberts Programm zur Entwicklung und Vertiefung der Grundlagen der Funktionalanalysis einen wesentlichen Beitrag leisten.

[41] Diese Fortsetzung erschien als: Erhard Schmidt, Zur Theorie der linearen und nichtlinearen Integralgleichungen. Zweite Abhandlung, Auflösung der allgemeinen linearen Integralgleichung, *Mathematische Annalen*, 64 (1908): 161–174.

[42] Die Arbeit erschien als: Erhard Schmidt, Zur Theorie der linearen und nichtlinearen Integralgleichungen. I. Teil: Entwicklung willkürlicher Funktionen nach Systemen vorgeschriebener, *Mathematische Annalen*, 63 (1907): 433–476.

Blumenthals Verhältnis zu Hilbert blieb zu dieser Zeit von Ehrfurcht vor dem Meister geprägt. Die kurze Äußerung am Anfang des folgenden Briefes lässt dennoch erkennen, dass er guter Hoffnung war, es würde sich im Laufe der Zeit eine echte Freundschaft zwischen ihm und Hilbert entwickeln.

Blumenthal an Hilbert | Aachen, den 15.X.1906
AB-L, Nachlass Hilbert, SUB Göttingen, 30, Nr. 14

Lieber Herr Professor!

Ihren Brief werde ich mir sicher gut aufheben: es ist nämlich der erste nicht rein geschäftliche Brief, den Sie mir, sogar mit eigener Hand, geschrieben haben, und hat mir wegen dieser Minimumseigenschaft besondere Freude gemacht.

Heute habe ich auch die Arbeiten von Carathéodory und Meyer richtig erhalten.[43] Besonders Carathéodory sieht ja sehr schön aus. Gestern erhielt ich auch von Landau eine ausführliche Darstellung seiner Resultate in den „Berichten der Zürcher Gesellschaft". Das scheint aber nicht viel Neues zu sein und steht jedenfalls hinter Carathéodory weit zurück.[44] Ich habe Cara. nun gebeten, vielleicht seinen Titel etwas zu ändern, da der bisherige mir etwas unscheinbar zu sein scheint.[45]

... [Die Fortsetzung des Briefes ist auf S. 123 abgedruckt.]

Ein Jahr später kämpfte Blumenthal mit einer erneuten Flut von Arbeiten für die *Annalen*. Er musste daher Hilbert mitteilen, dass eine eingelaufene Arbeit Felix Hausdorffs erst in einem späteren Heft erscheinen sollte.[46]

Blumenthal an Hilbert | Aachen, den 13.XI.1907
AB-L, Nachlass Hilbert, SUB Göttingen, 30, Nr. 16

Lieber Herr Professor!

Hausdorff und Schoenflies habe ich heute erhalten. Schoenflies kann natürlich in nächster Zeit zum Abdruck kommen,[47] aber Hausdorff kann ich unmöglich so sehr beschleunigen, wie Sie es wünschen. Teubner hat alles vorhandene Annalen-

---

[43]Eugen Meyer, Über eine Konfiguration von geraden Linien im Raume, *Mathematische Annalen*, 65 (1908): 299–309.

[44]Die Arbeit Landaus wurde offenbar zurückgezogen.

[45]Constantin Carathéodory, Über den Variabilitätsbereich der Koeffizienten von Potenzreihen, die gegebene Werte nicht annehmen, *Mathematische Annalen*, 64 (1907): 95–115.

[46]Zur Vorgeschichte dieser bedeutenden Arbeit Hausdorffs siehe Abschnitt 1.13.

[47]Es handelt sich nur um eine kurze Notiz: Arthur Schoenflies, Bemerkung zu meinem zweiten Beitrag zur Theorie der Punktmengen, *Mathematische Annalen*, 65 (1908): 431–432.

materiel auf einen Ruck gedruckt und wir haben jetzt noch über ein Heft gedruckten Materiales lagern, das unbedingt erst weggearbeitet werden muss. Darunter befindet sich insbesondere der lange <u>Hölder</u>.[48] Diesen und Zermelo hatte ich ja übrigens für das übernächste Heft bestimmt.[49] Hausdorff kann frühestens im letzten Heft des neuen Bandes 65 Platz finden, was für Annalenverhältnisse als früh bezeichnet werden muss.[50]

Es tut mir sehr leid, dies durchaus nicht anders einrichten zu können. Dagegen versteht sich von selbst, dass die Arbeit ungeteilt zum Abdruck kommt, obwohl sie bequem 120 Seiten Druck einnehmen wird.[51]

Ich hoffe, dass Sie meine Gründe billigen werden.

... [Die Fortsetzung des Briefes ist auf S. 129 abgedruckt.]

6.3 Nach dem Tod Hermann Minkowskis

Viele Jahre danach beschrieb Blumenthal, wie die „glückliche Zeit von Hilberts und Minkowskis Zusammenarbeit" jäh unterbrochen wurde. Aber sie endete doch „mit einem grossartigen Abschluss: von Minkowskis Seite mit der Entdeckung des Relativitätsprinzips [Abschnitt 1.6], von Hilberts Seite mit der Lösung des Waringschen Problems. Hilbert hat hier, wie einst bei dem Beweis für die Endlichkeit des Invariantensystems, in überraschend kurzer Zeit eine Aufgabe gemeistert, zu der hervorragende Mathematiker viele Jahre lang keinen Weg gefunden hatten" (Blumenthal 1935, 415).

Blumenthal an Hilbert | Aachen, den 11.III.1909
AK-L, Nachlass Hilbert, SUB Göttingen, 30, Nr. 19

Lieber Herr Professor!

Die Arbeiten für die Annalen habe ich mit bestem Dank erhalten. Bei Carathéodory habe ich noch einmal wegen Literatur angefragt: ich meine nämlich eine ganz ähnliche Arbeit letzthin in den Nouvelles Annales gesehen zu haben.

---

[48]Otto Hölder, Die Zahlenskala auf der projektiven Geraden und die independente Geometrie dieser Geraden, *Mathematische Annalen*, 65 (1908): 161–260.

[49]Zermelo hatte schon in Juli 1907 zwei Arbeiten für die *Annalen* eingereicht. In (Zermelo 1908a) antwortete er seinen Kritikern, die Einspruch gegen seinen Beweis des Wohlordnungssatzes erhoben hatten. Die zweite (Zermelo 1908b) enthält seine Axiomatisierung der Mengenlehre. Ein weiterer Artikel, der sich mit der Wohlordnungstheorie befassen sollte, wurde zwar angekündigt, ist aber nicht erschienen.

[50]Diese Arbeit erschien als (Hausdorff 1908). Zur Vorgeschichte dieser grundlegenden Arbeit Hausforffs siehe Abschnitt 1.11 sowie (Purkert 2002, 13 f.).

[51]Dies war offenbar eine falsche Einschätzung Blumenthals, denn die gedruckte Arbeit enthält nur 70 Seiten.

Für das Waringsche Problem müssen wir Ihnen sehr dankbar sein.[52] Ich freue mich sehr, dass Sie uns die Arbeit geben, denn ich gehöre auch zu den „Begeisterten". Auch bin ich sehr erfreut über die Reduktion des doch recht unübersichtlichen Integrals. Ich will demgemäss sehen, dass die Arbeit bald an der Reihe kommt. Nur möchte ich den armen Wieferich[53] mit $n = 7$, der schon gesetzt ist, noch vorher herausbringen. Es sieht sonst zu dumm aus.[54] Ich denke, dass ich ihn in das nächste Heft bringen kann, und Ihre Arbeit dann wohl in das übernächste.

Mit besten Grüssen
Ihr
O. Blumenthal.

In seiner biographischen Skizze (Blumenthal 1922) zeigte Otto Blumenthal seine Bewunderung für Hilberts Leistung:

Der von Waring aufgestellte Satz, daß sich jede ganze Zahl als Summe einer begrenzten (nur von dem Exponenten abhängigen) Anzahl $n$ter Potenzen ganzer Zahlen darstellen lasse, war im Jahre 1908 Gegenstand verschiedener Erörterungen und glücklicher Entdeckungen gewesen, die die Erkenntnis wesentlich gefördert hatten. Insbesondere war man auf gewisse Identitäten aufmerksam geworden, die ein Vielfaches der $n$ten Potenz einer Summe von Quadraten durch eine Summe von $(2n)$ten Potenzen linearer Funktionen mit ganzen Koeffizienten ausdrücken. Aber erstens fehlten die Mittel zur allgemeinen Aufstellung dieser Identitäten, zweitens hatte man sie nur dazu benutzt, um den Waringschen Satz von n auf $2n$ zu übertragen. Mittels einer Integralmethode, die durch ihre anscheinende Selbstverständlichkeit an den Beweis für die Endlichkeit des Invariantensystems erinnert, stellt *Hilbert* zunächst die gesuchten

---

[52]Der Vier-Quadrate-Satz besagt, dass jede natürliche Zahl als Summe von höchstens vier Quadratzahlen dargestellt werden kann. Diese Aussage wurde 1770 von Lagrange bewiesen. Im gleichen Jahr stellte Edward Waring die Vermutung auf, dass es eine solche Höchstzahl für alle Exponenten geben müsse. Die Lösung dieses berühmten Problems schien lange Zeit unerreichbar, bis Hilbert es doch kurz vor dem plötzlichen Tod von Minkowski bewältigen konnte. Das Ergebnis erschien als: (Hilbert 1909).

[53]Arthur Wieferich (1884–1954) war zu dieser Zeit noch ein Student an der Westfälischen Wilhelms-Universität in Münster. Dort besuchte er 1907 eine Vorlesung von Max Dehn über Zahlentheorie, die ihn offenbar für dieses Gebiet der Mathematik begeisterte. Er hatte schon in Band 66 der *Annalen* zwei Arbeiten über die Darstellbarkeit von ganzen Zahlen als Summen von Potenzen dritten bzw. vierten Grades veröffentlicht.

[54]Vermutlich meinte Blumenthal mit „dem armen Wieferich"nur, dass Hilberts Lösung des allgemeinen Waringschen Problems die Untersuchungen Wieferichs in den Schatten stellte (A. Wieferich, Zur Darstellung der Zahlen als Summen von 5-ten und 7-ten Potenzen positiver ganzer Zahlen, *Mathematische Annalen*, 67 (1909): 61–75). Darin wird beweisen, dass jede Zahl als Summe von höchstens 59 fünften Potenzen und von höchstens 3806 siebenten Potenzen darstellbar ist. Ferner gibt Wieferich eine Tabelle an, womit er zeigen konnte, dass alle Zahlen von 1 bis 3000 in höchstens 37 fünfte Potenzen zerlegbar sind.

Identitäten allgemein her, und dann zeigt er auf einem höchst kunstvollen Wege, daß sie nicht allein zur Übertragung von n auf $2n$, sondern zum unmittelbaren Beweise des lang umstrittenen Waringschen Satzes dienen. Diese Arbeit, eine der merkwürdigsten, die er geschrieben, hat Hilbert am 6. Februar 1909 dem wenige Wochen zuvor verstorbenen Minkowski zum Andenken geweiht.

Zu dieser Zeit musste Blumenthal immer noch mit Verzögerungsproblemen in der Produktion rechnen. Sein starkes Engagement für andere Menschen zeigt sich im Übrigen besonders deutlich im folgenden Brief.

Blumenthal an Hilbert | Aachen, den 19.X.1909
TB, Nachlass Hilbert, SUB Göttingen, 30, Nr. 20

Lieber Herr Professor!

Der Annalensendung sehe ich mit Ruhe entgegen. Dass wir etwas von Bohlmann[55] bekommen, ist nett. Mit Salkowski scheint in der Tat eine gewisse Zurückhaltung angebracht.[56] Seine Arbeiten sehen doch stark nach dem gewöhnlichen flächentheoretischen Formelkram aus, von dem man so viel produzieren kann, wenn man einmal den Dreh heraus hat. Verfassern, mit denen Sie es nicht besonders gut meinen, können Sie wohl praktisch eine Wartezeit von $3/4$ Jahr angeben. Rascher geht es fast sicher nicht, andererseits auch nicht viel langsamer.

Der Fall von S. Bernstein[57] ist sehr traurig. Es ist doch ein besonders fähiger Mensch, der wirklich dauerndes geleistet hat, und zwar wesentlich aus eigener Kraft, nachdem Sie ihm das Problem gestellt haben. In Deutschland ihn unterzubringen, wird wohl ausgeschlossen sein. In Frankreich, wo er ja eigentlich noch mehr Beziehungen hat, giebt es das eine Beispiel von Stieltjes, der aus dem Aus-

---

[55]Blumenthal kannte Georg Bohlmann (1869–1928) aus seiner Göttinger Zeit. Dieser war Fachexperte für Wahrscheinlichkeitstheorie und Versicherungsmathematik. Nach seinem Studium in Berlin und Halle kam er auf Kleins Einladung nach Göttingen, wo er sich 1894 habilitierte. Obwohl er an der Gründung des dortigen Seminars für Versicherungswissenschaft beteiligt war, bekam er keine feste Stelle in Göttingen. So ging er 1903 nach Berlin, um dort als Chefmathematiker zur deutschen Tochtergesellschaft der New Yorker Mutual Life Insurance zu arbeiten. Vorher veröffentlichte Bohlmann einen Artikel über Lebensversicherungsmathematik in Kleins *Enzyklopädie der mathematischen Wissenschaften*, in welcher er der Wahrscheinlichkeitstheorie erstmalig eine axiomatische Grundlage gab. Seine einzige Arbeit für die *Annalen* wurde erst etwas später publiziert: Georg Bohlmann, Formulierung und Begründung zweier Hilfssätze der mathematischen Statistik, *Mathematische Annalen*, 74 (1913): 341–409.

[56]Diese Arbeit erschien tatsächlich etwas später als: Erich Salkowski, Beiträge zur Kenntnis der Bertrandschen Kurven, *Mathematische Annalen*, 69 (1910): 560–579.

[57]Sergei Bernstein (1880–1968) studierte in Paris und Göttingen und wurde 1904 an der Sorbonne, später (1913) in Russland an der Universität Charkiw promoviert, wo er von 1907 bis 1932 Professor war. In diesen zwei Doktorarbeiten widmete er sich dem 19. bzw. 20. von Hilberts 23 Pariser Problemen. In der ersten löste er das 19. Problem bezüglich elliptischer partieller Differentialgleichungen, während er in der zweiten die Existenz analytischer Lösungen des Dirichlet-Problems für eine große Klasse nichtlinearer elliptischer partieller Differentialgleichungen zeigen konnte.

lande berufen wurde. Hat er sich denn einmal mit Picard in Verbindung gesetzt, und liesse sich da nichts machen?

Für Amerika ist vielleicht <u>E. H. Moore</u> noch besser als Osgood.[58] Er hat die riesigen Mittel der Chicago University hinter sich, und ich habe an ein paar Beispielen gesehen, dass sie dort gern gute Kräfte an sich ziehen. Erinnern Sie sich nicht auch, dass dem armen Schot, kurz vor seinem Selbstmord, einmal durch Professor Tanner oder Snyder eine Stelle in Cornell University[59] in Aussicht gestellt war, was sich aber dann wieder zerschlug. Vielleicht lässt sich daran noch anknüpfen.

Was ich mache, haben sie aus dem Annalencirkular ersehen können. Ich bringe die seinerzeit in Stuttgart von Hartogs mit Recht angefochtene Dissertation von Kistler, die unter Kistlers Händen auch weiter nicht richtiger wurde, in die Ordnung, was einwandfrei zu gelingen scheint. Ich glaube, dass es dann eine ganz nette kleine Arbeit wird.

Mit vielen Grüssen, auch an Frau Professor

Ihr O. Blumenthal.

[Handschriftlicher Vermerk:]

Hat mein unseliger Herr <u>Wink</u>[60] nun endlich seine Separata eingeliefert und den Doktortitel erhalten? Wenn sich Schwierigkeiten ergeben sollten, möchte ich Sie doch dringend bitten, für den armen Kerl einzutreten, dem wirklich, bei seiner Neurasthenie, kaum eine Schuld an seiner Langsamkeit zugeschrieben werden kann. Ich habe ihm, wie mich Runge gebeten hatte, eine Bescheinigung ausgestellt, dass ich die Arbeit geprüft und sie druckfähig gefunden habe, und sie an Wackernagel[61] geschickt. Hoffentlich hat der verstanden, was los war. Ich wäre Ihnen für gelegentliche Nachricht über diesen Punkt sehr dankbar.)

---

[58] Eliakim Hastings Moore (1862–1932) wirkte seit 1892 an der neu gegründeten University of Chicago, wo er bis zu seiner Pensionierung 1931 die Mathematik leitete. Die ursprügliche Fakultät bestand aus ihm und seinen zwei deutschen Kollegen: Oskar Bolza und Heinrich Maschke. William Fogg Osgood (1864–1943) kam aus Boston und studierte Mathematik zunächst an der Harvard University. Danach ging er mit einem Stipendium nach Göttingen, wo er Kleins Vorlesungen besuchte, und anschließend nach Erlangen, wo er 1890 bei Max Noether promovierte. Er verbrachte seine ganze Karriere in Harvard. Zur Entstehung einer forschenden Tradition in der amerikanischen Mathematik, vor allem an den drei führenden Universitäten Chicago, Harvard und Princeton siehe (Parshall/Rowe 1994).

[59] Virgil Snyder (1869–1950) war einer von sechs Amerikanern, die ihre Doktorarbeiten bei Klein geschrieben haben und später Präsidenten der American Mathematical Society wurden. John Henry Tanner (1861–1940) war ein älterer Kollege von Snyder in Cornell, wo Kleins Einfluss auch spürbar war (Parshall/Rowe 1994, 217 f.).

[60] Albert Wink schrieb seine Doktorarbeit bei Minkowski. Sie wurde 1909 veröffentlicht unter dem Titel „Über die Diskontinuitätsbereiche der Gruppen aus linearen nicht infinitesimalen Substitutionen", Göttingen, Kaestner 1909.

[61] Jacob Wackernagel war von 1902 bis 1915 ordentlicher Professor für Indogermanische Sprachwissenschaft in Göttingen.

Der folgende Brief wurde kurz nach Schwarzschilds Übersiedlung nach Potsdam geschrieben. Blumenthal erkundigte sich, ob er seinen begabten Assistenten Ejnar Hertzsprung mitgenommen habe. Als Schwarzschilds Aufmerksamkeit auf ihn erst gelenkt wurde, holte er Hertzsprung 1909 als außerordentlicher Professor nach Göttingen. Kurz darauf wurde Schwarzschild Direktor des Astrophysikalischen Observatoriums in Potsdam und nahm Hertzsprung mit.

Blumenthal an Hilbert | Aachen, den 29.XI.1909
TB, Nachlass Hilbert, SUB Göttingen, 30, Nr. 21

Lieber Herr Professor!

Ihr Brief kam eben gerade zu rechter Zeit an: das Bohlmannsche Manuskript war schon verpackt und sollte noch heute abgehen. Ich halte es jetzt zurück, bis das neue einläuft.

Mit meinem Buche ist es natürlich ein Missverständnis. Sie hatten mir geschrieben, Landau wolle darüber referieren, und ich hatte so verstanden, dass das Referat bereits erstattet sei. Da wunderte ich mich dann, dass Landau nur auf einer Visitenkarte dankte und gar nichts darüber schrieb, was er zur Sache zu sagen hätte. Dass Sie selbst das Buch nicht lesen können, ist mir ganz klar. Es wäre mir nur angenehm, wenn ich nach Erstattung des Referates über den Ausfall in Kenntnis gesetzt würde. Denn die Kritiken in der Göttinger Gesellschaft sind doch eben so wissenswert wie gedruckte, besonders wenn sie nicht günstig sein sollten. – Über Courants Ideen würde ich gern etwas ausführlicher orientiert.

Den Auszug aus <u>Stäckels</u> Brief haben Sie leider <u>nicht beigelegt</u>. Da ich ihn unbedingt lesen möchte, wäre ich Ihnen sehr dankbar, wenn Sie ihn mir noch zuschicken wollten. – Eben hat mir auch Riesz[62] eine Arbeit über Fouriercoefficienten zugeschickt, Verallgemeinerung seiner früheren Resultate. Die Arbeit ist wieder einmal unendlich dick, und ich werde sie mir erst sehr genau ansehen, bevor ich sie aufnehme. Vielleicht muss ich sogar Ihre Hülfe in Anspruch nehmen.[63]

Wegen S. Bernstein habe ich noch einmal an russische Freunde geschrieben. Dass es hilft, glaube ich nicht. <u>Ich bitte Sie</u>, mir umgehend Bernsteins neue Adresse zu geben, die Sie ja in seinem letzten Briefe haben müssen; denn seine Arbeit wird jetzt gesetzt, und ich weiss noch nicht, wohin ich die Korrekturen schicken lassen soll.

Über Wieferich las ich in den Münchner Neuesten. Der mathematische Teil war aber so verkorxt, dass ich nicht daraus klug werden konnte. Ich werde mir den Crelle ansehen. Wieferich ist wirklich ein rechtes Wunderkind.[64]

---

[62] Es handelt sich um den ungarischen Mathematiker Frigyes Riesz (1880–1956), den älteren Bruder von Marcel Riesz. Er studierte in Göttingen und promovierte 1902 in Budapest. Riesz gilt als Mitbegründer der Funktionalanalysis und bewies 1907 den heute nach ihm und Ernst Fischer benannten fundamentalen Satz für die Fourier-Theorie von Hilbert-Räumen.

[63] Blumenthal geht wieder auf diese Riesz'sche Arbeit im folgenden Brief ein, dem er ein kurzes Gutachten hinzufügte.

[64] Arthur Wieferich war damals erst 25 Jahre alt; nach 1909 brachte er aber keine nennenswer-

Haars baldige Habilitation ist sehr erfreulich.[65] Wie ist es eigentlich mit Herzsprung geworden? Hat ihn Schwarzschild mit nach Potsdam genommen? und wer ist sein Nachfolger?[66]

Ich sitze immer noch an Abelschen Funktionen (Kistlers Erbe). Die Sache wird mir leider recht lang und compliziert, aber es handelt sich darum, dass keine Einwände nach Art des Hartogschen von der Stuttgarter Versammlung mehr möglich sind. Ich muss also äusserst vorsichtig sein, und das Gebiet ist doch recht schwer.

Wenn das fertig ist, habe ich etwas hydrodynamisches in Aussicht, wo die Integralgleichungen in höchster Potenz werden in Kraft treten müssen. Ich freue mich darauf, besonders da ich das Thema ganz zufällig beim Kolleg gefunden habe.

Mali geht es ausgezeichnet. Das haben Sie ja wohl auch schon von anderer Seite gehört.

Mit vielen Grüssen an Sie und Frau Professor, deren Knie hoffentlich wieder in Ordnung ist, <u>und der Bitte, Stäckel und Bernstein nicht zu vergessen.</u>

Ihr O. Blumenthal.

Ein Jahr nach dem Tode Minkowskis erschien ein Sonderheft der *Annalen,* um ihn zu ehren. Dieses enthielt auch Hilberts Nachruf auf seinen Freund (Hilbert 1910).

Blumenthal an Hilbert | Aachen, den 05.I.1910
TB, Nachlass Hilbert, SUB Göttingen, 30, Nr. 22

Lieber Herr Professor!

Ich sende Ihnen beiliegend eine Arbeit von Riesz, die für die Annalen eingelaufen ist. Ich habe die Arbeit selbst ziemlich gründlich durchgelesen, so dass ich den Inhalt kenne, wenn ich auch die Details der Beweise nicht geprüft habe. In dieser Hinsicht ist ja aber Riesz zuverlässig. Ich würde nun nach dieser Prüfung kein Bedenken tragen, die Arbeit sogar recht gern für die Annalen anzunehmen,

---

ten Arbeiten mehr zustande. Die von Blumenthal erwähnte Abhandlung ist: A. Wieferich, Zum letzten Fermatschen Theorem, *Journal für die reine und angewandte Mathematik,* 136 (1909): 293–302.

[65]Der ungarische Mathematiker Alfréd Haar (1885–1933) studierte ab 1904 in Göttingen bei Hilbert. Seine bahnbrechende Doktorarbeit wurde 1910 in den *Annalen* veröffentlicht als: Alfréd Haar, Zur Theorie der orthogonalen Funktionensysteme: Erste Mitteilung, *Mathematische Annalen,* 69 (1910): 331–371. Der zweite Teil erschien in: *Mathematische Annalen,* 71 (1911): 38–53.

[66]Wie Schwarzschild gilt der dänische Astronom Ejnar Hertzsprung (1873–1967) als ein Pionier der modernen Astrophysik. Er arbeitete zunächst an der Universität Kopenhagen und am privaten Urania-Observatorium in Frederiksberg. Dort veröffentlichte er seine Vermessungen der Lichtstärke von Sternen anhand ihrer Spektren.

wenn sie nicht so unmässig lang wäre. Sie wird nach meiner Schätzung mindestens 80 Annalenseiten einnehmen. Die Darstellung ist behaglich und sehr lesbar, aber nicht gerade breit, im einzelnen liesse sich vielleicht die Einleitung kürzen, aber das bringt nicht viel. Dagegen zerfällt die Arbeit in 2 wohlgetrennte Teile, deren erster den Satz von den Fourierschen Konstanten bringt, der zweite Anwendungen auf Integralgleichungen 1. und 2. Art. Ich möchte um Entscheidung bitten, ob es vielleicht praktisch wäre, Riesz zu bitten, diesen Teil abzuspalten und irgendwo anders zu veröffentlichen. Ich wäre Ihnen sehr dankbar, wenn Sie entweder diese Entscheidung selbst treffen oder das Manuskript Haar oder Weyl vorlegen wollten: besonders Herr Haar ist dort vollkommen in seinem Gebiete und kann vielleicht auch über Neuheit der Resultate Aufschlüsse geben, wenngleich Riesz sehr sorg-fältig citiert.[67]

Ich bitte Sie um möglichst rasche Ausführung der Begutachtung, da die Ar-beit Ende November eingelaufen ist. Dann schicken Sie sie mir wohl freundlich wieder zu. Etwaige Korrespondenz mit Riesz kann ich übernehmen.

Ich füge mein eigenes Gutachten bei, zur leichteren Orientierung.[68]

Hier geht es gut. Mali ist sehr wohlauf. Heute hat mir Frau Minkowski zu meiner grossen Freude eine Photographie von Minkowski geschickt, die ich sofort aufgehängt habe. Es ist wirklich ausserordentlich lieb von ihr. Es ist kaum denkbar, dass Minkowski jetzt schon ein Jahr tot ist. Sie erhalten übrigens in den nächsten Tagen die Korrektur Ihres Nachrufs und seiner Elektrodynamik.[69]

Mit herzlichen Grüssen an Sie und Frau Professor, auch von Mali.

Ihr O. Blumenthal.

[Handschriftliche Notiz:]

Soeben teilt mir Noether mit, dass Gordans Stelle in Erlangen mit Erhard Schmidt[70] besetzt worden ist. Ich war an zweiter Stelle vorgeschlagen, an dritter, soviel ich weiss, Jung (früher Marburg)[71].

[Blumenthals Gutachten]

---

[67] Die Arbeit wurde anscheinend nicht aufgeteilt und erschien auf knapp 50 gedruckten Seiten als: Friedrich Riesz, Untersuchungen über Systeme integrierbarer Funktionen, *Mathematische Annalen*, 69(4) (1910): 449–497.

[68] Nachlass Hilbert, SUB Göttingen, 30, Nr. 22 Anl.; unten abgedruckt.

[69] Dieses Sonderheft zur Ehre Minkowskis (Band 69, Heft 4).

[70] Nach der Emeritierung Paul Gordans (1837–1912) im Jahre 1910 wurde der Hilbert-Schüler Erhard Schmidt als Nachfolger gewählt. Blumenthal kannte ihn aus seiner Göttinger Zeit, als er schon bahnbrechende Leistungen in der Funktionalanalysis hervorbrachte. Nach seiner Promotion habilitierte er sich 1906 in Bonn bei Eduard Study. Danach wurde er der Reihe nach Professor in Zürich, Erlangen, Breslau und endlich Berlin, wo er 1917 Nachfolger von Hermann Amandus Schwarz wurde.

[71] Der Geometer Heinrich Wilhelm Ewald Jung (1876–1953) studierte in Marburg und Berlin. 1902 habilitierte er sich in Marburg und blieb dort bis 1908 als Privatdozent. 1913 wurde er Ordinarius in Kiel.

Das Hauptresultat der Arbeit, aus dem sich alle folgenden herleiten, ist der Satz des Par. 7 (S. 35), wonach jede lineare Funktionaloperation durch ein bestimmtes Integral dargestellt wird. Denselben Satz beweist Riesz augenscheinlich unter etwas anderen Voraussetzungen über den Begriff „linear" in seiner Comptes Rendus-Note 29. Nov. 1909. Das Verhältnis der beiden Resultate zueinander habe ich noch nicht aufgeklärt. Die Idee des Resultates selbst geht auf Hadamard zurück. Die Ausführung durch Riesz ist augenscheinlich durch Einführung des Lebesgueschen Integralbegriffs ermöglicht worden. Das wichtigste Beweismittel bei Riesz ist die Annäherung aller Funktionen durch streckenweise konstante Funktionen, wodurch er in Par. 5, S. 29, das notwendige und hinreichende Kriterium herleitet, damit eine Funktion als Integral aufgefasst werden kann.

Aus dem Satz des Par. 7 folgt der Riesz-Fischersche Satz als Korollar. Neu erscheint dabei die Einführung des Begriffes der starken und schwachen Konvergenz, der die Ausnahmestellung des Falles $p = 2$ ergiebt.

Der Par. 14 schliesst diesen Teil der Entwickungen, der sich auf Funktionaloperationen bezieht, ab.

Die weiteren Par. behandeln Funktionaltransformationen und schliessen unter diesem allgemeinen Begriff die Lösung von Integralgleichungen ein. Merkwürdiger Weise ist die der linearen Operation entsprechende Formel für die Transformation

$$T[f(x)] = \int_a^b K(\xi x) f(\xi)\, d\xi$$

nicht gegeben. Sie scheint aber nur weggelassen zu sein.

In dem vorletzten Par. scheint mir an einer Stelle etwas nicht zu stimmen: ich habe es angegeben.

Blumenthals gründliches Kenntnis der physikalischen Literatur zeigt sich deutlich im folgenden Brief.

Blumenthal an Hilbert | Aachen, den 24.II.1910
TB, Nachlass Hilbert, SUB Göttingen, 30, Nr. 23

Lieber Herr Professor!

Ich bestätige mit bestem Dank den Empfang der Arbeit Hafen. Ganz einverstanden bin ich freilich damit noch nicht. Das Kondensatorproblem ist sehr wichtig, und ich habe seinerzeit selbst daran gedacht, es im Anschluss an Kirchhoff zu behandeln, bin aber nicht dazu gekommen. Jetzt wundert mich, dass Hafen Kirchhoff nirgends auch nur erwähnt, während er doch seine Resultate hätte mit den Kirchhoffschen Näherungen vergleichen sollen.

Ausserdem bitte ich den Titel ändern zu dürfen: „Über einige Probleme der Potentialtheorie, insbesondere das Problem des Kreisplattenkondensators". Da nämlich auch keine Einleitung vorhanden ist, muss doch der Leser irgendwie darauf hingewiesen werden, was ihm bevorsteht.[72] – Ich bitte auch um Hafens Adresse.

Landsberg[73] können Sie mitteilen, dass ich hoffe, ihm in etwa 4 Wochen Korrektur zugehen zu lassen. Früher kann ich es nicht einrichten. Ich ziehe ihn schon ohnehin vor.[74] Teilen Sie ihm vielleicht mit, dass wir wegen vielen Materiales jetzt beschleunigt drucken, dass aber zunächst das Minkowskiheft erledigt werden muss.[75]

Die Nachricht von Zermelos Berufung hat mich herzlich gefreut.[76] Ich schreibe ihm selbst eine Karte.

Werde ich Sie in den Osterferien sehen können? Mir läge sehr viel daran. Meine Frau hat ja über unsere Reisepläne schon geschrieben.

Viele Grüsse an Sie und Frau Professor
Ihr O. Blumenthal.

6.4 Blumenthals neue Reihe

Als das Minkowski-Heft noch in Vorbereitung war, bekam Blumenthal ein Angebot von Teubner, eine neue Reihe von Monographien herauszugeben. Da er mit den *Annalen* enorm viel Arbeit zu erledigen hatte, fühlte er sich allein deswegen schon ziemlich überfordert. Dennoch wandte er sich an Hilbert, um dessen Rat einzuholen, bevor er eine endgültige Entscheidung traf.

Blumenthal an Hilbert | Aachen, den 21.VI.1910
TB, Nachlass Hilbert, SUB Göttingen, 30, Nr. 24

Lieber Herr Professor!

Heute wende ich mich an Sie, wie einst in der Göttinger Zeit, wenn ich mir über eine Frage meiner Zukunft ganz unklar war. Es handelt sich aber nicht um einen Ruf, wie man nach dieser Einleitung annehmen muss, sondern um folgendes. Teubner will eine „Sammlung von mathematischen Monographien" herausgeben,

---

[72]Die Arbeit wurde ohne die vorgeschlagene Veränderung des Titels gedruckt: Maximilian Hafen, Studien über einige Probleme der Potentialtheorie, *Mathematische Annalen*, 69 (1910): 517–537.

[73]Georg Landsberg (1865–1912) studierte in Breslau und habilitierte 1893 in Heidelberg. Zu dieser Zeit war er außerordentlicher Professor in Kiel. Zusammen mit Kurt Hensel schrieb er das bekannte Lehrbuch *Theorie der algebraischen Funktionen von einer Variablen*, Leipzig 1902.

[74]Georg Landsberg, Theorie der Elementarteiler linearer Integralgleichungen, *Mathematische Annalen*, 69 (1910): 227–265.

[75]Gemeint ist Band 68, Heft 4, in dem Hilberts Nachruf (Hilbert 1910) zusammen mit einem Wiederabdruck von (Minkowski 1908) und (Minkowski/Born 1910) erschienen sind.

[76]Ernst Zermelo wurde 1910 nach Zürich berufen, musste allerdings seine Professur 1916 wegen gesundheitlicher Probleme aufgeben.

etwa in der Art der Collection Borel, nur mit Ausdehnung auf die ganze Mathematik. Er hat mir die Gesamtredaktion angeboten. Ich bin mir ganz unklar, was ich tun soll. Ich bin überzeugt, dass es eine nützliche und gute Sache ist, ich glaube auch, dass mir bei meinen guten Beziehungen zu den jungen Leuten eine solche Stelle liegt. Aber ich fürchte die grosse Inanspruchnahme. Ich würde natürlich niemals eine solche Sammlung in dem Sinne redigieren wie ich die Annalen redigiere, d.h. ich würde mich auf die unabweisbaren Pflichten beschränken, wesentlich die Mitarbeiter werben, aber mich für den Inhalt, die Richtigkeit und die Lesbarkeit der Bücher <u>im Einzelnen</u> nicht für verantwortlich halten. Immerhin wird auch darin einige Arbeit stecken.

Sie haben mir seinerzeit allgemein geraten, mich von allen Verpflichtungen frei zu halten. Das ist sicher das bequemste und im Falle eines starken produktiven Talentes das richtige. Es fragt sich, ob die Regel auf mich anwendbar ist, wo die produktive Begabung höchstens als mittel zu bezeichnen ist. Oder ist es besser, ich ergreife ein Mittel, um mich nützlich zu machen, und verzichte dafür auf einen Teil eigener Produktion.

Lockend ist an dem Anerbieten für mich auch das, dass Teubner meine Fonctions entières in deutscher Übersetzung als erstes Bändchen der Sammlung bringen will.[77]

Ich wäre Ihnen dankbar, wenn Sie mir einen Rat geben wollten. Ich muss Sie freilich im voraus bitten, mir nicht verübeln zu wollen, wenn ich ihn hinterher nicht befolge. Ich bin ungefähr in der Stimmung eines Menschen, der einen zweifelhaften Ruf erhalten hat. Jedenfalls aber wird Ihre Ansicht bei meiner Entscheidung sehr ins Gewicht fallen.

Hat Klein schon mit Ihnen wegen der Neuregelung der Annalengehälter zu Gunsten des Assistenten gesprochen? Sind Sie mit meinen Vorschlägen einverstanden, oder wünschen Sie, dass die Sache in anderer Weise geregelt wird? Aus einer Karte hatte ich den Eindruck, als ob Klein Bedenken habe, oder nur mit geringer Freude bei der Sache sei.

Ich wäre Ihnen für baldige Antwort sehr dankbar. Es brauchen ja nur ein paar Zeilen zu sein.

Viele Grüsse an Sie und Frau Professor. Mali geht es sehr gut. Wie hat Ihnen Herr Teixeira gefallen?[78] Frau Professor hat richtig vermutet, dass mir sein Französisch einige schwere Stunden verursacht hat. In Deutschland wäre er wohl ein sehr guter, wissenschaftlich denkender Oberlehrer, und dort ist er der Stolz eines ganzen Landes!

Viele Grüsse
Ihr O. Blumenthal.

---

[77]Diese Übersetzung kam allerdings nie zustande.

[78]Francisco Gomes Teixeira (1851–1933) war der bekannteste Mathematiker Portugals; er unterrichtete an der Universität Coimbra und später an der Universität Porto. Neben seinen vielen Arbeiten in Analysis und Geometrie war er auch für seine Studien zur Geschichte der Mathematik bekannt.

Hilbert konsultierte danach mit Klein und Runge über Teubners neue Initiative. Die drei Göttinger Größen hatten offenbar kein großes Bedenken, sodass Blumenthal doch diesen Sprung ins Wasser wagte. Schon im selben Jahr brachte er Heft 1 von Teubners *Fortschritte der mathematischen Wissenschaften in Monographien* heraus, in dem die beiden fundamentalen Arbeiten Minkowskis aus dem Minkowski-Heft der *Annalen* nochmals abgedruckt wurden (Minkowski 1910). Es folgten bis 1915 drei weitere Bände dieser Sammlung, in welchen wichtige Beiträge zur Physik und Analysis von Hilbert, Minkowski und Born erschienen sind.

Blumenthal an Hilbert | Aachen, den 29.VI.1910
TK, Nachlass Hilbert, SUB Göttingen, 30, Nr. 25

Lieber Herr Professor!

Da Sie mir mehr zu- als abgeredet haben, habe ich den Teubnerschen Vorschlag angenommen, aber mit der ausdrücklichen Bedingung, dass ich jederzeit wieder zurücktreten kann, wenn ich finde, dass die Sache zu viele Zeit nimmt. Ich glaube, dass ich bei dem Unternehmen jedenfalls ein gutes Werk tun kann, wenn ich recht wählerisch bin und so die Buchproduktion mehr einschränke als vergrössere. Ihnen bin ich für Ihren sorgfältigen Rat und für die Besprechung mit Klein und Runge sehr dankbar. – Die Annalenarbeiten habe ich erhalten. Von Lebedewa lag aber nichts bei. Sie müssen es vergessen haben. Arwins Adresse habe ich zufällig gefunden und das Manuskript zurückgeschickt. Bis wann soll Heckes Arbeit gedruckt sein?[79] Ich bitte um den spätesten Termin. Ihrer Frau die Meldung, dass die Gesellschaft gut und würdig verlaufen ist.

Mit besten Grüssen
Ihr O. Blumenthal.

[Handschriftliche Notiz:]

Brouwer ist ja grossartig und soll schnellstens gedruckt werden.[80]

---

[79] Es handelt sich um die Dissertation von Erich Hecke (1887–1947), die als erster Aufsatz im Band 71 erschienen ist: Erich Hecke, Höhere Modulfunktionen und ihre Anwendung auf die Zahlentheorie, *Mathematische Annalen*, 71 (1912): 1–37. Als ein Kenner der Theorie der Modulfunktionen war Blumenthal natürlich von Heckes Arbeit stark beeindruckt.

[80] Das nachfolgende Heft 69(2) wurde einen Monat später, am 29. Juli 1910, ausgegeben. Es enthält sogar drei Arbeiten von Brouwer: „Beweis des Jordanschen Kurvensatzes" (Brouwer 1910b), „Über eindeutige, stetige Transformationen von Flächen in sich" (Brouwer 1910c) und „Die Theorie der endlichen kontinuierlichen Gruppen, unabhängig von den Axiomen von Lie. (Zweite Mitteilung)".

Die Wegberufung Furtwänglers nach Bonn brachte neue Schwierigkeiten für die Mathematik in Aachen, wie Blumenthal im folgenden Brief an Hilbert berichtete.

Blumenthal an Hilbert | Aachen, den 6.VII.1910
TB, Nachlass Hilbert, SUB Göttingen, 30, Nr. 26

Lieber Herr Professor!

Soeben ist Furtwängler von hier nach Bonn-Poppelsdorf als Nachfolger von Hessenberg wegberufen worden.[81] Er ist von dort ja zu uns gekommen. Nun haben sie ihm so günstige Anerbietungen dort gemacht (die Akademie steht ja unter dem Landwirtschaftsminister), und Naumann[82] hat sich augenscheinlich so wenig in unserem Interesse angestrengt, dass er wieder nach Poppelsdorf zurückgeht. Das ist für uns und besonders für mich ein schwerer Schlag.

Die Wahl eines Nachfolgers ist nicht leicht. Ich will sehen, dass ich unter anderen auch Dehn[83] auf die Liste bringe, aber an erster Stelle wohl sicher nicht: ich glaube nicht, dass er recht hierher passt.

Ich habe ernstlich an Perron[84] und Fueter[85] gedacht. Beider Arbeiten gefallen mir sehr. Besonders finde ich in Perrons Arbeiten über die regulären Integrale der Differentialgleichungen an Stellen der Unbestimmtheit Witz und neue Methode. Haben Sie ein Urteil darüber? Ich wäre Ihnen sehr dankbar, wenn Sie es mir mitteilen wollten, da man hier sonst Perron wenig zu kennen scheint. Ebenso wäre mir Ihr Urteil über Fueter erwünscht. Die Mitteilung müsste aber bald erfolgen, da wir sehr rasch berufen müssen.

Heckes Dissertation werde ich rasch zum Druck bringen.

Vielen Dank im voraus und beste Grüsse!
Ihr O. Blumenthal.

---

[81] Philipp Furtwängler (1869–1940) war ein vielseitiger Mathematiker (siehe Blumenthal an Hilbert vom 13. November 1904). Der Geometer Gerhard Hessenberg (1874–1925) ging 1910 nach Breslau.

[82] Otto Naumann Otto Naumann arbeitete als Ministerialrat im preußischen Kultusministerium für das Hochschulwesen.

[83] Max Dehn war zu dieser Zeit immer noch Privatdozent in Münster. Ein Jahr später bekam er eine außerordentliche Professur in Kiel.

[84] Oskar Perron (1880–1975) war bis 1910 Privatdozent in München. Er ging dann nach Tübingen, wo er zwischen 1910 und 1914 als außerordentlicher Professor tätig war. Danach erhielt er eine ordentliche Professur in Heidelberg.

[85] Rudolf Fueter (1880–1950) kam aus der Schweiz. Er studierte ab 1898 Mathematik in Basel und danach in Göttingen, wo er 1903 mit einer zahlentheoretischen Arbeit bei David Hilbert promoviert wurde. Anscheinend kannte ihn Blumenthal wenig, obwohl Fueter sich auch 1905 in Marburg habilitierte, d.h. vermutlich in der Zeit, als Blumenthal dort noch tätig war. 1907 wurde Fueter Professor an der Bergakademie Clausthal, bevor er 1908 nach Basel berufen wurde.

Im Laufe seiner Karriere schrieb Hilbert drei umfassende Werke: den „Zahlbericht", seine „Grundlagen der Geometrie" und die 1912 erschienenen *Grundzüge einer allgemeinen Theorie der linearen Integralgleichungen.* Zu letzterem hatte Blumenthal den Anstoß gegeben, während Hilbert eher zögerlich darauf reagierte.

Blumenthal an Hilbert | Aachen, den 27.X.1910
TB, Nachlass Hilbert, SUB Göttingen, 30, Nr. 27

Lieber Herr Professor!

Im August hatte ich Ihnen ja vorgeschlagen, eine Gesamtausgabe Ihrer Integralgleichungsnoten bei Teubner in meiner neuen Sammlung zu veranstalten, und Sie hatten mir in Aussicht gestellt, dass das so werden solle. Es ist jetzt an der Zeit, den Verlagskontrakt abzuschliessen, den Ihnen Teubner in nächster Zeit zusenden will. Die Zahlungsbedingungen sind alles weniger als glänzend, aber wir wollten einen Einheitssatz für alle Bände der Sammlung einführen, was Ihnen ja wohl auch als sehr berechtigt erscheinen wird: ich bitte Sie daher entschuldigen zu wollen, wenn Ihnen das Anerbieten von Teubner wenig generös erscheinen wird. Ich hoffe also, dass Sie die Absicht der Gesamt-Publikation beibehalten haben und dass Sie mich also autorisieren, Teubner aufzufordern, mit Ihnen in die abschliessenden Verhandlungen einzutreten. Ueber diesen Punkt bitte ich Sie an erster Stelle um baldigen Bescheid.[86]

Es handelt sich dann um den ungefähren Umfang, den das Buch haben wird. Dazu werde ich Teubner einfach die Separata aus den Göttinger Nachrichten einschicken, er kann sich dann selbst die Zahl der Bogen seines Formats ausrechnen. Es ist nur die Frage, wie dick das Inhaltsverzeichnis werden wird, das Sie ja noch zufügen wollten. Darüber bitte ich Sie um Angaben. Ich möchte auch gerne wissen, bis wann das Inhaltsverzeichnis ungefähr fertig sein wird. Wir würden wohl mit dem Druck beginnen, wenn das Manuskript des Verzeichnisses eingeliefert ist.

Wie ist es mit dem Titel? Ich würde vorschlagen, dass wir den alten Titel „Grundzüge ..." für das <u>Buch als Ganzes</u> beibehalten und den einzelnen Noten noch <u>Untertitel</u> geben, die sich ja ohne Schwierigkeit finden lassen.[87] Die Tatsache, dass es sich um einen Abdruck aus den Göttinger Nachrichten handelt, könnte in einem Vorwort erwähnt werden. Ist es nötig, dass Teubner um eine Erlaubnis zum Abdruck bei dem Sekretär der Gesellschaft der Wissenschaften einkommt?

Ich wäre Ihnen sehr dankbar, wenn Sie mir auf alle diese Fragen umgehend Bescheid geben wollten, damit ich die Verhandlungen mit Teubner rasch zu Ende bringe.

---

[86] Hilbert reagierte auf diese Bitte Blumenthals nicht, vor allem weil er mit den Vertragsbedingungen nicht einverstanden war. Er wandte sich deswegen direkt an den Verleger Alfred Ackermann-Teubner, um günstigere Bedingungen für sein Honorar auszuhandeln. Dies ist ihm auch gelungen (Ackermann-Teubner an Hilbert, 29. November 1910, Nachlass Hilbert, SUB, 403, Nr. 24).

[87] Hilbert übernahm diesen Vorschlag Blumenthals, verhandelte allerdings weiter mit Teubner, sodass das Buch erst 1912 erschienen ist.

Wie steht es dann mit Haars Habilitationsschrift?[88] Es ist doch wohl so, dass er sie noch nicht eingereicht hat? Weshalb zögert er das so lange hinaus? Auch Toeplitz hat jetzt wieder seit etwa 4 Wochen Korrekturen bei sich liegen, die er nicht zurückschickt.[89]

... [Die Fortsetzung des Briefes ist auf S. 137 abgedruckt.]

Ihr
O. Blumenthal.

———————

Blumenthal musste Hilbert erneut drängen, ein Buch über Integralgleichungen herauszubringen. Inzwischen erfuhr er, dass sein ehemaliger Lehrer den Bolyai-Preis erhalten habe. Die erste Verleihung des Bolyai-Preises 1906 ging an Poincaré, während Hilbert schon damals vom zuständigen Komitee, zu dem Klein und Gaston Darboux gehörten, Lob bekam.

Blumenthal an Hilbert | Aachen, den 09.XI.1910
TK, Nachlass Hilbert, SUB Göttingen, 30, Nr. 28

Lieber Herr Professor!

Ich wäre Ihnen aufrichtig dankbar, wenn Sie mir recht bald Bescheid auf meine Anfragen über Ihr in Aussicht genommenes Buch für meine Sammlung geben wollten. Oder haben Sie bereits mit Teubner abgeschlossen? Ich wurde durch eine Ankündigung auf dem Deckel des neuen Buches von Korn auf diese Idee geführt.[90] Ich habe mit grosser Freude erfahren, dass Sie nun den Bolyai-Preis erhalten haben und gratuliere dazu sehr herzlich und ziemlich verspätet. Ich wäre auch sehr begierig zu erfahren, wie H.A. Lorentz gefallen hat.[91]

Viele Grüsse an Sie und Frau Professor! Bitte, geben Sie mir bald Bescheid, auch in dem Falle, dass Sie vorderhand noch keinen Kontrakt zu machen wünschen.

Ihr O. Blumenthal.

———————

[88]Haars Dissertation von Juni 1909 wurde in leicht überarbeiteter Form veröffentlicht als: A. Haar, Zur Theorie der orthogonalen Funktionensysteme: Erste Mitteilung, *Mathematische Annalen*, 69 (1910): 331–371. Seine Habilitationsschrift legte er schon Dezember 1909 vor, aber sie wurde erst 1912 veröffentlicht: A. Haar, Zur Theorie der orthogonalen Funktionensysteme: Zweite Mitteilung, *Mathematische Annalen*, 71 (1912): 38–53.

[89]Kurz zuvor erschien die fundamentale Arbeit von Ernst Hellinger und Otto Toeplitz: Grundlagen für eine Theorie der unendlichen Matrizen, *Mathematische Annalen*, 69 (1910): 289–330. Gemeint ist hier die Arbeit von Toeplitz, Zur Theorie der quadratischen und bilinearen Formen von unendlich vielen Veränderlichen. I. Teil: Theorie der *L*-Formen, *Mathematische Annalen*, 70 (1911) 351–376.

[90]Es handelt sich um das Buch von Arthur Korn (1870–1945): *Über freie und erzwungene Schwingungen. Eine Einführung in die Theorie der linearen Integralgleichungen*, Leipzig: B. G. Teubner, 1910.

[91]Poincaré hatte 1909 die ersten Wolfskehl-Vorträge in Göttingen gehalten, während H.A. Lorentz die Ehre bekam, die gleiche Rolle 1910 zu erfüllen.

Während Blumenthal über umfangreiche Kenntnisse der mathematischen Literatur verfügte, legte Hilbert mit Laufe der Zeit immer weniger Wert darauf. Es wurde Hilbert relativ oft der Vorwurf gemacht, er vernachlässige die Leistungen anderer, um seine eigene in günstiges Licht zu setzen. Dieser Gegensatz erklärt vielleicht, warum Hilbert Blumenthals Rat im Falle einer Arbeit von Arthur Rosenthal nicht Folge leistete.

Blumenthal an Hilbert | Aachen, den 18.I.1911
TB, Nachlass Hilbert, SUB Göttingen, 30, Nr. 29

Lieber Herr Professor!

Sie haben ja meine Empfangsbestätigung für die beiden Annalenarbeiten wohl erhalten. Den kleinen Heller habe ich angenommen.[92] Kleine Arbeiten kann ich immer als Füllsel brauchen, ausserdem vereinfacht er wohl die früheren Resultate, die Heller in den Annalen veröffentlicht hatte, ganz wesentlich.[93] Wieweit natürlich das ganze Gebiet Interesse und Förderung verdient, ist eine andere Frage.

Die Arbeit Rosenthal habe ich auch durchgesehen. Sie ist sehr hübsch. Es hat mich frappiert, dass die Kongruenz durch alle anderen Axiome so überdefiniert ist, das man nicht einmal mehr zu sagen braucht, dass eine Strecke sich selbst kongruent ist.[94] Ich möchte nur fragen, ob diese Resultate von Rosenthal sicher <u>neu</u> sind. Von einem guten Teil seiner Hülfssätze, die sich auf die Lage von Punkten im Winkelraum beziehen, glaube ich das sicher nicht; alle diese Sachen sind doch, besonders von amerikanischen Autoren, in letzter Zeit zu gründlich durchgeprüft worden. Ich meine dabei besonders die Arbeiten von Veblen, der ja Tüchtiges auf diesem Gebiete gemacht hat. Halten Sie es nicht für besser, Herrn Rosenthal zu fragen, ob er diese Literatur kennt? Mir sieht es sehr so aus, als kenne er nur Ihr Buch. Wenn Sie meine Bedenken für berechtigt halten, wäre es wohl am einfachsten, wenn Sie selbst an Rosenthal schrieben.[95] Die Adresse ist

München, Keuslinstrasse 2.

Wegen Heller werde ich Stäckel kurz benachrichtigen.

Hier geht alles gut, aber es passiert nichts Erwähnenswertes. Ueber Sie habe ich nur die Nachricht, dass Sie in den Weihnachtsferien in Davos einmal im Café gesessen haben, wo Sie ein hiesiger Physiker gesehen hat.

---

[92] Siegfried Heller, Note zu meiner Abhandlung „Untersuchungen über die natürlichen Gleichungen krummer Flächen", *Mathematische Annalen*, 71 (1912): 299–302.

[93] Siegfried Heller, Untersuchungen über die natürlichen Gleichungen krummer Flächen, *Mathematische Annalen*, 58 (1904): 565–577. Diese Arbeit stammte aus Hellers in Kiel vorgelegten Dissertation.

[94] Arthur Rosenthal, Vereinfachungen des Hilbertschen Systems der Kongruenzaxiome, *Mathematische Annalen*, 71 (1912): 257–274.

[95] Hilbert dachte hierüber wohl anders als Blumenthal. Auf jeden Fall bezog sich Rosenthals Arbeit allein auf Hilberts *Grundlagen der Geometrie*.

Beste Grüsse an Sie und Frau Professor, von Mali und mir.
Ihr O. Blumenthal.

———

Blumenthal gehörte zu dem kleinen Kreis junger Mathematiker, die Minkowskis Einfluss in Göttingen und vor allem auf Hilbert selbst erlebt hatten. Es war ihm auch klar, dass Minkowski irgendwie Hilberts Persönlichkeit ergänzte, sowohl als Mensch wie auch als Mathematiker. So machte er am Ende seiner Skizze von Hilberts Lebensgeschichte eine Bemerkung in Bezug auf die zwei unterschiedlichen Denkarten, die die beiden auszeichneten: „Zur Analyse der mathematischen Begabung unterscheide man einmal zwischen einer ‚Erfindungsgabe', die neuartige Denkgebilde erzeugt, und einer ‚Spürkraft', die in die Tiefen er Zusammenhänge eindringt und die vereinheitlichende Gründe findet."Es war die zweite Denkart, welche Hilberts besondere Begabung auszeichnete, während Blumenthal „in Bezug auf jene ‚Erfindungsgabe' Minkowski höher stellen wollte, ebenso von den klassischen Grössen etwa Gauß, Galois, Riemann" (Blumenthal 1935, 429). Blumenthals Bewunderung für Minkowskis mathematische Leistungen kommt im folgenden Dankesbrief deutlich zum Ausdruck.

Blumenthal an Hilbert | Aachen, den 3.II.1911
TB, Nachlass Hilbert, SUB Göttingen, 30, Nr. 30

Lieber Herr Professor!

Ich habe gestern von Teubner in Ihrem und Frau Minkowskis Auftrag die beiden Bände der Gesammelten Abhandlungen [(Minkowski 1911)] bekommen und möchte Ihnen sofort herzlich dafür danken und Ihnen sagen, welche grosse Freude mir dies Geschenk macht. Es ist ja für mich nicht nur der hohe wissenschaftliche Wert, sondern noch mehr der Wert der bedeutenden Erinnerungen. Auf meinem Bücherbord kommt zufällig Minkowski gerade zwischen Galois und Dirichlet zu stehen. Da hat er doch den Platz, den er verdient. Es ist eine entscheidene Leistung, dass die Werke schon in so verhältnismässig kurzer Zeit haben fertig gestellt werden können. Sie haben eine vorzügliche Wahl der Herausgeber getroffen und jedenfalls auch dauernd beschleunigend auf sie eingewirkt.[96] Ich glaube, dass Sie mit diesem Erfolg zufrieden sind und sich aufrichtig freuen, Minkowski dieses dauernde Denkmal geschaffen zu haben.

Bei uns geht wenig vor. Wir übersetzen immer noch mein französisches Buch, das übrigens ganz nett vorwärts geht und doch ziemlich erheblich verändert werden wird. Daneben sitze ich an einer alten Aufgabe, über die ich mich schon viel geärgert habe und wieder ärgere, weil ich durch eigenes Verschulden über eine bestimmte, gar nicht schwierige Stelle nicht wegkomme. Es muss aber schliesslich

———

[96] Die zwei mitwirkenden Herausgeber waren Andreas Speiser und Hermann Weyl.

doch gehen.[97]

Die neue Berufungen interessieren mich sehr. Ich hoffe, dass Dehn jetzt Landsbergs Stelle in Kiel bekommt.[98] Für Greifswald sehe ich natürlich Vahlen voraus, möchte aber wohl wissen, wer dessen Stelle erhalten soll. Engel wird sich ja wohl an Sie wenden.[99] Es hat mich sehr gefreut, von Klein gehört zu haben, dass ich in der Beurteilung der Freiburger Berufung ganz Ihrer Ansicht war. Wir haben es übrigens mit unserem Kutta gar nicht schlecht getroffen. Er ist ein sehr vielseitig unterrichteter Mann, der auch viel arbeitet, nur ungern publiziert.[100]

Mali geht es gut. Sie grüsst Sie und Frau Professor bestens.

Viele Grüsse auch an Frau Professor und nochmals vielen Dank.

Ihr

O. Blumenthal.

Eben sehe ich Ihre Eintragungen im Annalen-Cirkular. Orlando ist gut, nur ist die Arbeit schon in grosser Ausführlichkeit in den Rendiconti dei Lincei veröffentlicht.[101] Dort erscheinen auch noch immer Nachträge.

Könnten Sie nicht den Woronetz zur Begutachtung an Herrn Fritz Noether[102] geben, der doch jetzt in Göttingen studiert und von dem Kreisel (Klein-Sommerfeld) her das Gebiet gut kennen muss? In der letzten Arbeit von Woronetz waren Sachen sehr breit dargestellt, die schon Hamel hatte.[103]

---

[97]Vermutlich fand Blumenthal niemals genügend Zeit, um diese deutsche Fassung seines Buches zu vollenden.

[98]Nachdem Georg Landsberg in Ruhestand ging, bekam Max Dehn eine Stelle in Kiel als außerordentlicher Professor. Er blieb allerdings nur bis 1913 und wurde ab dann ordentlicher Professor an der Technischen Hochschule Breslau.

[99]Theodor Vahlen (1869–1945) lehrte schon seit 1904 in Greifswald und rückte dort 1911 in ein Ordinariat auf. Er wurde damit gleichrangig mit dem Greifswalder Ordinarius Friedrich Engel, der früher als Mitarbeiter Sophus Lies die Lie'schen Theorie kontinuierlicher Gruppen wesentlich gefördert hat.

[100]Wilhelm Kutta (1867–1944) studierte in Breslau und München und wurde für mehrere Jahre Assistent bei Walther von Dyck an der Technischen Hochschule München. Er war kurze Zeit in Jena, bevor er 1910 nach Aachen berufen wurde. Schon 1912 ging er nach Stuttgart, wo er als ordentlicher Professor an der dortigen Technischen Hochschule lange Zeit wirkte.

[101]Luciano Orlando, Sul problema di Hurwitz relativo alle parti reali delle radici di un' equazione algebrica, *Mathematische Annalen*, 71 (1912): 233–245.

[102]Fritz Noether (1884–1941) war Sohn des Erlanger Mathematikers Max Noether. Er studierte Physik und Mathematik in Erlangen und München, wo er mit Sommerfeld zusammenarbeitete. So kam es, dass der letzte Band des vierbändigen Werkes zur Theorie des Kreisels von Klein und Sommerfeld, in welchem die technischen Anwendungen der Kreiseltheorie behandelt werden, durch Noethers Mitarbeit stark geprägt wurde.

[103]Es erschien schon kurz zuvor P. Woronetz, Über die Bewegung eines starren Körpers, der ohne Gleiten auf einer beliebigen Fläche rollt, *Mathematische Annalen*, 70 (1911): 410–453. Diese Fortsetzung erschien als: P. Woronetz, Über die Bewegungsgleichungen eines starren Körpers, *Mathematische Annalen*, 71 (1912): 392–403.

Blumenthal musste sich erneut an Hilbert wenden, um die laufende *Annalen*-Geschäfte zu regeln. Dabei ging er auf die fehlenden Literaturangaben in Rosenthals Arbeit ein.

Blumenthal an Hilbert | Aachen, den 14.III.1911
TB, Nachlass Hilbert, SUB Göttingen, 30, Nr. 31

Lieber Herr Professor!

[Der Anfang dieses Briefes befindet sich in Kapitel 242.] …
Was ist eigentlich aus der Anfrage bei Rosenthal geworden, der noch einmal amerikanische Litteratur vergleichen wollte? Hat er Ihnen geantwortet? und hat er noch Litteraturangaben gefunden?[104]
Den Woronetz werden wir wohl nehmen müssen. Es ist nichts rechtes dagegen zu sagen, ausser dass mich persönlich alle diese Einführungen neue Koordinaten beim Kreisel langweilen.[105] Da sie aber Stäckel, der mehr davon versteht, interessieren, so kommt mein persönlicher Standpunkt nicht in Betracht, obwohl ich annehme, dass es auch der Ihrige ist.[106] Sonst ist ja die Arbeit ganz elegant, und die Sache selbst sicher neu.
Ich habe in letzter Zeit eine sehr schöne Idee über asymptotische Lösungen gewisser Differentialgleichungen gehabt. Sie war auch durchaus elegant, als ich aber den Schaden besah, da hatte Horn schon dasselbe gemacht, und zwar in sehr allgemeiner Weise, so dass aus der schönen Idee allenfalls eine Veröffentlichung im Archiv herauskommt, während ich gehofft hatte, Ihnen eine Note für die Göttinger Nachrichten schicken zu können [(Blumenthal 1912)]. Das ist etwas deprimierend.
Ich hoffe in den Ferien für einen Tag nach Göttingen zu kommen, etwa in 3 Wochen. Werden Sie dann da sein?
Ich tue in der Sache Brouwer nichts, bevor ich Ihre Antwort habe.[107]
Mit besten Grüssen an Sie und Frau Professor! Mali geht es gut, nur liegt sie wieder einmal 4 Wochen im Bett, was recht langweilig für sie ist.
Ihr
O. Blumenthal.

---

[104]Offenbar fand Rosenthal keine Anhaltspunkte für seine Arbeit in der amerikanischen Literatur. Sie wurde ohne irgendwelche Verweise auf andere Literatur veröffentlicht als: Vereinfachungen des Hilbertschen Systems der Kongruenzaxiome, *Mathematische Annalen*, 71 (1912): 257–274. Ab der vierten Auflage von Hilberts *Grundlagen der Geometrie* (Hilbert 1899) wurde in Kapitel I auf die von Rosenthal erzielten Vereinfachungen verwiesen.
[105]Siehe Blumenthal an Hilbert vom 03. Februar 1911.
[106]Paul Stäckel war zu dieser Zeit Professor an der Technischen Hochschule Karlsruhe. Er hatte breite Interessen sowohl in der reinen und angewandten Mathematik als auch in der Geschichte seines Faches.
[107]Diese Bemerkung bezieht sich auf den Teil des Briefes, der auf S. 242 abgedruckt ist.

Hilbert hatte sich seit 1893, d.h. unmittelbar nach Erscheinung seiner berühmten Arbeiten über Invariantentheorie, von diesem Gebiet der Algebra abgewandt. Aber mit dem Aufkommen der Gruppentheorie kam es zu neuen Untersuchungen über die Invarianten anderer Gruppen als nur diejenigen der projektiven Gruppe. Ein für die moderne Physik besonders wichtiges Beispiel war die Gruppe der Lorentz-Transformationen, deren Invarianten erstmalig von Poincaré und Minkowski studiert wurden.[108] Ein junger Experte war Roland Weitzenböck, der später viele Arbeiten über die Invariantentheorie und ihre Anwendungen in der Relativitätstheorie verfasste.

Blumenthal an Hilbert | Aachen, den 23.IV.1911
TB, Nachlass Hilbert, SUB Göttingen, 30, Nr. 32

Lieber Herr Professor!

Ich wäre Ihnen sehr dankbar, wenn Sie mir mit der einliegenden Arbeit des oesterreichischen Oberleutnants Weitzenböck aus der Verlegenheit helfen wollten.[109] Diese Arbeit ist vor etwa einem Monat zuerst bei Gordan für die Annalen eingelaufen und damals von ihm empfohlen worden. Dann hat sie aber der Verfasser zurück erbeten und stark umgearbeitet. Dies habe ich zum Vorwand genommen, um Gordan eine neue Begutachtung vorzuschlagen, und habe ihm anheimgestellt, ob er sie machen wolle, oder ob ich Sie bitten dürfe. Wie aus seiner einliegenden Karte hervorgeht, ist er mit einer Begutachtung durch Sie einverstanden. Ich habe deshalb eine Begutachtung durch einen anderen bei Gordan in Vorschlag gebracht, weil ich meine Bedenken gegen die Arbeit habe. Was ich gelesen habe, scheint mir so einfach, dass ich mir nicht denken kann, dass es neu und tief ist. Ich meine, dass bei Maurer die Sache schon einigermassen stehen muss. Noether, der im übrigen aus persönlichen Gründen die Begutachtung stricte abgelehnt hat, teilt a priori meine Bedenken und meint, dass sich auch bei Study[110] Aehnliches finden könne. Dass ich selbst bei meiner sehr geringen Kenntnis der Invarianten keine Begutachtung übernehmen kann, liegt, besonders auch im Hinblick auf Gordan, auf der Hand. Ich möchte Sie also sehr bitten, dass Sie die Arbeit durchsehen, und zwar möglichst rasch: der Verfasser hat besonders um Eile gebeten, weil er eventuell an Veröffentlichung an anderer Stelle denkt. Die weiteren Verhandlungen mit ihm werde ich gern übernehmen.[111]

Die Arbeit, von der ich Ihnen sagte, dass Sie sie im Cirkular als von mir zu begutachtend angemeldet haben, die mir aber noch nicht zugegangen ist, ist in

---

[108]Siehe auch (Walter 2007).

[109]Roland Weitzenböck (1885–1955) wurde 1910 in Wien promoviert, studierte danach in Bonn und Göttingen, bevor er 1912 als Privatdozent in Graz seine Laufbahn begann. Brouwer holte ihn 1923 nach Amsterdam, nachdem Hermann Weyl die Professur dort abgelehnt hatte.

[110]Eduard Study (1862–1930) war zu dieser Zeit Ordinarius in Bonn. Er galt als ein führender Experte der Invariantentheorie, aber auch als scharfzüngiger Kritiker.

[111]Diese Arbeit wurde offenbar zurückgewiesen, aber drei Jahre später erschien Weitzenböcks Aufsatz „Über die Invarianten der Hauptgruppe", *Mathematische Annalen*, 75 (1914): 569–585.

der Tat von dem Amerikaner Ranum.[112] Nach einer Notiz im Cirkular liegt sie wahrscheinlich bei Töplitz.

Den Nörlund[113] habe ich zurückgeschickt. Es scheint jetzt bei den Mathematikern die hübsche Methode einzureissen, dass sie eine Arbeit einmal probeweise einschicken und dann zur Aenderung zurück erbitten. Das ist natürlich für die Redaktion sehr unbequem, ich sehe aber vorläufig kein Mittel dagegen. Es ist mir jetzt hinter einander mit 3 Arbeiten passiert.

Mein Göttinger Aufenthalt war allerdings recht kurz, aber er hat mir sehr gut getan. Besonders auch der Empfang bei Ihnen war so lieb und herzlich, dass ich Ihnen und Frau Professor noch vielmals dafür danken muss.

Mit besten Grüssen an Sie und Ihre Frau
Ihr O. Blumenthal.

Gelegentlich musste Blumenthal selbst Gutachten schreiben, vor allem wenn er davon überzeugt war, dass die eingereichte Arbeit nicht aufnahmefähig sei, wie im folgenden Falle. Es handelt sich um eine Arbeit von Julius Sommer, einem Geometer, der sich fast gleichzeitig mit Blumenthal in Göttingen habilitierte, nachdem er 1897 bei Alexander Brill in Tübingen promoviert worden war. Sommer wurde 1904 nach Danzig berufen, wo er bis zu seinem Tod 1943 wirkte.

Blumenthal an Hilbert | Aachen, den 16.X.1911
TB, Nachlass Hilbert, SUB Göttingen, 30, Nr. 33

Lieber Herr Professor!

Ich schicke Ihnen einliegend die Sommersche Arbeit mit einem ausführlichen Gutachten wieder zu.[114] Ich halte es für ausgeschlossen, dass wir sie in die Annalen nehmen. Ich habe das Gutachten so abgefasst, dass es noch anderen – mit Ausnahme von Sommer, was ich nicht wünschte – vorgelegt werden kann. Da aber die Sache doch sehr unangenehm ist, möchte ich Ihnen ungeschminkt schreiben. Als ich die Arbeit zuerst erhielt und durchsah, bekam ich einen wahren Schrecken, weil ich sie für gänzlich inhaltslos hielt. Bei genauerer Untersuchung habe ich doch noch einen kleinen Inhalt gefunden, den ich auch in dem Gutachten angegeben habe. Ich finde aber im ganzen die Arbeit geradezu traurig schwach und meine, dass man Sommer selbst einen Dienst tut, wenn man ihm von der Veröffentlichung abrät. Ich bin ja im allgemeinen kein strenger Kritiker, wenn Sie aber Landau die Arbeit vorlegten, wäre Sommer in dessen Augen gerichtet. Aus

---

[112] Arthur Ranum (1870–1934) war ein Geometer an der Cornell University. Die erwähnte Arbeit von ihm wurde nicht in die *Annalen* aufgenommen.

[113] Der dänische Mathematiker und Astronom Niels Erik Nörlund (1885–1981).

[114] Blumenthals Gutachten (Nachlass Hilbert, SUB Göttingen, 30, Nr. 33 Anl.) ist unten abgedruckt.

den Begleitworten, die Sie der Arbeit beigegeben haben, entnehme ich übrigens, dass Sie genau das gleiche Urteil haben wie ich.

Was man machen soll, ist freilich schwer zu sagen. Ich selbst kann natürlich keine Arbeit mit Begründung zurückschicken, noch weniger ihm Kürzungen vorschlagen. Ich muss Sie also bitten, den Verkehr mit ihm allein zu übernehmen. Vielleicht aber wäre es ein vernünftiger Ausweg, man legte noch Klein die Sache vor und hätte dann die Möglichkeit von einem einstimmigen Urteil der Annalenredaktion zu sprechen. Ich bitte Sie, mir recht bald Nachricht zu geben, ob Sie sich meinem Urteil anschliessen, und was Sie weiter zu tun gedenken.

Ich finde die Sache sehr traurig.

Ebsteins sind jetzt bei uns und haben viel Freude an dem Kind.[115]

Ich habe meinen Karlsruher Vortrag sehr wesentlich vervollständigen können und fange an, die Ergebnisse sehr hübsch zu finden, während ich das, was ich damals vortrug, noch etwas inhaltsleer fand.

Viele Grüsse an Sie und Frau Professor
Ihr O. Blumenthal.

[Blumenthals Gutachten]

Den Inhalt der Sommerschen Arbeit bildet die Bemerkung, dass aus der Existenz des ersten und zweiten Differentialquotienten an einem Punkt noch nicht folgt, oder besser noch nicht zu folgen scheint, dass die durch drei beliebige Nachbarpunkte auf der Kurve hindurchgehenden Kreise sich einer Grenzlage nähern. Vielmehr verlangen die üblichen Beweise noch Stetigkeitseigenschaften der beiden Differentialquotienten in einem den Punkt umgebenden Intervall. Diese Bemerkung ist sicher nützlich und, vom Standpunkt einer „Oekonomie der Voraussetzungen"interessant. Sie war mir auch neu. Was ich nun an der Sommerschen Arbeit hauptsächlich auszusetzen finde, ist, dass die aufgeworfene Frage nicht entschieden wird. Sommer stellt hinreichende Bedingungen auf, unter denen aus seinen – den üblichen – Ansätzen, die Existenz der Grenzlage des betrachteten Kreises gefolgert werden kann, beweist aber nach meiner Ansicht nicht deren Notwendigkeit, die doch wohl nur aus einem Beispiele gefolgert werden könnte. Trotzdem spricht er von notwendigen und hinreichenden Bedingungen.

Der einzige Punkt, wo man von einer gelösten Schwierigkeit sprechen kann, ist, nach meiner Ansicht, der Satz III, wo man, um die Existenz des Grenzkreises auf Grund der Existenz des 2. Differentialquotienten am Punkt allein festzustellen, hinsichtlich der Lage der beiden anderen Punkte zwei Fälle unterscheiden und kombinieren muss. Diese Partie wird wohl neu sein.

Die Beweise zur Gruppe I. sind die üblichen und allgemein bekannt. Ebenso ist der Beweis unter II ganz einfach.

---

[115]Margrete Blumenthal wurde am 27. Juni 1911 geboren; sie war also knapp drei Monate alt, als Malis Eltern zum Besuch kamen.

Da es sich doch um eine Präzisionsuntersuchung handeln soll, müsste völlige Durcharbeitung und exakte Formulierung gefordert werden. Dies ist nicht überall der Fall. Ein besonders auffallendes Beispiel ist die angestrichene Stelle auf Seite 6. Auch auf S. 20 an der angegebenen Stelle unten ist der ohnehin schon vage Begriff der drei zusammenfallenden Punkte noch vager geworden.

Die Rechnungen sind meiner Ansicht nach unnötig kompliziert. Z. B. ist die Erweiterung durch die Nennerdeterminante $(1, x_2, x_3)$ (S. 10) sicher nicht nötig, dann aber finde ich, dass die Einführung von Polarkoordinaten S. 16, auf die augenscheinlich Wert gelegt wird, einen sehr einfachen Sachverhalt nur verschleiert. So wird der kritische Beweis für Satz III, der sich auf wenigen Zeilen darstellen lässt, unübersichtlich.

Ich halte daher die Arbeit nicht für geeignet, in die Annalen aufgenommen zu werden. Allenfalls könnte man an eine ganz kurze Note mit dem Beweis zu Satz III denken.

Im folgenden Brief an Hilbert suchte Blumenthal Rat bezüglich der Wiederbesetzung der Stelle Wilhelm Kuttas. Blumenthal dachte in erster Linie an den ungarischen angewandten Mathematiker Theodore von Kármán (1881–1963), der 1908 in Göttingen bei Ludwig Prandtl mit einer Arbeit über Elastizitätstheorie promoviert hatte. Nach komplizierten Verhandlungen bekam allerdings Georg Hamel diese Professur, obwohl von Kármán ein Jahr später nach Aachen kam. Diese schwierige Berufung wurde später wegen der antisemitischen Ressentiments des Physikers Johannes Stark für Blumenthal sehr belastend (siehe hierzu Abschnitt 4.2, vor allem Blumenthals Brief an Hilbert vom 2. Dezember 1912 auf S. 148).

Blumenthal an Hilbert | Aachen, den 4.I.1912
TB, Nachlass Hilbert, SUB Göttingen, 30, Nr. 34

Lieber Herr Professor!

Die Annalenmanuskripte habe ich erhalten. Ausserdem ist bei mir der zweite Teil der Bieberbachschen Bewegungsgruppen[116] und der 2. Tei des Furtwänglerschen Klassenkörpers, die allgemeinen Reziprozitätsgesetze behandelnd[117], eingetroffen. Wir haben also viel Gutes für die nächsten Hefte. Ich bitte Sie um die Adressen von Courant und Gross, besonders letztere.[118]

---

[116]L. Bieberbach, Über die Bewegungsgruppen der Euklidischen Räume, (Zweite Abhandlung): Die Gruppen mit einem endlichen Fundamentalbereich, *Mathematische Annalen*, 72 (1912): 400–412.

[117]P. Furtwängler, Die Reziprozitätsgesetze für Potenzreste mit Primzahlexponenten in algebraischen Zahlkörpern. (Zweiter Teil), *Mathematische Annalen*, 72 (1912): 346–386.

[118]Richard Courant und Wilhelm Gross (1886–1918) wohnten beide zu dieser Zeit in Göttingen; sie hatten Arbeiten für die *Annalen* eingereicht. Gross verbrachte drei Semester dort, bevor er 1912 nach Wien ging, wo er ab 1913 Privatdozent wurde. Kurz vor seinem Tode im Jahre 1918 erhielt er dort den Professorentitel.

Ausserdem habe ich ein ganz anderes Anliegen. Kutta ist als Nachfolger Fabers[119] nach Stuttgart berufen worden und hat angenommen. Dadurch sind wir wieder einmal in der schönen Lage, einen Mathematiker angewandter Richtung berufen zu müssen. Da käme nun nach seiner Forschungsrichtung und nach seinen Erfolgen an hervorragender Stelle Kármán in Betracht. <u>Unter der Bedingung, dass er auch reine Mathematik gut versteht.</u> Ich bezweifle dies nicht, aber ich wäre Ihnen sehr dankbar, wenn Sie mir Ihr Urteil sagen wollten. Auch über seine Lehrtätigkeit würde ich gerne unterrichtet. Oder soll ich mich da lieber an Runge oder Prandtl wenden? Ich wäre Ihnen für eine offene Auskunft sehr dankbar. Es kommt mir also, um es noch einmal zu sagen, darauf an, ob er Mathematik im allgemeinen Sinne versteht. Das muss ich verlangen.

Auch Weyl[120] und Töplitz[121] kommen wohl in erheblicher Weise in Betracht. Ersterer wegen seiner Interessen auf sehr vielseitigen Gebiet wohl noch mehr als Töplitz. Könnten Sie mir vielleicht auch über diese beiden eine kurze Auskunft schreiben, die ich der Abteilung gegenüber verwenden könnte? Ist Weyl gesundheitlich wieder hergestellt? Als ich im November in Göttingen war, galt er doch noch als leidend.

Von anderer Seite ist auf Liebmann[122] hingewiesen worden. Was sagen Sie dazu?

Ich danke Ihnen im voraus für alle Bemühungen recht herzlich.

Hier geht es gut. Ich hoffe, nach den Aufregungen des Dezembers jetzt etwas zur Ruhe zu kommen.[123] Meine Schwester ist für zwei Wochen in einer befreundeten Pension in Freiburg i.B. Nachher hat sie das hässliche Geschäft der Auflösung des Haushalts. Dazwischen kommt sie wohl sicher auf einige Zeit zu uns. Ihren dauernden Wohnsitz wird sie wohl sicher in Frankfurt nehmen.

Ich danke Ihnen und Frau Professor noch vielmals für Ihre wohltuende Teil-

---

[119] Der Analytiker Georg Faber (1877–1966) lehrte von 1910 bis 1912 an der Technischen Hochschule Stuttgart, bevor er nach Königsberg ging.

[120] Hermann Weyl (1885–1955) promovierte 1908 bei Hilbert mit einer Arbeit über singuläre Integralgleichungen. Er habilitierte sich 1910 in Göttingen und las dort u. a. über geometrische Funktionentheorie (die Grundlage für sein 1913 veröffentlichtes Buch *Die Idee der Riemannschen Fläche*). Im Jahre 1913 nahm er einen Ruf von der ETH Zürich an. Trotz mehrerer Angebote von deutschen Universitäten blieb er bis 1930 der ETH treu, aber am Ende konnte er die Ehre, Hilberts Nachfolger in Göttingen zu werden, nicht ausschlagen. So erlebte er aus erster Hand die zunehmenden politischen Spannungen in Göttingen, die den Weg hin zur Zerstörung des Mathematischen Instituts unter der Leitung Richard Courants ebneten. Weyl ging danach nach Princeton, um eine Stelle am neu gegründeten Institute for Advanced Study anzunehmen.

[121] Otto Toeplitz (1881–1940) wuchs in Breslau auf und studierte dort bei Jacob Rosanes und Rudolf Sturm. Er promovierte 1905 mit einer Arbeit über ein Thema der algebraischen Geometrie. Aus dieser Zeit war er mit Max Born und Richard Courant befreundet. Beide gingen wie er nach Göttingen und fanden dort schnell Zugang zum Hilbert-Kreis. Toeplitz kam 1906 nach Göttingen, wo er sich mit einer Arbeit im Bereich der Theorie der Integralgleichungen habilitierte. 1913 bekam er eine Stelle als außerordentlicher Professor in Kiel.

[122] Heinrich Liebmann war zu dieser Zeit außerordentlicher Professor an der Technischen Hochschule München. Er wurde 1920 als Nachfolger von Paul Stäckel nach Heidelberg berufen.

[123] Blumenthals beide Eltern starben 1911 kurz nacheinander (siehe hierzu seinen Brief vom 21. Januar 1912 an Schwarzschild, abgedruckt auf S. 141).

nahme und wünsche alles Gute zum neuen Jahr.

Vielen Dank im voraus und beste Grüsse, auch von Mali.
Ihr O. Blumenthal

6.5   Zur Verehrung Heinrich Webers

Der renommierte und vielseitige Heinrich Weber (1842–1913) studierte in Heidelberg, Leipzig und Königsberg. Danach bekam er mehrere Rufe, denen er fast immer folgte. So wirkte er an Universitäten und Hochschulen in Zürich, Königsberg, Berlin-Charlottenburg, Marburg, Göttingen und Straßburg. Hilbert erlebte ihn in seiner Studienzeit als Ordinarius in Königsberg und Klein lernte ihn in Göttingen als Kollegen schätzen. Kurz nach seiner Berufung dorthin im Jahre 1892 wurde Weber in die Redaktion der *Annalen* aufgenommen. 20 Jahre später wurde er mit einem Festschriftband verehrt: *Festschrift Heinrich Weber zu seinem siebzigsten Geburtstag am 5. März 1912, gewidmet von Freunden und Schülern,* Leipzig: Teubner, 1912. Zu den Autoren, die dafür Beiträge lieferten, gehörten sein Koautor Richard Dedekind, seine Straßburger Kollegen Theodor Reye und Richard von Mises sowie Blumenthal, Hilbert und Sommerfeld. Als treibende Kraft dahinter wirkte Schwarzschilds Freund und Webers Straßburger Kollege Paul Epstein. Aus einem Brief an Schwarzschild vom 21. Januar 1912 (Kapitel 4) schrieb Blumenthal: „Weber hat vielen Menschen Freude gemacht und sich immer so in sich selbst verkrochen, dass man eigentlich von seiner Existenz nie gesprochen hat."

Blumenthal an Hilbert | Aachen, den 22.IV.1912
TB, Nachlass Hilbert, SUB Göttingen, 30, Nr. 35

Lieber Herr Professor!

Nach Ihrer Karte aus Alassio kann ich annehmen, dass Sie wieder in Göttingen sind. Es ist allerdings sehr schade, dass ich Sie dort nicht mehr sehe, aber es war unmöglich, denn wir sind hier schon wieder in der Arbeit. Die Tatsache, dass noch kein Nachfolger für Kutta ernannt ist, trägt nicht dazu bei, die Situation angenehmer zu machen. Ich muss damit rechnen, dass er überhaupt nicht ernannt wird, und die Vorlesungen für dieses Semester vertretungsweise gehalten werden müssen, was mir auch wieder etwas vermehrte Arbeit macht.

Es ist sehr schön, dass Sie Ihren Weberbeitrag[124] und die Kinetische Gastheorie in den Annalen wollen abdrucken lassen. Die Gastheorie möchte ich etwas rasch drucken lassen, damit sie in den Annalen noch vor dem Buch, oder wenigstens fast gleichzeitig mit dem Buche erscheint.[125] Es müsste dann in dem Buche ein ent-

---

[124]David Hilbert, Über den Begriff der Klasse von Differentialgleichungen, *Festschrift Heinrich Weber,* 130–146. Dieser wurde wiederabgedruckt in *Mathematische Annalen,* 73 (1913): 95–108.
[125]Es handelt sich hier um Hilberts Buch (Hilbert 1912).

sprechendes Citat eingefügt werden. (Fußnote: Die Arbeit kommt in Band 72.)[126] Ich habe bei Teubner angefragt, ob der Satz für das Buch auch als Annalensatz dienen kann. Wenn das der Fall ist, stände ja einer raschen Veröffentlichung nichts im Wege. Sobald ich Antworte habe, teile ich Sie Ihnen mit. Die Weberarbeit stellen wir wohl am besten mit Gross zusammen.[127] Sie hat ja weniger Eile. Ich bitte sie, mir ein Exemplar Ihrer Sonderdrucke zuzuschicken, weil ja neu gesetzt werden muss.

Von den vor den Ferien bei Ihnen eingelaufenen Annalenarbeiten habe ich auf Ihren Wunsch die Logik-Calcul-Arbeit von Löwenheim[128] durchgesehen. Ich verstehe ja nicht viel von der Sache, aber ich habe den Eindruck, dass die Resultate interessant sind. Für die Richtigkeit garantiert wohl der Verfasser. Ich glaube daher, dass wir die Arbeit annehmen sollen.[129] Ich habe aber den Verfasser noch nicht benachrichtigt. Die Arbeit des in Göttingen lebenden Ungarn Nagy[130] über rationalzahlige birationale Transformation von rationalzahligen Kurven höheren Geschlechts habe ich in Göttingen noch einmal genau mit dem Verfasser durchgegangen. Wir haben einige stilistische und redaktionelle Aenderungen angebracht. Jetzt scheint sie mir recht nett.

Dann ist während der Ferien bei Ihnen ein Manuskript von Richardson[131] eingelaufen „Kleinsche Oscillationstheoreme bei drei Gleichungen mit drei Parametern". Dieses habe ich in Voraussetzung Ihres stillschweigenden Einverständnisses an Hilb zur Begutachtung geschickt, weil die Resultate der früheren Arbeiten von Richardson immer mit denen von Hilb kollidierten. Nun findet Hilb gerade in dieser Arbeit Neues und empfiehlt sie zur Aufnahme, meint aber, dass im Interesse der Verständlichkeit und Vollständigkeit grössere Aenderungen notwendig seien. Richardson will im Juli in Göttingen sein, wie Sie aus beiliegendem Begleitbrief an

---

[126]David Hilbert, Begründung der kinetischen Gastheorie, *Mathematische Annalen*, 72 (1912): 562–577.

[127]Wilhelm Gross, Über Differentialgleichungssysteme erster Ordnung, deren Lösungen sich integrallos darstellen lassen, *Mathematische Annalen*, 73 (1913): 109–172.

[128]Leopold Löwenheim studierte in Berlin, wo er die Lehrbefähigung in Mathematik und Physik erwarb. Ab 1904 unterrichtete er am Jahn-Realprogymnasium in Berlin-Lichtenberg. Seine Forschungsinteressen lagen hauptsächlich im Bereich der modernen Logik, insbesondere bearbeitete er die Darstellung der Mathematik mittels des Logik-Kalküls von Ernst Schröder. Siehe Christian Thiel, Leben und Werk Leopold Löwenheims (1878–1957), *Jahresbericht der Deutschen Mathematiker-Vereinigung*, 77 (1975): 1–9.

[129]Leopold Löwenheim, Über Transformationen im Gebietekalkül, *Mathematische Annalen*, 73 (1913): 245–272. Zwei Jahre später erschien sein berühmter Aufsatz „Über Möglichkeiten im Relativkalkül", *Mathematische Annalen*, 77 (1915): 447–470, in dem er eine erste Form des Satzes von Löwenheim-Skolem bewies, wonach jeder Ausdruck des Prädikatenkalküls der ersten Stufe, der in einem unendlichen Bereich erfüllbar ist, schon in einem abzählbar unendlichen Bereich erfüllbar sein muss.

[130]J. von Szökefalvi-Nagy, Zur arithmetischen Theorie der ternären Gleichungen von höherem Geschlechte, *Mathematische Annalen*, 73 (1913): 230–240.

[131]Roland G. D. Richardson (1878–1949) verbrachte das akademische Jahr 1908/1909 in Göttingen, wo er von Hilbert die Anregung bekam, die Oszillationseigenschaften von Lösungen linearer Differentialgleichungen zweiter Ordnung zu untersuchen. Eine Arbeit zu diesem Thema hat er schon 1910 in den *Annalen* veröffentlicht.

Sie sehen. Hilb schlägt vor, dass Richardson ihn dann in Würzburg aufsuchen soll, wo sie eine endgültige Redaktion verabreden sollen. Der Vorschlag ist im Interesse der Annalen gewiss gut, Richardson gegenüber ist es eine etwas grosse Zumutung. Es wäre wohl das beste, wenn Sie Richardson schrieben. Zu Ihrer genauen Orientierung lege ich Hilbs Brief bei, und bitte um dessen Rücksendung und baldigen Bescheid.[132]

Mir ist eine sehr unangenehme Sache passiert, die mich intensiv deprimiert. In dem letzten Paragraphen meiner Weber-Arbeit, dessen Resultat mir gerade gut gefiel, ist ein ganz dummer Fehler, auf den mich E. E. Levi[133] heute aufmerksam gemacht hat. Ich muss die beiden letzten Seiten der Arbeit vorläufig zurückziehen, wenn ich auch hoffe, bald etwas gleichwertiges an die Stelle setzen zu können. Alles übrige ist richtig. Ich begreife selbst nicht, wie mir das passiert ist, denn es handelt sich um eine grobe Unachtsamkeit. Ich werde den Fehler natürlich gelegentlich einer grösseren Publikation, die ich über denselben Gegenstand in Aussicht habe, öffentlich rektifizieren, einstweilen entlaste ich mein Gewissen, indem ich durch Sie wenigstens in Göttingen meine Schuld eingestehe.[134]

Dagegen hoffe ich, dass in der Arbeit aus dem Archiv, von der ich Ihnen gleichzeitig einen Sonderabdruck schicke, alles richtig ist.

Beste Grüsse an Sie und Frau Professor.
Ihr O. Blumenthal.

———————

Blumenthals Arbeit erschien in der Weber-Festschrift unter dem Titel „Bemerkungen über die Singularitäten analytischer Funktionen mehrerer Veränderlichen" (Blumenthal 1912). Sie behandelt das Problem, notwendige und hinreichende Bedingungen dafür zu finden, dass eine Hyperfläche F in $\mathbb{C}^n$ den Rand eines Holomorphiegebiets bildet. E. E. Levi hatte vorher eine solche Bedingung gefunden, aber diese galt nur lokal. Wie Heinrich Behnke später urteilte, wurde die Frage, „ob diese Bedingung im Großen auch hinreichend ist, [zum] Leitfaden, an dem sich für 30 Jahre die Funktionentheorie mehrerer Veränderlichen entwickeln sollte. Blumenthal war der erste, der auf die grundlegende Bedeutung dieses Problems hinwies. Seine provisorische Antwort, die er mit 2 Beispielen begründete, war falsch. Das mindert aber nicht die Bedeutung dieser Arbeit, die akut blieb, bis Oka Kiyoshi 1942 die endgültige Antwort fand" (Behnke 1958, 390).

---

[132]Diese Arbeit wurde später veröffentlicht als R. G. D. Richardson, Über die notwendigen und hinreichenden Bedingungen für das Bestehen eines Kleinschen Oszillationstheorems, *Mathematische Annalen*, 73 (1913): 289–304.

[133]Eugenio Elia Levi (1883–1917) Hilb war der Bruder von Beppo Levi. Er studierte an der Scuola Normale Superiore in Pisa und war danach Assistent von Ulisse Dini, bei dem er sich 1907 mit einer Arbeit über lineare elliptische partielle Differentialgleichungen habilitierte. Ab 1909 war er Professor für Analysis in Genua. Levi meldete sich als Freiwilliger im Ersten Weltkrieg und fiel 1917 an der Front.

[134]Blumenthal hat zu diesem Problem keine weitere Arbeit geschrieben.

6.6 Hilberts *Grundzüge* erscheint als Buch

Blumenthals Bemühungen, die sechs Aufsätze Hilberts über die Theorie der linearen Integralgleichungen zu veröffentlichen, führten zu Band 3 in seiner Reihe von Monographien.

Blumenthal an Hilbert | Aachen, den 25.VI.1912
TB, Nachlass Hilbert, SUB Göttingen, 30, Nr. 36

Lieber Herr Professor!

Der Brief, den ich vor wenigen Tagen an Sie wegen der Herausgabe Ihres Buches geschrieben habe, traf sich beinahe mit einer Karte von Courant an mich, worin er mir schreibt, dass Sie unterdessen auch die Strahlungstheorie auf Integralgleichungen gründen können, und mich fragt, ob eine kurze Bemerkung hierüber in das Buch aufgenommen werden kann.[135] Ueber diese Frage habe ich kein Urteil, da ich von Teubner keine Aushängebogen erhalte und also nicht weiss, ob die letzten Bogen schon ausgedruckt sind. Immerhin ist sicher, dass ein Zusatz von etwa 4 Seiten, die dann gesondert gesetzt werden müssen, möglich ist, denn ich glaube nicht, dass Teubner schon mit dem Binden begonnen hat.

Ich kann Ihnen aber auch den Vorschlag machen, dass Sie in dem Buch entweder gar keine oder nur eine kurze Andeutung machen, dagegen die ausführliche Darstellung in den Annalen geben. Auf diese Weise enthielten Buch und Annalenarbeit beide neues, und ich werde dann befürworten, das Buch sofort erscheinen zu lassen.[136] Teilen Sie mir, bitte, mit, wie Sie denken.

Auf Ihre Karte über Cauer habe ich noch nicht geantwortet. Es war wohl auch nicht nötig. Ich habe die Korrektur zurückgehalten und warte auf Cauers neues Manuskript. Es wird sicher besser sein, wenn die Arbeit gleich in abschliessender Form publiziert wird. Es ist sehr schön, dass Cauer[137] jetzt das Problem vollständig lösen kann.[138]

Bernstein droht mit einer Erwiderung auf die kurze Note von Bohl.[139] Er

---

[135] Auf die Anwendungen in der Gastheorie ist Hilbert in seinem Vorwort eingegangen (siehe den Wiederabdruck unten).

[136] Hilbert nutzte die Gelegenheit, seinen Beitrag zur Strahlungstheorie 1912 auf die Jahrestagung der DMV in Münster vorzutragen. Dieser Vortrag wurde im folgenden Jahr publiziert, und zwar als: D. Hilbert, Begründung der elementaren Strahlungstheorien, *Jahresbericht der Deutschen Mathematiker-Vereinigung*, 22 (1913): 1–19.

[137] Detlef Cauer (1889–1918) war der Sohn des Altphilologen Paul Cauer, eines bekannten Pädagogens. Cauer studierte Mathematik in Kiel, Berlin, Münster und auch Göttingen. Er wurde bei Edmund Landau promoviert und arbeitete danach als sein Assistent. Nach Ausbruch des Krieges wurde er als Frontsoldat eingezogen und diente an der Westfront. Er fiel im April 1918 in Belgien.

[138] Detlef Cauer, Über die Konstruktion des Mittelpunktes eines Kreises mit dem Lineal allein, *Mathematische Annalen*, 73 (1913): 90–94. Cauer musste allerdings später berichten, dass seine Konstruktion nicht korrekt war, nachdem Friedrich Schur ihn auf einen versteckten Fehler hingewiesen hatte: D. Cauer, *Mathematische Annalen*, 74 (1913): 462–464.

[139] Piers Bohl, Bemerkungen zur Theorie der säkularen Störungen, *Mathematische Annalen*, 72

wird ohnehin eine Erwiderung auf eine Bemerkung von Borel in den Annalen veröffentlichen, von mir bereits angenommen, und will die beiden Erwiderungen vereinigen.[140] Das ist jedenfalls besser, als wenn er zwei Erwiderungen losliesse, was man ihm wohl kaum gestatten könnte. Ich möchte nur, dass er mir seine Bemerkungen über Bohl jetzt <u>bald</u> schickt, denn ich muss die Annalenmanuskripte, die sich bei mir gehäuft haben, endlich an Teubner schicken. Würden Sie wohl so freundlich sein, ihn daran zu erinnern, wenn Sie ihn sehen, und gleichzeitig ihn schonend davon verständigen, dass Erörterungen über sein Axiom den Annalenlesern vielleicht weniger interessant sind als ihm, denn er scheint ausführlich werden zu wollen. Ich habe bis jetzt nicht die Kunst gefunden, ihm dies schriftlich in erwünschter Weise beizubringen, und es daher vorgezogen, seine Sendung abzuwarten. Ich wäre Ihnen aber sehr dankbar, wenn Sie ihn mündlich darauf anreden wollten, damit wir recht bald in den Besitz eines publikationsfähigen Manuskriptes kommen. Ich danke Ihnen im voraus bestens.[141]

Beste Grüsse an Sie und Frau Professor. Augenblicklich ist meine Schwester bei mir zu Besuch.

Ihr O. Blumenthal.

Vorwort zu David Hilbert,
Grundzüge einer allgemeinen Theorie der linearen Integralgleichungen[142]

Im vorliegenden Buche bringe ich meine sechs Mitteilungen „Grundzüge einer allgemeinen Theorie der linearen Integralgleichungen"im wesentlichen so, wie ich sie während der Jahre 1904-1910 in den Nachrichten der K. Gesellschaft der Wissenschaften zu Göttingen veröffentlicht habe, zum Wiederabdruck. Die in diesen Mitteilungen enthaltene Theorie ist seitdem von meinen Schülern und anderen jüngeren Mathematikern durch wertvolle Untersuchungen ergänzt und in wesentlichen Punkten weitergeführt worden. Ich sehe von allen besonderen Angaben hinsichtlich der an meine Mitteilungen anknüpfenden Literatur ab und erwähne nur, daß Herr O. Toeplitz ein umfassendes Lehrbuch der Theorie der linearen Integralgleichungen und der unendlichvielen Variabeln gegenwärtig bearbeitet.[143] Neu hinzugefügt habe ich zum Schluß ein Kapitel über kinetische Gastheorie. Während

---

(1912): 295–296.

[140] Diese Auseinandersetzungen wurden durch Bernsteins ersten Beitrag ausgelöst: F. Bernstein, Über eine Anwendung der Mengenlehre auf ein aus der Theorie der säkularen Störungen herrührendes Problem, *Mathematische Annalen*, 71 (1912): 417–439. Siehe hierzu auch den Brief von Bernstein an Brouwer vom 7. November 1912, abgedruckt auf S. 293.

[141] Das Ergebnis dieser Bemühungen war: Felix Bernstein, Über geometrische Wahrscheinlichkeit und über das Axiom der beschränkten Arithmetisierbarkeit der Beobachtungen, *Mathematische Annalen*, 72 (1912): 585–587.

[142] Erschienen in Fortschritte der mathematischen Wissenschaften in Monographien, Band 3, hrsg. von Otto Blumenthal.

[143] Statt ein Lehrbuch publizierten Otto Toeplitz und Ernst Hellinger den Artikel „Integralglei-

es bisher bei allen zahlreichen Anwendungen der Theorie der Integralgleichungen stets eine Differentialgleichung gewesen ist, die die Theorie der Integralgleichungen vermittelte, erscheint in der Gastheorie die lineare Integralgleichung primär als direkte Folgerung aus der Stoßformel, und da sich überdies die Theorie der Integralgleichungen zur systematischen Begründung der Gastheorie als unentbehrlich herausstellt, so erblicke ich in der Gastheorie die glänzendste Anwendung der,die Auflösung der Integralgleichungen betreffenden Theoreme. Die vorausgeschickte sachlich geordnete Inhaltsangabe soll zugleich als ein Leitfaden für die gesamte Theorie der Integralgleichungen und ihrer Anwendungen dienen, wie sich diese gegenwärtig systematisch aufbauen und am übersichtlichsten darstellen lässt.

Göttingen, Juni 1912.
David Hilbert.

In den folgenden zwei Briefen berichtet Blumenthal von einer geometrischen Arbeit des jüdischen Mathematikers Chaim Müntz, der später für kurze Zeit Assistent bei Einstein in Berlin war.

Blumenthal an Hilbert | Aachen, den 6.XII.1912
TB, Nachlass Hilbert, SUB Göttingen, 30, Nr. 38

Lieber Herr Professor!

Heute schreibe ich in Annalenangelegenheiten. Sie haben mir Mitte November eine Arbeit von Müntz[144] über das Archimedische Princip und die Stetigkeit als für die Annalen angenommen zugeschickt. Nun hatte ich mit diesem Herrn Müntz schon bei anderer Gelegenheit schlechte Erfahrungen gemacht[145], auch schien mir das Hauptergebnis seiner Arbeit „Das Archimedische Axiom gilt auf jeder Geraden bei Zugrundlegung jeder Einheitsstrecke, wenn es auf einer einzigen Geraden bei Zugrundelegung einer bestimmten Einheitsstrecke gilt"zwar interessant, aber doch sehr leicht zu beweisen. Ich habe deshalb die Arbeit noch einmal zur Ansicht an Dehn geschickt, der ein ziemlich vernichtendes Urteil darüber ausgesprochen

---

chungen und Gleichungen mit unendlich vielen Unbekannten", *Enzyklopädie der mathematischen Wissenschaften*, 1927.

[144]Chaim H. Müntz (1884–1956) stammte aus einer jüdischen Familie in Lodz. Er studierte ab 1902 in Berlin und wurde 1910 dort bei Schwarz mit einer Doktorarbeit über Minimalflächen promoviert. Danach ging er nach München, aber dort wurde ihm die Chance auf Habilitation verweigert. Ab 1914 wurde er Lehrer an verschiedenen Reformschulen, anfangend mit der Odenwaldschule bei Heppenheim. Nach dem Krieg ging er 1921 nach Göttingen, bevor er Mitte der 1920er Jahre nach Berlin umsiedelte. Dort war er für eine kurze Zeit Assistent bei Einstein. Später ging er nach Leningrad, wo er Ljapunows Buch über das Gleichgewicht dynamischer Systeme herausgab. Müntz fiel den politischen Turbulenzen der Stalinzeit zum Opfer und musste 1938 die Sowjetunion verlassen. Er ging über Tallinn nach Schweden, wo er Asyl bekam und später schwedischer Staatsbürger wurde.

[145]Blumenthal spielt hier offensichtlich auf eine Episode an, die er weiter unten im Brief kurz erläutert.

hat. Nach meinem eigenen Urteil, das ich mir eben durch genauere Lektüre gebildet habe, ist die Arbeit zwar völlig richtig, enthält aber Neues wohl nur in der Formulierung der Sätze, während die Tatsachen selbst so leicht ersichtlich sind, dass sie wohl einem grösseren Kreis von Geometern bereits bekannt sein werden.

Es fragt sich unter diesen Umständen, was mit der Arbeit gemacht werden soll. Ich bitte Sie um Ihre Entscheidung. Die Arbeit und der Brief von Dehn stehen Ihnen dazu auf Ihren Wunsch zur Verfügung, ich wollte Sie nur nicht schon jetzt damit behelligen. Mein Vorschlag wäre der, dass die Arbeit, da sie nun einmal angenommen und nicht lang ist, angenommen bleibt, dass wir aber in Zukunft Herrn Müntz gegenüber recht kritisch sind. Denn ich glaube wohl, dass er noch mehr liefern wird, was nicht auf der Höhe seiner, ja sehr netten, Arbeit über das Parallelenaxiom steht.[146] Er hat jetzt versucht, bei Teubner ein Buch in Verlag zu bringen, von dem er behauptet, dass es mehr neues enthalte als irgend ein in neuerer Zeit erschienenes Buch über Geometrie. Diese Ansicht erwies sich aber bei einiger Ueberlegung als gewaltig irrig.[147]

Bei dieser Gelegenheit bin ich mit Herrn Müntz bekannt geworden und habe seitdem ein Misstrauen gegen ihn.

Ich bitte Sie also um freundliche Anweisung, was mit der Arbeit zu geschehen hat.

Beste Grüsse
Ihr O. Blumenthal.

Blumenthal an Hilbert | Aachen, den 21.XII.1912
TB, Nachlass Hilbert, SUB Göttingen, 30, Nr. 39

Lieber Herr Professor!

Ihr Anerbieten, sich um Kürzung der Arbeit Müntz bemühen zu wollen, nehme ich mit aufrichtigem Danke an und schicke Ihnen die Arbeit einliegend zu. Es lässt sich eine sehr einfache Kürzung daran anbringen, indem einfach die ganze Nr. 3 (Seiten 5 unten bis 8) weggelassen wird. Wie Sie sehen werden, enthält diese Nummer eine Betrachtung sehr selbstverständlicher Natur, die mir als eine typische Verschlimmbesserung der nichtarchimedischen Betrachtungsweisen erscheint, indem einfach alles, was reinlich nichtarchimedisch auseinandergeklaubt worden ist, wieder in einen Topf zusammengeworfen wird: das nennt man dann ein geometrisches Molekül und behauptet, etwas Neues gemacht zu haben.[148]

Die Note des Herrn Pólya ist in den Methoden sehr nett, und ich stimme Ihnen vollständig zu, dass wir sie annehmen sollen. Ich würde sie am liebsten hinter der Arbeit Hertz abdrucken, durch die sie auch motiviert wird. Bei anderer

---

[146]C. Müntz, Das Euklidische Parallelenproblem, *Mathematische Annalen*, 73 (1913): 241–244.
[147]Ein Buch von Müntz über Geometrie ist anscheinend niemals gedruckt worden.
[148]C. Müntz, Das Archimedische Prinzip und der Pascalsche Satz, *Mathematische Annalen*, 74 (1913): 301–308.

Einrichtung könnte sie vielleicht, weil sie kurz ist, etwas früher erscheinen, aber darauf kommt es ja wohl bei diesem Gegenstand nicht an. Wenn Sie also nichts anderes bestimmen, werde ich Pólya hinter Hertz stellen.[149] Ich habe Pólya von der Annahme benachrichtigt. ...

[Die Fortsetzung des Briefes ist auf S. 151 abgedruckt.]

Recht frohe Weihnachten und glückliches neues Jahr, Ihnen und Frau Professor.

Ihr O. Blumenthal.

Blumenthal war sehr erfreut zu erfahren, dass Constantin Carathéodory als Nachfolger Kleins in Göttingen ernannt wurde. Er machte Hilbert deswegen den Vorschlag, Carathéodory als Ersatz für den inzwischen verstorbenen Paul Gordan in die *Annalen*-Redaktion eintreten zu lassen.

Blumenthal an Hilbert | Aachen, den 20.II.1913
TB, Nachlass Hilbert, SUB Göttingen, 30, Nr. 40

Lieber Herr Professor!

Die beiden Arbeiten von Pompeiu und Kubota habe ich erhalten. Pompeiu habe ich geprüft und mich zur Annahme entschlossen.[150] Es ist eine Kleinigkeit, aber die Art der Behandlung ist geschickt und gefällt mir. Ich bin mir nur nicht klar darüber, wie weit die Sache bekannt ist. Vielleicht sehen Sie sich die Inhaltsangabe, die ich in den jetzt umlaufenden Annalencirkular gegeben habe, daraufhin einmal an.

Dagegen bitte ich Sie herzlich, mir den Kubota[151] wieder abzunehmen und schicke ihn Ihnen einliegend wieder zu. Wenn ich meinem Instinkt folgen wollte, würde ich ihn unbesehen ablehnen, denn ich weiss nicht, was an dem Unabhängigkeitssatz noch neu zu beweisen sein soll. Aber die instinktive Handlungsweise wäre wohl doch unrichtig, ich bin aber in der Literatur über Variationsrechnung viel zu wenig zu Hause, um ohne sehr viele Mühe scharf zu beurteilen, was an der Arbeit neu und beherzigenswert sein könnte. Dagegen meine ich, dass Weyl, der doch letzthin Variationsrechnung gelesen hat, die Beurteilung in kürzester Zeit sachgemäss erledigen könnte. Er könnte ja auch mit dem in Göttingen, in Ihrem

---

[149]Diese zwei Arbeiten wurden nach Blumenthals Vorschlag hintereinander publiziert: Paul Hertz, Über die statistische Mechanik der Raumgesamtheit und den Begriff der Komplexion, *Mathematische Annalen*, 74 (1913): 153–203; Georg Pólya, Berechnung eines bestimmten Integrals, *Mathematische Annalen*, 74 (1913): 204–212.

[150]Dimitrie Pompeiu (1873–1954) war ein rumänischer Analytiker, der in Paris studierte. Er wurde dort 1905 bei Henri Poincaré promoviert. Die von Blumenthal erwähnte Arbeit erschien unter dem Titel „Sur une équation intégrale" (*Mathematische Annalen*, 74 (1913): 275–277).

[151]Der Geometer T. Kubota gehörte zu den begabten Schülern von Fujisawa Rikitaro in Tokio. Wie Takagi Teiji und Yoshiye Takuzi setzte Kubota sein Studium in Göttingen fort.

früheren Hause, lebenden Verfasser mündlich verhandeln. Ich bitte Sie also, die Arbeit in Göttingen beurteilen zu lassen.[152]

Carathéodorys Berufung freut mich sehr.[153] Ich bin überzeugt, dass er seine Sache ausgezeichnet machen wird. Unter den Arbeiten der Jüngeren gefallen mir seine weitaus am besten. Ich habe auch die Idee, dass er an Gordans Stelle in die erweiterte Annalenredaktion eintreten könnte.[154] Ich habe einmal Klein darüber geschrieben, der aber vorerst in den Annalen nichts ändern wollte. Was halten Sie davon? Die Sache hat übrigens noch Zeit bis zu mündlicher Behandlung. Zur Gaswoche bin ich ja, unvorhergesehene Verhinderung vorbehalten, sicher in Göttingen.[155]

Beste Grüsse an Sie und Frau Professor.
Ihr O. Blumenthal

Zu dieser Zeit erfuhr Blumenthal von seiner Schwester, dass Franz Hilbert, der 20-jährige Sohn von David und Käthe Hilbert, unter einer psychischen Krankheit litt. Wie ernsthaft diese tatsächlich war, sollte sich erst später herausstellen.

Blumenthal an Hilbert | Aachen, den 8.XII.1913
TB, Nachlass Hilbert, SUB Göttingen, 30, Nr. 41

Lieber Herr Professor!

Eben fragt Dehn bei mir nach dem Schicksal seiner Arbeit „Ueber die beiden Kleeblattschlingen" an. Ich weiss von einer solchen Arbeit, die in der letzten Zeit bei den Annalen eingelaufen sein soll, gar nichts.[156] Ist Ihnen etwas darüber bekannt? Eine Eintragung von Ihnen im Annalencirkular liegt nicht vor. Ich möchte Sie bei dieser Gelegenheit bitten, mir Annalenmanuskripte, die Sie in Händen haben, jetzt zuzuschicken, ich möchte noch vor Weihnachten eine Sendung an Teubner gehen lassen.

Durch meine Schwester erfahren wir heute, welch schweres Schicksal Sie durch die Erkrankung Ihres Sohnes getroffen hat.[157] Wir waren beide tief betrübt, als wir den Brief gelesen hatten. Es ist ja aber sehr zu hoffen, dass es sich um eine

---

[152] Die Arbeit Kubotas wurde am Ende nicht aufgenommen.

[153] Carathéodory kam als Nachfolger Felix Kleins nach Göttingen und blieb bis 1917, um danach einem Ruf von Berlin zu folgen.

[154] Paul Gordan (1837–1912) war von 1873 bis zu seinem Tod Mitglied der *Annalen*-Redaktion.

[155] Gemeint ist eine Göttinger Tagung vom 21. bis zum 26. April 1913, die zum Thema Molekularphysik gehalten wurde. Auf der Rednerliste standen Max Planck, Peter Debye, Walther Nernst, Marion von Smoluchowski, Arnold Sommerfeld und Hendrik Antoon Lorentz.

[156] Es handelt sich um Dehns bekannte Arbeit, in der er zeigen konnte, dass die Kleeblattschlinge chiral ist, d.h. nicht in ihr Spiegelbild topologisch deformierbar. Diese erschien als: Max Dehn, Die beiden Kleeblattschlingen, *Mathematische Annalen*, 75 (1914), 402–413.

[157] Franz Hilbert (1893–1969) litt unter einer psychischen Störung, die um diese Zeit stärker in Erscheinung trat.

vorübergehende Erscheinung handelt. Ich erinnere mich der schweren Symptome, unter denen Emmy Noether in Göttingen erkrankt ist, und doch ist sie kurze Zeit nachher völlig gesund und leistungsfähig gewesen.[158]

Ich hoffe von Herzen, dass es mit Franz ebenso geht.[159]

Ich habe die Absicht, in 14 Tagen nach Göttingen zu kommen und vor Weihnachten mich 2 Tage lang bei meiner Schwester umzusehen. Ich komme dann natürlich sofort zu Ihnen.

Beste Grüsse an Sie und Ihre Frau von Mali und mir.
Ihr O. Blumenthal

Inzwischen wurde über die zukünftige *Annalen*-Redaktion beschlossen, dass Einladungen sowohl an Carathéodory als auch an Brouwer gehen sollten. Die Ernennungen von beiden als mitwirkende Redakteure führten zu einer wesentlichen Verjüngung innerhalb der Redaktion.

Blumenthal an Hilbert | Aachen, den 28.I.1914
TB, Nachlass Hilbert, SUB Göttingen, 30, Nr. 42

Lieber Herr Professor!

Für Heinrich Webers Kranz sind Sie mir nichts mehr schuldig.[160] Ich habe Ihnen den Betrag (3.30 Mark) von dem letzten Annalenhonorar abhalten lassen und für mich genommen.

Sie haben gehört, dass Hamel als Thomaes Nachfolger nach Jena berufen war.[161] Das hat uns hier viele Unruhe gemacht. Jetzt hat es sich zu unserer grossen Freude dahin entschieden, dass er hier bleibt. Es liegt ihm aber daran, dass die Gründe für seinen Entschluss auch bekannt werden, denn er möchte nicht, dass es aussieht, als ob er hier „festsässe". Tatsächlich hat ihn Jena sehr gelockt, der Umschlag aber kam dadurch, dass Haussner[162] in Jena auf einer Reihe von

---

[158]Emmy Noether (1882–1935), die Tochter des Erlanger Mathematikers Max Noether, studierte im Wintersemester 1903/04 als Gasthörerin in Göttingen, da Frauen sich erst ab 1908 regulär immatrikulieren konnten. Sie besuchte damals Lehrveranstaltungen von Klein, Hilbert, Minkowski, Blumenthal und Schwarzschild. Während dieses Semesters erkrankte sie und musste somit wieder nach Erlangen zurückkehren (siehe (Tollmien 1990)).

[159]Um welche Episode es sich hier genau handelt, bleibt unklar. Sicherlich waren die Hilberts auch hoffnungsvoll, denn nur etwa zwei Monate später schrieb Hilbert an Ackermann-Teubner, um seine Hilfe als Verleger zu bitten, da er Franz auf eine Lehrstelle bei einem Buchhändler bringen wollte. Ackermann antwortete optimistisch in einem Brief vom 2. Februar 1914 (Nachlass Hilbert, SUB Göttingen, 403, Nr. 27).

[160]Weber starb am 17. Mai 1913 in Straßburg.

[161]Carl Johannes Thomae (1840–1921) war von 1879 bis zu seiner Emeritierung 1914 ordentlicher Professor der Mathematik in Jena. Aus Blumenthals Brief geht klar hervor, dass sein Kollege Georg Hamel auf der Suche nach einer Universitätsprofessur war.

[162]Robert Haussner (1863–1948) studierte in Göttingen, wo er 1888 bei Ernst Schering und H. A. Schwarz promovierte. Er war schon seit 1905 Ordinarius in Jena. Haussner hatte keine

Reservatrechten bestand, auf die Hamel sich nicht einlassen konnte, weil sie ihm keine gleichberechtigte Stellung gelassen hätten (Verwaltung des mathematischen Instituts, Verfügung über den Assistenten, Entscheidung in Habilitationsangelegenheiten). Unter diesen Umständen hätten sich die Vorteile der Universität in Nachteile verkehrt, und ich glaube bestimmt, dass Hamel gut getan hat, für diesmal auf eine Berufung an die Universität zu verzichten.[163]

Bei uns geht alles gut. Wir haben jetzt ein sehr interessantes theoretisch-physikalisches Kolloquium, zu dem Kármán das meiste beiträgt. Wir kneten den starren Körper nach allen Dimensionen durch.

Dass Carathéodory in die Annalen eintritt, ist sehr schön. Klein schreibt mir heute, dass es erst vom 76. Bande an geschehen soll. Der Grund der Verzögerung ist mir nicht recht einleuchtend, aber wenn es einmal so beschlossen ist, kann es so bleiben.

Beste Grüsse an Sie und Frau Professor von Mali und mir.
Ihr O. Blumenthal

6.7 Zur Verehrung Max Noethers

Max Noether (1844–1921) feierte am 24. September 1914 seinen 70. Geburtstag, unglücklicherweise nach Ausbruch des Krieges. So musste sein Freund Alexander Brill[164] in seinem für den Jahresbericht der DMV geschriebenen Nachruf auf Noether (Brill 1923) konstatieren, dass der dahingeschiedene diesem Umstand geschuldet auf manche Ehrung verzichten musste. Brill dachte sicherlich dabei u. a. an einem von Blumenthal entworfenen Text, welcher als Verehrung für Max Noether vorgesehen war. Hiervon berichtete der Verfasser in den folgenden Briefen an Felix Klein.

Blumenthal an Klein | 06.VII.1914
TB, Nachlass Klein, SUB Göttingen, VIII: 139

Sehr geehrter Herr Geheimrat!

Ich schicke Ihnen den Entwurf der Noether-Adresse mit der Bitte um Ihre Korrektur. Das Zusammenschreiben hat mir keine Mühe gemacht, um so mehr die

---

Arbeiten in den *Annalen* publiziert.

[163]Hamels Wunsch ging nicht ganz in Erfüllung. Zwar bekam er kurz nach dem Krieg ein verlockendes Angebot, aber nicht von einer Universität, sondern von der Technischen Hochschule Berlin, wo er später auch als Rektor gewählt wurde.

[164]Brill und Noether lernten sich schon in den 1860er Jahren kennen, und zwar als sie bei Clebsch in Gießen studierten. Sie veröffentlichten später wichtige gemeinsame Arbeiten, u.a. den großen Bericht von Brill und Noether: Die Entwicklung der Theorie der algebraischen Functionen in älterer und neuerer Zeit, *Jahresbericht der Deutschen Mathematiker-Vereinigung*, 3 (1892/93): 107–566.

Durcharbeitung des Materials. Ich habe eine Anzahl Noetherscher Arbeiten kritisch gelesen. Ein paar Bemerkungen möchte ich zufügen. Einzelleistungen, wie die Thetacharakteristiken, die Siebenersysteme, auf die Sie mich aufmerksam gemacht haben, oder auch die Herausgabe des Faà di Bruno, habe ich absichtlich weggelassen. Ich wollte die Einheitlichkeit des Lebensbildes möglichst hervortreten lassen. Zu kurz ist die Adresse jedenfalls nicht. Wenn sie zu lang ist, ist für Kürzungen Raum. Der Satz über die Modulsysteme ist unter anderen eine Liebenswürdigkeit gegen Emmy Noether, wird deshalb Noether sicher gut eingehen. Der Absatz mit Weierstrass habe ich absichtlich hineingebracht. Ich meine, es wäre eine Ehre für Noether, Weierstrass in dieser Weise gegenübergestellt zu werden. Sachlich ist das, was ich sage, richtig. Ich weiss aber nicht sicher, ob Noether nicht bewusst von Weierstrass beeinflusst war. Er sagt im ersten Teile nichts davon (und ich spreche nur von diesem ersten Teile), während er im zweiten Teile ausdrücklich auf Weierstrass verweist. Ich glaube daher, dass er unabhängig von Weierstrass gewesen ist. Die Uebereinstimmung ist bemerkenswert. Er kommt von Rückwärts genau auf die Weierstrasssche H-Funktion.[165] Verschiedenes über diese Funktion ist sogar bei ihm schärfer herausgearbeitet, vor allem auch alles viel lesbarer. Seine Arbeit würde für heutigen Geschmack noch gewinnen, wenn er nicht homogen schriebe.

Einen Schlusssatz habe ich nicht gefunden, er scheint mir auch nicht unbedingt nötig. Vielleicht finden Sie etwas geeignetes.

Die Bestellung der Adresse wird wohl wieder Dyck übernehmen. Ich möchte nur eine Korrektur lesen. In der Adresse zu Ihrem Liebermann-Bild hat Dyck zu entsetzlich viele Druckfehler stehen lassen.[166]

Die alten Mitarbeiter der Annalen, die noch Freiexemplare bekommen, sind Brill, Sturm, Voss, Zeuthen. Wir waren ja übereingekommen, dass diese um Brills willen mit unterzeichnen sollten. Ich bitte Sie, mir angeben zu wollen, in welcher Weise die Unterschriften gesammelt werden sollen. An die Redakteure kann ich natürlich ein Circular erlassen. Dagegen kenne ich die vier alten Mitarbeiter zu wenig. Sollen auch Carathéodory und Brouwer als Redakteure unterzeichnen?

Wegen Brouwer habe ich an Dyck geschrieben. Wenn ich Antwort erhalte, schicke ich sie Ihnen. Brouwer werden Sie doch wohl selbst zu benachrichtigen wünschen.

Mit besten Grüssen
Ihr sehr ergebener
O. Blumenthal.

---

[165] Solche Funktionen hatte Weierstrass schon Mitte der 1850er Jahren implizit verwendet, und zwar in seinen Arbeiten über hyperelliptischen Gebilden (Crelle, Bände 47, 52).

[166] Gemeint ist die Grußadresse von Freunden, Verehrern, Mitarbeitern und Schülern zu Kleins 40-jährigen Professorenjubiläum am 19. August 1912, als ihm ein Schmuckeinband in gemusterter Kassette mit ca. 600 Unterschriften präsentiert wurde. In Zusammenhang damit wurde Max Liebermann beauftragt, ein Porträt von Klein zu malen. Dieses wurde ihm am 25. Mai 1913 präsentiert in einer Zeremonie, bei der Eduard Riecke eine Ansprache hielt. Diese Dokumente befinden sich in Nachlass Klein, SUB Göttingen, 107.

Blumenthal an Klein | 13.VII.1914
TB, Nachlass Klein, SUB Göttingen, VIII: 140

Sehr geehrter Herr Geheimrat!

Dem Cirkular über Noether, das ich hiermit an die Annalenredaktion rund-
schicke, möchte ich einige Bemerkungen für Sie beifügen. Ich habe jetzt die Flä-
chenuntersuchungen schärfer herausgearbeitet, was allerdings sehr nötig war. Die
Rede von Picard auf dem Zürcher Kongress ist mir hier nicht zur Hand, ich habe
Noethers Arbeiten selbst genommen und darin viel Schönes gefunden.[167]

Bei näherer Überlegung habe ich gefunden, dass die Beschränkung der „alten
Mitarbeiter" auf die 4 Empfänger der Freiexemplare doch recht künstlich ist. So
fiele z.B. Reye aus, der noch heute alle seine kleinen Annalennoten an Noether
schickt. Ich habe daher die wenigen noch überlebenden Mitarbeiter aus der Cleb-
schen Zeit zusammengestellt, und würde vorschalgen, dass diese zur Unterschrift
aufgefordert werden. Ob Geiser noch lebt, weiss ich nicht recht.[168] Er findet sich
weder in der Dt. Math. Ver. noch im Circolo als Mitglied.

Weber werde ich in den Ferien machen. Bezüglich Weierstrass bin ich jetzt
sicher, dass er keine Funktion der Fläche gekannt hat, die, ausser hohen Singularitäten, nur eine einzige Nullstelle hat. Der Pol ist bei ihm wesentlich. Auch ist
die elliptische σ ja bei ihm nicht als Funktion auf der Fläche definiert, sondern
als Integral nach u. Die entsprechenden Entwicklungen für beliebiges Geschlecht
gehören zu dem unerquicklichsten bei Weierstrass. Dieser Teil findet sich übrigens
auch bei Noether, in bewusster Nachbildung von Weierstrass. Ich glaube also, dass
Sie und Prym an dieser Stelle weit über Weierstrass hinausgehen. Ich werde sie
genau studieren und hoffe dann, die gewünschte kleine Publikation zu Wege zu
bringen. Aber auch das muss ich auf die Ferien versparen.

Beste Grüsse
Ihr sehr ergebener
O. Blumenthal.

---

[167] Auf dem ersten Internationalen Mathematiker-Kongress hielt Émile Picard einen Vortrag
zum Thema „Sur les fonctions de plusieurs variables et en particulier les fonctions algébriques".
Er unterschied dabei zwischen zwei Hauptrichtungen, und zwar einer algebraisch-geometrischen
und einer topologisch-funktiontheoretischen. Nach den Verhandlungen des Kongresses hob er
dabei die Bedeutung von Noethers Beiträgen für die erste Richtung besonders hervor: „M. Émile
Picard retrace à grands traits l'histoire de la théorie des surfaces algébriques dans ces derniers
temps. ...M. Noether a été un initiateur dans la première voie, et tous les mathématiciens
qui s'occupent aujourd'hui de la théorie des surfaces algéébriques sont des disciples de l'illustre
géomètre" *Verhandlungen des ersten Internationalen Mathematiker-Kongresses in Zürich vom
9. bis 11. August 1897*, Ferdinand Rudio, Hrsg., 1898, 200.
[168] Der Schweizer Geometer Carl Friedrich Geiser lebte; er starb erst im Jahre 1934.

Blumenthal an Klein | 16.VII.1914
TB, Nachlass Klein, SUB Göttingen, VIII: 141

Sehr geehrter Herr Geheimrat!

Ich habe mich wohl, in dem Bestreben die Arbeiten Noethers über Raumkurven und Flächen in einem Absatz zu bringen, missverständlich ausgedrückt. Denn ich wollte dasselbe, was in Ihrem Briefe steht. Nur in dem einen Punkt haben Sie mich berichtigt, dass ich glaubte, erst Noether habe das Geschlecht einer Raumkurve definiert, während es schon Clebsch getan hat.[169] Ich kam zu diesem Irrtum, weil Noether in Annalen 8 das Geschlecht einer Raumkurve, das er ja nachher für das Kurvengeschlecht der Flächen gebraucht, sehr ausführlich behandelt. In Annalen 3 macht Noether doch dasselbe nur für $p = 0$[170], was er dann in Annalen 8 allegemein macht[171], ich meine daher nicht, dass diese Arbeit besonders zu erwähnen ist. Noethers Leistung in diesen ersten Arbeiten liegt nicht nur in der Entdeckung des Kurvengeschlechts, sondern auch z. B. in dem Unterschied zwischen geometrischem und arithmetischem Geschlecht, der ja noch immer eine grosse Rolle spielt. Ich habe das aber nicht alles einzeln erwähnen wollen, sondern nur allgemein auf das „reiche Material" hingewiesen.[172]

Ich schicke Ihnen einliegend eine etwas geänderte Fassung des Aufsatzes, aus der hoffentlich alles Missverständliche verschwunden ist. Wenn Sie damit einverstanden sind, geben Sie mir, bitte, den Bogen zurück, damit ich ihn Dyck einsenden kann.

Beste Grüsse
Ihr sehr ergebener
O. Blumenthal.

---

[169] Riemann führte den Begriff des Geschlechts für ebene algebraischen Kurven ein; er bewies außerdem, dass Kurven gleichen Geschlechtes birational ineinander transformieren lassen. Clebsch dehnte den Begriff mithilfe des Abel'schen Theorems auf Flächen aus, und Noether erweiterte diese Ideen auf algebraische Gebilde beliebiger Dimension (vgl. Max Noether, Zur Theorie des eindeutigen Entsprechens algebraischer Gebilde von beliebig vielen Dimensionen, *Mathematische Annalen*, 2 (1870): 293–316).

[170] Max Noether, Ueber die eindeutigen Raumtransformationen, insbesondere in ihrer Anwendung auf die Abbildung algebraischer Flächen, *Mathematische Annalen*, 3 (1871): 547–580.

[171] Max Noether, Zur Theorie des eindeutigen Entsprechens algebraischer Gebilde. Zweiter Aufsatz, *Mathematische Annalen*, 8 (1875): 495–533.

[172] Sicherlich hatte Blumenthal Noethers wichtige Leistung in Band 6 gewürdigt, wo er seinen berühmten Satz über die Darstellung von ebenen algebraischen Kurven aufstellte; Max Noether, Ueber einen Satz aus der Theorie der algebraischen Functionen, *Mathematische Annalen*, 3 (1871): 351–359.

Kapitel 7

Brouwer und die *Annalen* (1911–1918)

7.1 An der Schwelle zur modernen Dimensionstheorie

Otto Blumenthals ersten Jahre als Redakteur bei den *Mathematischen Annalen* waren relativ frei von Kontroversen. Dies änderte sich allerdings ab 1910 rasch, als der niederländische Mathematiker Luitzen Egbertus Jan Brouwer (1881–1966) eine Reihe grundlegender topologischer Aufsätze in den *Annalen* publizierte. Brouwers Kritik in Bezug auf die früheren in den *Annalen* publizierten Arbeiten von Schoenflies (Brouwer 1910a) wurde hauptsächlich durch die Vermittlung Hilberts behandelt, während Blumenthal sich nur um Routineprobleme bemühte. Die Beiträge Brouwers zur Dimensionstheorie führten andererseits zu Verhandlungen, die Blumenthal selbst in die Hand nahm.

Brouwers fundamentale Arbeit zum „Beweis der Invarianz der Dimensionenzahl" (Brouwer 1911) wurde schon im Sommer Juni 1910 eingereicht, erschien aber erst im Februar 1911 im zweiten Heft von Band 70. In der Zwischenzeit lernte Blumenthal Henri Lebesgue in Paris kennen und wurde durch dessen Behauptung, dass er im Besitz mehrerer Beweise für die Invarianz der Dimension sei, stark beeindruckt (siehe Kommentar zu Blumenthals Brief an Hilbert vom 27.X.1910 auf S. 137). Blumenthal bat Lebesgue deswegen um eine kurze Darstellung der Grundideen hinter seinem Beweisgang, den er in seinem Brief an Hilbert als „sehr witzig" bezeichnete. Er gab jedoch zu, dass er Lebesgues Beweisskizze „nicht genau auf Richtigkeit der Durchführung, sondern nur auf Richtigkeit der Idee" gelesen hatte, gab aber gleichzeitig zu bedenken, dass „man sich doch auf einen so scharfsinnigen Mann verlassen kann". Blumenthal legte immer Wert auf Klarheit, und seiner Meinung nach erschien Lebesgues Methode viel einleuchtender als Brou-

© Springer-Verlag GmbH Deutschland, ein Teil von Springer Nature 2018
D. E. Rowe, *Otto Blumenthal: Ausgewählte Briefe und Schriften I*,
Mathematik im Kontext, https://doi.org/10.1007/978-3-662-56725-8_7

wers. Er wollte deswegen Lebesgues Darlegung gleichzeitig mit Brouwers schon eingereichter Arbeit in den *Annalen* veröffentlichen. Die Note Lebesgues setzte er deswegen direkt nach Brouwers Aufsatz, ohne allerdings den letzteren vorher über Lebesgues Ideen zu informieren.[1]

In dieser Note findet man zum ersten Mal das berühmte Verpflasterungsprinzip Lebesgues zur Charakterisierung der Dimension. Seine Beweisskizze war andererseits sehr lückenhaft, worauf Brouwer in einer kritischen Entgegnung aufmerksam machte.[2] Besorgt über die Schärfe von Brouwers Wortwahl, wandte sich Blumenthal an Hilbert, um freie Hand bei den Verhandlungen mit Brouwer zu bekommen, dessen Replik er gern unterdrücken wollte.

Blumenthal an Hilbert | Aachen, den 14.III.1911
TB, Nachlass Hilbert, SUB Göttingen, 30, Nr. 31

Lieber Herr Professor!

Die Sache Brouwer-Lebesgue finde ich im höchsten Masse unerfreulich, und zwar stehe ich durchaus auf Seite von Lebesgue. Das soll folgendes sagen: Lebesgue sagt ausdrücklich, dass er gewisse Sätze als bewiesen annimmt; diese beziehen sich auf gewisse Lineargleichungen und Ungleichungen und werden schon zu beweisen sein, mit anderen Worten, die Schwierigkeit scheint mir nicht in ihnen zu liegen, und die ganze Lebesguesche Beweisanordnung ist meines Erachtens durchaus ein gangbarer und schöner Weg, um zu dem Dimensionsbeweis zu gelangen. Wer aber Brouwers Note liest, der hat diesen Eindruck durchaus nicht, die Note ist meiner Ansicht nach in einem unfreundlichen und unangenehmen Ton gehalten. Ich hatte daher die Absicht gehabt, Brouwer einstweilen um Zurückziehung der Note zu bitten, besonders da der Band 70 erst Mitte Mai abgeschlossen (werde) wird, also gar nichts eilt. Es kommt dazu, dass ich meinerseits (ebenso wie Lebesgue (nach früherer Mitteilung)), nicht im Stande bin, den Brouwerschen Beweis zu verstehen, ich halte es für sehr möglich, dass sich auch dort verschiedenen Lücken finden.

Aus diesen Gründen wäre ich dafür, Brouwers Note vorderhand nicht anzunehmen, sondern ihn zu bitten, jedenfalls noch bis zum Ende dieses Bandes zu warten, dann aber auch die Note in einem ganz anderen Tone zu halten. Für den Notfall, wenn er darauf nicht eingeht, könnte die Redaktion einen objektiven Bericht zufügen, wie es Noether mit grossem Erfolg in der Streitsache Sannia-Zindler getan hat.[3]

---

[1] Diese zwei Arbeiten sind (Brouwer 1911) und (Lebesgue 1911a).

[2] Zu dieser Kontroverse siehe die Kommentare von Freudenthal in (Brouwer 1976, 435–429) und die Darstellung in (van Dalen 2013, 157–169).

[3] Es handelt sich um einen Prioritätsstreit in der Liniengeometrie, wobei der österreichische Konrad Zindler Einspruch gegen die Darstellung der Sachlage in einer Arbeit des italienischen Geometers Gustavo Sannia einlegte (Geometria differenziale delle congruenze rettilinee, *Mathematische Annalen*, 68 (1910): 409–416). Aus Blumenthals Bemerkungen lässt sich entnehmen, dass diese Diskussion ziemlich heftig verlief, während die Replik von Zindler (Bemerkungen zum Berichte des Herrn Sannia über seine Arbeiten zur differentiellen Liniengeometrie, *Mathematische*

Ich bitte Sie um Ihre Ansicht. Ich bin bereit, mit Brouwer zu verhandeln, glaube allerdings, dass ein Eingreifen Ihrerseits mehr Gewicht haben würde.

. . .

[Die Fortsetzung des Briefes ist in Kapitel 6 abgedruckt.]

Ich tue in der Sache Brouwer nichts, bevor ich Ihre Antwort habe.

. . .

Blumenthal und wohl auch Brouwer gingen davon aus, dass Lebesgue die Lücken in seinen Argumenten bald schließen würde, wie er versprach. Wie Hilbert Blumenthal antwortete, wissen wir nicht, aber es sieht so aus, als ob er sich in diese Angelegenheit überhaupt nicht einmischen wollte.

Lebesgue an Blumenthal | Paris, undatiert (III.1911)
AB, Nachlass Brouwer, Noord-Hollands Archief, Haarlem

. . .

Si je comprends bien la remarque de M. Brouwer, elle se réduit à ceci: j'ai annoncé que j'allais admettre des faits que je qualifiais de bien évidents, cela ne remplace pas une démonstration de ces faits.

Je suis d'accord sur ce point avec M. Brouwer, j'ajoute seulement que si je n'ai pas écrit complètement ma démonstration c'est que j'avais promis depuis quelque temps un article sur ce sujet au Sécretaire de la Société Mathématique de France.[4]

Je reconnais d'ailleurs volontiers que ma rédaction est fort mauvaise puisque M. Brouwer a pu croire que je n'avais pas aperçu la nécessité de tout démontrer et qu'il juge utile aujourd'hui de signaler cette nécessité aux autres lecteurs.

H. Lebesgue

Lebesgue bereitete zu dieser Zeit seine zweite Note vor, die er bald danach in den *Comptes Rendus* erscheinen ließ (Lebesgue 1911b). Inzwischen hatte sich Hilbert offenbar mit Blumenthals Verhandlungsstrategie einverstanden erklärt, woraufhin letzterer Brouwer um Geduld gebeten hat. Blumenthal ahnte bis zu diesem Zeitpunkt sicherlich nicht, dass er von nun an fast gezwungen sein würde, fortwährend mit Brouwer über komplexe topologische Probleme zu korrespondieren.

Annalen, 69 (1910): 446–448) keineswegs scharf war. Danach folgte eine kleine Bemerkung der Redaktion, offenbar von Max Noether verfasst, womit Zindlers Anspruch auf Priorität, allerdings nur durch eine implizite Leistung, anerkannt wurde.

[4]Lebesgue veröffentlichte allerdings keinen Aufsatz zu diesem Thema in *Bulletin de la SMF*.

Blumenthal an Brouwer | Aachen, den 25.III.1911
TB, Nachlass Brouwer, Noord-Hollands Archief, Haarlem

Sehr geehrter Herr Brouwer!

Gestatten Sie mir einige Worte in der Angelegenheit Ihres Streites mit Lebesgue. Ich schicke voraus, dass ich die Ueberlegungen, die ich Ihnen vortragen werde, Herrn Hilbert mitgeteilt habe, dass er mit mir einverstanden ist und mich gebeten hat, die Verhandlungen mit Ihnen im Namen der Annalenredaktion zu führen.

Zunächst kann ich Ihnen mitteilen, dass das letzte Heft des jetzigen Annalenbandes erst gegen Ende Mai herausgegeben wird. Daher hat die Einreichung Ihrer Note gegen Lebesgue keine Eile, sondern Sie können ruhig damit warten, bis weitere Korrespondenz mit Lebesgue die Sache geklärt hat.

In der Tat legt Ihre Eile mit der Veröffentlichung dieser Bemerkung die Vermutung nahe, dass Sie von einer weiteren Aussprache mit Lebesgue nichts erwarten. Diese Annahme wäre aber ungerechtfertigt, denn einerseits geht aus Lebesgues Brief an Sie hervor, dass er sich eine deutliche Vorstellung von dem Beweise der vorläufig angenommenen Sätze gemacht hat, andererseits schreibt er mir selbst wörtlich folgendes: Ecrire la démonstration entièrement n'est pas bien long, et je viens de le faire, mais vraiment il me paraît impossible de faire ainsi paraître mes résultats bribe à bribe, et je pense que vos lecteurs, plus généreux que M. Brouwer, voudront me faire crédit jusqu' à l'apparition de mon mémoire définitif.

Aus dieser Mitteilung scheint mir hervorzugehen, dass es nicht richtig wäre, Ihre Note zu veröffentlichen, bevor Sie Sich davon überzeugt haben, dass nicht nur Lebesgues kurze Annalennote, sondern wirklich sein ganzer Beweisgang lückenhaft ist. Ich bin davon überzeugt, dass Lebesgue Ihnen das Manuskript, das er ja fertig gestellt hat, zur Prüfung zur Verfügung stellen wird.[5] Ich wäre für den Notfall bereit, in dieser Hinsicht zu vermitteln. Ich möchte Sie nämlich darauf aufmerksam machen – und damit komme ich zu dem Kern meiner Vorstellung –, dass Ihre Note in sehr schroffer Form abgefasst ist, und dass jedermann sie notwendig so verstehen muss, dass Sie die von Ihnen betonten Lücken für unausfüllbar, das heisst also den Lebesgueschen Beweis für falsch halten: denn falsch und unvollständig ist in diesem Falle das gleiche. Diesen Vorwurf können Sie aber meiner Ansicht einem Mann von Lebesgues Bedeutung nur dann machen, wenn Sie Ihrer Sache vollkommen sicher sind.

Ich möchte Sie daher nochmals recht dringend bitten, sich die Sache mit Ihrer Bemerkung noch einmal zu überlegen. Wenn Sie darauf bestehen, sie zu veröffentlichen, werde ich das natürlich tun, aber ich werde dann natürlich auch Lebesgue ersuchen, dass er mir sein neues Manuskript einschickt, das ich dann möglichst bald zur Veröffentlichung bringen werde.

Lassen Sie mich schliesslich noch darauf hinweisen, was auch Lebesgue be-

---

[5] Diese Bemerkung Blumenthals macht deutlich, dass er zu dieser Zeit glaubte, Lebesgue sei in Besitz eines vollständigen Beweises, den er Brouwer bald zur Prüfung zukommen lassen würde.

tont, dass niemand Ihre Priorität für diesen fundamentalen Beweis bezweifelt oder bestreitet. Die Prioriät gebührt unbedingt demjenigen, der zuerst veröffentlicht. Dass aber Ihre Note schon gedruckt vorlag, als Lebesgue die seine schrieb, geht aus Lebesgues Text klar hervor. Lebesgue ist also, in seiner eigene Auffassung und in der der Welt, nicht Ihr Rivale, sondern Ihr Nachfolger. Ich meine also, Sie sollten ihm ruhig die Zeit lassen, seinen Beweis in extenso darzustellen.

Uebrigens hat Lebesgue die Antwort, die er Ihnen für die Annalen eingeschickt hat, zurückgezogen und mir eine andere eingesandt, die ich hier beilege. Ich bitte Sie um Rücksendung. Ich finde diesen zweiten Text ebenso unverständlich für Nicht-Eingeweihte wie den ersten, und würde Lebesgue, falls es dazu kommen sollte, noch um eine andere Formulierung bitten. Wenn ich meine Ansicht nochmals zusammenfassen soll, so ist es die folgende: In der Form, wie Sie Ihre Bemerkung geschrieben haben, muss sie allgemein dahin verstanden werden, dass Sie Lebesgues Beweis für unheilbar falsch halten, genauer gesagt, dass Sie glauben, dass die bei Lebesgue vorausgesetzen Sätze in Wirklichkeit den Kern des ganzen Beweises bilden. Die Veröffentlichung einer solchen Bemerkung scheint mir nur dann am Platz, wenn Sie Sich positiv davon überzeugt haben, dass Lebesgue nicht im Besitze der vermissten Ergänzungen ist. Ich rate Ihnen also, bis dahin nichts über die Sache zu veröffentlichen. Wenn Sie aber diese Ueberzeugung gewonnen haben und beweisen können, dann stehen Ihnen die Annalen natürlich gern zu dieser Veröffentlichung zur Verfügung. Denn alsdann ist (wäre) eine Warnung vor Lebesgue im allgemeinen Interesse.

Ich hoffe, dass dieser Brief an allen Stellen in richtiger Fassung geschrieben ist und nicht zu Missverständnissen Anlass giebt, was bei einer verwickelten Sachlage ja leicht möglich ist. Mein Bestreben ist lediglich ein versöhnliches, ich nehme für keinen Partei, am wenigsten verbürge ich mich für die sachliche Richtigkeit; aber ich möchte, wenn möglich, den Annalen eine unnötige Polemik ersparen, und deshalb rate ich Ihnen, erst dann anzugreifen, wenn Sie der Unzulänglichkeit von Lebesgues Beweis sicher sind. Die Korrespondenz, die Sie an Hilbert eingesandt haben, sende ich Ihnen gleichzeitig zurück. Ebenso das eine Exemplar Ihrer Note mit der Antwort Lebesgues.

Ihr sehr ergebener

O. Blumenthal

Aus diesem Brief geht klar hervor, wie sehr Blumenthal bemüht war, einen offenen Streit zwischen Brouwer und Lebesgue zu vermeiden. Vor allem, wollte er den empfindlichen Brouwer beruhigen, indem er ihm versicherte, dass „niemand Ihre Priorität für diesen fundamentalen Beweis bezweifelt oder bestreitet". Die Sachlage war dennoch sehr undurchsichtig. Blumenthals Schlussbemerkung zeigt andererseits, dass Brouwer in direktem Kontakt mit Hilbert über diese Angelegenheit stand, sicherlich ein Indiz dafür, dass er nicht allein mit Blumenthal hierüber konferieren wollte. Brouwer reagierte allerdings auf diese langen Ausführungen

Blumenthals mit großem Verständnis. Er entschied sich, dem Rat Blumenthals folgend, seine Note doch zunächst zurückzuziehen.

Brouwer an Blumenthal | Blaricum, den 27.III.1911
AB, Nachlass Brouwer, Noord-Hollands Archief, Haarlem

Sehr geehrter Herr Professor

Gleich nachdem Herr Lebesgue mir erklärt hat, eine vollständige Redaktion seines Beweises hergestellt zu haben, habe ich ihm und Herrn Hilbert mitgeteilt, meine eingesandte Bemerkung zurückzuziehen; nur habe ich zugleich Herrn Lebesgue gebeten, mir seine ausgearbeitete Redaktion zur Kenntnisnahme schicken zu wollen.

Es wäre meiner Ansicht nach sehr wünschenswert, dass Herr Lebesgue die Ergänzungen zu seinem Beweise noch im 70ten Bande der Annalen publiziere, denn jeder Leser wird an der in Rede stehenden Stelle stutzen, und die Unvollständigkeit der Argumentierung scheint mir durch die Fussnote nicht genügend hervorgehoben zu werden.

Die in Ihrem Briefe enthaltene Auseinandersetzung schätze ich sehr; glauben Sie mir übrigens, dass die Einsendung meiner Bemerkung von ausschliesslich wissenschaftlichen, und von keinerlei selbstischen Triebfedern bestimmt wurde. Auch weil der Annalenleser anderes hätte herauslesen können, bin ich froh, mich dieser unangenehmen Pflicht enthoben achten zu dürfen.

Hochachtungsvoll,

Ihr ergebenster

L.E.J. Brouwer

Am gleichen Tag als Brouwer diesen Brief schrieb, legte Émile Picard der Pariser Academie des Sciences eine zweite Note von Lebesgue zur höherdimensionalen Topologie vor. Diese Arbeit (Lebesgue 1911b) besteht aus zwei Teilen. Der erste enthält eine Beweisskizze für die Invarianz der Dimension, und zwar völlig unabhängig vom Verpflasterungsprinzip in (Lebesgue 1911a). Im zweiten Teil versucht Lebesgue, eine Verallgemeinerung des Jordan'schen Trennungssatzes für höhere Dimensionen zu beweisen. Dabei führte er einen gewissen Begriff von verschlungenen Mannigfaltigkeiten (*Variétés enlacées*) ein, welcher Brouwer bald danach zum weiteren Nachdenken anregte. Aus einem undatierten an Blumenthal adressierten Briefentwurf fasste er seine vorläufigen Ergebnisse zusammen: „Meine Stellung dem zweiten Teile der Lebesgueschen Note gegenüber ist also diese, dass er für den dreidimensionalen Raum einen sehr schönen Satz ganz richtig bewiesen hat, dass er für höhere Räume aber nur ‚evidente' Erweiterungen ausgesprochen hat, ohne etwas zu beweisen. Den Invarianzbeweis braucht man aber gerade für die höhere Räume, sodass der genannte Teil der Lebesgue'schen Note meines Erachtens für die Invarianz gar nichts enthält" (Brouwer 1976, 452).

Abbildung 7.1: L. E. J. Brouwer (1881–1966)

Blumenthal bekam auch das folgende Schreiben von Brouwer an Hilbert zu sehen, dem zufolge er guten Grund gehabt hätte zu glauben, dass Brouwer mit dem Ablauf dieser Angelegenheit zufrieden sein müsse (Abbildung 7.1).

Brouwer an Hilbert | Blaricum, den 31.III.1911
AB-L, Nachlass Hilbert, SUB Göttingen, 49, Nr. 9

G[öttingen] d[en] 1.4.1911,
An Blumenthal zur Kenntnisnahme mit der Bitte, die Briefe freundlichst eingeschrieben an Brouwer zurück zu schicken.
Mit besten Grüssen Hilbert.

Lieber Herr Geheimrat,

Beiliegend sende ich Ihnen zur gefälligen Kenntnisnahme die Fortsetzung der Briefwechsel mit Herrn Lebesgue, während welcher ich meine eingesandte Bemerkung zurückgezogen habe.
Diese Zurücknahme war mir sehr angenehm, weil die Briefe von Lebesgue

(ebenso wie später der von Herrn Blumenthal) mir zeigten, dass meine Bemerkung von Lebesgue als eine Prioritätsklage aufgefasst wurde, als welche sie durchaus nicht gemeint war.

Warum Lebesgue die in seinem letzten Brief enthaltene Ausarbeitung (deren Inhalt mir übrigens nach einer ersten Durchsicht noch dunkel geblieben ist) nicht zur Kenntnis der Annalenleser bringen will, bleibt mir unerklärlich.

Gestern habe ich mich mit Herrn Weyl einige Stunden sehr angenehm unterhalten; vielleicht treffe ich ihn heute noch mal.[6]

Ihr

L.E.J. Brouwer

Nach dieser versöhnlichen Mitteilung Brouwers hat Blumenthal sicherlich gehofft, dass in diesen Streitfragen endlich Ruhe eingetreten sei. Dieser Frieden hielt allerdings nicht lange an, denn fünf Wochen später bekam er den folgenden Brief.

Brouwer an Blumenthal | Blaricum, den 9.V.1911
AB, Nachlass Brouwer, Noord-Hollands Archief, Haarlem

Sehr geehrter Herr Professor

Die Sachlage mit Herrn Lebesgue ist jetzt folgende:

1) Es ist mir unmöglich, mich weiter mit ihm auszusprechen, nachdem er jetzt zum zweiten Male die Höflichkeit mit mir aus dem Auge verloren hat.

2) In seinen letzten Briefe nimmt er seine frühere Erklärung, eine vollständige Redaktion seines Annalenbeweises ausgearbeitet zu haben, zurück; die mir früher als eine solche angekündigten und zugesandten Entwicklungen bezeichnet er nämlich jetzt als eine ‚rédaction hâtive‘, in Bezug auf welche er jede Verantwortung ablehnt.

3) Nach Fortfall dieser Erklärung Lebesgues, auf welche ja die Zurücknahme meiner Annalenbemerkung ausschliesslich beruhte, halte ich eine erneute Einsendung für meine Pflicht.

4) Die früher von Lebesgue als ‚vollständige Redaktion‘ bezeichneten Entwickelungen wimmeln von Fehlschlüssen, und sind unheilbar falsch.

5) In den Comptes Rendus hat Lebesgue kürzlich einen zweiten, ebenso unheilbar falschen Beweis veröffentlicht, an dessen Richtigkeit er, trotz meiner ihm mitgeteilten Einsendungen, dennoch festhält (vgl. den mit Bleistift markierten Absatz seines Briefes).

6) Die Einsendung der beiliegenden Bemerkung betrachte ich, wie ich schon bemerkte, als meine Pflicht; aber als eine unangenehme Pflicht. Wenn also die

------

[6]Hermann Weyl war zu dieser Zeit Privatdozent in Göttingen, aber Brouwer lernte ihn offenbar erst in Holland kennen. Sein erster Besuch in Göttingen fand einige Monate später statt.

Redaktion ihre Veröffentlichung nicht im allgemeinen Interesse erachten sollte, werde ich diesem Urteile die Freiheit entnehmen, sie zurückzuziehen.

7) Meine Bemerkung ist sachlich gehalten und schweigt über den geführten Briefwechsel; ich würde Sie bitten, in der eventuellen Antwort Lebesgues dasselbe zu fordern.

Den Schluss des mit Lebesgue geführten Briefwechsels lege ich hier bei.

Wahrscheinlich werde ich bald auf einige Tage nach Limburg kommen; vielleicht könnte ich Sie sehen? Ich würde dann auch besser, als brieflich, von Ihnen vernehmen können, wie Sie über meine Einsendung urteilen.[7]

Hochachtungsvoll,

Ihr ergebenster

L.E.J. Brouwer

Für Blumenthal war die jetzige Sachlage einfach fatal. Denn hierbei bezeichnete Brouwer nicht nur Lebesgues Note in den *Annalen*, sondern auch seine neue Note für die *Comptes Rendus* als „unheilbar falsch", d.h., er wiederholte die Behauptung, wovor Blumenthal ihn schon vorher gewarnt hatte.[8] Nun musste Blumenthal überlegen, ob er Brouwers kritische Bemerkungen über Lebesgues Beweisversuch in den *Annalen* drucken sollte. Angesichts der offensichtlichen Animositäten zwischen diesen zwei Kontrahenten bestand die Gefahr, dass dieser Schritt als Parteinahme für den Holländer angesehen werden könnte. Dies hatte wohl Brouwer selbst eingesehen, weswegen er nicht darauf drängte, seine Notiz dort zu veröffentlichen. Es wurde tatsächlich beschlossen, diese nicht in den *Annalen* aufzunehmen; stattdessen wollte Blumenthal die untenstehende Bemerkung Brouwers als eine Verhandlungsbasis verwenden, in der Hoffnung, er könne immer noch zwischen Brouwer und Lebesgue vermitteln.

Bemerkung zu den Invarianzbeweisen des Herrn Lebesgue von L.E.J. Brouwer in Amsterdam

In der Herleitung der Invarianz der Dimensionenzahl, welche Herr Lebesgue in Band 70 der Mathematische Annalen (S. 166–168) mitgeteilt hat, werden einige Tatsachen als ‚bien évidents' angenommen. Dazu muss ich bemerken, dass die Begründung dieser ‚evidenten' Eigenschaften den Kern des ganzen Beweisganges bilden würde.

---

[7]Brouwer besuchte Blumenthal bald danach in Aachen, wie aus Blumenthals Brief vom 14. Juni hervorgeht: „Ihr Besuch bei uns in Aachen ist auch meiner Frau und mir eine sehr angenehme Erinnerung. Ich hoffe sehr auf baldiges Wiedersehen."

[8]Die zwei kurze Beweisskizzen von Lebesgue beruhten auf grundverschiedenen Ansätzen. Freudenthal schrieb ((Brouwer 1976, 439)) hierüber: „[(Lebesgue 1911b)] is much less naive than [(Lebesgue 1911a)] though the difficulties are still grossly underestimated. The sketches are insufficient or even wrong though not in the same way as [(Lebesgue 1911a)]."

In den Comptes Rendus (Band 152, S. 841, 27 mars 1911) hat derselbe Verfasser eine zweite Methode entwickelt bei welcher er folgenden Hilfssatz aufstellt: ‚Zu jeder in einem R_{n+p+1} liegenden regulären, geschlossenen Mannigfaltigkeit T_n existiert eine beliebig kleine, mit T_n verschlungene Mannigfaltigkeit T_p.' Aus diesem Hilfssatze wird dann gefolgert, dass T_n den R_{n+p+1} nicht überall dicht erfüllt. Nun sind hinsichtlich dieses Beweisganges zwei Fälle möglich: Entweder R_{n+p+1} bezeichnet einen Cartesischen Raum; dann aber leuchtet auch ohne den Hilfssatz unmittelbar ein, dass T_n den R_{n+p+1} nicht überall dicht erfüllt, weil ja T_n eine abgeschlossene, und R_{n+p+1} eine offene Mannigfaltigkeit ist; diese triviale Eigenschaft ist indes für die Lösung des Invarianzproblems bedeutungslos. Oder R_{n+p+1} bezeichnet einen regulären Raum allgemeiner Art, und der Hilfssatze ist folgendermassen zu verstehen: ‚In jeder in einem R_{n+p+1} liegenden regulären, geschlossenen Mannigfaltigkeit T_n existiert eine beliebig kleine Mannigfaltigkeit T_p, welche mit T_n für eine gewisse Umgebung verschlungen ist.' Dann aber wird im Lebesgueschen Beweise dieses Satzes die Invarianz der Dimensionenzahl implizite vorausgesetzt, weil ja im Falle dass T_n den R_{n+p+1} überall dicht erfüllt, die in Γ bestimmten offenen Gebiete α, mit deren Grenzen operiert wird, hinfällig werden.

Was schliesslich die am Schlussen des Lebesgueschen Annalenbeweises angeführten Entwickelungen des Herrn Baire betrifft, durch sie wird nicht, wie Herr Lebesgue behauptet, das Problem im wesentlichen gelöst, sondern nur sein Zusammenhang mit tiefer liegenden Sätzen beleuchtet.

Brouwer erkannte mit Sicherheit sowohl die Ernsthaftigkeit der Lage als auch die Notwendigkeit, sich mit Blumenthal hierüber mündlich auszutauschen. Wie angekündigt, besuchte er Blumenthal kurz danach in Aachen, bei welcher Gelegenheit er die obigen Kritikpunkte näher erläutern konnte. Danach schickte Brouwer ihm einen Brief, in dem er sich mit Lebesgues zwei Noten ausführlich auseinandersetzte. Dieser wurde auf Französisch verfasst, damit Blumenthal denselben direkt an Lebesgue weiterleiten konnte.

Brouwer an Blumenthal | Blaricum, den 11.VI.1911
AB, Nachlass Brouwer, Noord-Hollands Archief, Haarlem

Cher Monsieur

Vous m'avez fait observer que dans ma démonstration de l'invariance du nombre de dimensions d'un espace j'aurais pu rendre la besogne plus facile au lecteur en faisant précéder le raisonnement d'un exposé succinct des idées dirigeantes.

Voici les principes dont ma démonstration forme le développement rigoureux:

Soit K un cube q-dimensional, situé dans l'espace q-dimensional E_q, et dont le centre sera désigné par M, et la frontière par F. S'il existait une correspondence biunivoque et continue entre E_q et un espace $(q+h)$- dimensional E_{q+h}, en vertu de laquelle K correspondrait à un ensemble k, et M à un point m de l'espace E_{q+h}, chaque ensemble polyédral p à q dimensions, résultant d'une petite déformation continue de k , serait nulle part dense dans E_{q+h}. Alors dans l'espace E_q il existerait un ensemble P correspondant à p , qui serait nulle part dense dans E_q, et résulterait d'une petite déformation continue de K .

Or je démontre que chaque ensemble π résultant d'une petite déformation continue de K est partout dense dans le voisinage de M. Je le démontre d'abord pour les ensembles π polyédraux à q dimensions ; d'où la même propriété s'ensuit pour les ensembles π plus généraux, auxquels appartient P. Tout en conservant tous les détails de cette démonstration, on peut cependant la modifier légèrement, en considérant les images f et z de F appartenant à p et à π respectivement, et en démontrant par la méthode indiquée que M est séparé par z de l'infini, tandis qu'évidemment m n'est pas séparé de l'infini par f. Il me semble que c'est cette démonstration modifiée que M. Lebesgue a en vue dans la première partie de sa Note des Comptes Rendus du 27 Mars 1911. Quant aux deux autres démonstrations publiées par M. Lebesgue, elles méritent à peine ce nom à mon avis.

Dans celle des Mathematische Annalen, que vous avez publiée à suite de la mienne, M. Lesbegue fait appel à quelques faits qualifiés de ‚bien évidents‘, donnant à entendre par là qu'il s'agit de propriétés fort simples, dont la démonstration peutêtre confiée au lecteur. M. Lebesgue m'a d'ailleurs confirmé que c'était bien sa pensée, ajoutant qu'il suffirait de projeter chaque I_p sur la variété $(x_2 = x_2^0; x_3 = x_3^0; \ldots x_{p+1} = x_{p+1}^0)$ pour déduire l'existence de I_{p+1} de celle de I_p.

Je crois que M. Lebesgue se trompe, que la démonstration de ces faits constitue tout un problème à part, et plus compliqué que celui de l'invariance. Quant à la seconde démonstration des Comptes Rendus du 27 mars 1911, elle contient un cercle vicieux, l'invariance y étant tacitement admise comme démontrée. En effet, si l'on n'est pas sûre de l'invariance, il pourrait arriver que T_n remplît Γ et qu'il n'existât aucune frontière du domaine α à distance finie de T_n.

Si E_{n+p+1} désignait exclusivement des espaces cartésiens, on pourrait rémédier à ce défaut en choisissant la variété Γ d'une maniére spéciale. Or E_{n+p+1} désignant un espace cartésien, le raisonnement déduisant du lemme sur les variétés enlacées le théorème ‚que T_n ne remplît pas E_{n+p+1}‘, et passant de là à l'invariance, n'a pas de sens, T_n désignant une variété fermée et E_{n+p+1} une variété ouverte, d'où résulte immédiatement que T_n ne remplît pas E_{n+p+1}, vérité triviale et sans importance pour la démonstration de l'invariance. Donc on doit bien admettre que E_{n+p+1} puisse désigner une variété fermée, mais alors le cercle vicieux signalé est incurable.

Je ne puis terminer cette lettre sans vous exprimer mon regret que ma correspondence avec M. Lebesgue occasionnée par son article des Mathematische Annalen n'ait pu nous mettre d'accord. Mais je ne me reconnais aucun tort dans cette affaire. Voici l'histoire: M. Lebesgue publie une démonstration de l'invariance où il admet des faits qualifies de ‚bien évidents‘; je me trouve ne pas voir évidence, et je m'adresse á l'auteur, qui doit bien être supposé la voir, l'ayant écrit, et dont c'était bien un devoir scientifique de rendre ses comptes au premier lecteur qui le désire. Or en me répondant M. Lebesgue non seulement n'indique rien de précis sur la question, mais encore avoue n'avoir jamais développé le raisonnement demandé. Donc M. Lebesgue n'avait pas le droit d'employer le terme ‚bien évidents', et dans le volume des Mathematische Annalen contenant son article une rectification était bien nécessaire. A cet effet je propose á M. Lebesgue une remarque de ma main, en lui laissant d'ailleurs le choix, s'il préférerait une autre forme. M. Lebesgue tout en se fâchant m'informe qu'il n'a aucune objection à faire contre ma remarque.

Un peu plus tard M. Lebesgue recommence le correspondence et me déclare formellement de posséder désormais la rédaction complète de la démonstration des propriéteés en litige. Ça changeait entièrement la face des choses, je retire ma remarque des Mathematische Annalen, et je prie M. Lebesgue de m'envoyer cette rédaction compléte. M. Lebesgue satisfait à ma démande, et j'étudie son raisonnement à plusieurs reprises, mais il me reste obscur, et d'ailleurs ne contient rien que n'aperçoive tout le monde á première vue. Je demande de nouvelles explications: M. Lebesgue se dérobe, jette toute responsabilité de la rédaction envoyée, la qualifie de ‚rédaction hâtive', bref rétracte sa déclaration antérieure qui avait déterminé la suppression de ma remarque des Mathematische Annalen. Alors j'ai reconnu l'impossibilité de continuer la correspondance. En cette histoire ai-je quelque chose á me reprocher? Je n'en ai pas conscience.

Agréez, monsieur, l'expression de mes sentiments cordiaux.

L.E.J. Brouwer

Blumenthal reagierte auf diese Ausführungen Brouwers mit Einverständnis. Gleichzeitig bemühte er sich, die von Brouwer bemängelten Argumente in den Arbeiten Lebesgues genauer zu begreifen, weswegen er Brouwer ein paar Fragen zu einzelnen Punkten stellte. Blumenthal wollte sicherlich diese Sachverhalte aus eigenem Interesse verstehen, aber noch mehr seine Pflicht als zuständiger Redakteur erfüllen. Er beabsichtigte, Lebesgue in einem ausführlichen Begleitschreiben zu informieren, wo die noch bestehenden Lücken in seinen Beweisgängen lagen.

Blumenthal an Brouwer | Aachen, den 14.VI.1911
TB, Nachlass Brouwer, Noord-Hollands Archief, Haarlem

Lieber Herr Brouwer!

Ich danke Ihnen bestens für Ihren Brief über Lebesgue. Ich glaube, dass er in der Anlage recht glücklich ist, wenn Sie sich wohl auch vielleicht auf Lebesgues Wunsch zur Milderung einiger Ausdrücke verstehen würden. Ich habe mir nun auf Ihren Brief hin die Lebesgueschen Noten noch einmal so genau angesehen, wie es mir möglich ist, und möchte Ihnen zu meiner Orientierung noch ein paar Fragen vorlegen.

Zunächst die Annalenarbeit. Hier liegt doch wohl die Schwierigkeit schon in der Konstruktion des I_1? Wenigstens scheint mir jetzt, nachdem ich misstrauisch geworden bin, die Grenze von e_1 bereits so kompliziert, dass ich nicht sehe, wie Lebesgue damit operiert. Meiner Erinnerung nach fanden Sie aber die Schwierigkeit erst im I_2. Darüber möchte ich Sie um Bescheid bitten.[9]

Jetzt die Comptes Rendus. Dass Sie in dem Hauptbeweise eine Modifikation des Ihrigen wiedererkannt haben, freut mich sehr. Ob nun Lebesgue die Idee hat, dass er in der Note noch weitere Beweise des Invarianzsatzes gibt, oder ob er den Satz über die Variétés enlacées als eine Weiterbildung betrachtet, das geht aus den Text nicht klar hervor. Der Titel lässt darauf schliessen, dass er den Satz als selbständiges Resultat auffasst, nicht als einen Hülfssatz zu einen weiteren Beweis des Dimensionssatzes. Es wäre also möglich, dass er den Schlusssatz, dass sich mit diesen Methoden der Dimensionsbeweis auf 3 Arten machen lässt, erst hinterher eingeflickt hat. Ich würde daher in dieser Hinsicht nicht scharf mit ihm ins Gericht gehen.

Nun möchte ich aber wissen: Ist, die Lösung des Dimensionsproblems vorausgesetzt, der Satz über die Variétés enlacées richtig und streng bewiesen? Ich wage es nicht zu entscheiden: es wäre fast zu schön, wenn der Satz wahr wäre.

Ich werde besonders stutzig, durch den vorletzten Absatz: Une T_n ne remplit pas $E_{n+p+1}(p \geq 0)$ et divise E_{n+p+1} en régions pour $p = 0$ et seulement dans ce cas. Das wäre doch die Umkehrung des Jordanschen Satzes für n Dimensionen, dazu noch, soviel ich sehe, ohne die Voraussetzung der Erreichbarkeit, also ein ganz unmögliches Resultat. Irre ich mich da? Oder hat sich Lebesgue wirklich soweit verstiegen? Das würde mich doch sehr wundern.[10]

Ebenso möchte ich mich danach erkundigen, ob der Satz, den Lebesgue seiner Annalenbeweis als Lemma zu Grunde legt, dass $n + 1$ Gebiete immer einen Punkt gemein haben, sich nach Ihren Methoden beweisen lässt. Der Satz scheint mir nämlich an sich nett und wichtig.[11]

Schliesslich habe ich noch eine Anfrage, die sich nicht auf Lebesgue bezieht. Ich sprach ja hier mit Ihnen über die Verallgemeinerung des Jordanschen Satzes auf den Raum. Mir ist nachträglich eingefallen, dass Sie mich dabei missverstanden haben und an einen schwierigeren Satz dachten als ich. Der Satz, den ich im Auge habe, von dem ich gerne möchte, dass er einmal bewiesen wird, würde etwa folgendermassen lauten: G sei eine ganz im Endlichen liegende, abgeschlossene Punktmenge im R_3, p, r_1 und r_2 feste Zahlen. Es soll möglich sein um jeden Punkt P von G eine zu G gehörige Teilmenge g abzutrennen, die P enthält, aus dem nur solche Punkte, die von P einen Abstand $\leq p$ haben und die sich eineindeutig

---

[9]Brouwers Antwort hierauf ist verschollen, aber Blumenthal bat ihn schon am 16. Juni um eine genauere Klärung, „damit es die Annalenleser, und ich, wirklich verstehen" können. Brouwer gab ihm weitere Informationen hierzu, aber mit dem Einverständnis, dass diese Erklärung nicht an Lebesgue gehen sollte.

[10]Brouwer klärte diese Fragen in seiner Antwort, wie aus Blumenthals Brief vom 16. Juni hervorgeht.

[11]Brouwer gab einen Beweis für das Verpflasterungsprinzip Lebesgues in (Brouwer 1913a).

stetig auf einen ebenen Bereich abbilden lässt, der einen Kreis vom Radius r_1 ganz in sich enthält und andererseits ganz im Innern eines Kreises vom Radius r_2 liegt. Dann teilt G den Raum in zwei Teile.

Ich meine doch, das müsste sich mit der Invarianz der Dimensionenzahl beweisen lassen. Vielleicht ist es auch nur dieser Satz, den Lebesgue im Sinne hat.

Ich werde Ihren Brief an Lebesgue erst dann weiterschicken, wenn ich von Ihnen Antwort habe. Denn ich brauche die Aufklärungen, um die ich Sie bitte, zu meinem Begleitschreiben, das ich doch ziemlich eingehend werde halten müssen.

Ihr Besuch bei uns in Aachen ist auch meiner Frau und mir eine sehr angenehme Erinnerung. Ich hoffe sehr auf baldiges Wiedersehen. Es wird sich schon irgendwie ermöglichen lassen. Ich bitte Sie auch um beste Grüsse an Frau Brouwer . Meiner Frau geht es noch unverändert. Sie grüsst herzlich.

Ihr O. Blumenthal

Brouwer beantwortete diese Fragen sofort danach, aber seine Ausführungen über Lebesgues Notiz für die *Annalen* brachten Blumenthal keine Klarheit. Er bat Brouwer deswegen erneut um Aufklärung, nochmals aber auf Französisch, um diese Auskunft direkt an Lebesgue weiterleiten zu können.

Blumenthal an Brouwer | Aachen, den 16.VI.1911
TB, Nachlass Brouwer, Noord-Hollands Archief, Haarlem

Lieber Herr Brouwer!

Vielen Dank für Ihren Brief. Ihre ersten Ausführungen über das I_1 kann ich nicht begreifen. Sie müssen sich da missverständlich ausgedrückt haben. Ich verstehe Sie so, dass, im Falle von 2 Dimensionen, die Gesamtheit der Polygone, die an eine Gerade $x = 0$ anstösst, im Innern des Würfels begrenzt sein muss von einer Geraden, die die ganze Strecke $0 < y < 2l$, enthält. Dass der Satz so nicht heissen kann, sondern dass die Länge dieser Strecke sich auf mehrere Parallelen $x = \lambda$ verteilen muss, ist ja klar. Siehe Figur am Schluss. Das Intervall I_1 wäre dann die Gesamtheit der in meiner Figur strichpunktierten Geraden, also ein unstetiges Gebilde. Der Existenzbeweis für ein solches I_1 lässt sich aber natürlich mittels Ihres indirekten Schlusses führen. Worin besteht nun die Schwierigkeit bei dem I_2? Liegt sie darin, dass I_1 bereits aus getrennten Mannigfaltigkeiten besteht? Setzen Sie mir das, bitte, nochmals auseinander, und zwar gleich auf Französisch, damit ich es an Lebesgue schicken und nachher auch in den Annalenartikel aufnehmen kann.[12]

Den Satz über die variétés enlacées hatte ich mir auch für den dreidimensionalen Raum durchgedacht und keinen Fehler gefunden. Es freut mich sehr, dass

---

[12]In seiner Antwort vom 19. Juni 1911 schreibt Brouwer nicht auf Französisch, da er Lebesgue keine weiteren Auskünfte geben wollte.

er auch Ihnen richtig scheint. Mein Bedenken hinsichtlich der Schlussfolgerung auf den Jordanschen Satz klärt sich dann also in der Tat so auf, dass Lebesgue nur von dem leicht beweisbaren Teil des Jordanschen Satzes spricht.[13]

Ich wusste übrigens nicht, dass dieser Teil leicht beweisbar ist, hatte selbst nur sehr gelegentlich und flüchtig darüber nachgedacht und nichts herausbekommen. Wenn ich meine, es sei wertvoll, den Jordanschen Satz für den Raum zu beweisen, so meine ich aber den ganzen Satz, übrigens nicht für spezielle Zwecke, die ich gerade im Auge habe, sondern aus allgemeinem Interesse.[14] Die Bedingungen, die ich anschrieb, sollten nichts anderes sein, als die Bedingungen dafür, dass die Punktmenge eindeutiges stetiges Abbild einer Kugel sein soll.[15] Es ist ja klar, dass sie notwendig sind, ich war aber über den hinreichenden Charakter nicht klar, Sie haben mich jetzt über diesen Punkt beruhigt.

Seien Sie also so freundlich, mir die Auseinandersetzung über I_1 und I_2 nochmals in extenso auf Französisch zu geben, insbesondere den Grund dafür, dass sich die Existenz von I_2 nicht ebenso mit indirekten Schluss machen lässt wie die von I_1. Setzen Sie das, bitte, recht deutlich auseinander, damit es die Annalenleser, und ich, wirklich verstehen, denn, da Lebesgue Ihre Einwände übersehen hat und noch immer nicht versteht, so müssen Sie schon annehmen, das sie nicht ohne weiteres ersichtlich sind.

Mit besten Grüssen Ihr

O. Blumenthal

Zu diesem Zeitpunkt dachte Blumenthal wohl, er bekäme eine klare auf Französisch verfasste Note von Brouwer, welche die Schwierigkeiten in der Beweisskizze in (Lebesgue 1911a) beleuchten würde. Brouwer machte ihm jedoch klar, dass er dies nicht schreiben wollte, da er Lebesgue alles Wesentliche schon geschrieben habe. Er habe seine frühere Note nur deswegen zurückgezogen, weil Lebesgue versprochen hatte, eine ausführliche Darstellung seiner Beweismethode vorlegen zu wollen. Nun forderte er Blumenthal auf, Lebesgue unter Druck zu setzen: Er solle endlich seinen längst angekündigten vollständigen Beweis hervorbringen. Dabei sollte Blumenthal mit keinem Wort andeuten, dass Brouwer selbst im Besitz eines Beweises sei. Denn Brouwer hatte in seinem Briefwechsel mit Lebesgue absichtlich nichts über seine eigenen Überlegungen geschrieben, da er der Meinung war, Lebesgue solle „sich erst über seine eigenen Sachen klar und deutlich" aussprechen.

---

[13]Vermutlich ist hiermit gemeint, dass eine Jordan'sche Mannigfaltigkeit J_{n-1} den Raum $\mathbb{R}^n$ in mindestens zwei Gebiete zerlegt. In (Brouwer 1912c) verweist er auf Lebesgues Argumentation hierfür und beschränkte sich auf den Beweis, dass $\mathbb{R}^n - J_{n-1}$ höchstens aus zwei Komponenten bestehen kann.

[14]Möglicherweise war es diese Anregung Blumenthals, die Brouwer veranlasste, in (Brouwer 1912c) den vollständigen Beweis für den Jordan'schen Satz zu publizieren.

[15]Dieser Voraussetzung entspricht die Annahme des verallgemeinerten Jordan'schen Satzes, dessen Beweis von Brouwer in (Brouwer 1912c) erbracht wurde.

Brouwer an Blumenthal | Amsterdam, den 19.VI.1911
AB, Nachlass Brouwer, Noord-Hollands Archief, Haarlem

Lieber Herr Professor,

Sie fragen die näheren Ausführung nicht nur für sich selbst, sondern auch für Lebesgue und für die Annalenleser. Ich möchte sie aber, wenn es Ihnen recht ist, zunächst nur Ihnen persönlich vortragen. Denn Herrn Lebesgue habe ich brieflich alles schon so ausführlich und so wiederholt auseinandergesetzt, dass dem gar nicht Neues hinzugefügt werden kann. Gerade deshalb hat sich mir schliesslich immer mehr folgende Erklärung seiner Haltung aufgedrängt, dass er gleich nach meinem ersten Briefe seinen Lapsus erkannt hat, aber zu eitel war, es zu gestehen und dass sein weiteres Benehmen bestimmt worden ist von der Hoffnung, später vielleicht noch einen Beweis der vorausgesetzten Sätze auffinden zu können und von der Notwendigkeit dazu Zeit zu gewinnen.

Und was die Annalenleser angeht, sie werden in der Fortsetzung der öffentlichen französischen Diskussion von selbst die nötige Aufklärungen bekommen. Ich hatte mir diese Fortsetzung nämlich in folgender Weise gedacht: Sie fordern in Ihrem Begleitschreiben Herrn Lebesgue dringend auf, jetzt mit seinem vollständigen Beweise, dessen Fertigstellung er ja nicht nur mir, sondern auch Ihnen berichtet hat, herauszukommen, wonach drei Fälle möglich sind:

erstens: er bringt wieder denselben angeblichen vollständigen Beweis, den er schon für mich abgeschrieben hat. Dieser erste Fall wird natürlich dann und nur dann eintreten, wenn Lebesgue bisher ehrlich gewesen ist. Dann schicke ich Ihnen einen neuen französischen Brief für die Annalen, in dem ich die unheilbaren Fehler dieses Beweises aufdecke und meinen eigenen Beweis hinzufüge.

zweitens: er korrigiert den Fehler des Annalenartikel und bringt einen ganz neuen und richtigen Beweis, den er ja inzwischen gefunden haben kann. Dann schuldigt er mir Genugtuung wegen seines Benehmens, aber im übrigen kann die Sache als erledigt betrachtet werden.

drittens: er bringt gar keinen Beweis, und sucht sich wie bisher der öffentlichen Diskussion zu entziehen. Auch in diesem Falle publiziere ich in den Annalen meinen eigenen Beweis und zwar unter Voraussetzung einer Auseinandersetzung der Schwierigkeit, welche sich dem Lebesgueschem Beweis [. . . ?], welche Auseinandersetzung ich dann die Bemerkung werde zufügen müssen, dass Lebesgue, wie aus einem mit mir geführten Briefwechsel hervorgeht, die genannten Schwierigkeiten nicht zu heben weiss! Also werden, wenn Sie mit diesem Plane einverstanden sind, die Annalenleser auf jedem Fall völliger Aufklärung und dazu einen vollständigen und strengen Beweis bekommen.

Ich möchte Sie nun aber nebenbei noch bitten Herrn Lebesgue die Existenz meines Beweises jetzt noch nicht mitzuteilen.[16] Ich selbst habe absichtlich so-

---

[16]Brouwer bereitete zu dieser Zeit diesbezüglich mehrere Arbeiten für die *Annalen* vor, ohne aber auf das Lebesgue'sche Verpflasterungsprinzip näher einzugehen. Erst in (Brouwer 1913a) publizierte er seinen Beweis dafür.

wohl im mit Lebesgue geführten Briefwechsel, wie in meinem Ihnen eingesandten französischen Brief, über meine eigenen Überlegungen geschwiegen, weil ich der Ansicht bin, dass erst Lebesgue sich über seine eigene Sachen klar und deutlich ausgesprochen haben soll, ehe mein Beweis oder dessen Existenz ins Spiel kommen darf.

Jetzt zur Sache, und zwar zunächst Ihre ebene Figur.

... [Es folgen nun mathematische Argumente, die Blumenthals Frage bezüglich I_1 und I_2 beantworten sollte. Dieser Teil des Briefes befindet sich in (Brouwer 1976, 446–47).]

...

Wie ich schon oben sagte, enthalten diese Auseinandersetzungen für Herrn Lebesgue nichts Neues. Ich hoffe sehr mich Ihnen jetzt vollkommen verständlich ausgedrückt zu haben und möchte schliesslich gerne nochmal von Ihnen vernehmen, welchen Satz aus der Analysis Situs Sie mir in Aachen nannten als unbedingt notwendig für den Continuitätsbeweis der Existenz polymorpher Funktionen auf Riemannschen Flächen? Aus Ihrem letzten Briefe scheine ich schliessen zu müssen, dass es nicht der Jordansche Satz ist.

Mit den besten Grüssen

L. E. J. Brouwer

Zu dieser Zeit war Brouwer besonders fleißig, sodass Blumenthal allerhand zu tun hatte, um den Schriftverkehr mit ihm wie auch dem Teubner-Verlag in Leipzig zu regeln. Die weiteren Andeutungen Blumenthals stehen offenbar in Zusammenhang mit den Bemerkungen in seinem Brief vom 16. Juni zusammen, in dem er auf die Frage nach notwendigen und hinreichenden Bedingungen für die Gültigkeit des verallgemeinerten Jordan'schen Satzes und dessen Umkehrung eingeht.

Blumenthal an Brouwer | Aachen, den 22.VI.1911
AK-L, Nachlass Brouwer, Noord-Hollands Archief, Haarlem

Lieber Herr Brouwer!

Schicken Sie mir, bitte, sofort Ihr zweites Korrektur-Exemplar zu.[17] Es ist im März eine Sendung Korrektur, die ich an Teubner schickte, verlorengegangen, was ich schon auf anderem Wege weiss. Wahrscheinlich hatte ich da auch Ihren Bogen beigepackt. Also bitte ich Sie um rasche Zusendung Ihres zweiten Exemplars. – Der Beweis, dass eine geschlossene Fläche den Raum in mindestens zwei Teile teilt, ist in der Tat sehr einfach. Ich habe ihn mir schon zurechtgemacht. Für die funktionentheoretischen Zwecke braucht man sicher noch die Zerlegung in

------

[17]Es handelt sich vermutlich um die Arbeit „Beweis des ebenen Translationssatzes" (Brouwer 1912e), die erst später erschienen ist (siehe Brouwers Brief an Blumenthal vom 19. August 1911).

nur 2 Teilräume. Ob auch Erreichbarkeit bewiesen werden muss, kann ich nicht übersehen, es ist wohl möglich, dass man das vermissen kann. Aber noch wichtiger wäre die Umkehrung bei Vorausetzung aller möglichen Erreichbarkeit.

Viele Grüsse, Ihr

O. Blumenthal.

———————

Die Umkehrung des verallgemeinerten Jordan'schen Satzes lautet: Gegeben sei eine abgeschlossene, beschränkte Teilmenge $A \subset \mathbb{R}^n$, wo $\mathbb{R}^n - A = G_1 \cup G_2$ zwei disjunkte Gebiete mit $\partial G_1 = \partial G_2 = A$ sind. Dann gebe es eine bijektive stetige Abbildung $f : S^{n-1} \longrightarrow A$. Schoenflies konnte die Umkehrung des Jordan'schen Kurvensatzes (also für $n = 2$) beweisen. Er behauptete aber darüberhinaus, dass diese auch für $n > 2$ stimme. In (Brouwer 1912d) wurde für $n = 3$ ein Gegenbeispiel gegeben; weiterhin konnte Brouwer Blumenthals letzte Frage beantworten. Dort wird anhand dieses Beispiels gezeigt, dass die Erreichbarkeit der Punkte in A von beiden Seiten in $\mathbb{R}^n - A$ keine hinreichende Bedingung für die Gültigkeit des Umkehrsatzes sei.

Mittlerweile berichtete Brouwer über eine weitere Lücke in einem Beweis von Lebesgue.

Brouwer an Blumenthal (Entwurf) | Blaricum, den 8.VII.1911

Lieber Herr Professor

Mir ist übrigens noch eine weitere Lücke im sogenannten dritten Beweise von Lebesgue aufgefallen. Er liegt in den Worten: ‚Diminuons α de façon qu'il soit limité par un nombre fini de variétés polygonales T_p'. Ist aber, schon für ein Cartesisches Raumgebiet, eine solche ‚petite diminution' immer möglich? Im dreidimensionalen Raume ist sie deshalb immer möglich, weil dort die Grenze eines durch eine endliche Zahl von Ebenen bestimmten Gebietes (und als ein solches lässt sich die ‚diminution' natürlich immer herstellen) sich aus einer endlichen Zahl von geschlossenen zweidimensionalen Mannigfaltigkeiten zusammensetzt. Diese Eigenschaft verschwindet aber schon im vierdimensionalen Raume ...

———————

Blumenthals Bemühungen, wobei er sich besonders höflich in Bezug auf Lebesgue verhalten wollte, verliefen nun im Sand. Der Franzose fühlte sich beleidigt und lehnte das ihm angebotene Eingehen auf Brouwers Argumente ab. Blumenthal sah sich nun genötigt, Brouwer mitzuteilen, dass er nochmals in den *Annalen* über die Invarianz der Dimensionszahl berichten darf, und zwar unter Erwähnung der Tatsache, dass er die Lebesgue'schen Beweise für falsch halte (Abbildung 7.2).

Abbildung 7.2: Blumenthal und Brouwer, ca. 1910

Blumenthal an Brouwer | Aachen, den 14.VII.1911
AB, Nachlass Brouwer, Noord-Hollands Archief, Haarlem

Lieber Herr Brouwer!

Mein Vermittlungsversuch bei Lebesgue ist zu meinem Bedauern gescheitert. Er lehnt jede Discussion mit Ihnen ab und behauptet auch weiter die völlige Richtigkeit seiner Beweise. Unter diesen Umständen stelle ich Ihnen frei, in einer Note auf die Lebesguesche Arbeit in der Annalen zurückzukommen. Ich würde den Titel empfehlen ‚Ueber meine und Herrn Lebesgues Arbeiten über die Invarianz der Dimensionenzahl, Math. Ann. 70.' Vielleicht geben Sie darin, wie in den Briefen an mich, am Anfang eine Uebersicht über den Gedankengang Ihrer Arbeit und gehen dann auf Lebesgues Annalenarbeit ein. Es ist wohl nicht recht angebracht, wenn Sie über die Comptes Rendus-Note sprechen, weil die Annalenleser dazu das Material nicht zu Händen haben. Allenfalls können Sie in einer Fussnote angeben, dass Sie auch diese Beweise für falsch halten. Dagegen wäre ich Ihnen dankbar, wenn Sie Ihre Einwände gegen die Annalenarbeit ausführlich motivieren wollten, mit Beispiel, so wie in den Begleitbriefen an mich. Es wäre gut, wenn Sie noch weiter sagen wollten, warum die I, mit denen gearbeitet wird, Ihrer Ansicht nach notwendig zusammenhängend sein müssen, da Lebesgue ausdrücklich behauptet, dass dies für seinen Beweis unwesentlich sei. ‚Je ne vois pas en quoi cela vous gêne'.

Was Ihren eigenen Beweis für den Lebesgueschen Satz anlangt, so habe ich mir überlegt, dass ich das Lebesgue doch nicht antun kann, dass ich diesen veröffentliche, bevor ich Lebesgue habe ausführlich zu Worte kommen lassen. Denn ich beabsichtige, ihn um sein ,mémoire étendu' zu bitten. Ich denke, Sie werden diese Rücksicht begreifen, wenn Sie sie vielleicht auch nicht für notwendig halten. Sie soll Sie vor allem nicht daran hindern, wenn Sie wollen, Ihren Beweis an anderer Stelle, z.B. unter Oberaufsicht des grossen Van der Waals in den Verslagen, zu veröffentlichen.[18] Ich schicke Ihnen auch Ihr Manuskript bald wieder. Ich möchte es nur bis zur Ankunft Ihrer Note behalten, um vergleichen zu können. Sie schreiben die Note übrigens jetzt natürlich auf Deutsch, da die Rücksicht auf Lebesgue wegfällt.

Vielen Dank Ihnen und Ihrer Frau für Ihre guten Wünsche, und viele Grüsse auch von meiner Frau.

Ihr

O. Blumenthal.

Brouwer ging aber nicht auf diese Vorschläge Blumenthals ein, d.h. er publizierte keinen Aufsatz über die Beweisskizze Lebesgues in den *Annalen*. Stattdessen reichte er eine neue Arbeit über die Invarianz des n-dimensionalen Gebiets (Brouwer 1912b) für die *Annalen* ein. In einer Fußnote derselben spricht er allerdings knapp und klar seine Meinung über die zwei Veröffentlichungen Lebesgues aus. Zunächst machte er darauf aufmerksam, dass seine Note „Beweis der Invarianz der Dimensionenzahl" (Brouwer 1911) schon in Juni 1910 eingereicht wurde, also vier Monate bevor Lebesgue seine Beweisskizze (Lebesgue 1911a) für Blumenthal aufschrieb. Beide wurden von Blumenthal hintereinander im Heft von Februar 1911 veröffentlicht. Brouwer schreibt über den Inhalt des Lebesgue'schen Schreibens, dass der Beweis ungenügend sei. Über den Beweis in (Lebesgue 1911b) meinte er, dass dieser sachlich mit seinem eigenen identisch sei, aber „die Abweichungen machen den Gedankengang nur verwickelter". Lebesgue hatte außerdem noch ältere Sätze von René Baire erwähnt, aus welchen die Invarianz der der Dimensionenzahl auch folgen würde. Hierzu merkte Brouwer an, dass die Sätze Baires noch tiefer als der Invarianzsatz selbst liegen. Das Gleiche galt seinem neuen Satz über die Invarianz des n-dimensionalen Gebiets, dessen Wichtigkeit ihm sehr bewusst war. Zu dieser Zeit scheinen sowohl die Sachlage als auch Brouwers eigene Motivationen sehr komplex gewesen zu sein. Nur eins stand fest: Brouwers wissenschaftliche Beziehungen zu Lebesgue waren endgültig abgebrochen, wie er am selben Tag im folgenden Brief an Hilbert mitteilte.

---

[18] Der Physiker Johannes Diderik van der Waals war Sekretär der Abteilung für Mathematik und Physik von der Königlichen Akademie der Wissenschaften und deswegen für deren Berichte und Mitteilungen (Verslagen en mededeelingen) verantwortlich. Seit 1898 sind diese auch in englischer Übersetzung als Proceedings of the Section of Sciences erschienen.

Brouwer an Hilbert | 14.VII.1911
AB-L, Nachlass Hilbert, SUB Göttingen, 49, Nr. 10

Lieber Herr Geheimrat,

Ich werde ein paar Wochen im Harz zubringen, mache die Reise über Göttingen, und werde mich dort einige Tage aufhalten. Ich freue mich sehr darauf, mit den Leuten und Dingen dort Bekanntschaft zu machen, und insbesondere Sie und die gnädige Frau Geheimrat wiederzusehen. Nächsten Montag oder Dienstag hoffe ich von hier nach Göttingen zu reisen.

Beiliegend finden Sie den tragischen Schluss des Briefwechsels mit Lebesgue.

Zugleich mit diesem Briefe sende ich Ihnen den Invarianzbeweis des n-dimensionalen Gebiets zur gefälligen Veröffentlichung in den Annalen [(Brouwer 1912b).

Den Beweis des Jordanschen Satzes für den Raum werde ich gleich nach meiner Heimkehr für die Annalen redigieren [(Brouwer 1912c)].

Meine Frau bedauert sehr, wegen der Apotheke diesmal nicht mitkommen zu können, und grüsst herzlich.

Ihr

L.E.J. Brouwer.

Wie dieser Brief zeigt, war Brouwer zu dieser Zeit unglaublich fleißig. Die zwei fundamentale Arbeiten (Brouwer 1912b) und (Brouwer 1912c) erschienen zusammen im Band 71 der *Annalen*. Übrigens befasste sich Brouwer immer noch mit Beweisen für die Sätze in Lebesgues Note (Lebesgue 1911b) in den *Comptes Rendus*.

Brouwer an Blumenthal (Entwurf) | Amsterdam, den 19.VIII.1911
AB, Nachlass Brouwer, Noord-Hollands Archief, Haarlem

Lieber Herr Professor

Unserer Verabredung gemäss berichte ich Ihnen, dass ich Ende Juni oder Beginn Juli die Korrekturen der Figuren (ohne Text) meiner Arbeit ‚Beweis des ebenen Translationssatzes' erhalten, und, wie darauf angegeben war, direkt an Teubner zurückgesandt habe, und dass seitdem weder von Text noch von Figuren weitere Korrekturen bei mir eingelaufen sind.[19]

Ueber die im zweiten Teile der Lebesgueschen Comptes Rendus-Note enthaltenen Schwierigkeiten habe ich weiter nachgedacht, und bin zur Ueberzeugung gelangt, dass die Begründung der (übrigens unzweifelhaft richtigen) Definition der Lebesgueschen verschlungenen Mannigfaltigkeiten T_n und T_p ein sehr tief liegendes

---

[19]Dieses Versäumnis führte möglicherweise zu einer Verzögerung; diese Arbeit erschien erst im März 1912 unter dem Titel „Beweis des ebenen Translationssatzes" (Brouwer 1912e).

Problem bildet. Wohl aber ist mir die Begründung eines engeren Begriffes, nämlich der verschlungenen, in einer bestimmten Weise gemessenen Mannigfaltigkeiten T_n und T_p gelungen; und indem ich mich auf diesen engeren Begriff beschränkte, habe ich für ihn den Lebesgueschen Beweisgang wiederherstellen können. Die Tragweite des Lebesgueschen Satzes erleidet dann zwar für beliebiges n und p eine erhebliche Einschränkung, aber für $p = 0$ sagt er auch in der engeren Fassung aus, dass im R_{n+1} das eineindeutige und stetige Bild der n-dimensionalen Kugel wenigstens zwei Gebiete bestimmt, das heisst den ersten Teil des auf beliebige Dimensionenzahlen erweiterten Jordanschen Satzes.

Ich erlaube mir, Ihnen zugleich meinen zweiten Beweis von Lebesgue in seinem Annalenarbeit benutzten Satzes mitzuteilen.

. . .

[Brouwers Beweis findet man in englischer Übersetzung in (van Dalen 2011, 97 f.).]

. . .

womit der Lebesguesche Satz bewiesen ist.

Meinen vollständigen Jordanbeweis habe ich jetzt auch für den n- dimensionalen Raum durchgeführt, und hoffe die Redaktion davon noch in diesem Monat zu beendigen. Kann ich Ihnen die Arbeit dann nach Aachen einsenden?

Bekommen Sie den mémoire étendu von Lebesgue für die Annalen?

Viele Grüsse und auf Wiedersehen!

Ihr

L.E.J. Brouwer

Blumenthal konnte diese letzte Frage nur damit beantworten, dass er bislang keine neue Nachricht von Lebesgue erhalten habe. Anscheinend gab es nach Blumenthals letztem Vermittlungsversuch keinen weiteren Briefkontakt mehr zwischen ihm und Lebesgue. Trotzdem schrieb Blumenthal drei Monate später, am 27. November, an Brouwer, dass er neugierig sei, „was schliesslich in Lebesgues mémoire étendu stehen wird". Brouwers Skepsis darüber stellte sich als richtig heraus, denn Lebesgue kam erst Jahre später wieder auf seine *Annalen*-Note zurück, wie in Band II dargestellt wird. Nun aber kam Blumenthal auf ein neues Thema zu sprechen, nämlich die Uniformisierungssätze der Funktionentheorie und ihre Verbindung mit automorphen Funktionen.

Blumenthal an Brouwer | Aachen, den 26.VIII.1911
TB, Nachlass Brouwer, Noord-Hollands Archief, Haarlem

Lieber Herr Brouwer!

Vielen Dank für das Manuskript und den Begleitbrief.[20] Der Lebesguebeweis ist augenscheinlich der, den Sie mir in Aachen auf dem Rückweg als in Aussicht stehend bezeichnet haben.[21] Er ist sehr einfach und anschaulich. Wir wollen sehen, was jetzt Lebesgue macht. Ich denke immer noch, dass auch er einen solchen einfachen Beweis besitzt, den er nur in seinem Manuskript so verkürzt hat, dass es nicht mehr möglich ist, seine wahre Ansicht herauszulesen. Denn was wir damals in Linzenshäuschen[22] durchgesprochen haben, war sicher nicht einmal der Anfang eines Beweises. Ich habe nun an Lebesgue geschrieben und ihn gebeten, mir seine ‚Mémoire étendu‘ für die Annalen zu geben, habe aber bis jetzt noch keine Antwort.

Ich möchte dann noch rasch die Automorphen Funktionen abmachen. Ich bin augenblicklich auch nicht mehr in der Sache drin. Fricke ist sicher viel kompetenter als ich.[23] Bei alledem sollte es mich wundern, wenn man mit dem einfachen Jordanschen Satz inklusive Erreichbarkeit herumkäme ohne jede Umkehrung. Wenigstens bei den elliptischen Funktionen mache ich mir immer den Beweis in der Art, dass ich auch die Umkehrung des Jordanschen Satzes heranziehe, aber es ist möglich, dass das nicht nötig ist. Ich glaube aber, dass es Ihnen leicht sein wird, sich über diese Frage selbst zu informieren. In Kleins Arbeit Mathematische Annalen 21[24] ist das Problem vom mengentheoretischen Standpunkt vollständig klar formuliert, wenn auch die Antwort, die dort gegeben wird, keiner Anforderung an Strenge genügt. Ich würde Ihnen sehr raten, dort die Sache nachzulesen, nicht in dem dicken Fricke-Klein[25], wo man immer wieder über Details stolpert, die das allgemeine verdecken.

Nun Ihr Manuskript. Den Beweis selbst glaube ich in den grossen Linien ver-

---

[20] Vermutlich eine vorläufige Fassung von (Brouwer 1912c).

[21] Brouwers Ansatz in (Brouwer 1912c) zerlegt den verallgemeinerten Satz von Jordan in drei Teile. Sei J eine Jordan'sche Mannigfaltigkeit, d.h. die stetige eindeutige Abbildung einer S^{n-1} in $\mathbb{R}^n$, dann gilt: 1) Die Grenze eines von J bestimmten Gebiets ist J. 2) J bestimmt höchstens zwei Gebiete. 3) J bestimmt mindestens zwei Gebiete. Brouwer gibt nun an, dass 3) sich nach einer Methode in (Lebesgue 1911b) herleiten lässt. 1) wurde schon in dem vorstehenden Aufsatz (Brouwer 1912b) bewiesen, sodass die Aufgabe in (Brouwer 1912c) darin besteht, 2) zu beweisen.

[22] Bei seinem Besuch in Aachen machte Brouwer einen Ausflug mit Blumenthal nach Alt-Linzenshäuschen, ein beliebtes Ziel der Einwohner Aachens.

[23] Robert Fricke war seit 1904 Professor an die Technischen Hochschule Carolo-Wilhelmina zu Braunschweig. Er studierte zwischen 1883 und 1885 in Leipzig bei Felix Klein und wurde danach zu seinem engsten Mitarbeiter auf dem Gebiet der Funktionentheorie.

[24] (Klein 1883); Kleins spätere Kommentare zu den relevanten Arbeiten von Brouwer findet man im Anschluss am Wiederabdruck dieser Arbeit in (Klein 1921–1923, III: 734–736) (siehe auch (Klein 1926, 374–380)).

[25] Es handelt sich hier um Band I von (Fricke/Klein 1897, 1912). Im ersten Band wurde die zugehörige Gruppentheorie behandelt, während Band II die Funktionentheorie darstellt. Über den Inhalt beider Bände berichtete Klein später in (Klein 1921–1923, III: 742–747).

standen zu haben: bis ich zum wirklichen Verständnis von Dingen der Analysis Situs komme, das dauert immer etwas lang. Ich muss aber sagen, dass ich die Darstellung wohl etwas anders gewünscht hätte. Es handelt sich doch um einen fundamental wichtigen Satz, den viele Leute brauchen und lesen werden. Da finde ich es recht unbequem, dass zur Lektüre dieser Arbeit so viel auf andere Arbeiten rückverwiesen wird, und zwar nicht nur auf die Ihrigen, sondern auch noch auf die Comptes Rendues-Note von Lebesgue. Ich möchte es Ihnen daher recht nahelegen, ob Sie nicht die Redaktion dieser Arbeit vollständiger machen wollen, indem Sie einmal die verschiedenen auftretenden Begriffe, wie Pseudomannigfaltigkeit, Netz, Fragment, soweit irgend möglich, in der Arbeit selbst erklären, also nur wegen der für diese Begriffe bestehenden Sätze auf Ihre vorgehenden Arbeiten verweisen, dann aber vor allem den Beweis, dass die Jordansche Fläche den Raum in mindestens zwei Teile trennt, in der Arbeit selbst geben.[26] Dies kann um so leichter geschehen, als doch der Beweis kurz ist. Wenigstens hatte ich mir seinerzeit einmal einen Beweis zurecht gemacht, der mir einwandfrei schien und sich in wenigen Strichen machen liess. Das Citat auf Lebesgue kann natürlich bleiben, aber es wird dann eine angenehme und höfliche Zugabe, nicht mehr integrierender Bestandteil.

Verstehen Sie mich richtig: ich nehme Ihre Arbeit natürlich, wenn Sie keine Änderungen machen wollen, auch in ihrer jetzigen Gestalt auf, aber ich glaube, Sie tun Sich und Ihren Lesern einen grossen Gefallen, wenn Sie in der angegebenen Weise vervollständigen. Wenn Sie zu der Änderung bereit sind, werde ich Ihnen das Manuskript wieder zuschicken.

Beste Grüsse an Sie und Frau Brouwer!

Ihr

O. Blumenthal

Brouwer wurde auch auf eine frühere Veröffentlichung René Baires aufmerksam gemacht. So begann er im Oktober 1911, mit Baire über die Invarianz der Dimension zu korrespondieren. Die Veranlassung dazu kam von Lebesgue selbst, der einen kurzen Verweis auf (Baire 1907a,b) am Schluss seiner Note in den *Annalen* machte. Ansonsten gab es aber zwischen Baire und Lebesgue keine freundschaflichen Beziehungen, wie Brouwer durch seinen Briefwechsel mit Baire erfuhr. Im folgenden Brief schildert Brouwer, wie er zu seinen Hauptergebnissen gekommen und in welchem Zusammenhang sie mit den Arbeiten von Baire und Lebesgues gestanden hätten. Vor allem betont er die Wichtigkeit des Satzes von der Invarianz des Gebiets in beliebigen Dimensionen angesichts ihrer Rolle für den Beweis der Uniformisierungssätze für algebraische Funktionen.

---

[26]Für diesen Teil des Beweises beruft sich Brouwer auf (Lebesgue 1911b), aber nur mit Hinweis auf die Methode und das Ergebnis. In der gleichen Fußnote bringt er einen einfachen Beweis für den Raum, aber mit einem expliziten Verweis darauf, dass dieses Argument nur für $n = 3$ gültig ist. Diese Bemerkung könnte wohl als eine Anspielung auf Probleme in der Beweisführung Lebesgues gemeint sein. Zumindest in diesem Teil von (Brouwer 1912c) zeigte sich, dass er Blumenthals Ratschlägen nicht folgen wollte.

Brouwer an René Baire | Amsterdam, den 5.XI.1911
AB, Nachlass Brouwer, Noord-Hollands Archief, Haarlem

Mon cher Collègue,

C'est avec une vif plaisir que je continue notre correspondance.

Les mathématiciens dont je crois avoir à me plaindre sont Zoretti et Lebesgue.

Quant à vos études de 1907, elles visent la démonstration de l' invariance de la région n-dimensionnelle, c'est-à-dire du théorème que dans l'espace E_n l'image biunivoque et continu d'un ensemble ne contenant que des 'points non frontières' forme elle-même un ensemble ne contenant que des points non frontières.

Or, l'équivalence de l'invariance du nombre de dimensions est le théorème suivant, qui est beaucoup plus restreint:

,Dans l'image biunivoque et continue d'un ensemble ne contenant que des points non frontières, les points non frontières forment un ensemble partout dense.' (Voir à ce sujet ma note du tome 70 des Mathematische Annalen, et l'article de M. Fréchet du tome 68 du même journal). A mes yeux le grand mérite de vos études de 1907 consiste en ce qu'elles montrent qu'on peut déduire l'invariance de la région n-dimensionnelle du théorème suivant :

,Dans E_n l'image biunivoque et continue d'une variété fermée à $n - 1$ dimensions détermine au moins deux régions.' Cette remarque avançait la solution du problème de l'invariance de la région n-dimensionelle, problème extrêmement important, puisque sa solution permet d'appliquer d'une manière parfaitement rigoureuse la méthode de continuité à l'uniformisation des fonctions algébriques (voir Poincaré, Acta Mathematica 4, p. 276-278).

Or, pour l'invariance du nombre de dimensions, le théorème, auquel vous vous êtes arrêté, ne réalisait pas de progrès, puisqu'à mon avis ce théorème est beaucoup plus difficile que l'invariance du nombre de dimensions. Autant que je vois, les indications que vous donnez dans les Comptes rendus laissent subsister la difficulté principale. Pendant longtemps j'avais cherché une démonstration; pour $n = 3$ elle est facile, pour n quelconque je n'y suis parvenu que l'été passé, moyennant un raisonnement que j'ai retrouvé ensuite dans la seconde partie de la Note de Lebesgue (Comptes Rendus 27 Mars 1911), où d'ailleurs il se trouve dans une forme à peu près illisible, et inexacte, si on la prend à la lettre.

Cette démonstration est bien autrement compliquée que celle de l'invariance du nombre de dimensions, et il ne semble pas vraisemblable qu'on parvienne à la simplifier. Plus tôt j'avais réussi à démontrer l'invariance de la région n-dimensionnelle moyennant le lemme suivant:

,Dans E_n l'image biunivoque et continue d'une partie fermée d'une variété fermée à $n-1$ dimensions ne détermine qu'une seule région.' Et après j'ai complété le résultat de Lebesgue en démontrant que dans E_n l'image biunivoque et continue d'une variété fermée à $n - 1$ dimensions détermine précisément deux régions.

Quant à la Note de Lebesgue occupant les pages 166-168 du tome 70 des Mathematische Annalen la caractérisation de la suite $I_1, I_2, \ldots, I_n$ est tout à fait insuffisante, puis qu'il peut arriver qu'on est arrêté déja à I_3. Et avec cette caractérisation toute démonstration tombe. C'est ce que Lebesgue a tout de suite reconnu, quand je lui en fait l'observation, et il m'a répondu en cherchant à compléter la caractérisation des I_p. Or, ces compléments se montrent encore insuffisants; plus tard Lebesgue a composé une nouvelle démonstration de son lemme, où les I_p ne jouaient plus de rôle. Ni moi, ni M. Blumenthal (Rédacteur des Mathematische Annalen) n'ont pu comprendre cette démonstration (prise à la lettre elle était fausse, mais cela peut-être à cause d'une maladresse de rédaction); et bien, M. Lebesgue refuse non seulement de nous donner de nouvelles explications, mais encore de revenir à son sujet dans les Mathematische Annalen et d'y corriger les raisonnements dont il a reconnu la fausseté. J'ai moi-même composé une démonstration du lemme de Lebesgue quelques jours après sa publication, mais je crois devoir ne pas publier, et laisser à M. Lebesgue l'occasion de remplir lui-même sa tâche.

Agréez, mon cher Collègue, l'expression de mes sentiments les plus dévoués.
L.E.J. Brouwer

7.2   Kontroversen über die Uniformisierungssätze

Im September 1911 fand in Karlsruhe die Jahrestagung der Deutschen Mathematiker-Vereinigung (DMV) statt. Dabei gab es am Vormittag des 27. November eine Sondersitzung über die neuesten Entwicklungen in der Theorie der automorphen Funktionen. Sie wurde von Felix Klein, mit einem einleitenden Vortrag eröffnet. Danach folgten Vorträge und Referate von Brouwer, Paul Koebe, Ludwig Bieberbach und Emil Hilb .

Koebe schrieb danach eine Zusammenfassung der Vorträge für das *Jahrbuch über die Fortschritte der Mathematik*, in welcher er die Vorträge von Bieberbach und Hilb nur kurz zum Schluss erwähnt.[27] Koebes eigener Vortrag – ein Referat über automorphe Funktionen und Uniformisierung – spiegelte seine Autorität wider, wie man allein an seinem Bericht spüren kann:

> Koebe berichtet über die an die Klein-Poincaréschen Arbeiten aus dem Anfang der 80er Jahre anschließende, durch Hilbert (1900, Pariser Vortrag, Problem 22) signalisierte neuere Entwicklung der Uniformisierungstheorie, insbesondere über seine eigenen Untersuchungen, sowie über die ebenfalls der neueren Entwicklungsperiode angehörenden, von anderer Seite (Poincaré, Hilbert usw.) gelieferten einschlägigen Arbeiten. Durch diese Entwicklung ist im genannten Gebiet ein gewisser Abschluß erreicht worden. Koebe geht der Reihe nach ein auf: A) die

---

[27] Über den ersten schreibt er: „Bieberbach beleuchtet gewisse besondere Schwierigkeiten, welche dem Kontinuitätsbeweise im allgemeinen Falle (kein Grenzkreis) entgegenstehen, welche jedoch durch den neuen ,Brouwer-Koebe'schen Kontinuitätsbeweis' überwunden werden." Über den zweiten: „Die Kleinsche Verknüpfung der Uniformisierungsprobleme in niedersten Fällen mit den Oszillationstheoremen ist von Hilb, Ihlenburg usw. in gewissem Umfange erledigt worden."

Uniformisierung beliebiger analytischer Kurven (Methode der Überlagerungsfläche), B) die Uniformisierung der algebraischen Kurven (Methode der Überlagerungsfläche, iterierendes Verfahren, Kontinuitätsmethode). Am Schluss eine Literaturzusammenstellung.

Blumenthal nahm an der Jahrestagung in Karlsruhe teil, besuchte jedoch die Vorträge dieser Sektion offenbar nicht, wie aus dem letzten Teil des folgenden Briefes abzulesen ist.

Blumenthal an Brouwer | Aachen, den 8.X.1911
TB, Nachlass Brouwer, Noord-Hollands Archief, Haarlem

Lieber Herr Brouwer!

Ich habe das Pech, bei meinen funktionentheoretischen Sachen immer wieder auf geometrische Probleme zu stossen, an die ich mich in aller Strenge nicht herantraue, wenn ich auch einen Beweisansatz besitze, der mir bei richtiger Durchführung vertrauenswürdig scheint. Ich habe dann meistens das gute Zutrauen, dass Ihnen die Fragen wahrscheinlich sehr leicht und kindlich vorkommen. Deshalb wende ich mich auch heute an Sie. Ich brauche den folgenden Satz für den vierdimensionalen Raum. Meiner Ansicht ist aber für beliebige Dimensionenzahl > 2 die Schwierigkeit die gleiche.

Gegeben eine stetige, abgeschlossene, ganz im Endlichen gelegene Mannigfaltigkeit M im R_4. Ich betrachte die Gesamtheit aller Ebenen, das heisst linearer Mannigfaltigkeiten dritter Dimension, die mit der M Punkte gemein haben. Die Gesamtheit dieser gemeinsamen Punkte setzt sich augenscheinlich zusammen aus stetigen Mannigfaltigkeiten und einzelnen Punkten, die in der Ebene eine nirgends dichte Menge bilden.

Satz: Es giebt immer Ebenen, die mit M nur nirgends dicht liegende Punkte, aber keine stetigen Mannigfaltigkeiten gemein haben. Noch schöner wäre, wenn es Ebenen gäbe, die nur eine endliche Anzahl Punkte, beziehungsweise nur einen Punkt mit M gemein haben. Das ist aber vielleicht schwierig zu beweisen, eventuell gar nicht richtig.

Können Sie den Satz beweisen? Ich sehe bis jetzt nicht recht durch, wie man es machen soll. Für den Fall dreidimensionaler analytischer M im R_4 kann man sich wohl einfach einen Beweis mit der Indikatrix zurechtmachen, aber es ist augenscheinlich ein Umweg, da alles nur darauf ankommt, dass die Mannigfaltigkeit abgeschlossen ist und im Endlichen liegt. Ich wäre Ihnen für baldige Antwort sehr dankbar.

Es hat mir sehr leid getan, dass ich Sie in Karlsruhe nicht mehr getroffen habe. Bernstein sagte mir noch, Sie hätten mit Koebe über den Kontinuitätsbeweis gestritten. Es ist nicht angenehm, mit ihm zu diskutieren, aber er hat bisher noch nie einen Fehler gemacht, daher bin ich geneigt, ihm auch in dieser Sache Kredit zu geben (ebenso wie seinerzeit Lebesgue, also vielleicht auch mit Unrecht), besonders da ich so ungefähr zu sehen glaube, was er mit dem Verzerrungssatz machen kann.

Bernstein freilich schrieb ihm Ansichten zu, die wohl sehr anfechtbar wären. Aber ich halte das für ein Missverständniss Bernsteins.

Viele Grüsse an Sie und Ihre Frau von uns beiden.

Ihr

O. Blumenthal

Ihre Korrektur habe ich erhalten. Auch danke ich Ihnen bestens für Ihre Separata.

Aus diesem Brief geht klar hervor, dass Blumenthal zunächst von Felix Bernstein über die Diskussionenen in Karlsruhe erfuhr.[28] Nach einer Notiz Brouwers hat er an den drei Tagen in Karlsruhe Gespräche mit Koebe, Bieberbach, Bernstein und Arthur Rosenthal geführt, in denen er ihnen den vollständigen Inhalt der Ergebnisse mitteilte, die er später in seinem Brief an Fricke zusammengestellt habe (Brouwer 1976, 583).

Blumenthal an Brouwer | Aachen, den 12.X.1911
AK-L, Nachlass Brouwer, Noord-Hollands Archief, Haarlem

Lieber Herr Brouwer!

Ich muss meinen letzten Brief dahin richtig stellen, dass ich den angegebenen Satz zu meiner grossen Freude nicht mehr brauche. Meine Resultate haben sich auf einfacheren Wege gewinnen lassen. Trotzdem halte ich die Sache noch immer für richtig und auch für ganz interessant. Einen einigermassen klaren Beweis dafür kann ich nicht finden. Trotzdem müssen Sie es können, denn Sie können ja ‚Dimensionen addieren‘. Hätte nun im dreidimensionalen Raume jede Stützebene beliebiger Richtung mit der stetigen, abgeschlossenen Mannigfaltigkeit ein stetiges Gebilde gemein, so gäbe auf der Mannigfaltigkeit mindestens $\infty^1, \infty^2, \infty^3$ Punkte. Das ist natürlich kein Beweis, denn es gibt vor allen Dingen noch Schwierigkeiten mit solchen Geraden, die einen ganzen Büschel von Stützebenen gemeinsam sind.

---

[28]Bernstein, der seit 1907 als Privatdozent in Göttingen tätig war, stand auch in brieflichem Kontakt sowohl mit Brouwer als auch mit Blumenthal. So schrieb er am 13. Juli 1912 Folgendes an Brouwer: „An Blumenthal habe ich heute eine kleine Note als Antwort auf die Notiz von P. Bohl über das Axiom der beschränkten Arithmetisierbarkeit geschickt[29] ... Weyl hat vorigen Dienstag über die Invarianz der Dimensionenzahl und des Gebiets vorgetragen. – Haben Sie die Note von H. Poincaré im neuesten Hefte der Rendiconti di Palermo gesehen? Ich bin überzeugt, dass gerade Sie imstande sein werden, das zu machen und Sie sollten es auch thun, da ich wirklich glaube, dass das in Ihrer eigentlichen Richtung liegt und Sie keineswegs von wichtigerem ablenken wird, obgleich ich sonst den von grossen Bonzen gestellten Problemen ein natürlicher Misstrauen entgegenbringe und es für besser halte bei den eignen zu bleiben." Brouwer bemühte sich schon um „Poincarés letzten Satz", der tatsächlich eng mit seinem Fixpunktsatz zusammenhing. Möglicherweise hätte er dieses Problem auch geknackt, wäre er nicht durch seine Beschäftigung mit Korrekturen zum neuen Bericht von Schoenflies davon abglenkt worden. Dies behauptete jedenfalls seine Frau, die offenbar auch ehrgeizig war (van Dalen 2013, 147 f.). Bekanntlich ist ihm der junge G. D. Birkhoff zuvorgekommen (Gray 2013, 296-299).

Das ist aber immer noch derjenige Weg, auf dem ich am ehesten durchgekommen bin. Ein anderer Weg, wo ich beweisen wollte, dass eine geschlossene Fläche von der in meinem Satze geforderten Eigenschaft notwendig eine Ecke haben muss, war mir zu schwer durchzudenken. Ich hoffe doch, dass Sie Ihre Uniformisierung der automorphen Funktionen in den Annalen veröffentlichen werden?

Viele Grüsse!

Ihr

O. Blumenthal

Brouwer war keineswegs geneigt, eine Arbeit zu schreiben, die Koebe möglicherweise als trivial abtun konnte. Obwohl er sich der Bedeutung seines Beweises für die Invarianz eines n-dimensionalen Gebiets bewusst war, fühlte er sich viel weniger sicher, ob seine Anwendung dieses Satzes als Rettungsanker für die Kontinuitätsmethode als ein wesentlicher Beitrag zur Uniformisierungstheorie der automorphen Funktionen anzusehen sei. Er zögerte deswegen, Blumenthal eine Antwort zu geben, bis er am November endlich zurückschrieb.

Brouwer an Blumenthal (Entwurf) | Amsterdam, den 21.XI.1911
AB, Nachlass Brouwer, Noord-Hollands Archief, Haarlem

Lieber Herr Professor

Können beiliegende Berichtigung und Nachtrag noch in das Schlussheft von Band 71 aufgenommen worden? Ich wäre Ihnen dafür sehr dankbar. Den Inhalt des Nachtrags hatte ich vorige Woche noch an die Druckerei gesandt, zur Aufnahme in eine Fussnote. Es war aber leider schon zu spät, was ich sehr bedauert habe.[30]

Ich schulde Ihnen noch immer näheren Bescheid über die Veröffentlichung meiner Uniformisierung. Koebe behauptete in Karlsruhe, er habe die von mir vorgetragenen Ueberlegungen alle mit Ausnahme der Invarianz des Gebiets schon längst besessen, und teilweise sogar schon in seinen Arbeiten ausgesprochen, er könne aber nicht gleich die Stellen angeben. Deshalb kann ich mich nicht zur Publikation entschliessen; die Invarianz des Gebiets erscheint ja für sich; das übrige scheint mir selbst nicht sehr tiefsinnig, und ich könnte mir sehr gut denken, dass es für den automorphen Fachmann ganz trivial wäre. Jedenfalls wird wahrscheinlich Koebe in künftigen Arbeiten darüber als über etwas ganz selbstverständliches zu reden kommen; und das könnte meine eventuell dann vorliegende Veröffentlichung über den Gegenstand vollständig um ihre ohnehin schon nicht sehr grosse Bedeutung bringen.

Ich habe nun meinen Karlsruher Vortrag an Fricke geschickt, und bin nach dessen, ja am meisten kompetenten Urteil sehr neugierig.

Im Bulletin des Sciences Mathématiques vom Oktober 1911 (S. 287) werden

---

[30] Diese kleine Notiz erschien nach seinem Wunsch in Band 71 (1912): 598.

Baire (sic!), Lebesgue und ich in dieser Reihenfolge als Begründer der Invarianz der Dimensionenzahl zitiert.[31] Dies stimmt genau mit der Auffassung, welche, wie ich Ihnen unlängst schrieb, viele zwischen den Zeilen von Lebesgues Annalennote lesen zu müssen glauben. Sie ersehen hieraus, wie angebracht nach mehr als einer Hinsicht meine kritisierende Fussnote ist. Hat ja Lebesgue mir im Grunde nicht schon mit seiner Annalennote förmlich den Handschuh zugeworfen?

Beste Grüsse!

Ihr

L.E.J. Brouwer

Blumenthal hat bis zum 27. November offenbar nichts mehr von Lebesgue gehört. So müsste er wohl eingesehen haben, dass Brouwers Argwohn bezüglich Lebesgues Spiel auf Zeit durchaus berechtigt war. Brouwer hatte inzwischen sicherlich alle Geduld mit Lebesgue verloren, und es stellte sich nun für Blumenthal die Frage, ob er Brouwer gegenüber richtig gehandelt hatte.

Blumenthal an Brouwer | Aachen, den 27.XI.1911
AK-L, Nachlass Brouwer, Noord-Hollands Archief, Haarlem

Lieber Herr Brouwer!

Zu meiner Verwunderung habe ich die von Ihnen angekündigte Korrektur Ihrer Berichtigung noch nicht erhalten. Sie muss verloren gegangen sein. Schicken Sie mir also, bitte, Ihr zweites Exemplar zu. Dass die Namenfolge im Darboux Bulletin Sie aufregen würde, habe ich mir gedacht.[32] Sie ist allerdings falsch. Ich bin neugierig, was schliesslich in Lebesgues mémoire étendu stehen wird. Sie sind ihm sicher weit voraus. Wegen der automorphen Funktionen holen Sie sicher bei Fricke den sachkundigsten Rat ein. Meiner Ansicht nach besteht eine recht gute und wesentliche Idee Ihres Ansatzes darin, an Stelle der schändlich unübersichtlichen $3p - 3$ Flächenmodulen die Bestimmungstücke der rationalen Funktionen einzuführen, und ich meine, dass diese Idee wohl Veröffentlichung verdient.

Beste Grüsse!

Ihr

O. Blumenthal

---

[31] Diese Bemerkung Brouwers bezieht sich auf ein Referat von (Schoenflies 1908), das von Ludovico Zoretti geschrieben wurde. Dort verwies Zoretti auf die Arbeiten von Baire, Lebesgue und Brouwer, um vor allem darauf aufmerksam zu machen, dass die Diskussion über die Invarianz der Dimension in Kapitel VII dieses Buches inzwischen überholt sei.

[32] Baire, Lebesgue und Brouwer wurden dort in einem Referat von Ludovico Zoretti als die drei Begründer der Invarianz der Dimensionenzahl zitiert (vgl. Brouwers obigen Brief an Blumenthal vom 21. November 1911).

Nach seinen Gesprächen mit Koebe in Karlsruhe gab es bei Brouwer viel Unbehagen. Die Anregung Blumenthals brachte ihn auf die Idee, Robert Fricke zu kontaktieren. Brouwer wollte offenbar sehr vorsichtig vorgehen, wohl wissend wie Koebe dieses Terrain für sich in Anspruch nehmen wollte. So erkundigte er sich bei Fricke, ob er bereit wäre, sein Karlsruher Manuskript kritisch zu lesen. Als er von Fricke eine Zusage bekam, schrieb er hoch erfreut zurück.

Brouwer an Fricke | Amsterdam, den 8.XII.1911
AB-L, Nachlass Fricke, Universitätsarchiv, TU Braunschweig

Hochgeehrter Herr Geheimrat

Vielen Dank für Ihren Brief. Ich freue mich sehr, dass Sie die Mühe nehmen wollen, sich mit meinem Manuskript näher zu beschäftigen.

...

Blumenthal schrieb mir vor einigen Tagen er finde meine Einführung der Bestimmungsstücke der rationalen Funktionen an Stelle der unübersichtlichen Flächenmoduln einen sehr wesentlichen Ansatz, der wohl Veröffentlichung verdiene. Ich selber finde diese Idee wenig tief, und würde, falls es zur Veröffentlichung kommen sollte, es jedenfalls so zu machen wünschen, dass ich z.B. an Sie einen für den Druck bestimmten Brief über den Gegenstand richte, damit die Publikation möglichst wenig anspruchsvoll aussehe. Zunächst soll nun aber Koebe sich aussprechen.

Mit grosser Freude habe ich aus Ihrem Briefe vernommen, dass Schoenflies meinen Vorschlag so gut aufgenommen hat; ich danke Ihnen nochmal bestens für Ihre Vermittlung.[33]

Mit herzlichstem Gruss, auch an Ihre Frau Gemahlin

Treu Ihr

L.E.J. Brouwer

Brouwer entwarf mehrere Skizzen seines Briefes an Fricke, die zum Teil in (Brouwer 1976, 581–583) abgedruckt sind. Alle enthalten eine Gliederung des Kontinuitätsbeweises in sechs Schritten, wie in der gedruckten Fassung (Brouwer 1912g).

---

[33] Brouwer und Fricke trafen sich in Bad Harzburg im Sommer 1911; bei dieser Gelegenheit hatten sie diskutiert, ob Brouwer eventuell bei der Durchsicht der Korrekturbogen zur Auflage des Berichts von Schoenflies behilflich sein könne. Angesichts der früheren heftigen Kritik auf (Schoenflies 1908) (siehe oben) musste Brouwer ziemlich erleichtert gewesen sein, als er erfuhr, dass Schoenflies auf diesen Vorschlag positive reagiert habe (siehe hierzu seinen Brief an Schoenflies vom 21. Dezember 1911 in (van Dalen 2011, 115)).

Brouwer an Fricke | Amsterdam, den 22.XII.1911
AB-L, Entwurf, Nachlass Brouwer, Noord-Hollands Archief, Haarlem

Hochgeehrter Herr Geheimrat,

In Anschluss an unserer letzten Unterhaltung teile ich Ihnen hinsichtlich der topologischen Schwierigkeiten des Kontinuumbeweises einige Bemerkungen mit, welche ich auf der Naturforscherversammlung in Karlsruhe vorgetragen habe.

Sei κ eine Klasse von diskontinuierlichen linearen Gruppen vom Geschlechte p mit n singulären Punkten, und mit einer bestimmten charakteristischen Signatur; es gilt für diese Klasse das *Kleinsche Fundamentaltheorem*, falls zu jeder kanonisch zerschnittenen, mit n Punkten signierten Riemannschen Fläche vom Geschlechte p *ein und nur ein* kanonisches System von Fundamentalsubstitutionen einer Gruppe der Klasse κ gehört. Bei der Kontinuitätsmethode, welche Klein zur Herleitung seines Fundamentaltheorems benutzt, werden folgende sechs Sätze angewandt.

1. Die Klasse κ enthält zu jedem ihr angehörigen kanonischen System von Fundamentalsubstitutionen ohne Ausnahme eine durch $6p-6+2n$ reelle Parameter eineindeutig und stetig darstellbare Umgebung.

2. Bei stetiger Änderung der Fundamentalsubstitutionen innerhalb der Klasse κ ändert sich die entsprechende kanonisch zerschnittene Riemannsche Fläche ebenfalls stetig.

3. Zwei verschiedene kanonische Systeme von Fundamentalsubstitutionen der Klasse κ können nicht derselben zerschnittenen Riemannschen Fläche entsprechen.

4. Wenn eine Folge α von kanonisch zerschnitttenen mit n Punkten signierten Riemannschen Flächen von Geschlechte p gegen ein kanonisch zerschnittene mit n Punkten signierte Riemannsche Fläche von Geschlechte p konvergiert, und wenn jeder Fläche der Folge α ein kanonisches System von Fundamentalsubstitutionen der Klasse κ entspricht, so entspricht der Limes Fläche ebenfalls ein kanonisches System von Fundamentalsubstitutionen der Klasse κ.

5. Die Mannigfaltigkeit der zerschnitttenen Riemannschen Flächen enthält zu jeder ihr angehörigen Fläche ohne Ausnahme eine durch $6p - 6 + 2n$ reelle Parameter eineindeutig und stetig darstellbare Umgebung.

6. Im $(6p - 6 + 2n)$-dimensionalen Raume ist das eineindeutige und stetige Bild eines $(6p - 6 + 2n)$-dimensionalen Gebiets wiederum ein Gebiet.

Die Sätze 1, 2, 3, 4 lasse ich hier ausser Betracht. Für den Kreisfall sind sie schon von Poincaré in Band 4 der Acta Mathematica vollständig erledigt; für den allgemeinsten Fall harren nur die Sätze 3 and 4 noch des erschöpfenden Beweises; indes soll in demnächst erscheinenden Arbeiten von Herrn Koebe auch diese Lücke ausgefüllt werden.

Die Sätze 5 und 6 sind es, welche die in Ihrem Buche über automorphe Funktionen[34] hervorgehobenen topologischen Schwierigkeiten des Kontinuitätsbeweises bilden. Von diesen ist aber Satz 6 durch meine unlängst erschienene Arbeit ‚Beweis der Invarianz des n-dimensionalen Gebiets‘ erledigt worden, während die

---

[34]Fricke-Klein, *Theorie der automorphen Funktionen*, Band 2, S. 412, 413.

Anwendung von Satz 5 sich umgehen lässt, indem wir den Kontinuitätsbeweis in folgender, abgeänderter Form führen:

Wir wählen $m > 2p - 2$[35] und betrachten auf der einen Seite die Menge M_g der zur Klasse κ gehörigen automorphen Funktionen mit ausschliesslich einfachen Verzweigungspunkten, und mit m einfachen Polen im Fundamentalbereich,[36] auf der anderen Seite die Menge M_f der über die Ebene ausgebreiteten, mit n Punkten signierten Riemannschen Flächen vom Geschlechte p mit m numerierten Blättern und mit $2m + 2p - 2$ numerierten einfachen, im Endlichen gelegenen Verzweigungspunkten, für welche die Reihenfolge der Blätter und der Verzweigungspunkte der kanonischen Zusammenhange im Sinne von Lüroth-Clebsch entspricht.

Die Menge M_f bildet ein Kontinuum, und besitzt zu jeder ihr angehörigen Fläche *ohne Ausnahme* eine durch $4p - 8 + 2n + 4m$ reelle Parameter eineindeutig und stetig darstellbare Umgebung.

Zu einer willkürlichen der Menge M_g angehörigen automorphen Funktion ϕ existiert in M_g eine durch $4p - 8 + 2n + 4m$ reelle Parameter bestimmbare Umgebung u_ϕ; diese Parameter sind die m komplexen Stellen der Pole im Fundamentalbereich, die $m - p - 1$ komplexe Verhältnisse von $m - p$ willkürliche anzunehmenden Polresiduen, und die $6p - 6 + 2n$ Parameter der kanonischen Systeme von Fundamentalsubstitutionen. Das Wertegebiet der zu u_ϕ gehörigen Parameter bildet ein $(4p - 8 + 2n + 4m)$-dimensionales Gebiet w_ϕ.

„UDer Funktion ϕ entspricht eine endliche Zahl von zu M_ϕ gehörigen Flächen. Weiter folgern wir aus den Sätzen 1, 2, 3 und aus der Bemerkung dass eventuelle birationale Transformationen in sich nicht nur für die einzelne Riemannsche Fläche, sondern auch für die Gesamtheit der zu u_ϕ gehörigen Riemannschen Flächen nicht beliebig klein werden können,[37] dass einen hinreichend klein gewählten w_ϕ in M_f eine endliche Zahl von eineindeutigen und stetigen Bildern, mithin auf Grund von Satz 6 eine Gebietsmenge entspricht. Dann aber entspricht auch der ganzen Menge M_g in M_f eine Gebietsmenge G_f. Wir formulieren nun Satz 4 in folgender Form:

„Wenn eine Folge von kanonisch zerschnittenen Flächen von M_f gegen eine kanonisch zerschnittene Fläche von M_f konvergiert und wenn jeder Fläche der Folge ein kanonisches System von Fundamentalsubstitutionen der Klasse κ entspricht, so entspricht der Limesfläche ebenfalls ein kanonisches System von Fundamentalsubstitutionen der Klasse κ'.[38] Diese Eigenschaft zieht unmittelbar nach sich, dass

---

[35]Um die Gedanken zu fixieren, setzen wir im Folgenden $p > 1$ voraus.

[36]Automorphe Funktionen, welche sich nur um additive und multiplikative Konstanten unterscheiden, betrachten wir als identisch.

[37]Nach der Abhandlung von Hurwitz in Band 32 und 41 der *Mathematischen Annalen* muss nämlich für diese birationalen Transformationen sowohl die Ordnung der Periodizität als auch die Anzahl der Fixpunkte unterhalb einer gewissen endlichen Schranke bleiben, sodass sich die Periodizität einer hinreichend klein gewählten birationalen Transformation auf die sich um ihre Fixpunkte aperiodisch herumwindende einfach zusammenhängende Überlagerungsfläche übertragen müsste. Dann aber würde diese Überlagerungsfläche eine periodische, konforme Transformation ohne Fixpunkte in sich zulassen, was ein Widerspruch ist. Übrigens wird sich die im Text benutzte Eigenschaft wahrscheinlich auch auf viel direkterem Weg einsehen lassen.

[38]Wie Herr Koebe auf der Naturforscherversammlung in Karlsruhe auseinandergesetzt hat,

die Gebietsmenge G_f in M_f keine Grenzen besitzen kann, mithin die ganze Mannigfaltigkeit M_f ausfüllen muss. Hiermit ist das Fundamentaltheorem bewiesen für jede Riemannsche Fläche vom Geschlechte p, auf welcher algebraische Funktionen mit mehr als $2p - 2$ einfachen Polen und mit ausschliesslich einfachen Verzweigungspunkten existieren, das heisst für jede Riemannsche Fläche vom Geschlechte p überhaupt.

Mit hochtungsvollen Gruss

Ihr

L.E.J. Brouwer

Der obige Entwurf ist vom 22. Dezember 1911 datiert. Nach leichter Überarbeitung schickte Brouwer ihn zusammen mit folgendem Begleitschreiben an Fricke ab.

Brouwer an Fricke | Amsterdam, den 30.XII.1911
AB-L, Nachlass Fricke, Universitätsarchiv, TU Braunschweig

Hochgeehrter Herr Geheimrat

Nach längerem Zögern sende ich Ihnen beiliegend meinen Karlsruher Vortrag in Briefform zur gefälligen Veröffentlichung. In diesem Briefe habe ich den Inhalt meines Vortrags auf alle Kleinschen Fundamentaltheoreme erweitert, indem ich die von Koebe in Karlsruhe mitgeteilte Anwendung seines Verzerrungssatzes benutzt habe. Diese Anwendung ist völlig ohne Bedenken; sie bezieht sich nämlich nicht auf die mehrdimensionale Abbildung des Gruppenkontinuums auf das Flächenkontinuum, sondern auf die zweidimensionale Abbildung der Ueberlagerungsfläche einer Riemannschen Fläche auf das Innere des Einheitskreises.

Weiter füge ich hier nochmal in korrigierter Form den direkten Beweis bei, dass die Modulmannigfaltigkeit keinen singulären Punkt aufweist. Er ist allerdings nur gültig für die Mannigfaltigkeit der *kanonisch zerschnittenen* Riemannschen Flächen, denn nur für diese kann man sich befreien von den durch die birationalen Transformationen einer Fläche in sich verursachten Schwierigkeiten.

Liegt aber beim Gruppenkontinuum nicht genau dieselbe Sachlage vor? Das Polygonkontinuum besitzt keinen singulären Punkt, weil eben das Innere des $(6p - 6)$-dimensionalen Würfels keinen singulären Punkt aufweist. Wenn nun in einer gewissen Umgebung eines Polygons Π alle Polygone zu verschiedenen Gruppen gehören, so ist der dem Polygon Π entsprechende Punkt des Gruppenkontinuums ebenfalls regulär. Wenn aber in beliebiger Nähe des Polygons Π mehrere Polygone zur selben Gruppe gehören, d.h. wenn das Polygon Π wegen gewisser Symmetrieeigenschaften bei gewissen Transformationen der Modulgruppe invariant bleibt, so darf man nicht ohne weiteres folgern, dass dem Polygone Π ein regulärer Punkt

---

lässt sich dieser Satz in elegantester Weise aus seinem Verzerrungssatz folgern.

des Gruppenkontinuums entspricht.

Die zur Anwendbarkeit der Kontinuitätsmethode notwendige Abwesenheit von singulären Punkten steht somit nur fest für die Kontinua der Polygone einerseits und der zerschnittenen Flächen andererseits, nicht für die Kontinua der Gruppen einerseits und der unzerschnittenen Flächen andererseits. Insoweit verdient also der ursprüngliche Kleinsche Ansatz dem Poincaré'schen gegenüber den Vorzug.

Mit herzlichstem Gruss, und mit aufrichtigstem Segenswunsch für 1912, auch an Ihre Frau Gemahlin

Ihr

L.E.J. Brouwer

Klein legte am 13. Januar 1912 Brouwers Brief an Fricke in einer Sitzung der Göttinger Gesellschaft der Wissenschaften vor. Koebes Note wurde auch in der gleichen Sitzung von Hilbert vorgelegt. Inzwischen meldete sich Blumenthal mit einer überraschenden Bitte an Brouwer: Er möge ihm „den absolut kürzesten und besten Beweis der Invarianz der Dimension" möglichst schnell zuschicken. Er meinte damit sicherlich einen Beweis für die Gültigkeit des Lebesgue'schen Verpflasterungsprinzips.

Blumenthal an Brouwer | Aachen, den 16.I.1912
TK, Nachlass Brouwer, Noord-Hollands Archief, Haarlem

Lieber Herr Brouwer!

Ich möchte sehr gern, dass der absolut kürzeste und beste Beweis der Invarianz der Dimension in den Annalen steht. Ich verspreche Ihnen daher Veröffentlichung im nächsten Heft, zusammen mit Ihrem Translationssatz[39], unter der Voraussetzung, dass der Umfang des neuen Beweises 3 Seiten nicht überschreitet. Ich möchte aber, dass Sie ihn mit genügender Ausführlichkeit redigieren, dass er allgemein-verständlich wird. Das wird ja auf drei Seiten gehen, da Sie selbst nur eine Seite für nötig halten. Das Heft erscheint Anfang März.[40]

Für Ihre freundliche Teinahme am Tode meiner Eltern besten Dank.[41] Ich hoffe, dass bei Ihnen alles gut geht.

Beste Grüsse.

Ihr

O. Blumenthal

---

[39] Dieser Satz besagt, dass eine eineindeutige, stetige, Orientierung erhaltende Abbildung der Ebene in sich, welche keine Fixpunkte besitzt, eine Translation ist. Brouwer hatte diesen Satz als ein Pendant zu seinen berühmten Fixpunktsätzen konzipiert, aber dieses Sachverhalt stellte sich als sehr verwickelt heraus. Dieser Aufsatz erschien als: L. E. J. Brouwer, Beweis des ebenen Translationssatzes, (Brouwer 1912e).

[40] Brouwer benötigte nur knapp mehr ale eine Seite für (Brouwer 1912d).

[41] Blumenthals Eltern sind beide Ende 1911 gestorben.

Blumenthal bekam kurz danach die kurze Note (Brouwer 1912f), die allerdings keinen Bezug zur Lebesgue'schen Überdeckungsdimension hatte. Stattdessen brachte Brouwer darin einen neuen Beweis für die Invarianz des n-dimensionalen Gebiets. Erst in (Brouwer 1913a) ging er auf die Lebesgue'schen Ideen ein, nur diesmal im *Crelle-Journal* statt in den *Annalen*. Vermutlich wegen dieses Umstands wurde diese Arbeit lange Zeit übersehen. Zehn Jahre später holte Paul Urysohn diese aus der Dunkelheit, wie in Band II, Kapitel 5 dargelegt wird.

7.3 Der Konflikt zwischen Brouwer und Koebe

Brouwer und Koebe hatten verabredet, dass sie die Korrekturen ihrer jeweiligen vorläufigen Beiträge den *Göttinger Nachrichten* zuschicken würden. Nach Erhalt der Korrektur Brouwers reagierte Koebe in einem Brief vom 12. Februar mit einer Reihe von Kritikpunkten.

Paul Koebe an Brouwer | Leipzig, den 12.II.1912
AB-L, Nachlass Brouwer, Noord-Hollands Archief, Haarlem

Geehrter Herr Brouwer!

Es fehlt die Erwähnung des wichtigen unerlässlichen Beweispunktes, dass man zwei kanonisch aufgeschnittene Riemannsche Fläche des Geschlechts p stets kontinuierlich in einander überführen kann. (Dies kann man nur für das Grenzkreistheorem entbehren, nicht für die übrigen Fundamentaltheoreme).[42]

. . .

Poincaré hat ganz gewiss nicht die Absicht gehabt, das Theorem 4 zu beweisen. Poincaré vertritt vielmehr die Auffassung der geschlossenen Continua durch Hinzunahme der Polygonenlimiten, eine Auffassung, die auch Sie in Karlsruhe noch beständig betonten.

Poincaré hat mir mündlich mitgeteilt kürzlich, dass die méthode de continuité überhaupt nicht anwendbar sei, wenn man die Nichtgrenzkreistheoreme beweisen will, weil diese Mannigfaltigkeiten nicht geschlossen seien. Ihre Darstellungsweise ist demnach nur eine nachträgliche unter dem Eindruck meiner Karlsruher Mitteilungen zustande gekommene Auffassungsweise der Poincaré'schen und in ihrer Art sehr originellen Leistung. Auch Fricke-Klein „Vorlesung über automorphe Funktionen" hat der Poincaré'schen Auffassung der Geschlossenheit ausführlich sich angeschlossen.

---

[42]Koebe bezieht sich auf seine Arbeit in *Annalen* 69, wo er zeigt, dass die nach irgendwelchem Typus aufgeschnittenen Flächen ein Kontinuum bilden.

Zutreffender und der Bedeutung der Leistung mehr Rechnung tragend etwa so:

während für den allgemeinsten Fall vor allem die Sätze 3, 4 und A noch der exakten Begründung entbehren, welche jedoch zufolge seinen vorläufigen Mitteilungen in den Göttinger Nachrichten (sehe insbesondere auch die neueste Mitteilung „Begründung der Kontinuitätsmethode im Gebiete der konformen Abbildung und Uniformisierung" (1912)) Herrn Koebe vollständig gelungen ist und demnächst ausführlich in den Mathematische Annalen gegeben werden soll. Die von Herrn Koebe gefundenen Beweise erstrecken sich dabei auch auf den von Poincaré allein berücksichtigten Fall der Grenzkreisuniformisierung und bezeichnen durch die Befreiung von dem durch Poincaré eingeführten, von Klein-Fricke übernommen, Gedanken der Polygonenlimiten und der geschlossenen Continua den entscheidenden lebenspendenden Fortschritt, welcher zugleich eine Rückkehr zu Kleins alten, von Poincaré heftig angegriffenen Standpunkt der ungeschlossenen Continua bedeutet. Übrigens weist Koebes Kontinuitätsmethode auch gegenüber Klein noch einen bemerkenswerten prinzipiellen fortschrittlichen Unterschied auf, da Koebe den Satz 4 tatsächlich nicht gebraucht, wenngleich dieser Satz wie Herr Koebe mir mitteilte im Zusammenhang der Koebeschen Beweisgänge durch eine Zuhülfenahme des „Auswahlkonvergenzsatzes" wohl bewiesen werden kann.

Dieser grobe Versuch, Brouwer zu imponieren, schlug völlig fehl. Vor allem entsetzte sich letzterer über Koebes Behauptung, er habe für seinen Beweis, wie Poincaré früher, geschlossene Mannigfaltigkeiten verwendet. In seinem Antwortschreiben wies Brouwer nicht nur diese Behauptung zurück, sondern er warf Koebe vor, von der modernen Topologie keine Ahnung zu haben.

Brouwer an Koebe | Amsterdam, den 14.II.1912
Abschrift, (Brouwer 1976, 585)

Geehrter Herr Koebe

Glücklicherweise bin ich noch im Besitze des abgekürzten Textes meines Karlsruher Vortrags, den ich hier beilege, damit Sie nicht länger behaupten können, als habe ich in Karlsruhe im Vortrage oder im Gespräche etwa die ‚geschlossenen' Mannigfaltigkeiten Poincaré's verwendet.

Dass Sie eine solche Behauptung äussern konnten, beweist übrigens nur, dass die moderne Mengenlehre Ihnen absolut fremd sein muss. Sind ja die mit den angeblich ‚geschlossenen Mannigfaltigkeiten' arbeitenden Entwicklungen Poincaré's der reinste Blödsinn, und nur dadurch zu entschuldigen, dass es zur Zeit ihrer Abfassung noch gar keine Mengenlehre gab. Dass sich dennoch auf Grund der übrigen Poincaré'schen Entwicklungen der Beweis des ‚Weierstrass'schen Satzes' (in der Terminologie Klein's) und damit der Kontinuitätsbeweis für den Grenzkreisfall durchführen lässt, das war eben der Inhalt meines Karlsruher Vortrag.

Durch Ihre Mitteilungen habe ich nur die weitere Einsicht erlangt, dass mittels Ihres Verzerrungssatzes meine Methode sich auf das allgemeinste Fundamentaltheorem übertragen lässt.

Was Sie sich aus meinem Vortrage oder aus unseren Gesprächen über von mir benutzte ‚geschlossene Mannigfaltigkeiten' erinnern, bezieht sich auf folgendes: Dadurch, dass ich im beiliegenden Texte automorphe Funktionen, welche sich nur um additive und multiplikative Konstanten unterscheiden, als identisch betrachte, erreiche ich, dass zu jedem inneren Punkte des Würfels eine geschlossene Mannigfaltigkeit von m-poligen Funktionen gehört. Nur hiermit wird das S. 3 Z. 19 des beiliegenden Textes befindliche ‚Alsdann' gerechtfertigt, denn nur auf Grund dieser Geschlossenheit erlangt man die Sicherheit, dass eine Punktfolge von M_π immer dann einen zu M_π gehörigen Grenzpunkt besitzt, wenn die zugehörige Punktfolge des Würfels einen Grenzpunkt innerhalb des Würfels besitzt.

Ich bitte Sie, mir den beiliegenden Text nach einigen Tagen zurückzusenden.

Besten Gruss

L.E.J. Brouwer

Warum schicken Sie mir nicht eine Abschrift Ihres Manuskriptes, wie ich es Ihnen getan, und wie Sie es mir versprochen haben?

Brouwers Frust über das Verhalten von Koebe führte ihn dazu, sich direkt an Hilbert zu wenden. Im folgenden Brief beschreibt er die hitzige Debatte in Karlsruhe zwischen ihm und Koebe wie auch den hauptsächlichen Streitpunkt, welcher ihren gegensätzlichen Auffassungen zugrunde lag (siehe hierzu auch (van Dalen 2013, 177–192).)

Brouwer an Hilbert | Amsterdam, den 24.II.1912
AB-L, Nachlass Hilbert, SUB Göttingen, 49, Nr. 11

Lieber Herr Geheimrat!

Ich bitte Sie um Hilfe und Schutz in einer sehr unangenehmen Angelegenheit. Am 2. Januar sandte ich an Koebe eine Abschrift meines in Dezember an Herrn Fricke gerichteten, und am 13. Januar in der Göttinger Gesellschaft der Wissenschaften vorgelegten Briefes, und erhielt etwa eine Woche später beiliegende Karte. Diese Karte wurde am 14. Februar gefolgt nicht vom versprochenen Manuskript, sondern vom, zusammen mit meiner Antwort hier beiliegenden Briefe, in welchem ich die Äusserung, auf welche sich meine Erwiderung bezieht, (alles Uebrige ist Unsinn) mit blauer Bleistift markiert habe.

Wirklich meinen kann Koebe die betreffende Behauptung freilich ebensowenig wie irgend jemand, der meinen Vortrag in Karlsruhe gehört hat. Ich fühle denn auch in Koebe's Äusserung nur seine Absicht, um in seiner nächsten Note der Sache den Anschein zu geben, als enthielte mein Brief an Fricke gewisse Gedanken, welche ich im Verkehr mit Koebe gelernt hätte, während das wirkliche Sachverhältnis in Karlsruhe doch dieses war, dass ich den fertigen Kontinuitätsbeweis für den Grenzkreisfall, Koebe aber nur eine gewisse Ahnung, dass sich mit seinem Verzerrungssatz in der Kontinuitätsmethode etwas machen lasse, mitbrachte. Sagte er ja in der Sitzung von 27. September am Ende meines Vortrags folgendes: „Weil auf Grund meines Verzerrungssatzes bei stetiger Aenderung der Moduln nichts passieren kann, sind die von Herrn Brouwer erbrachten Leistungen der Schwierigkeiten der Invarianz des Gebiets und der Singularitätenfreiheit der Modulmannigfaltigkeit in meinem Gedankengange entbehrlich." Worauf ich nachdrücklich erwiderte: „Der Verzerrungssatz kann nur das von Poincaré für den Grenzkreisfall erreichte Resultat, und damit zugleich meinen Kontinuitätsbeweis auf das allgemeinste Fundamentaltheorem ausdehnen; meine Beiträge bleiben bei dieser Ausdehnung aber nach wie vor in ihrem vollen Umfange erforderlich." Darauf sprach Koebe die unsinnigen Worte: „Was Herr Brouwer gebracht hat, das mache ich mit Poincaré'schen Reihen," und dann schloss Klein die Diskussion.

Erst nach längeren privaten Besprechungen, an denen auch Bieberbach, Bernstein und Rosenthal teilgenommen haben, hat nachher Koebe vom 27. bis zum 29. September von mir gelernt, welches (übrigens von Klein schon in Annalen 21 formulierte, und von mir damals als ‚Weierstrass'scher Satz' bezeichnete) Teilresultat sich mittels seines Verzerrungsatzes erreichen lässt, und welcher, mittels meiner Beiträge zu erledigendem Rest dann noch übrig bleibt. Und in diesen Unterhaltungen habe ich, wie die eben genannten Herren genau wissen müssen, alle Einzelheiten meiner gegenwärtigen Note zur Sprache gebracht.

Allerdings sagten mir schon damals mehrere warnende Stimmen: „Das, was Sie jetzt alles Koebe auseinandersetzen, werden Sie, sobald er Sie verstanden haben wird, nur mit grösster Mühe als Ihr Eigentum behaupten können", und es zeigten sich in der That bei Koebe gewisse Symptome, welche diesen Stimmen recht zu geben schienen, weshalb ich, als ich wieder zu Hause war, um einen unerfreulichen Streit mit Koebe zu vermeiden, auf jede Veröffentlichung über den betreffenden Gegenstand, der ja ohnehin meinen Interessen ziemlich fern liegt und mit dem ich mich nur beiläufig auf Wunsch von Klein beschäftigt hatte, verzichten wollte. Erst nachdem Blumenthal mich dazu angeregt hatte, und ich überdies vernommen hatte dass Klein gern ein Veröffentlichung von mir sehen möchte, ist es zur Note vom 13. Januar gekommen.

Meine Bitte wäre nun folgende: Ebensowenig wie ich von Koebe sein früher versprochenes Manuskript erhalten habe, wird er mir, wie ich glaube, die jetzt versprochenen Korrekturen vor der Druckfertig-Erklärung meiner Note senden, damit ich nicht etwa meine Redaktion rechtzeitig so einrichten könne, dass die Koebe'schen Behauptungen im voraus entkräftigt werden. Darf ich Sie nun bitten, dafür zu sorgen, dass ich die Koebe'schen Korrekturen unmittelbar von der Druckerei bekomme? Und falls ich dann befinden sollte, dass sie die oben besprochene oder andere Unwahrheiten enthalten, ihn zu veranlassen, dieselben zu tilgen, damit unerfreuliche Polemiken vermieden werden?

Ich wäre Ihnen dafür herzlich dankbar.
Mit den besten Grüssen
Ihr
L.E.J. Brouwer

Brouwer rechnete offenbar damit, dass Hilbert sich ernsthaft für sein Anliegen interessieren würde. So schickte er ihm nur drei Tage später einen zweiten Brief, in dem er eine abgekürzten Fassung seines Karlsruher Vortragstextes erläuterte (diese Zusendung befindet sich im Nachlass Hilbert, SUB Göttingen, 49, Nr. 11, Anlage 3).

Brouwer an Hilbert | Blaricum, den 27.II.1912
AB-L, Nachlass Hilbert, SUB Göttingen, 49, Nr. 12

Lieber Herr Geheimrat

Zu Ihrer besseren Orientierung schicke ich beiliegend auch Ihnen einen abgekürzten Text meines Karlsruher Vortrags. Sie werden Sich hoffentlich noch erinnern können, dass sozusagen jedes Wort dieses Textes im Vortrage ausgesprochen worden ist. Jedenfalls aber müssen Sie Sich doch noch vergegenwärtigen können, dass ich in meinem Vortrage die Kontinuitätsmethode weder auf das Klein'sche Polygonkontinuum noch (wie Koebe behauptet) auf das Poincaré'sche angeblich ‚geschlossene' Gruppenkontinuum, sondern auf das Kontinuum der m-poligen automorphen Funktionen anwendete, und dass dies sogar den Kern der Sache ausmachte.

Wird das im vorigen Sommer von Ihnen für die Osterferien geplante Wolfskehl-Symposion über die Grundlagen der Mathematik zu Stande kommen?

Viele Grüsse an Sie beide, auch von meiner Frau
Ihr
L.E.J. Brouwer.

Hilbert versuchte, eine Erklärung von Koebe zu erhalten, und bekam als Antwort die folgenden Zeilen.

Koebe an Hilbert | Leipzig, den 29.II.1912
AK-L, Nachlass Hilbert, SUB Göttingen, 183

Hochgeehrter Herr Geheimrat!

Ich beabsichtige in den nächsten Tagen selbst meine Correcturen an Herrn Brouwer zu senden, mit einigen kleinen handschriftlichen Eintragungen versehen, zugleich mit seinem mir von ihm übersandten Karlsruher Vortrag (Schreibmaschinenmanuscript), zu dessen genauerer Lektüre ich infolge meiner gegenwärtig 8-stündigen Lehrtätigkeit und deren Beanspruchungen erst gestern gekommen bin.

In einer Beunruhigung wegen eines gefahrdrohenden Prioritätsstreites liegt nach meiner Auffassung nicht die geringste Veranlassung vor.

Mit besten Grüssen und Entschuldigungen auch an Ihre geehrte Frau Gemahlin.

Ihr ergebenster
P. Koebe

Ob Brouwer von Hilbert erfuhr, wie Koebe sich hierin geäußert hat, bleibt unklar. Aber etwa zehn Tage später bekam Hilbert ein erneutes Schreiben von Brouwer, der darauf beharrte, die Korrektur der Koebe'schen Arbeit von dessen Autor zu bekommen.

Brouwer an Hilbert | Blaricum, den 7.III.1912
AK-L, Nachlass Hilbert, SUB Göttingen, 49, Nr. 13

Lieber Herr Geheimrat

Meinen vorigen Briefen füge ich noch hinzu, dass Koebe meiner Ansicht nach verpflichtet ist, mir seine Korrekturen zu senden, und zwar aus folgendem Grunde: Als ich im November aus einem Briefe von Fricke schliessen zu müssen glaubte, dass Koebe über den Kontinuitätsbeweis eine Note für die Göttinger Nachrichten so gut wie fertig habe, schlug ich Koebe vor, unsere Noten in Einverständnis mit einander zu redigieren, und erst nachdem Koebe diesem Vorschlage beigetreten war, habe ich ihm zunächst mein Manuskript und dann meine Korrektur zugesandt. Wenn er nun seinerseits mir weder das eine noch das andere zuschickt, ist er also der schändlichsten Treulosigkeit schuldig. So etwas braucht man doch nicht zu dulden! Dazu weigert er sich hartnäckig, mir ein ihm vor 3 Wochen auf einige Tage geliehenes Manuskript meiner Karlsruher Vortrage zurückzusenden. Es ist mir dies alles so rätselhaft! Oder existiert vielleicht die Koebe'sche Note noch gar nicht, und benimmt er sich in dieser Weise nur, um Zeit zu gewinnen? Dann würde ich Sie bitten, nun nicht länger auf ihn zu warten, und meine Note nun drucken zu lassen. Bitte, schreiben Sie mir doch eine Zeile!

Schöne Grüsse!
Ihr
Brouwer

Kurz nachdem Brouwer die obige Karte an Hilbert abgeschickt hatte, bekam er die folgenden Zeilen von Koebe zu lesen.

Koebe an Brouwer | Leipzig, den 6.III.1912
AK-L, Nachlass Hilbert, SUB Göttingen, 49, Nr. 11, Anl. 1

Geehrter Herr Brouwer!

Der Veröffentlichung Ihres Karlsruher Vortrags im Jahresbericht sehe ich mit
Interesse entgegen. Mit der Veröffentlichung Ihres Fricke-Brief- Auszuges kann ich
jedoch nicht einverstanden sein, da die darin gegebene, sozusagen schiedsrichterliche Darstellung Ihnen nicht zusteht und die Leistungen von Poincaré und mir dar
in unwürdiger und unrichtiger Beleuchtung erscheinen. Auch ist in Anbetracht
Ihrer Vortragsveröffentlichung im Jahresbericht die Veröffentlichung des Briefes
überhaupt überflüssig.

Ergebenst

P. Koebe

———————

Brouwer ahnte natürlich schon lange, dass er nichts Gutes von Koebe zu
erwarten hätte. Trotzdem musste er regelrecht schockiert gewesen sein, als er diese
Karte las. Vor allem Koebes Vorwurf, Brouwer habe die Leistungen von ihm wie
auch von Poincaré in „unwürdiger und unrichtiger Beleuchtung erscheinen" lassen,
hat ihn wohl hart getroffen. So wandte er sich umgehend wieder an Hilbert.

Brouwer an Hilbert | Blaricum, den 9.III.1912
AB-L, Nachlass Hilbert, SUB Göttingen, 49, Nr. 14

Lieber Herr Geheimrat

Nach Abgang meines letzten Schreibens an Sie erhielt ich beiliegende Karte
von Koebe. Sie bringt weder die von mir gewünschte Widerrufung seiner falschen
Behauptungen bezüglich meines Karlsruher Vortrags, noch die versprochene und
verschuldigte Korrektur seiner Note. Ich muss die Hoffnung auf seine Zurückkehr
zur Redlichkeit jetzt wohl aufgeben, und bitte Sie deshalb meine Note der Göttinger Nachrichten nun drucken zu lassen. Inzwischen liegt mir daran, die von
Koebe in seinem Briefe und auf beiliegender Karte gegen meine Note erhobenen
Einwände hier für Sie zu beantworten.

ad A) und E) des Briefes. Koebe kennt offenbar den Fricke'schen Würfelsatz
nicht; sonst würde er einsehen, dass die Voraussetzung, dass die zerschnittenen
Flächen ein einziges Kontinuum bilden, in meinem Beweisgange keine Rolle spielt.

ad B) des Briefes. Die Richtigkeit meines Poincaré betreffenden Zitates wird
durch die Publikation meines Karlsruher Vortrags belegt werden. ad C) des Briefes.
Koebe bewegt sich hier im circulus vitiosus; denn einerseits fordert er von mir,
seine noch nicht erschienene Arbeit ausführlich zu loben, andererseits sucht er zu
verhindern, dass ich von dieser Arbeit Kenntnis nehme.

Ich betone nochmal, dass mir von der Koebe'schen Leistung nichts weiteres
bekannt ist ausser seiner in Karlsruhe ausgesprochenen unbestimmten Idee, um

den Verzerrungssatz für die Kontinuitätsmethode zu verwenden, und dass ich nur deshalb Koebe dennoch in ganz bestimmter Weise zitiere, weil ich mir selbst in den Einzelheiten Rechenschaft davon gegeben habe, dass Satz 4 sich vollständig und allgemein aus dem Verzerrungssatz folgern lässt.

Ad D) des Briefes. Koebe versteht offenbar nicht, dass eine nicht eineindeutige, aber stetige Bestimmung einer Menge durch r reelle Parameter keineswegs verbürgt, dass diese Menge eine singularitätenfreie r-dimensionale Mannigfaltigkeit ist.

Zur Behauptung der Karte, dass von den beiden Veröffentlichungen im Jahresbericht und in den Göttinger Nachrichten die eine die andere über üssig macht. Die Aehnlichkeit der beiden Noten ist eine rein äusserliche; dem Inhalt nach ergänzen sie sich, wobei die Rolle des Jahresberichtartikels hinauskommt auf die Rechtfertigung der beiden Fussnoten 1) (S. 2) und 1) (S. 4) der Göttinger Note.

Dass die bevorstehende Note von Koebe keine mich betreffende Unwahrheiten oder Insinuationen enthalte, ist übrigens après tout noch mehr im Interesse von Koebe als von mir; denn in meiner eventuellen Widerlegung würde ich wahrscheinlich nicht umhin können, ihn unheilbar zu blamieren.

Mit den besten Grüssen

Ihr

L.E.J. Brouwer

Als Erfinder der sogenannten Kontinuitätsmethode war Klein natürlich sehr daran interessiert Näheres über die Sachlage zu erfahren, welche zu diesem Streit geführt hatte. Er befand sich allerdings zu dieser Zeit in einem Sanatorium im Harz, sodass er über die laufenden Verhandlungen nicht informiert war. Deswegen bat er Hermann Weyl, ihm seine eigene Meinung hierzu schriftlich mitzuteilen (Abbildung 7.3).

Weyl an Klein | Göttingen, den 16.V.1912
AB-L, Nachlass Klein , SUB Göttingen, XII: 295

Sehr geehrter Herr Geheimrat,

über die sachlichen Differenzen zwischen Koebe und Brouwer bin ich nur sehr unzureichend informiert. Es handelt sich bei der Durchführung des Continuitätsbeweises wohl um dreierlei:
1) um das Gruppen-Continuum,
2) um das Continuum der Riemannschen Flächen vom Geschlechte p,
3) um die Abbildung dieser beiden auf einander.
Bei 1) stützt sich Brouwer durchaus auf frühere Untersuchungen (Klein, Fricke, Poincaré), durch die erwiesen ist, dass es sich um ein einziges zusammen-

Abbildung 7.3: Hermann Weyl, ca. 1912

hängendes Continuum handelt. Koebe nimmt diesen Teil von neuem auf und vereinfacht ihn wesentlich mit Hülfe des Verzerrungssatzes, der ihn der Untersuchung aller Ausartungen (Randpartien des Continuums) überhebt und zugleich die Möglichkeit gewährt, den Continuitätsbeweis auf alle weiteren Fälle (Brouwer hat nur den Grenzkreisfall im Auge) auszudehnen. Ich bin freilich nicht sicher, ob ich damit die Rolle des Koebeschen Verzerrungssatzes richtig einschätze; denn der Gang des Beweises ist mir ganz unbekannt.

Ad 2): Hier scheint Brouwer das Hülfsmittel der Erweiterung der Dimensionenzahl erforderlich zu sein und wohl auch eine genaue Formulierung derjenigen Umstände, unter denen zwei Riemannschen Flächen vom gleichen Geschlecht als ,wenig voneinander verschieden' zu gelten haben (präzise Fassung des Stetigkeitsbegriffs in der Mannigfaltigkeit der Riemannschen Flächen). Koebe hält die Erweiterung der Dimensionenzahl für etwas sehr nebensächliches am ganzen Beweis und behauptet (was Brouwer bestritten hatte), dass die Theorie der Funktionen und Integrale auf der Fläche $3p - 3$ Modulen liefere, die im strengen Sinne den Riemannschen Flächen umkehrbar-eindeutig und stetig entsprechen; man erhalte z.B. mit Riemann, indem man mittels eines passenden normierten Integrals 1. Gattung die vorgelegte Fläche abbilde.

Ad 3): Dass hier der von Brouwer bewiesene Satz von der Invarianz des n-dimensionalen Gebiets das entscheidende ist, wird auch von Koebe ohne jede

Einschränkung zugestanden.

Koebe scheint die Sache so darzustellen, dass hierin, aber auch nur hierin Brouwers Verdienst bestehe, dass er durch diesen Satz die Grundlage aller Continuitätsbetrachtungen sicher gestellt habe, während er für sich selbst in Anspruch nimmt: in ‚durchgreifender' und ‚gemeiner' Weise diejenige Hülfsmittel entwickelt zu haben, welche im besonderen Falle des Uniformisierungsproblems die Durchführung des Continuitätsbeweises ermöglichen. Brouwer seinerseits scheint grossen Wert auf die Priorität zu legen; er bestreitet dass Koebe in Karlsruhe im Besitz eines lückenloses Beweises war, während er, Brouwer, damals für den Grenzkreisfall auf seine Art die Sache vollständig durchgeführt gehabt habe.

Dass es zum Konflikt gekommen ist, liegt ja nicht an der Sache, sondern an der Gegensätzlichkeit der beiden Naturen, die hier aufeinander gestossen sind, an Koebes Unbekümmertheit um Ansprüche Anderer und an Brouwers Reizbarkeit und leidenschaftliche Heftigkeit. Herr Geheimrat Hilbert, mit dem ich heute sprach und der Ihnen die beste Grüsse ausrichten lässt, wies es weit von sich, auf einen der beiden Streitenden irgendwelche Einfluss auszuüben; er ging auf die Sache gar nicht ein und sagte nur, ‚das sind zwei erwachsene Menschen, die müssen selber wissen was sie tun'. Wann Brouwer nach Göttingen kommt, ist noch unbestimmt; jedenfalls aber erst nach den Pfingstferien.

. . .

Mit den ergebensten Grüssen
Ihr Sie hochverehrender
Hermann Weyl

Brouwer wartete vergeblich auf Nachrichten von Koebe, der die Zusendung der endgültigen Korrektur seiner Arbeit hinauszögerte. Anfang Juni wollte er nach Göttingen, um mit Hilbert darüber zu verhandeln. Brouwer versprach sich offensichtlich viel mehr von dem bevorstehenden Gespräch mit Hilbert als Weyl, der aus einer Diskussion mit seinem Doktorvater den Eindruck gewonnen hatte, Hilbert wolle eine völlig unparteiische Haltung in diesem Konflikt einnehmen. Kurz bevor er nach Göttingen kam, schickte Brouwer noch weitere Dokumente an Hilbert, um ihn vorab über gewisse Einzelheiten ins Bild zu setzen. Seine betrübte Stimmung zu dieser Zeit lässt sich klar aus dem begleitenden Brief ablesen.

Brouwer an Hilbert | Blaricum, den 31.V.1912
AB-L, Nachlass Hilbert, SUB Göttingen, 49, Nr. 15

> Lieber Herr Geheimrat!
>
> . . .
>
> Zur besseren Vorbereitung unserer künftigen Besprechung sende ich Ihnen beiliegend zwei Briefe, welche Ihnen die etwas auf der Hand liegende Frage beantworten werden, warum ich mich zur Publikation meines Kontinuitätsbeweises denn überhaupt mit Koebe eingelassen habe. Mein in Karlsruhe vorgetragener Beitrag zum Kontinuitätsbeweise bestand nämlich aus zwei Teilen, von denen der erste (die ‚Invarianz des Gebiets') schon im Juli zur Veröffentlichung für sich eingereicht worden war, während hinsichtlich des zweiten (der ‚Erweiterung der Gruppenmenge zur Menge der m-poligen automorphen Funktionen') nach dem beiliegenden Briefe von Bernstein (vgl. die mit Bleistift markierte Stelle) von Koebe eine Priorität beansprucht wurde. Weil dieser zweite Teil mir überdies nicht sehr tief erschien, zögerte ich natürlich, ihn zu veröffentlichen, obgleich Blumenthal mich dazu anregte. Schliesslich sandte ich Anfang November das Manuskript meines Vortrags an Fricke mit der Frage, ob ihm der Inhalt neu und der Veröffentlichung würdig erscheine, worauf ich beiliegende Antwort erhielt. Die hierin mit Bleistift markierte Mitteilung über Koebe komplizierte nun die Sachlage so sehr, dass ich, als kurz darauf sowohl Blumenthal und Fricke wie auch (nämlich indirekt durch Fricke) Klein mich zur Veröffentlichung aufforderten, dazu unmöglich übergehen konnte, ohne mich behufs mehr Sicherheit und Klarheit über Koebes Leistungen mit diesen selbst in Verbindung zu setzen, weil sonst die Gefahr vorlag, dass Koebe meine Publikation der Trivialität und mich selbst des Plagiats beschuldigen würde. Im Briefwechsel mit Koebe bekam ich dann auf meine sehr bestimmten Fragen immer nur ausweichende Antworten; das einzige was ich herauskriegte, war eine gegenseitige Verabredung, unsere Noten über den Kontinuitätsbeweis in Einverständnis miteinander zu redigieren. Wie er dann später sein Wort gebrochen hat und die Sache[?] verschleppt worden ist, ist Ihnen bekannt.
>
> Nun, das weitere besprechen wir schon nächste Woche. Meine Frau freut sich mit mir auf das Wiedersehen und wir grüssen Sie beide herzlich.
>
> Ihr
>
> Egbertus Brouwer.

Das Treffen mit Hilbert in Göttingen fand Anfang Juni statt. Brouwer wollte auch mit Klein sprechen, der sich aber nicht in Göttingen, sondern in Hahnenklee im Harz aufhielte, wo er mehrere Wochen in einem Sanatorium verbringen musste. Hier malte Max Liebermann das bekannte Porträt, das heute im Mathematischen Institut zu finden ist (Abbildung 7.4). Anders als Hilbert verfolgte Klein das Nachspiel der Karlsruher Debatten mit großem Interesse, zumal er selbst daran beteiligt war. So übernahm er die Regie bei der Vorbereitung einer Zusammenfassung der Vorträge und Diskussionen, die im *Jahresbericht der Deutschen Mathematiker-Vereinigung* erscheinen sollte. Brouwer gab ihm zu verstehen, dass er Kleins Veränderungsvorschläge berücksichtigen wollte, wobei er beabsichtige, seine endgültige Korrektur bis zum Erscheinen der längst erwarteten Arbeiten Koebes zu behalten.

Abbildung 7.4: Porträt von Felix Klein, gemalt von Max Liebermann, 1912. Mathematisches Institut der Universität Göttingen

Brouwer an Klein | Blaricum, den 21.VI.1912
AK-L, Nachlass Klein, SUB Göttingen, VIII: 302

Hochverehrter und lieber Herr Geheimrat!

Zu meiner grossen Freude kann ich Ihnen berichten, dass ich zum a.o. Professor an der Universität Amsterdam ernannt worden bin. Man hat mir mitgeteilt, dass Testimonia von Ihnen und von Herrn Hilbert ganz besonders zu diesem Erfolge beigetragen haben. Also mein sehr herzlicher Dank für diese Hilfe.

Am 3. und 4. Juni war ich in Göttingen und hatte mich sehr darauf gefreut, an diesen Aufenthalt einen Besuch nach Hahnenklee anzuknüpfen. Als ich erfuhr, dass ich mich zuvor anzumelden und Antwort abzuwarten habe, reichte leider meine Zeit dazu nicht mehr aus, und ich musste auf mein Vorhaben verzichten. Inzwischen wird gewiss Weyl am 9. Juni Ihnen meine Grüsse bestellt haben.

Ihren Wünschen bezüglich der Redaktion meines Karlsruher Vortrags im Jahresbericht habe ich Rechnung getragen. Damit aber Koebe mich mit dieser Veröffentlichung in keiner Hinsicht dupiere – in vergangene Winter habe ich mit Ihm zu üble Erfahrungen gemacht – behalte ich diesmal meine Schlusskorrektur bei mir bis ich vom Texte des Vortrags Koebes, so wie von dessen Göttinger und Leipziger Noten von Januar und Februar, Kenntnis bekommen habe.

Mit wiederholtem Dank und mit den herzlichsten Grüssen,

Ihr immer verehrender

L.E.J. Brouwer

Nur drei Tage später konnte Brouwer bestätigen, dass er inzwischen die Korrekturen zum Bericht über den Vortrag Koebes erhalten habe. Höchstwahrscheinlich hatte sich Klein in der Zwischenzeit bei Koebe eingeschaltet, um die von Brouwer angedrohte Blockade zu beseitigen. Dies scheint auch Brouwer angenommen zu haben, denn er äußert zum Schluss sein Wunsch gegenüber Klein, er möge bewirken, dass „der Text der Göttinger und Leipziger Koebe'schen Noten von Januar und Februar zu meiner Kenntnis gebracht würde".

Brouwer an Klein | Amsterdam, den 24.VI.1912
AB-L, Nachlass Klein , SUB Göttingen, VIII: 303

Hochverehrter Herr Geheimrat,

Ich lasse Ihnen die heute bei mir eingetroffenen Korrekturen des Vortrags-Koebe zugehen mit den Änderungen, welche darin meines Erachtens notwendig sind und mit der Bitte, dieselben mit Ihrer Begutachtung der Änderungen an die Redaktion weiter zu befördern.

Was die Diskussion Koebe-Brouwer betrifft, so scheint mir der weitere Text des Vortrags-Koebe zu zeigen, dass diesem seine in Karlsruhe in Aussicht gestellte Hebung der topologischen Schwierigkeiten mittels Poincaré'scher Reihen schliesslich doch nicht gelungen ist. In diesem Fall wäre ich damit einverstanden, dass der diesbezügliche Absatz der Diskussion (der Teil zwischen den Klammern) fortfällt.

Das Koebe'sche Zitat auf Baire-Lebesgue, das ich gestrichen habe, ist wahrscheinlich dem in meinem Vortrage enthaltenen Zitate auf dieselben entnommen. Baire und Lebesgue haben indes niemals den Satz von der Invarianz des Gebiets oder auch nur einen Teil davon bewiesen. Mein Zitat beruht lediglich darauf, dass ich einen neuen Beweis des Satzes in Aussicht stelle, welcher frühere Resultaten von Baire und Lebesgue wesentlich benutzt. Dieser neue (heute noch nicht veröffentlichte) Beweis gehört indes ebensogut mir, wie die beiden älteren, in Annalen 71 Helft 3 und 72 Heft 1 enthaltenen.

Weil nun aber auch die beiden älteren Beweise erst nach Karlsruhe erschienen sind, und erst in meinem Vortrage die erste öffentliche Mitteilung darüber geschah, so hat Koebe sich im Texte seines Vortrags wegen der Invarianz des Gebiets ausschliesslich auf meinen vorangegangen Vortrag zu beziehen. Im Literaturverzeichnis finden dann weiter die Zitate auf meine seitdem erschienenen Annalenarbeiten ihren Platz.

Ich hätte noch eine Bitte: Ich wäre Ihnen sehr dankbar, wenn Sie bewirken könnten, dass der Text der Göttinger und Leipziger Koebe'schen Noten von Januar und Februar zu meiner Kenntnis gebracht würde, denn erst nach dieser Kenntnisnahme werde ich den Text meines Vortrags (in welchen ich nunmehr auch die Diskussion Koebe-Brouwer aufgenommen habe) endgültig druckfertig erklären können.

Mit den herzlichsten Grüssen und den besten Wünschen
Ihr immer verehrender
L.E.J. Brouwer

Koebes Verweigerung, seinen Brouwer mehrmals versprochenen Texten zuzuschicken, belastete den Holländer sehr. Eine Woche später schrieb er nochmals an Klein, um ihn ausführlicher über die Gründe seiner Bitte zu informieren. Nebenbei erwähnte er, wie Hilberts frühere Vermittlungsversuche scheiterten.

Brouwer an Klein | Blaricum, den 1.VII.1912
AB-L, Nachlass Klein , SUB Göttingen, VIII: 304

Hochverehrter Herr Geheimrat!

In meinem vorigen Briefe nahm ich die Freiheit, Sie zu bitten bewirken zu wollen, dass Koebe's Göttinger und Leipziger Noten von Januar und Februar zu meiner Kenntnis gebracht worden, vergass aber dieser Bitte hinzuzufügen, weshalb ich auf diese Kenntnisnahme gewissermassen ein Recht zu besitzen glaube.

Im Dezember 1911 sind nämlich Koebe und ich übereingekommen, unsere Noten über den Kontinuitätsbeweis in Einverständnis miteinander zu redigieren. Darauf liess ich am 2. Januar 1912 Koebe den Text meiner Göttinger Note zugehen, brach aber dann Koebe sein Wort, teilte mir weder die Vorlegung seiner Noten mit, noch sandte mir Text oder Korrektur davon. Sogar ein Versuch von Herrn Geheimrat Hilbert, ihn zu veranlassen sein Wort zu halten, ist gescheitert.

Nun ist inzwischen bei dem Drucke meiner Göttinger Note vom Januar, ohne meine Mitwirkung ein Zitat eingefügt worden gerade auf diejenigen Koebe'schen Noten, welche dieser sich unter Wortbruch geweigert hat, mir zu senden, und hierin scheint mir, weil der Zitierende doch vorausgesetzt wird, den Inhalt des zitierten Arbeiten zu kennen, für mich ein zweites Recht gelegen zu sein, die betreffenden Koebe'schen Noten kennen zu lernen. Auf jeden Fall scheint es mir durchaus notwendig, dass Koebe sich in den betreffenden Noten auf meine Göttinger Note bezieht. Denn im entgegensetzten Falle würde der Leser den Eindruck bekommen, als hatte Koebe seine Note redigiert ohne Kenntnis der meinigen, ich aber mit Kenntnis der Koebe'schen, während in Wirklichkeit gerade das Umgekehrte der Fall ist. Ich bitte tausendmal um Verzeihung, Sie in diesen unangenehmen Angelegenheit einzubeziehen; es geschieht aus dem einzigen Grunde, dass ich alles aufwenden möchte, um der Notwendigkeit von Polemiken vorzubeugen.

Den direkten, von der Uniformisierung unabhängigen Beweis der Singularitätenfreiheit der Modulmannigfalltigkeit, den ich in Dezember 1911 an Herrn Geheimrat Fricke schickte und den dieser, wenn ich mich richtig erinnere, damals an Sie weitergesandt hat, habe ich nun vor etwa drei Wochen Herrn Hilbert zu Vorlegung in den Göttinger Gesellschaft der Wissenschaft eingereicht. Vielleicht erhielten Sie schon eine Korrektur davon.[43]

Mit herzlichsten Gruss, in wärmster Verehrung

Ihr

L.E.J. Brouwer

Weitere Einzelheiten über den weiteren Verlauf dieser Geschichte findet man in (van Dalen 2013, 18–−190). Dieser berühmte Streit löste auch ein komisches Nachspiel aus, bei dem Blumenthal sich Brouwer in Schutz nehmen musste (Abschnitt 7.5). Für Brouwer musste der Ausgang dieses Konflikts befriedigend gewesen sein, jedenfalls was die Anerkennung seiner Leistung betrifft. Zehn Jahre später berichtete Felix Klein über die jeweiligen Leistungen von Brouwer und Koebe in Bezug auf die Uniformisierungssätze im dritten Band seiner *Gesammelten Mathematischen Abhandlungen* (Klein 1921–1923, III: 734–737). Dort bemühte er sich unparteiisch zu bleiben, wohl wissend, wie heikel diese ganze Geschichte immer noch war. („Ich halte um so mehr an der alphabetischen Reihenfolge fest, als die gegenseitige Beziehung der beiden Forscher nicht ganz geklärt ist.")

Kleins damaliger Mitarbeiter Hermann Vermeil versuchte im Vorfeld dieser Veröffentlichung, bei Brouwer die Genehmigung für einen Wiederabdruck der relevanten Teile des Berichts über die Karlsruher Referate im *Jahresbericht der Deutschen Mathematiker-Vereinigung* zu erhalten. Brouwer verweigerte ihm dieses Erlaubnis, falls der Bericht ohne die in seinen Separatabdrücken hinzugefügten Zusatzerklärungen wiederabgedruckt werden sollte. Diese „Richtigstellung" Brouwers vom 1. Mai 1913 sorgte für viel Klatsch in den Jahren danach (siehe Abschnitt 7.5).

---

[43]Es handelt sich um (Brouwer 1912h).

Brouwer an Hermann Vermeil | Laren, den 23.V.1922
AK-L, TB, Nachlass Klein, SUB Göttingen, VIII: 312C

Sehr geehrter Herr Vermeil

Infolge meiner Abwesenheit während der Osterferien konnte meine während dieser Zeit eingelaufene Post nur mit grosser Verzögerung erledigt werden, und komme ich erst heute dazu, Ihre Zuschrift vom 6. April dieses Jahres zu beantworten. Der im 21. Band des Jahresbericht der Deutschen Mathematiker-Vereinigung erhaltene Bericht über die Karlsruher Referate gibt eine sehr falsche Vorstellung der Entstehungsgeschichte des Kontinuitätsbeweises des allgemeinen Kleinschen Fundamentaltheorems. Insbesondere ist der Bericht über die Diskussion Koebe-Brouwer ohne meine Erlaubnis in der vorliegenden Form gedruckt worden, während vom Koebeschen Vortrage der von diesem Herrn ein Jahr später angefertigte Text eine direkte Fälschung darstellt. Meine Erlaubnis zum erbetenen Wiederabdruck kann ich mithin nur dann erteilen, wenn auch meine bezügliche den Separatabdrücken seiner Zeit noch rechtzeitig beigegebene Richtigstellung mit aufgenommen wird.

Falls Sie über die Angelegenheit nähere Auskunft wünschen sollten, so könnten Sie Sich sehr gut an Herrn Prof. Felix Bernstein oder an Herrn Prof. Ludwig Bieberbach wenden, die beide in Karlsruhe am betreffenden mündlichen Verkehr, sowohl innerhalb wie ausserhalb der Sitzung, Anteil genommen haben. Prof. Bieberbach spricht denn auch auf Grund seiner Kenntnis des Sachverhaltes in seinem Karlsruher Referat vom Brouwer- Koebeschen Kontinuitätsbeweise, während sonst der Gesamttext der Referate infolge der falschen Koebe'schen Darstellungen nur den Namen Koebe'schen beziehungsweise Koebe-Brouwerschen Kontinuitätsbeweis rechtfertigen würde.

Mit hochachtungsvollem Gruss
Ihr ergebener
L.E.J. Brouwer

Man merkt an diesem Brief, dass gut zehn Jahre später Brouwer immer noch alle Einzelheiten im Kopf hatte. Es war typisch für ihn, dass er nichts vergaß und nur selten vergab.

7.4 Brouwer als Gutachter

Ab dieser Zeit begann Brouwer mit Tätigkeiten als Gutachter für die *Mathematische Annalen*. Er zerpflückte eine topologische Arbeit von N. J. Lennes, der vermutlich niemals vor- oder nachher in einer deutschen Zeitschrift publizierte. Lennes bekam andererseits Anerkennung für seine Arbeiten in den USA (Zitarelli 2009).

Blumenthal an Brouwer | Aachen, den 3.II.1912
TK, Nachlass Brouwer, Noord-Hollands Archief, Haarlem

Lieber Herr Brouwer!

Ich bitte Sie um einen Dienst für die Annalen. Ich schicke Ihnen gleichzeitig eine Arbeit von Lennes ‚Curves and surfaces in non-metrical space'[44], die mir in enger Berührung mit Ihren Arbeiten zu stehen scheint. Insbesondere sehe ich darin einen Teil des Jordanschen Satzes ausgesprochen und zwar gerade denjenigen, den Sie in den Annalen ausführlich bewiesen habe. Ich bitte Sie daher um Ihr Urteil über die Arbeit: ob sie richtig ist, in welchem Verhältnis sie zu den Ihrigen steht und ob Sie sie für wert halten, in die Annalen aufgenommen zu werden.

Besten Dank im voraus und viele Grüsse!

Ihr

O. Blumenthal

Blumenthal an Brouwer | Aachen, den 12.II.1912
AK-L, Nachlass Brouwer, Noord-Hollands Archief, Haarlem

Lieber Herr Brouwer!

Ich habe die Lennessche Arbeit und ihre Kritik mit besten Dank erhalten. Ich danke Ihnen besonders, dass Sie Ihr Urteil so eingehend begründet und scharf formuliert haben. Ich habe Herrn Lennes daraufhin seine Arbeit natürlich zurückgeschickt, Ihre Bemerkungen beigelegt und ihn ausserdem auf Ihre Arbeit über den Jordanschen Satz [(Brouwer 1910b)] verwiesen, die er noch nicht zu kennen scheint.[45]

Nochmals besten Dank und viele Grüsse.

Ihr

O. Blumenthal

---

[44]Der in Norwegen geborene Nels Johann Lennes (1874–1951) kam mit 16 in die Vereinigten Staaten, wo er Mathematik an der University of Chicago studierte. Danach veröffentlichte er seine Arbeit „Curves in non-metrical analysis situs with an application in the calculus of variations" (*American Journal of Mathematics*, 33 (1911): 287–326). Hier steht zum ersten Mal der allgemeine topologische Begriff einer zusammenhangenden Menge (S. 303): „A set of points is a ‚connected set' if at least one of any two complementary subsets contains a limit-point of points in the other set" (siehe (Zitarelli 2009)).

[45]Anscheinend kannte auch Brouwer die Arbeit (Lennes 1911) noch nicht, aber Freudenthal bemerkt, dass er in späteren Jahren andere darauf aufmerksam machte, wie Lennes den Zusammenhangsbegriff vor Hausdorff publiziert hatte (vgl. (Brouwer 1976, 487)).

Felix Bernstein wollte auch Brouwers inoffizielle Meinung über eine kleine Auseinandersetzung erfahren, die Bernstein und Émile Borel in den Seiten der *Annalen* publizierten. Es handelt sich um ein klassisches Problem in der Himmelsmechanik, das auf Lagrange zurückgeht. Bernstein knüpfte an Ergebnisse des livländischen Mathematikers Piers Bohl an (Bernstein 1912a). Dabei konnte Bernstein neuere Methoden der Wahrscheinlichkeitstheorie anwenden, die zum Teil in Arbeiten von Borel entwickelt wurden.

In Zusammenhang damit übte Bernstein Kritik an einem zentralen Satz in (Borel 1909), in der Meinung, dass dieser im Widerspruch zu seinen eigenen Ergebnissen stehe. Auf diese kritischen Bemerkungen wurde Borel sicherlich von Blumenthal aufmerksam gemacht. In seiner Entgegnung konnte Borel das Argument von Bernstein entkräften, indem er gewisse Missverständnisse in der Terminologie erklären konnte. Bernstein musste danach zugeben, dass der vermeintliche Widerspruch eigentlich nicht vorhanden war, wobei er nach wie vor überzeugt davon war, dass Borel keinen echten Beweis für seinen Kernsatz erbracht hätte.

Felix Bernstein an Brouwer | Göttingen, den 7.XI.1912
AB, Nachlass Brouwer, Noord-Hollands Archief, Haarlem

Lieber Freund,

. . .

Könnten Sie mir vielleicht sagen, welchen Eindruck Borel's Erwiederung [1912] in den Annalen auf Sie gemacht hat? Blumenthal hat mich schön herein gelegt, in dem er mir ein völlig anderes Manuskript, aber gar nicht die definitive Fassung zugehen liess, wie z.B. seine Vergleichung unseren Ableitungen. Ich weiss nun nicht, ob in meiner Antwort [(Bernstein 1912b)] genügend zum Ausdruck kommt, dass ich die Rendicontinote von Borel [1909] für zu unexact halte, als dass sie als Beweisquelle gerechnet werden kann. Da ich noch Material über den Gegenstand zu einer Publikation habe, so könnte ich seine Schönfärberei noch einmal beleuchten.

. . .

———————

Arthur Rosenthal, der in München aufwuchs und dort bei Ferdinand Lindemann und Arnold Sommerfeld studierte, wurde gelegentlich mit Blumenthal verglichen. Ein damals gängiger Mathematikerwitz spielte auf ihre Namen an, denn offensichtlich war der Rosenthal ein besonderer Fall des Blumenthals. Beide veloren später wegen ihrer jüdischen Herkunft ihre Stellen im Zuge der nationalsozialistischen Gesetze. Rosenthal hatte sich 1912 an der Universität München habilitiert und ging zehn Jahre später nach Heidelberg, zunächst als außerordentlicher Professor. Er wurde 1930 ordentlicher Professor und diente 1932–33 als Dekan der mathematisch-naturwissenschaftlichen Fakultät. Da er elf Jahre jünger als Blumenthal war, konnte er ein Jahr nach seiner Entlassung 1935 in den Niederlanden Fuß fassen. Vor dort aus konnte er 1939 in die USA emigrieren. Von 1947 bis zu seiner Emeritierung 1957 war er Professor für Mathematik an der Purdue University in Lafayette, Indiana.

Rosenthal wandte sich 1912 an Brouwer, in der Meinung er wäre für das Begutachten seiner Habilitationsschrift für die *Annalen* zuständig gewesen.

Arthur Rosenthal an Brouwer | München, den 24.III.1912
TB, Nachlass Brouwer, Noord-Hollands Archief, Haarlem

Lieber Brouwer!

Wie mir Prof. Blumenthal mitgeteilt hat, sind Sie Referent über meine Habilitationsschrift für die Mathematischen Annalen. Ich freue mich sehr darüber, dass meine Abhandlung noch vor der Publikation in den Annalen einen so kritischen Leser findet. Ich möchte Sie bitten, mir gefälligst mitzuteilen, was Sie eventuell auszusetzen haben. Ich sende Ihnen anbei mit gleicher Post als Drucksache meine gedruckte Habilitationsschrift und habe in ihr mit Bleistift diejenigen Stellen angestrichen, an denen ich während der Korrektur (abgesehen von mancherlei nicht besonders vermerkten stilistischen Verbesserungen) sachliche Änderungen vorgenommen habe.

Meine Habilitation wird Samstag Vormittag vor sich gehen und ich bin deshalb gegenwärtig sehr beschäftigt.

Mit freundschaftlichen Grüssen

Ihr

Arthur Rosenthal

Blumenthal schreibt in dem folgenden Brief von „unliebsamen Vorkommnisse[n] wie damals bei Rosenthal", vermutlich eine Anspielung auf die Tatsache, dass er die Habilitationsschrift Rosenthals für seine Reihe Fortschritte der mathematischen Wissenschaften in Monographien gewinnen wollte. Möglicherweise wurde Brouwer erst über diese Absicht Blumenthals informiert, nachdem er sich bereit erklärt hatte, die Arbeit für die *Annalen* zu begutachten.

Rosenthals Münchener Habilitationsschrift erschien zunächst als Monograph,[46] bevor sie unter dem gleichen Titel in den *Annalen* wiederabgedruckt wurde.[47] Das Büchlein bekam eine positive Rezension im *Jahrbuch über die Fortschritte der Mathematik*: „Die ganze Abhandlung enthält sehr viele ganz allgemeine Sätze mit völlig strenger Begründung und bringt sowohl für die Theorie der algebraischen und transzendenten Kurven, als auch für die Theorie der Funktionen einer

---

[46]Sie erschien unter dem Titel *Über die Singularitäten der reellen ebenen Kurven* (Leipzig, Teubner (1912), 45 S.)
[47]*Mathematische Annalen* 73 (1913): 480–521

reellen Veränderlichen viel Neues."

Blumenthal an Brouwer | Aachen, den 3.III.1914
TB, Nachlass Brouwer, Noord-Hollands Archief, Haarlem

Lieber Herr Brouwer!

Bei den Annalen sind zwei zusammengehörige, umfangreiche Arbeiten von Juel-Kopenhagen eingelaufen ,Einige Sätze über ebene, ein- und mehrteilige Elementarkurven 4. Ordnung' und ,Über die auf einer allgemeinen Elementar Fläche 3. Ordnung liegenden Geraden'. Juels Bestrebungen sind Ihnen gewiss bekannt.[48] Er definiert die Ordnung rein topologisch durch Schnitt mit reellen Geraden, setzt im übrigen keine analytischen, insbesondere keine algebraischen Eigenschaften seiner Gebilde voraus und behauptet dann, auf diese allgemeinen Gebilde wichtige Eigenschaften der algebraischen Mannigfaltigkeiten übertragen zu können. Wenn bei ihm alles richtig ist, so ist das jedenfalls etwas sehr Schönes, was wir gern für die Annalen hätten. Es ist nur die Frage, ob es wirklich richtig ist, und darüber bestehen bei kompetenten Leuten Zweifel.

Würden Sie wohl die Freundlichkeit haben, die beiden Arbeiten zu begutachten? Sie sind sicher weitaus der geeignetste und sachverständigste Gutachter. Es versteht sich, dass solche unliebsamen Vorkommnisse wie damals bei Rosenthal diesmal nicht eintreten werden. Dagegen würde ich Ihnen erlauben, und Sie sogar bitten, Sich bei auftretenden Zweifeln direkt mit Juel in Verbindung zu setzen, wenn Ihnen das geeigneter erscheint als meine Vermittlung in Anspruch zu nehmen. Juel schreibt, wie ich in einem früheren Manuskript gesehen habe, leicht und sorgfältig. Ich glaube also, dass Sie nicht grosse Mühe haben werden, die Gedanken zu sehen und sich ein Urteil zu bilden. Denn die mögliche Schwierigkeiten überblicken Sie ohnehin.

Ich wäre Ihnen sehr dankbar, wenn Sie diese Aufgabe übernehmen wollten. Ich bitte Sie um baldige Antwort.

Vielen Dank noch für Ihre Karte aus Cornwall. Wir haben seit 14 Tagen einen kleinen Sohn, der gesund ist und uns viele Freude macht. Meine Frau ist vollständig wohl.

Beste Grüsse an Sie, Ihre Frau und Tochter.

Ihr

O. Blumenthal

Brouwer nahm diese Aufgabe an und setzte sich bald direkt in Verbindung mit dem Autor. Am 5. Mai 1914 schrieb er einen Brief an Blumenthal, in dem er

---

[48]Der Geometer Christian Juel studierte zunächst am Polytechnikum in Kopenhagen, und ab 1876 begann er sein Studium der Mathematik an der hiesigen Universität. Er unterrichtete später an beiden Institutionen.

abschließend erwähnt: „Mit Juel bin ich seit einiger Zeit in regem Briefwechsel; ich hoffe Ihnen diesbezüglich demnächst meine definitive Nachricht zu schicken. Dies wird übrigens vielleicht besser mündlich gehen, in welchem Falle ich einmal einem schönen Frühlingstag nach Aachen komme."

Der angekündigte Besuch fand offenbar unmittelbar danach statt, denn nur fünf Tage später konnte Blumenthal Juel das Ergebnis dieses Gesprächs mitteilen.

Blumenthal an Juel (Kopie) | Aachen, den 20.V.1914
TB, Nachlass Brouwer, Noord-Hollands Archief, Haarlem

Lieber Herr Juel!

Am vorigen Sonntag war Brouwer bei mir und hat mir persönlich Ihre Arbeit zurückgebracht, um einige Punkte mit mir mündlich zu besprechen. Seine Ansicht kennen Sie ja: er hat zu meiner grossen Freude gefunden, dass die Arbeit richtig ist, findet aber, dass die Redaktion an verschiedenen Stellen zu kurz ist, um verständlich zu sein. Diese letzte Kritik bezieht sich hauptsächlich auf die Hauptarbeit, die Flächen, während ihm die Kurvenarbeit im allgemeinen genügend entwickelt erscheint. Ich habe nun mit Brouwer den ersten § der Flächenarbeit genau durchgegangen und kann seiner Ansicht nur beipflichten. Ich möchte Ihnen das kurz entwickeln.

Ich verstehe, dass Sie möglichste Kürze anstreben und ich glaube, das Sie damit besonders dem Wunsche der Annalen nachkommen möchten. In diesem Falle liegt aber die Sache doch wohl anders, und Ihr Interesse verlangt durchaus, dass Sie die Darstellung so ausführlich halten, dass jeder Geometer sie leicht versteht und glaubt. Es kann Ihnen nichts nutzen, wenn Ihnen Geometer wie Darboux noch weiter kritisch entgegen treten. Ihr Resultat ist frappierend schön, es wird also sicher Unglauben hervorrufen, dem sollten Sie sofort entgegentreten. Ich habe an dem ersten § der Flächenarbeit eine grosse Zahl von Randbemerkungen gemacht, aus denen Sie ersehen können, welche Punkte mir besondere Schwierigkeiten gemacht haben. Sie benutzen fortwährend die in Ihrem Wiener Vortrag skizzierten Sätze über die Singularitäten des Umrisses, und vor allem auch deren duale Gegenbilder. Ich halte es für unbedingt nötig, dass diese Sätze sämtlich einzeln ausgesprochen und einzeln genau bewiesen werden, damit nichts mehr im Text steht was nach einem Appell an die Anschauung aussieht. Ich halte den Verweis auf dem Wiener Vortrag auch schon deshalb nicht für glücklich, weil dort der Beweis nur skizziert ist, und weil bei einer so wichtigen Sache man doch alles zusammen haben möchte.

An einem Punkte, auf S. 11, ist uns übrigens eine tiefergehende Bedenklichkeit aufgestossen. Es handelt sich darum, ob der Satz 11 der Kurvenarbeit anwendbar ist. Ich nehme an, dass Sie diesen Beweis führen können. Im anderen Falle müsste der Satz 11 eine Erweiterung erfahren. Ich bitte Sie um gelegentliche Mitteilung, wie es damit steht.

Meine Ansicht ist also, dass der erste § der Flächenarbeit ganz erheblich erweitert, voraussichtlich in zwei § zerspalten werden muss, von denen der eine nur den Beweis der Hülfssätze über die Singularitäten der Umrisskurve enthält. Ich hoffe, Sie werden mein entschiedenes Drängen nicht missverstehen. Ich würde es nicht tun, wenn mir nicht viel daran läge, dass eine so wichtige Arbeit auch in vollkommener Form an die öffentlichkeit kommt. Ich möchte Sie also recht dringend um eine tiefgehende Umarbeitung und Erweiterung der Flächenarbeit, besonders des 1. Paragraphen bitten. Die übrigen § habe ich nicht angesehen; nach Brouwers Urteil verlangt auch der 2. eine Erweiterung und Präzisirung, während er die letzten gut verstehen konnte. Ich halte dieses Urteil Brouwers für massgebend, in dem Sinne dass etwas, was er nicht versteht, wohl allen zu kurz sein wird, denn er ist nicht nur in der Geometrie im allgemeinen, sondern auch in der Theorie der algebraischen Fläche sehr zu Hause.

Ich verstehe, dass Sie auf der anderen Seite nicht wünschen werden, dass eine längere Umarbeitung das Erscheinen Ihrer Arbeit wieder hinauszöggert. Ich mache Ihnen daher folgenden Vorschlag. Wir publizieren zuerst die Kurvenarbeit für sich. Dieser fügen Sie ein Schlusswort an, in dem Sie angeben, dass Sie sich der entwickelten Sätze bedienen, um Resultate über Fläche abzuleiten, und geben diese Resultate an. Sie verweisen weiter darauf, dass die Flächenarbeit demnächst in den Annalen erscheinen wird. Ich verspreche Ihnen meinerseits, dass ich Ihre Flächenarbeit, wenn sie in umredigierter Form wiederkommt, sofort zum Druck befördern werde, denn mir liegt viel daran, dass Ihre Arbeit bei uns erscheint.

Die Redaktion der Kurvenarbeit würde sonst so bleiben können wie sie ist, vorausgesetzt natürlich, dass der Satz 11 im Hinblick auf die Anwendung nicht umfassender formuliert werden muss. Nur auf zwei Punkte hat mich Brouwer hingewiesen: Einmal wäre ausdrücklich hervorzuheben, dass Spitzen bei den Kurven ausgeschlossen sind, weil sonst eine Reihe von Abzählungen versagen, zweitens müssten die Verabredungen über die Wendepunkte (Zahl der zusammenfallenden Tangenten) ausdrücklich und einheitlich formuliert werden.

Ich hoffe nun sehr, dass Sie Sich mit meinem Vorschlag einverstanden erklären. Er scheint mir sowohl im Interesse der Sache, wie auch in Ihrem eigenen. Ich schicke Ihnen gleichzeitig Ihre beiden Manuskripte zurück, und bitte Sie, mir das Kurvenmanuskript möglichst umgehend, wenn Sie die kleinen Änderungen angebracht haben, wieder zuzustellen, das Flächenmanuskript aber nach der Umarbeitung. Ich bitte Sie übrigens um gefälligen Bescheid, wie Sie es halten wollen. Die deutsche Sprache ist übrigens in den von mir durchgelesenen Partien so gut, dass sie nur einer Überfeilung in der Korrektur bedarf, die ich gern übernehmen werde.

Beste Grüsse
Ihr sehr ergebener
Blumenthal

Brouwers Bemühungen als Gutachter waren in diesem Falle befruchtend; beide Arbeiten Juels sind in Band 76 der *Annalen* erschienen.[49]

7.5　Brouwers Beziehungen zu den Göttingern

Der Konflikt zwischen Brouwer und Koebe tauchte kurz vor Ausbruch des Krieges erneut auf, und zwar bei einer eher lächerlichen Angelegenheit. Blumenthal wollte allerdings Brouwer zu dieser Zeit als mitwirkenden Redakteur für die *Annalen* gewinnen, sodass er sich gezwungen fühlte, Brouwers neuesten Angriff gegen Koebe zu verharmlosen. Die Göttinger Gerüchteküche brodelte hinsichtlich einer Geschichte, die Koebe über Friedrich Wilhelm Levi zu Ohren gekommen war. Koebe beschwerte sich danach in einem Schreiben an Hilbert.

Koebe an Hilbert | Leipzig, den 25.V.1914
AB-L, Nachlass Hilbert, SUB Göttingen, 183

Hochgeehrter Herr Geheimrat!

Wie Herr Dr. Levi[50] mir kürzlich mitteilte, soll vor mehreren Monaten (um Januar-Februar) von Herrn Brouwer ein gedruckter Zettel, eingelegt in einen Sonderabdruck, zum Versandt gelangt sein, welcher eine stillschweigende eigentümliche Bezugnahme auf mich enthalten soll. Daraufhin sollen in Göttingen allerhand Anschuldigungen gegen mich in Umlauf gebracht worden sein, welche auch in der Mathematische Gesellschaft gelegentlich angedeutet worden sein sollen. Da ich erst ganz vor Kurzen über alle diese Dinge Kenntnis erhalten habe, sehe ich mich genötigt, Sie um eine nähere Auskunft zu bitten. Insbesondere möchte ich auch den erwähnten gedruckten Zettel gern zu Gesicht bekommen.

Es tut mir leid, Sie auf die Weise belästigen zu müssen. Ich glaube aber, dass Sie der einzige Instanz sind, an welche ich mich in dieser Angelegenheit wenden kann, da Sie einerseits meine mit Brouwer in Kollision gekommene Note in den Göttinger Nachrichten 1912 vorgelegt haben, andererseits schon damals in diese ‚Prioritätsstreitigkeit‘, die nach meiner Auffassung überhaupt keine ist, begütigend eingegriffen haben.

Mit besten Grüssen und Empfehlungen

Ihr ergebener

P. Koebe

---

[49]Christian Juel, Einige Sätze über ebene, ein- und mehrteilige Elementarkurven vierter Ordnung, *Mathematische Annalen* 76 (1915): 343–33; Einleitung in die Theorie der Elementarflächen dritter Ordnung, *Mathematische Annalen* 76 (1915): 548–574.

[50]Friedrich Wilhelm Levi wurde 1911 bei Heinrich Weber in Straßburg summa cum laude promoviert. Er reichte zu dieser Zeit seine Habilitationschrift in Leipzig ein, aber das Verfahren wurde mit Ausbruch des Krieges aufgeschoben. Bis zum Ende des Krieges diente er als sächsischer Feldartillerist, und erst danach wurde er Privatdozent in Leipzig (siehe (Kegel/Remmert 2003)).

Hilbert hatte schon zwei Jahre zuvor Weyl gegenüber seinen Standpunkt in Bezug auf diesen Streit klar zum Ausdruck gebracht, als er ihm sagte, „das sind zwei erwachsene Menschen, die müssen selber wissen was sie tun". Klein bekam jedoch einen ähnlichen Brief von Koebe und wollte wissen, ob seine Beschwerden gegen Brouwer gerechtfertigt waren. So musste Blumenthal, der wie fast alle Göttinger auf Brouwers Seite stand, vor ihm Rede und Antwort stehen.

Blumenthal an Klein | Aachen, den 5.VI.1914
TB, Nachlass Klein, SUB Göttingen, VIII: 138

Sehr geehrter Herr Geheimrat!

Ich habe mir Brouwers Zettel angesehen. Er ist den Sonderabdrücken des Karlsruher Vortrags aus D. Math.–Ver. 21 beigeklebt, ist in Holland gedruckt und voraussichtlich von Brouwer zugefügt worden, ohne dass die Redaktion darum gefragt worden ist. Der Inhalt des Zettels ist rein sachlich und vollständig harmlos. Ich sehe nicht, dass Brouwer durch diese Erklärung die Grenze des peinlichsten Feingefühls überschritten hat. Sie können sich davon selbst leicht überzeugen. Ich möchte also beantragen, dass Brouwer mit Carathéodory zusammen mit dem 76. Bande dem nächsten in die Redaktion eintritt, und wäre Ihnen sehr dankbar, wenn Sie sich deshalb an Hölder und Noether wenden wollten. Auch Hilbert, mit dem ich gesprochen habe, hält den Zettel für unsere Entschlüsse für bedeutungslos.

Ich habe im letzten Annalencircular Ihre Bemerkung gefunden, dass Haupts Arbeit über Prymsche Funktionen mit Ritters Multiplikativen Funktionen zu vergleichen sei. Nach dem, was ich bei Ihnen gelernt habe, scheint mir in der Tat eine Berührung wahrscheinlich. Ich mache Haupt darauf aufmerksam und bitte ihm, Ritter zu studieren.

Mit den Abelschen Funktionen ist es eine merkwürdige Sache. Weierstrass' eindeutige E-Funktion hat mit Sicherheit ausser der wesentlichen Singularität noch einen Pol. Es ist auch leicht zu sehen, dass dieser Pol notwendig ist, weil sonst das Abelsche Theorem nicht herauskommt. Da aber die allgemeine Behauptung dahin geht, dass die E-Funktion nur reelle Nullstelle hat, so muss sich das auf eine andere Bezeichnung beziehen als sie in der gedruckten Ausgabe der Vorlesung gegeben ist. Ich werde das noch vergleichen. Einstweilen erscheint Ihr Ω, wenn man es mit einfachen Faktoren multipliziert, um die Periodizität hinauszuwerfen und dafür wesentliche Singularitäten einzuführen, als eine Zerlegung der Weierstrasschen E in Zähler und Nenner. Wenn ich die Sache klar heraus habe, werde ich Ihnen darüber ausführlich schreiben.

Beste Grüsse,

Ihr sehr ergebener

O. Blumenthal

————————

Der Inhalt dieses Zettels, den Blumenthal als „rein sachlich und vollständig harmlos" bezeichnete, kann man in Brouwers *Collected Works* (Brouwer 1976, 571) finden. Freudenthal geht auch in seinem Kommentar ausführlich auf diese komplizierte Geschichte ein (siehe (Brouwer 1976, 575 f.) und (van Dalen 2013, 186 f.)). Brouwers Erläuterungen, die am 1. Mai 1913 verfasst wurden, sind sicherlich von allen Interessenten als frontaler Angriff auf Koebe verstanden worden. Andererseits müssten die Göttinger ihren Spaß daran gehabt haben, Brouwers überzogene und sehr pedantische Formulierungen zu lesen:

> Die obige nebem dem von Herrn Koebe redigierten Diskussionstext allzuwenig motiviert aussehende „Erwiderung" bezieht sich auf die von Herrn Koebe nach meinem Vortrage augesprochene Behauptung, dass die Anwendung des Koebe'schen Verzerrungssatzes der Kontinuitätsbeweis für das algemeine Klein'sche Fundamentaltheorem in solcher Weise geführt werden könne, dass die topologischen Schwierigkeiten unter Heranziehung Poincarér Reihen umgangen werden. Dass der Schlussabschnitt des nachstehenden Koebe'schen Referates zu dieser Behauptung in Widerspruch steht, lässt sich dadurch erklären, dass *im von Herrn Koebe in Karlsruhe gehaltenen Vortrage* von dem Kontinuitätsbeweis überhaupt nicht die Rede gewesen, so dass insbesondere die auf S. 162 befindliche Anmerkung [1]) vollständig irreführend ist. Hierzu ist weiter zu bemerken, dass sowohl das nachstehende Koebe'sche Referat, wie auch die in den Göttinger Nachrichten vom Jahre 1912 erscheinene Koebe'sche Note über den Kontinuitätsbeweis erst im Sommer 1912 gedruckt worden sind, und dass Herr Koebe schon Neujahr 1912 im Besitze einer Abschrift meines über den Kontinuitätsbeweis behandelnden, in den Göttinger Nachrichten vom Jahre 1912 im Auszug abgedruckten Briefes an R. Fricke war.
>
> Das auf der zweiten Seite dieses Briefabdruckes befindlichen Zitat auf Herrn Koebe ist in der Druckerei von mir unbekannter Seite, ohne meine Mitwirkung oder Vorkenntnis eingefügt worden; in der That sind die bezüglichen Koebe'schen Noten mir erst nach ihrem Erscheinen bekannt geworden.

Blumenthal diskutierte auch physikalischen Fragen mit Brouwer, wie im folgenden Brief belegt wird.

Blumenthal an Brouwer | Aachen, nach 9.VI.1914
TB, Nachlass Brouwer, Noord-Hollands Archief, Haarlem

Lieber Herr Brouwer!

Ich habe Ihre Frage auf einem Spaziergang Hamel und Karman vorgelegt. Die Antwort, die Sie erhalten, rührt von Hamel her. Es ergiebt sich, dass das Gleichgewicht immer stabil ist. Beweis:

1) Es giebt, für jeden Reibungskoeffizienten k einen endlichen Bereich B um den tiefsten Punkt des Gefässes von der Art, dass ein in irgend einem Punkte dieses Bereiches ohne Geschwindigkeit hingebrachter Massenpunkt in Ruhe bleibt.

Folgt daraus, dass die Zentrifugalkraft und Coriolis-Kraft mit abnehmenden Abstand von dem tiefsten Punkte abnimmt, dagegen die Reibung aus der Ruhelage einen festen Wert hat.

Demnach ist die Gleichgewichtslage stabil gegenüber einer reinen Lagen- Veränderung.

2) Sie ist auch stabil gegenüber einer Geschwindigkeitsänderung. Denn wir können die Anfangsgeschwindigkeit, und die Anfangsverschiebung so klein wählen, dass der Massenpunkt sicher im Innern des Bereiches B die Geschwindigkeit Null erhällt, worauf dann 1) anwendbar wird. Denn: die von die Centrifugalkraft + Schwerkraft herrührende potentielle Energie wächst quadratisch mit der Entfernung vom tiefsten Punkt. Dagegen verzehrt die Reibung Energie proportional mit dem zurückgelegten Wege, also mindestens proportional mit dem Abstand von der Ausgangslage. Daher nimmt zunächst die Energie sicher ab, und wenn die Anfangsenergie genügend klein ist, so wird sie in einem Punkte des Bereiches B Null.

Ich hoffe, Sie sind mit dem Beweis zufrieden. Es ist übrigens wahrscheinlich, dass das Problem schon behandelt ist, bei Regulatoren. Wie steht es mit Edinburgh? Juel hat mir gestern eine Arbeit aus der Kopenhagener Akademie über Kurven 3. und 4. Ordnung geschickt. Ich hoffe demnach, dass die Betrachtungen richtig sind.

Beste Grüsse!

Ihr

O. Blumenthal

In der Zwischenzeit fiel die Entscheidung über die Erneuerung der *Annalen*-Redaktion: Blumenthals Plädoyer für Brouwer und Carathéodory wurde akzeptiert, und beide wurden zu mitwirkenden Redakteuren ernannt. Brouwers Freude darüber war riesig, wie aus seinem Brief an Klein hervorgeht.

Brouwer an Klein | Blaricum, den 10.VII.1914
Nachlass Klein, SUB Göttingen, VIII: 305

Hochgeehrter Herr Geheimrat,

Heute erhielt ich von Blumenthal die Mitteilung, dass ich vom nächsten Bande an die Annalenredaktion angehören werde. Ich lege Wert darauf, Ihnen als Hauptvertreter der Redaktion meinen herzlichen Dank dafür auszusprechen. Seien Sie versichert, dass ich mich nach besten Kräften bemühen werde, dass diese Ernennung der Zeitschrift zum Nutzen gereiche. Für mich persönlich bedeutet sie nicht nur eine hohe Ehre, sondern sie verbessert auch in hohem Massen meine Aussichten, im Interesse der Hebung unserer Wissenschaft an den niederländischen Universitäten mit Erfolg tätig zu sein.

Mit Wiederholung meines Dankes in wärmster Verehrung

Ihr

L.E.J. Brouwer

―――――――

Brouwers ehemaliger Doktorvater D. J. Korteweg, der ihn schon lange förderte, war viel weniger glücklich über diese Wende (van Dalen 2013, 214–222). Im Jahre 1913 wurde Brouwer zum Nachfolger Kortewegs in Amsterdam ernannt, wobei die Hoffnung entstand, er würde einen wesentlichen Beitrag zur Hebung des mathematischen Niveaus an seiner Universität beitragen können. Natürlich sah Korteweg Brouwers Ernennung zum *Annalen*-Redakteur als eine hohe Ehre an, aber er hatte auch Bedenken, von welchen Brouwer folgendes zu lesen bekam: „I view the work, with which you are being flooded from Göttingen, as a very serious and *enduring* obstruction against continuing your own independent work, and yet *that* is what you will be judged by in the long run, also in Germany.“

Brouwer nahm in der Tat seine Verpflichtungen als mitwirkender Redakteur außerordentlich ernst. Er verhielt sich auch gegenüber Blumenthal treu. Der Geometer Wilhelm Blaschke interessierte sich lebhaft für Brouwers Arbeiten und versuchte ihn deswegen zu überreden, ein Buch darüber zu schreiben. Da er in Leipzig tätig war, konnte Blaschke diese Idee mit Alfred Ackermann vom Teubner-Verlag vorab besprechen. Er schrieb daraufhin am 4. November 1915 an Brouwer, um zu sehen, ob er sich für diesen Plan erwärmen könnte. Zwei Wochen später bekam Blaschke von ihm diese Antwort:

> Vor einem paar Jahre bat mich schon Blumenthal, für seine bei Teubner erscheinende Sammlung: ‚Fortschritte der mathematischen Wissenschaften in Monografieen‘ ein Buch zu redigieren. Ich meinte damals es noch nicht versprechen zu können; jetzt haben sich meine Umstände etwas geändert, und glaube ich schon zusagen zu können. Sie können das in meinen Namen Herrn Ackermann mitteilen; weisen Sie ihn aber bitte darauf hin, dass Blumenthal ein altes Recht hat, das Buch für seine Sammlung zu bekommen. Der Titel würde etwa läuten: ‚Neue Untersuchungen über Analysis Situs‘. Es ist meine Absicht, auch Arbeiten Anderer (Tietze, Carathéodory, Lebesgue, Sierpinski) mit hinein zu verarbeiten.

Leider fand Brouwer niemals die Zeit dafür, wie sein Gönner Korteweg prophezeit und befürchtet hatte. Während des Krieges übernahm Constantin Carathéodory, der seit 1913 als Kleins Nachfolger in Göttingen wirkte, die Hauptverantwortung für die *Annalen*. Auch er pflegte freundschaftliche Beziehungen mit Brouwer und schätzte seine Mitarbeit sehr. Carathéodory ging im Oktober 1918 nach Berlin als Nachfolger von Georg Frobenius, bekam aber 1919 den Auftrag, ein neue griechische Universität in Smyrna aufzubauen. Dieses Projekt scheiterte aber schon 1922 infolge des Griechisch-Türkischen Krieges (Georgiadou 2004, 137–182).

Carathéodory an Brouwer | Göttingen, den 23.V.1918
AB, Nachlass Brouwer, Noord-Hollands Archief, Haarlem

Lieber Herr Brouwer,

Ich danke Ihnen vielmals für Ihren Brief, sowie für die Zusendung Ihrer Arbeit und auch von der van der Corputschen Arbeit.[51] Was die letztere betrifft, so gibt es eine Reihe von Gründen, warum wir Sie nicht in den jetzigen Form abdrucken. Einen Teil dieser Gründe finden Sie in dem beiliegenden Brief von Landau. Wenn sogar Landau, der die letzten 5 Jahre fast ausschliesslich diesen Problemen gewidmet hat, trotz seines grossen Fleisses die Arbeit nicht verstehen kann, so muss doch einiges nicht in Ordnung sein. Der zweite Grund ist rein formal: seit vielen Jahrzehnten besteht bei den Annalen der Grundsatz Dissertationen nicht abzudrucken (ich glaube, dass die einzige Dissertation die in den Annalen erschienen ist, die von Hurwitz war). Dagegen hat man sehr oft Teile von Dissertationen abgedruckt (z.B. Erhard Schmidts Untersuchungen über Integralgleichungen). Der dritte Grund, der mit der jetzigen Papierknappheit zusammenhängt ist rein persönlich. Vor etwa 3 Monaten schickte Noether eine lange Arbeit von R. König, die er angenommen hatte und deren Korrekturen Sie wohl schon gesehen haben. Dann vor 6 Wochen eine 2te Arbeit desselben Autors, die er ebenfalls angenommen hatte und die noch länger war. Dagegen protestierte ich aus dem formalen Grunde, dass wir jetzt jährlich nur 26 Bogen zur Verfügung haben und unmöglich davon fast ein Drittel einem und demselben Autor überlassen können ohne die anderen Autoren zu schädigen. Hilbert und Klein unterstützen mich und ich erwarte jetzt von Tag zu Tag, dass König seine Arbeit zurückziehen wird. Nun wäre es eine Kränkung von Noether, wenn wir gleich darauf eine so lange Arbeit wie die van der Corputsche annehmen würden. Die Lösung die Landau vorschlägt, dass ein Teil der Arbeit in der Lichtensteinschen Zeitschrift[52] und das übrige in den Annalen erscheint, scheint mir alle Beteiligten zu befriedigen und ich hoffe, dass Sie auch damit einverstanden sein werden, oder dass Sie mir einen anderen Vorschlag machen werden. Bis 40 Druckseiten könnte man, wie ich meine für van der Corput sparen. In ihrer jetzigen Form schätze ich aber ihren Umfang auf über 100 Seiten – das ist wohl mehr als die Seitenzahl, die alle Ihre eigenen Entdeckungen

---

[51] Johannes van der Corput studierte in Leiden bei dem Zahlentheoretiker Jan Cornelis Kluyver. Nach dem Krieg verbrachte er ein Semester bei Edmund Landau in Göttingen. Danach wurde er von 1920 bis 1922 Assistent von Arnaud Denjoy in Utrecht, bevor er 1923 eine Professur in Groningen bekam.

[52] Gemeint ist die neu gegründete und von Leon Lichtenstein herausgegebene *Mathematische Zeitschrift*.

beansprucht haben.[53]

    – Vor 3 Wochen kam eine 4 seitige kleine Arbeit an, die ich sehr witzig fand, betitelt ‚Über die Brouwerschen Fixpunktsätze' von einem unbekannten Ungarn. Ich schrieb ihm er möchte die Beweise einiger Sätze, die er nur ausgesprochen hatte hinzufügen und dass wir dann die Arbeit wahrscheinlich annehmen würden. Es stellt sich jetzt heraus, dass es ein Student im 4ten Semester ist.[54]

    Ist das nicht amüsant?

    Mit vielen Grüssen

    Ihr sehr ergebener

    C. Carathéodory

P.S. Klein möchte gern auch in den Annalen Arbeiten über Gravitationstheorie haben. Vielleicht können Sie den einen oder anderen Holländer der diese Sachen treibt (z.B. De Sitter) veranlassen etwas zu liefern. Es darf natürlich nicht gar zu lang sein.

Brouwers wichtigste topologischen Arbeiten in den *Mathematischen Annalen* wurden vor 1919 geschrieben. In diesem Jahr veröffenlichte er eine heftige Kritik an Hilberts Formalismus in seinem Artikel „Intuitionistische Mengenlehre", die im *Jahresbericht der Deutschen Mathematiker-Vereinigung* erschien. Trotzdem blieben die Beziehungen zwischen Brouwer und Hilbert zu dieser Zeit immer noch unbelastet. Ein Zeichen ihrer gegenseitigen Hochachtung kam im Oktober 1918, als Brouwer korrespondierendes Mitglied der Göttinger Gesellschaft der Wissenschaften wurde, eine Ehrung, über die er sich sehr freute.

Brouwer an Hilbert | Laren, den 28.VIII.1918
AK-L, Nachlass Hilbert, SUB Göttingen, 49, Nr. 23

    Lieber Herr Hilbert,

Heute erhalte ich die äusserst angenehm überraschende Nachricht meiner Wahl zum korrespondierenden Mitglied der Gesellschaft der Wissenschaften zu Göttingen. Es ist mir unmöglich, mich bei dieser Gelegenheit auf ein offizielles Dankschreiben an den vorsitzenden Sekretär zu beschränken; vielmehr lege ich Wert darauf, mich mit meinem Dank auch an Sie persönlich zu wenden. Nie wer-

---

[53]Diese Vorschläge wurden allerdings nicht in dieser Form realisiert, sondern der allgemeine Teil der Dissertation erschien unter dem Titel „Über Gitterpunkte in der Ebene," (*Mathematische Annalen* 81 (1920): 1–20). Der Hauptsatz der Corput'schen Dissertation wurde aber in einer gemeinsam von ihm und Landau geschriebenen Arbeit durch einen anderen Satz ersetzt (siehe J. v. Corput und E. Landau, Über Gitterpunkte in ebenen Bereichen, *Göttinger Nachrichten*, 1920, 135-171).

[54]Béla Kerékjartó, Über die Brouwerschen Fixpunktsätze, *Mathematische Annalen*, 80 (1919): 29–32. Es gab noch zwei andere kleine Arbeiten von ihm im selben Heft, die von Brouwer editiert wurden (siehe Brouwers Brief an Klein vom 19. September 1919 in Band II).

de ich vergessen, dass alle meine heute so vielfachen persönlichen und sachlichen Beziehungen zu Göttingen aus meiner persönlichen Bekanntschaft mit Ihnen vor neun Jahren im Haag hervorgegangen sind, und noch weniger, dass die reichen Anregungen und Kenntnisse, die ich aus Ihren Arbeiten geschöpft habe, an meiner mathematischen Entwickelung einen massgebenden Anteil gehabt haben. Haben Sie die Güte, auch den weiteren mathematischen ordentlichen Mitgliedern der Gesellschaft meinen Dank zu übermitteln. An Klein will ich noch besonders schreiben.

Mit herzlichem Gruss von Haus zu Haus

Ihr

Brouwer.

Nach Ende des Ersten Weltkriegs hoffte Brouwer auf eine neue Zukunft, gebaut auf einem dauerhaften Frieden zwischen Deutschland und Frankreich. Er drückte diese Hoffnungen in zwei kurzen Mitteilungen aus, die er an Hilbert einerseits und an den in Utrecht wirkenden Franzosen Arnaud Denjoy andererseits schickte.

Brouwer an Hilbert | Laren, den 25.XI.1918
AK-L, Nachlass Hilbert, SUB Göttingen, 49, Nr. 24

Lieber Herr Hilbert,

Möge das gesunde Herz Ihres Vaterlandes die heutige Krise überwinden, und mögen die deutschen Lande alsbald zu ungekannter Blüte gedeihen in einer Welt der Gerechtigkeit!

Das wünscht Ihnen   Ihr Brouwer.

Ob Hilbert darauf reagierte, muss dahingestellt bleiben, aber Denjoy schrieb die folgenden Zeilen an Brouwer zurück. Sie ließen schon ahnen, dass nach über vier Jahren Krieg, in dem so viele junge Franzosen gestorben waren, Denjoy nichts als Verachtung für den besiegten Deutschen empfinden konnte.

A. Denjoy an Brouwer | Utrecht, den 28.XI.1918
AK, Nachlass Brouwer, Noord-Hollands Archief, Haarlem

Cher Monsieur Brouwer,

Merci infiniment de votre sympathique pensée de me féliciter des grandes dates que traverse en ce moment l'histoire de mon pays. Notre joie est faite de tout ce que nous avons souffert, de tout ce que nous avons redouté, et de voir aujourd'hui les jours sombres et les menaces d'un abominable esclavage, paraissant à jamais bannis.

Bien vôtre cordialement,   A. Denjoy.

Dieses kleine Präludium deutet auf die schwierige politische Lage hin, die unmittelbar nach dem Krieg herrschte. Wie Blumenthal damit konfrontiert wurde, und wie er und Brouwer damit umgingen, bildet ein zentrales Thema in Band II, in dem Abschnitt 2.2 Brouwers späterer politischer Auseinandersetzung mit Denjoy gewidmet ist.

Kapitel 8

Anhänge

Anhang I: Blumenthals persönliche Erinnerungen an seine Zeit als Student und Privatdozent[1]

Auf der Schule waren meine Neigungen mehr philologisch als mathematisch-naturwissenschaftlich. Ich ging nach Göttingen, angelockt durch den Namen Wilamowitz, und in der Absicht, Philosophie zu studieren. Dass ich Mathematiker geworden bin, verdanke ich nur dem Göttinger Kreis, Dozenten und Studenten, nicht zum wenigsten den letzteren. Ich empfand unter ihrem Einfluss sehr bald ein intensives Bedürfnis nach Schärfe und Sicherheit, und diesem kam die Philosophie nicht recht entgegen, während die experimentelle Psychologie G. E. Müllers, die mich sonst sehr anzog, meinen deduktiven Neigungen weniger entsprach.

Ich kam auf die Universität im Herbst 1894 und machte meinen Doktor im Sommer 1898. Im Sommer 1896 war ich in München, sonst immer in Göttingen.

In Göttingen waren damals wenige Lehramtskandidaten, sehr wenige junge Semester, dagegen eine starke „Oberschicht" von älteren Leuten, deutschen Doktoren und Ausländern. Wenn meine Erinnerung richtig ist, gab das dem ganzen Unterricht die Richtung, dass die Kursusvorlesungen hinter den Spezialvorlesungen zurücktraten. Meine eigene Ausbildung war denkbar unsystematisch, und das hat mir sehr gut getan. Differentialgleichung habe ich überhaupt nicht gehört, sondern kam gleich in das zweite Semester einer Vorlesung „Einführung in die Mathematik für Naturwissenschaftler", in der Heinrich Weber bestimmte Integrale und etwas Mechanik brachte. Ich habe mir viele Mühe geben müssen, um mich beizuarbeiten, und das wurde mir dadurch nicht leichter gemacht, dass mir ein älterer Studiengenosse als Lehrbuch den Jordan empfahl, da mich der Stegemann-Kiepert nicht befriedigte. Ich habe in meinem ersten Semester einen großen Teil

---

[1] Aus Wilhelm Lorey, *Das Studium der Mathematik an den deutschen Universtäten seit Anfang des 19. Jahrhunderts*, Leipzig: Teubner, 1916, 351–53, 356 f..

© Springer-Verlag GmbH Deutschland, ein Teil von Springer Nature 2018
D. E. Rowe, *Otto Blumenthal: Ausgewählte Briefe und Schriften I*,
Mathematik im Kontext, https://doi.org/10.1007/978-3-662-56725-8_8

des Jordan durchgearbeitet, natürlich ohne viel Verständnis, nachher empfahl mir jemand den Cours d'Analyse von Sturm , und das ging besser. Im zweiten Semester hörte ich bei Ritter Analytische Geometrie, eine sehr gute Vorlesung, und außerdem machte ich das Mathematische Proseminar bei Schoenflies mit. Was dort im einzelnen getrieben wurde, ist mir nicht mehr recht erinnerlich. Es wurden Aufgaben aus Differential- und Integralrechnung zu häuslicher Bearbeitung gestellt und wohl auch an der Tafel gelöst. Wir haben uns alle dabei sehr schlecht angestellt, besonders bei einfachen Dingen. Von den üblichen Kursusvorlesungen habe ich weiter nur eine über Funktionentheorie bei Schoenflies gehört (Cauchy-Riemannsche Theorie) und eine Projektive Geometrie bei Sommerfeld. Funktionentheorie hörte ich dann noch einmal bei Pringsheim, der nur mit Potenzreihen arbeitete, auch das Cauchysche Integral durch einen ihm eigentümlichen Grenzprozess ersetzte. Es war viel Hübsches in der Vorlesung, gerade deshalb, weil sie von einem radikalen Standpunkt ausging; ich war aber doch froh, dass ich vorher den anschaulichen Cauchyschen Gang kennen gelernt hatte. Mit Differentialgleichungen hatte ich kein Glück. Eine Vorlesung bei Pringsheim brachte nur die formalen Theorien mit wenigen Beispielen, so dass ich die Praxis nicht lernte. Ein Semester danach hörte ich noch einmal bei Klein, und auch in dieser Vorlesung ist mir nicht aufgegangen, dass man eine Differentialgleichung wirklich bewältigen kann. Es wurde wesentlich mit den geometrischen Vorstellungen Lies gearbeitet; das war sehr anschaulich, aber ich fand den Weg von der Geometrie zu der Rechnung nicht zurück. Algebra habe ich überhaupt nicht gehört, sondern aus Weber und Picard III gelernt. Von den Kursusvorlesungen hat mir also nur die Projektive Geometrie von Sommerfeld einen nachhaltigen Eindruck gemacht. Sie war sehr gut und brachte eine große Menge Material. Dass analytische und geometrische Methoden Hand in Hand gingen, war ein großer Vorteil. Im Anschluss an diese Vorlesung wurden auch Zeichenübungen in Darstellender Geometrie veranstaltet (Schoenflies und Sommerfeld gemeinsam), es war ein erster Versuch nach Richtung der Angewandten Mathematik. In dieser Hinsicht scheiterte das Unternehmen völlig an dem allzu „reinen": Geist der Teilnehmer (nicht der Dozenten). Ich werde wohl den meisten Unfug gemacht haben. Einerseits brachte ich es nicht fertig, Parallelen zu ziehen, andererseits projizierte ich einen Tisch (von dem, glaube ich, um es ganz praktisch zu machen, die Maße genau gegeben waren) so geschickt, dass er durch das Unendliche hindurchging. Sonst aber waren die Übungen anregend und amüsant.

Die Vorlesungen, die am nachhaltigsten auf mich gewirkt haben, sind: Kleins Kreiseltheorie, Föppls Maxwellsche Theorie, wo ich zuerst Vektoren kennen lernte, Sommerfelds Differentialgleichungen der Physik und seine Variationsrechnung, von der ich die offizielle Ausarbeitung machte, Hilberts Zahlentheorie und ein paar Vorlesungsstunden von ihm, wo er über Hadamardsche Theorie und Primzahlgesetze vortrug. Ich habe alle wichtigen Vorlesungen, mit Ausnahme des letzten Semesters, genau ausgearbeitet und vielen Nutzen davon gehabt. In die Kreiseltheorie kam ich auch wieder ohne jede Vorbereitung, ich hatte Mechanik weder gehört noch aus Büchern gelernt (wenigstens nicht mit Erfolg). Ich habe ganz verzweifelt dafür arbeiten müssen und mich damit zum erstenmal wirklich in die

Mathematik eingebohrt (es war das Semester, in dem ich endgültig die Philosophie aufgab). Was mich packte, war einmal die anschauliche Diskussion der Kreiselbewegung: ich sah endlich den Naturvorgang selbst vor mir, statt der Formeln, die ich im Despeyrous gefunden hatte; dann aber die herrliche Einführung der elliptischen Funktionen aus dem mechanischen Problem heraus. In den Vorlesungen von Sommerfeld war immer eine große Menge Stoff übersichtlich zusammengebracht, Anwendungen der verschiedensten Art, das machte sie außerordentlich anregend. Sowohl bei ihm wie bei Hilbert kann ich aber den Eindruck der Vorlesungen nicht von dem Eindruck des persönlichen Verkehrs trennen, denn ich war mit Sommerfeld besonders durch den Kreisel in engere Beziehung gekommen und regelmäßiger Teilnehmer der Hilbertschen „Zahlkörperspaziergänge". Von diesem persönlichen Verkehr habe ich natürlich das meiste während meiner Studienzeit gehabt.

Ich glaube, dass der Vorlesungsunterricht in Göttingen damals für interessierte junge Menschen ideal eingerichtet war. Brotstudenten kamen dafür um so weniger auf ihre Rechnung, waren auch wenig angesehen. Wer etwas gelten wollte, musste höher mit, als es seiner sonstigen Natur entsprach, und in der Tat kenne ich eine ganze Reihe von Leuten, die sich mitreißen ließen und später, in der Praxis, wieder abfielen. Es ist charakteristisch für die Generation, dass wir an die Examina erst im letzten Augenblick dachten, zunächst wollten wir nur so viel Mathematik lernen, wie irgend in uns hineinging.

Ich glaube, dass, neben den Vorlesungen, die Übungen damals entschieden zu kurz kamen. Vor allem seitens der Studenten, die nicht begreifen wollten, dass praktische Handhabung etwas Notwendiges sei. Am unangenehmsten äußerte sich das in der Physik, das ist der einzige Punkt, wo ich einen tatsächlichen, und zwar allein selbstverschuldeten Fehler meiner Ausbildung sehe. Wir machten ein Semester lang das physikalische Praktikum bei Voigt mit, betrieben es aber so nebensächlich, dass gar nichts dabei herauskam. Es war durchaus ein Gegenstück zu den Übungen in Darstellender Geometrie. Dabei nahm Voigt die Sache sehr ernst und ließ alle Mühe und Geduld walten. Für praktische Übungen in der Mathematik gab es außer dem Proseminar nur das Seminar von Klein und Hilbert. Bei den Vorträgen, die ich dort gehalten habe, habe ich außerordentlich viel gelernt. Ich habe mich auch wohl bei keiner anderen Gelegenheit derartig angestrengt und aufgeregt wie bei der Vorbereitung dieser Vorträge. Ich habe das Gefühl, dass sie durchweg zu schwer waren. Das äußerte sich besonders beim Anhören der Vorträge anderer. Da habe ich nur in Ausnahmefällen etwas verstanden. Ich glaube nicht, dass durch das Seminar die eigene Arbeit der Studierenden auf die richtige Bahn gelenkt war. Man hatte zu viel rezeptiv zu leisten, und die Themata waren in der Regel zu schwer, als dass man etwas Selbständiges hätte dazu tun können. Sehr auffällig ist mir, dass mir während meiner ganzen Studienzeit der Sinn für mathematische Strenge nicht aufgegangen ist. Ich habe noch in meiner Habilitationsschrift sehr naiv mit geometrischen Vorstellungen operiert (zum Glück richtig) und erst gelernt, dass ich auf gefährlichem Boden war, als ich vor einem Eliminationsproblem stand, mit dem ich ein Jahr lang nicht fertig wurde. Dass mir diese elementare Erkenntnis erst so spät gekommen ist, hat sicher seinen Grund darin, dass ich zuviel rezeptiv gearbeitet hatte; in anderen Fällen (Irrationalzahlen) sind mir Schwierigkeiten nicht psychologisch klar gemacht worden, ich habe sehr lange Zeit gebraucht, bis ich die Notwendigkeit des Dedekindschen Schnittes erkannte. Ob das persönliches Missgeschick war oder an der allzu deduktiven Darstellung der Elemente lag, lässt sich nicht mehr entscheiden.

Wenn ich mir überlege, was wohl am wirksamsten mich zur Mathematik getrieben hat, dann war es wohl die Fülle des damals Gebotenen. Die Ausbildung war außerordentlich vielseitig, auch zur Physik gab es durch Sommerfeld einen kontinuierlichen Übergang, man sah eine grenzenlose Materie vor sich, an der überall gearbeitet wurde. Vielleicht das meiste zu diesem Eindruck trug das Lesezimmer bei und das allseitig kameradschaftliche Verhältnis, das dort herrschte. Einer steckte sich an der Arbeit des anderen an. Dort bin ich auch dazu gekommen, sehr frühzeitig Abhandlungen zu lesen, die für meine Richtung bestimmend waren; das sind: Cantors Arbeiten über Mengenlehre (im ersten Semester), Kleins Funktionentheorie von 1881, Riemanns P-Funktion und, einige Semester später, Poincarés Arbeit über $\triangle u + k^2 u = 0$ und die Arbeiten von Sturm-Liouville (als Vorbereitung auf einen Seminarvortrag, den ich nachher nicht gehalten habe). Wieviel ich aus Lehrbüchern gelernt habe, kann ich nicht mehr sagen: Jordan, Picard und Weber habe ich mit Freude gelesen und das Kompendium von Voigt gern durchgearbeitet und viel daraus gelernt. Im allgemeinen war mir das Lesen von Lehrbüchern nicht angenehm.

———————————

Ich habe mich im Juli 1901 habilitiert und bin zu Herbst 1905 nach Aachen berufen worden. Ich war also genau vier Jahre Privatdozent. Ein Jahr davon habe ich in Marburg eine Professur vertreten (Ostern 1904 bis Ostern 1905). Dadurch ist meine Privatdozentenzeit abwechslungsreich geworden. Ich habe in dieser Zeit natürlich nicht nur gelehrt, sondern auch zugelernt. Darüber will ich zuerst sprechen.

Meine Privatdozentenzeit in Göttingen fiel in die Zeit, wo sich der mathematische Großbetrieb entwickelte. Gleichzeitig mit meiner Habilitation wurde Schwarzschild berufen und brachte die Astronomie in enge Fühlung mit der Mathematik und Physik, im zweiten Semester meiner Tätigkeit erfolgte Minkowskis Berufung. Runge und Prandtl erlebte ich noch ein Semester, nachdem ich aus Marburg zurückgekehrt war. Von Privatdozenten waren Abraham und Zermelo zur Zeit meiner Habilitation schon anwesend, und mit ihnen habe ich vielfach zusammengearbeitet. Es war eine Zeit der mannigfachsten Anregung. Am meisten verdanke ich dem regen Verkehr, besonders den regelmäßigen Spaziergängen mit Hilbert und Minkowski, bei denen damals Variationsprinzipien, theoretische Physik (noch in den Anfangsstadien) und später auch Integralgleichungen die Hauptrolle spielten. Eine besondere Freude war der persönliche Verkehr mit Schwarzschild, bei dem man eigentlich alles lernen konnte. Zermelo hat mich besonders in Axiomatik gefördert. Klein zog mich gern zu Besprechungen heran, wenn es sich um Vorbereitung von

Vorlesungen oder um funktionentheoretische Dinge handelte. Es gab da weniger Einzeldiskussion als allgemeine Über- und Ausblicke. Diese waren sehr eindrucksvoll und haben mir vielfach als Richtschnur gedient.

Neben diesem persönlichen Verkehr war es die mathematische Gesellschaft, wo wir lernten. Ich hatte an dieser schon in meiner Studentenzeit teilgenommen, und sie hatte schon damals eine große Rolle in meinem Leben gespielt. Die ausgiebige freie Diskussion, wo man auch Unwissenheit eingestehen konnte, machte die Mathematische Gesellschaft ungemein lebendig. In Marburg habe ich dann Hensel angeregt, gleichfalls eine solche Gesellschaft zu gründen, und sie hat auch ganz erfreulich gelebt. Ebenso wie in Göttingen die Doktoranden, trugen dort ältere Studenten eigene Arbeiten (Staatsexamensarbeiten) vor, freilich lag dort bei der Neuheit der Einrichtung die Hauptlast auf den Schultern der Dozenten, und es gab mehr zu lehren als zu lernen. Ich halte eine Mathematische Gesellschaft, ungezwungen und lebhaft geleitet, für das wirksamste Mittel zur Bildung der weiterstrebenden jungen Leute.

Meine Lehrtätigkeit bewegte sich in Göttingen hauptsächlich in Spezialvorlesungen über vielfach entlegene Gebiete. Ich glaube kaum, dass ein Privatdozent an einer anderen Universität dafür ein Publikum gefunden hätte. Ich las die Vorlesungen, um mich in verschiedene Gegenstände einzuarbeiten. Im allgemeinen ist es mir auch geglückt, diesen Zweck zu erreichen und auch meinen Hörern etwas Verdauliches zu bieten. Ich litt nur immer darunter, dass ich nicht weit genug kam. Das einzige Kolleg, wo der Zweck des eigenen Eindringens völlig verfehlt wurde, war eine Galoissche Theorie, bei der ich, unter dem Einfluss meines „Schülers" Ernst Fischer (jetzt in Erlangen), mich zu sehr in Einzelheiten der rationalen Prozesse verlor, und die einzige mir bekannt gewordene Vorlesung, bei denen meinen Zuhörern alles Verständnis ausging, war eine über Abelsche Funktionen, wo ich versuchte, die Weierstraßsche Theorie mit der Riemannschen zusammenzuarbeiten. Merkwürdigerweise ist das gerade die Vorlesung, von der ich selbst den meisten Nutzen gehabt habe.

Am großen Unterrichtsbetrieb habe ich in dreierlei Weisen in Göttingen teilgenommen; zuerst dadurch, dass ich in Seminaren von Klein und Hilbert die Vorbereitung der Vorträge leitete, dann durch Übungen für mittlere Semester, die ich selbst, im Verein mit Abraham, Zermelo usw. abhielt, schließlich durch eine „Einführung in die Mathematik für Naturwissenschaftler" und eine „Analytische Geometrie".

Das Kleinsche Seminar, das ich präparieren half, handelte über Technische Mechanik. Ich verstand von dem Gegenstand damals gar nichts, und die Studenten jedenfalls nicht viel mehr. Infolgedessen war die Vorbereitung im Anfang etwas erschwert. Später haben sich beide Teile, infolge von Kleins Kritik, eingearbeitet. Das Hilbertsche Seminar bezog sich auf Funktionentheorie. Ich gab mir, sowohl bei Klein wie bei Hilbert, Mühe, die Vorträge so genau zu präparieren, dass die Vortragenden nicht nur selbst verstanden, sondern auch für andere verständlich vortragen konnten. Ich glaube, dass ich für jeden Vortrag mindestens drei Vorbesprechungen von je zwei Stunden hatte. In einigen Fällen werde ich wohl mein Ziel erreicht haben, in anderen, besonders bei Klein, wo ich selbst zu wenig verstand, sicher nicht.

Diese Seminarvorträge waren, nach Göttinger Tradition, allgemein und theoretisch gehalten, ohne anschließende Übungen. Die Übungen hat in den eigentlich mathematischen Betrieb damals Abraham eingeführt[2], dem von Plancks Unterricht in Berlin her die Handhabung der Aufgabenseminare geläufig war. Er, Brendel, Zermelo und ich hielten das erste derartige Seminar ab. Es wurden einfache Aufgaben aus den Anwendungen behandelt (Schwingungsgleichungen usw.). Die Einrichtung war so: Wir hatten Doppelstunden. In der zweiten Stunde wurde von einem der Leiter eine Aufgabe ausführlich vorgetragen und den Studenten zu häuslicher Bearbeitung vorgelegt. Die Studenten gaben im Laufe der Woche ihre Aufgaben ab, und die Leiter teilten sich in die Korrektur, wobei derjenige, der die Aufgabe gestellt hatte, die Hauptarbeit zu tun hatte. In der ersten Stunde der nächsten Doppelstunde trug dann ein ausgewählter Student seine Lösung an der Tafel vor. Die Erfolge mit diesem System waren durchweg recht gut. Es wurden viele Aufgaben abgegeben, und fast alle waren mit Verständnis behandelt.

Nach diesem Vorbilde in sinngemäßer Übertragung hielten ein Semester später Zermelo und ich Übungen über Algebra ab, wobei uns Hilbert und Minkowski durch ihre Teilnahme unterstützten. Es wurde die numerische Lösung von Gleichungen behandelt. Der Stoff war in kleine Themata zerschlagen. Über jedes Thema fand ein Vortrag statt, im Anschluss an den Vortrag wurden Aufgaben gestellt, die zu Hause bearbeitet und dann korrigiert wurden. Wieviel Erfolg wir mit diesen Aufgaben hatten, ist mir nicht mehr erinnerlich. Jeder Vortrag wurde sehr sorgfältig vorbereitet, auch waren die Themata, wie ich in meinem damaligen Heft sehe, nicht schwer. Ich hoffe also, dass sie Verständnis gefunden haben. Trotzdem muss ich damals den Bogen etwas straff gespannt haben, wie mir zwei unangenehme Vorkommnisse bewiesen, wo Vortragende mitten in ihrem Vortrag verwirrt wurden und ihn aufzugeben drohten bzw. tatsächlich aufgaben. Für die Güte der Vorbereitung zeugte, dass ich in dem letzten Falle sofort für den Vortragenden einspringen konnte und den ganzen Vortrag mit allen Einzelheiten ohne Anstoß hielt. Ich habe aber auch eine übermäßige Zeit in die Vorbereitung der Vorträge gesteckt.

Übungen derselben Art habe ich auch in Marburg abgehalten (Fouriersche Reihen und sonstige Reihenentwicklungen der Physik). Sie waren zwar nicht zahlreich, aber regelmäßig besucht und haben mich in enge Verbindung mit manchen Studenten gebracht.

---

[2]In Voigts mathematisch-physikalischem Seminar war die Stellung von Aufgaben in Göttingen von Anfang an üblich, entsprechend der von Richelot in Königsberg geschaffenen Tradition. Für mathematische Übungen ist diese Methode zu verschiedenen Zeiten, auch in Göttingen, immer wieder aufgenommen worden [Anmerkung im Original].

Anhang II: Referate über Blumenthals Dissertation und die unter seiner Leitung geschriebene Doktorarbeit von Albert Kraft[3]

Referat von Adolf Hurwitz zu Otto Blumenthal, Ueber die Entwickelung einer willkürlichen Function nach den Nennern des Kettenbruches für $\int\limits_{-\infty}^{0} \frac{\varphi(\xi)d\xi}{z-\xi}$

Die Nenner der Näherungsbrüche des im Titel genannten Kettenbruches besitzen bekanntlich ähnliche Integraleigenschaften, wie sie der Coefficientenbestimmung bei den Fourier'schen Reihen zu Grunde liegen. Daher kann man, zunächst rein formal, eine willkürliche Function nach jenen Nennern entwickeln. Es erhebt sich dann aber die schwierige Frage, unter welchen Voraussetzungen über die willkürliche Function die Entwickelung convergirt und die Function wirklich darstellt. Nach dem Muster von Dirichlet's Behandlung der Fourier'sche Reihen und unter Benutzung der von Stieltjes herrührenden Sätze über die Kettenbruchentwickelung des Integrals $\int\limits_{-\infty}^{0} \frac{\varphi(\xi)d\xi}{z-\xi}$ ... leitet der Verf. hinreichende Bedingungen für die Entwickelbarkeit einer Function nach den Nennern der Näherungsbrüche jenes Kettenbruches ab. Nach der Ausführung dieser allgemeinen Untersuchung wendet sich der Verf. zur Behandlung einer Reihe von interessanten speciellen Fällen. Insbesondere betrachtet er die Fälle, wo die in der Kettenbruchentwickelung $\left(\frac{1}{a_1 z} + \frac{1}{a_2} + \frac{1}{a_3 z} + \frac{1}{a_4} + \cdots\right)$ des Integrals auftretenden Constanten a_1, a_2, a_3, ... rationale Functionen ihres Index oder auch Quotienten von Γ-Functionen sind (Entwickelung nach „Jacobi'schen" Functionen). Zum Schluss behandelt der Verf. die Entwickelung analytischer Functionen (welche nach dem Cauchy'schen Satze auf die Entwickelung der Function $\frac{1}{\zeta-z}$ hinauskommt) und hebt im Anschluss hieran einige Fälle hervor, in welchen die betrachteten Entwickelungen nicht eindeutig sind.

Referat von August Gutzmer zu Albert Kraft, Über ganze transzendente Funktionen von unendlicher Ordnung

Die auf Anregung von Blumenthal entstandene Abhandlung liefert in dankenswerter Weise eine vertiefte Untersuchung über ganze transzendente Funktionen von unendlicher Ordnung. Es kam vor allem darauf an, die Borelschen Resultate (Acta math. 20, 357-396), deren Beweise sehr kurz gehalten sind, von neuem abzuleiten oder nachzuprüfen und die Gesamtergebnisse der Theorie der Funktionen von unendlicher Ordnung systematisch zu entwickeln.

---

[3] *Jahrbuch über die Fortschritte der Mathematik*, 1898, 1903 (http://www.emis.de/MATH/JFM/JFM.html).

Gegenüber dem etwas verschwommenen Begriff der Funktionen à croissance très rapide und à croissance très lente wurde vor allem nach einer scharfen Präzisierung gestrebt; zu dem Zwecke wird zunächst eine Theorie der Vergleichsfunktionen aufgestellt. Setzt man auf einem Kreise mit dem Radius $|z| = r$ das Maximum des absoluten Betrages einer ganzen Funktion von unendlicher Ordnung an in der folgenden Form: $\mathrm{Max}|F(z) = e^{r^{\nu(r)}}$, so wächst die Funktion $\nu(r)$ im allgemeinen unregelmäßig; es wird deshalb eine neue Funktion $\mu(r)$ eingeführt, die die eventuellen Schwankungen und Unregelmäßigkeiten von $\nu(r)$ nicht aufweist, im übrigen aber bezüglich ihres Verlaufs und ihrer Werte in gewisser Nähe von $\nu(r)$ bleibt. Es wird definiert: Eine Funktion $\mu(r)$ heißt Vergleichsfunktion zu einer Funktion $\nu(r)$, wenn $\mu(r)$ folgende drei Eigenschaften besitzt: 1. $\mu(r) > \nu(r)$ für alle Werte von r, 2. $\mu(r) < \nu(r)^{1+\varepsilon}$ für unendlich viele ins Unendliche wachsende Werte von r; dabei bedeutet ε eine positive kleine Zahl, die sich mit wachsendem r der Null nähert, 3. $\mu(r)$ hat monotone Tangenten, d. h. die Tangenten nehmen niemals zu oder niemals ab.

Konstruiert man nun zu einer beliebig vorgegebenen Funktion $\nu(r)$, die stetig ist und im Endlichen nicht unendlich wird, eine solche Vergleichsfunktion, so ergeben sich zwei verschiedene Typen von Funktionen: solche von konvexem, und solche von konkavem Typus. Eine Funktion ist von konvexem Typus, wenn $\underset{r=\infty}{\to} \mathrm{L}\sup\frac{\nu(r)}{r} = \infty$, und sie ist von konkavem Typus, wenn $\underset{r=\infty}{\to} \mathrm{L}\sup\frac{\nu(r)}{r} = g$, wobei g eine endliche Zahl, die Null eingeschlossen, bedeutet.

Auf Grund der Theorie dieser Vergleichsfunktionen gelingt es dem Verf., alle Sätze und Beweise der Theorie der ganzen transzendenten Funktionen von unendlich hoher Ordnung klar und scharf zu fassen und am Schlusse einen strengen und einwandfreien Beweis für das von Borel verallgemeinerte Picardsche Theorem zu erbringen, das er als Picard-Borelsches Theorem bezeichnet.

Von den beiden Funktionentypen werden in der vorliegenden Arbeit nur die Funktionen von konvexem Typus behandelt; die Theorie der Funktionen von konkavem Typus ist deshalb weggelassen worden, weil die Methoden zur Behandlung der letzteren wenn auch teilweise abweichend, so doch einfacher zu handhaben sind. Die aufgestellten Sätze sind aber stets als allgemeingültig ausgesprochen worden.

Die Gliederung der Untersuchung ergibt sich aus folgender Übersicht: A. Theorie der Vergleichsfunktionen. B. Ordnung und Konvergenzexponent. C. Sätze über kanonische Produkte. D. Schluß vom Maximum einer Funktion auf ihr Minimum. Picard-Borelsches Theorem.

Anhang III: Gutachen der Göttinger Philosophischen Fakultät bzgl. der Nachfolge Hermann Minkowskis, Göttingen, Februar 1909[4]

Euer Exzellenz

gestatten wir uns für die Besetzung der ordentlichen durch Minkowski's Tod erledigten mathematischen Professur pari passu dem Alter nach geordnet folgende drei Mathematiker vorzuschlagen.

Adolf Hurwitz, 49 3/4 Jahre alt, ordentlicher Professor am Polytechnikum in Zürich.

Otto Blumenthal, 32 1/2 Jahre, ordentlicher Professor an der technischen Hochschule in Aachen.

Edmund Landau, 32 Jahre alt, Privatdozent an der Universität in Berlin.

Es ist uns bekannt, dass Hurwitz in den letzten Jahren leidend geworden ist und wir verhehlen uns nicht, dass hierin ein Bedenken wegen seiner Herberufung liegen kann. Doch glauben wir, dass Hurwitz selbst wohl am sichersten beurteilen wird, ob sein Gesundheitszustand ihm gestattet, seinem Amte hier in Göttingen vollauf zu genügen.

Wenn wir neben Hurwitz zwei Mathematiker der jüngeren Generation vorschlagen, so geschieht dies im Hinblick auf die Tüchtigkeit der beiden betreffenden Forscher und Dozenten, nicht minder aber in der Absicht einer Verjüngung der Fakultät, indem wir glauben, dass durch die Vermittelung eines Dozenten der jüngeren Generation der von uns stets besonders gepflegte persönliche Zusammenhang mit der studierenden Jugend auch fernerhin am Leben aufrechterhalten und gefördert wird.

Adolf Hurwitz ist ein Mathematiker von höchstem Ansehen, der in vielen Teilen der reinen Mathematik, in Zahlentheorie, Algebra, Funktionentheorie, Geometrie, Leistungen von bleibendem Wert aufzuweisen hat. Es seien nur hervorgehoben seine Untersuchungen über Modulfunktionen, über das Korrespondenzprinzip in der Theorie der algebraischen Kurven, sowie über die Irrationalität der Nullstellen der Bessel'schen Funktion, ferner die Ermittelung der Anzahl der Riemann'schen Flächen mit gegebenen Verzweigungspunkten, seine Begründung der Zahlentheorie der Quaternionen und sein Beweis für die Endlichkeit des vollen Systems der orthogonalen Invarianten.

Zuverlässiges Urteil, Klarheit und vollendete Einfachheit der Gedanken zeichnen seine Schriften aus.

---

[4]Rep. 76 Va Sekt. 6, Tit. IV, 1, Vol. XXII, Bl. 24–27, Geheimes Staatsarchiv Preußischer Kulturbesitz, Berlin.

Hurwitz gehört zu den hervorragendsten und anregendsten Dozenten am Züricher Polytechnikum und ist geliebt und hochverehrt von allen seinen Schülern.

Otto Blumenthal's wissenschaftliche Arbeit hat zunächst dem sehr schwierigen Gebiet der Theorie der analytischen Funktion gegolten; es gelang ihm die Weierstrass'schen Methoden und Resultate in der Theorie der mehrfach periodischen Funktionen auf die Theorie der automorphen Funktionen mehrerer Variablen zu übertragen. Später wandte sich Blumenthal der auf französischen Boden, insbesondere durch Hadamard und Borel neu erschlossenen Theorie der ganzen transzendenten Funktionen zu. Sein eben zum Abschluss gelangtes, in der Borel'schen Sammlung erscheinendes Buch bezweckt eine Gesamtdarstellung dieses Gegenstandes, es ist eine bedeutsame mathematische Leistung, die ebenso von dem Scharfsinn des Verfassers, wie von seiner Gründlichkeit und seinem Fleiße Zeugnis ablegt.

Neben diesen großen Publikationen sind auch einige leichteren Stils, die Aufgaben aus der mathematischen Physik betreffen, der Anerkennung wert.

Mit besonderer Hingabe hat sich Blumenthal von Anbeginn dem Berufe des akademischen Lehrers gewidmet. Bereits als Privatdozent ist es Blumenthal hier in Göttingen gelungen, zwei Doktoranden zur Promotion zu bringen.

Bei Gelegenheit einer ihm seinerzeit von dem Herrn Minister übertragenen Vertretung in Marburg und in seiner gegenwärtigen Stellung als ordentlicher Professor in Aachen hat sich sein Lehrtalent aufs vortrefflichste bewährt.

Auch seiner aufopfernden und verdienstvollen Tätigkeit als Redakteur der Mathematischen Annalen sei noch gedacht.

Edmund Landau ist der wissenschaftlich vielfältigste und wirksamste Mathematiker seiner Generation. Auch er knüpft an die funktionentheoretischen Errungenschaften der modernen französischen Schule an. Seine wichtigsten zahlentheoretischen Arbeiten betreffen die Frage der Dichtigkeit der Primzahlen und es ist ihm gelungen, die hier nach der Methode von Riemann gewonnenen Resultate auf Primzahlen in arithmetischer Progression und auf Primideale algebraischer Zahlkörper zu übertragen.

Von größtem Erfolge ist Landau's wissenschaftliche Tätigkeit im Gebiet der Funktionentheorie gewesen: an seine Entdeckung, die in einer Verallgemeinerung und Vertiefung des sogenannten Picard'schen Satzes besteht, haben eine Reihe von Forschern angeknüpft und es ist durch diese Untersuchungen überall sein Name in der mathematischen Welt bekannt geworden. Die reiche Liste Landau'scher Publikationen weist noch eine Reihe äußerst interessanter Einzelresultate in den verschiedensten Gebieten der Mathematik auf, z. B. seine Untersuchungen über die Zerlegung definitiver Formen in Quadrate, über quadrierbare Kreisbogenzweiecke und über die Vorstellung einer ganzen Zahl als Summe von Biquadraten.

Neben seiner wissenschaftlichen Arbeit hat Landau eine sehr wirksame Lehrtätigkeit an der Berliner Universität entfaltet, indem er durch seine Vorlesungen
die Zuhörer zu fördern und zu selbständigen Arbeiten anzuregen verstand.

Sollte die gemachte Vorstellung aus irgendwelchen Gründen unausführbar
sein, so bitten wir Euer Exzellenz der Fakultät erneut Gelegenheit zu weiteren
Vorschlägen geben zu wollen.

Die philosophische Fakultät
Der Dekan
C. Runge

Anhang IV: An Klein zu seinem 60sten Geburtstage: 25. April 1909[5]

Meine lieben und verehrten Gäste.

Ich habe hier zunächst unseren hochgeschätzen Kollegen Poincaré in meinem Haus zugleich im Namen meiner Frau zu begrüssen und ihm zu danken, dass er unserer Einladung gefolgt ist. Aber auch etwas Anderes habe ich und wir Alle ihm zu danken, was ihm selbst vielleicht gar nicht bewusst ist und was er doch allein durch sein Herkommen zu Wege gebracht hat, nämlich dass wir hier die Freude haben, Kollegen Klein zu seinem 60sten Geburtstag bei uns zu sehen. Denn ohne die Poincaré-Feier würde Klein fern von Göttingen in einem weltentlegenen Versteck heute sich verborgen halten und es ist besser doch so, wo wir wenigstens seine nächsten Kollegen und Freunde ihm gratuliren können und sie haben allen Grund dazu.

Denn was für eine Lust ist es heute, Mathematiker zu sein, wo allerwegen die Mathematik empor spriesst und die empor gesprossene erblüht, wo in ihrer Anwendung auf Naturwissenschaft wie andererseits in der Bindung nach der Philosophie hin die Mathematik immer mehr zur Geltung kommt und ihre ehemalige zentrale Stellung zurückzuerobern im Begriff steht. Was für eine Lust aber muss es da erst sein, speziell der Mathematiker F. Klein an seinem 60sten Geburstage zu sein. Zur Kennzeichnung Ihrer wissenschaflichen Erfolge möchte ich nur 3 Punkte, die als typische Beispiele mir gelten sollen, herausgreifen.

Erstens von Beginn an haben Sie die geom. Anschauung, ihre Pflege durch Zeichnung und Modelle überhaupt die physikalische, kinematische, mechanische Deutung der mathematischen Gedanken in den Vordergrund gestellt. Riemann war der Name, der auf Ihrer Fahne stand und unter diesem Zeichen haben Sie auf der ganzen Linie gesiegt – gesiegt über die Gegner wegen der Richtigkeit Ihrer Ideen, weswegen sie Unterstützung erhielten, wo Sie sie garnicht erwarteten z.B. durch Minkowski, der stets das geometrisch Anschauliche als Methode ausgestaltet hat. Wenn ich 2.) ein speziell mathematisches Gebiet auswählen soll, nur wenn wir die Namen Poincaré – Klein zusammen hören, welcher Mathematiker wird da nicht an die automorphen Funktionen erinnert, deren Th[eorie] P[oincaré] zuerst begründet, deren reiche Ausgestaltung aber ihr Verdienst ist. Gerade die tiefsten Sätze, die sie immer vorhergesagt und für die sie auch die Beweisideen beigebracht haben.

Gerade heute sehen sie ihrer Vollendung entgegen. Und 3.) Wenn unserer aller Namen verschollen sind, vielleicht noch der eine oder andere historisches Interesse haben wird, werden Ihnen die spätere Geschlechter dankbar bleiben für das grossartige Werk der Encyklopädie, dessen Herausforderung gerade eines Mannes wie Sie bedurfte, der soviel Entsagung und Aufopferung wie Sie besass. Und dadurch komme ich dazu, zu sagen, dass vielmehr wie das thatsächlich Erreichte,

---

[5] Nachlass Hilbert, SUB Göttingen, 575

wie Ihre Erfolge Sie das Bewusstsein mit Befriedigung erfüllen müssen, dass Sie diese Erfolge Ihren mit der (?)(?) Fleisse, Ihrer Energie, Ihrer Thatkraft, Ihrem Charakter nicht allein Ihrer glänzenden Begabung zu danken haben. Ihr Sinn war niemals auf Ihren persönlichen Vorteil, noch auf den Vorteil einer anderen Person gerichtet, sondern galt stets der Sache. Daher lassen Ihnen heute auch Alle, auch Ihre Gegner, an denen es einem Manne, wie Ihnen nie fehlen kann, volle Gerechtigkeit widerfahren und im Kreise Ihrer Kollegen haben Sie vollste Anerkennung und die Gefühle höchster Dankbarkeit ausgelöst.

Aber Ihr Lebenswerk ist nicht vollendet. Sie befinden sich in jugendlicher Frische auf Ihrem Lebensschifflein auf voller Fahrt. Minkowski hat uns gelehrt, dass der Begriff der Gleichzeitigkeit ein relativer ist. Vielmehr gilt das vom Begriff der Gleichaltrigkeit. Das Alter in dem Sinne, auf den es allein ankommt, ist nicht so eine einfache Funktion der Zeit allein, sondern von vielen imponderabilen Parametern, und ein Mann von 70 Jahren kann mit einem Jünglinge an Frische, Plänen, Lebenskraft gleichaltrig sein. Dass dies bei Ihnen einmal der Fall sein wird, dafür spricht alle Wahrscheinlichkeit und mit diesem Wunsche schliesse ich, dass dieser wahrscheinliche Fall Wirklichkeit wird.

David Hilbert: Dankrede an Klein im Namen der Göttingen Mathematischen Gesellschaft

Nach den Vertretern so hoher Körperschaften habe ich Ihnen die Glückwünsche namens eines bescheideneren Kreises: der mathematischen Gesellschaft auszusprechen. Trotzdem denke ich, dass wir Ihrem Herzens nicht ferner stehen. Im Gegenteil, wir haben ja das Glück, den besten Teil von Ihnen zu haben, nämlich Ihre ganze Persönlichkeit. Sie sind Begründer, Vorsitzender und geistiger Mittelpunkt und Hauptenergiequelle unserer Gesellschaft. Wir haben das Glück, Ihre wissenschaftliche Arbeiten entstehen und zur Reife gelangen zu sehen. Aber von dieser soll hier nicht die Rede sein: wir werden Nachm. in einer Festsitzung in der mathematischen Gesellschaft davon hören. Hier nur noch eine Bemerkung. Das Wohl der Mathematik hängt – leider – nicht bloss von ihrer wissenschaftlichen Förderung ab, sondern auch wesentlich von der ausserwissenschaftlichen Tätigkeit ihrer Vertreter. Oft habe ich in dieser Hinsicht mit Neid auf das Ausland insbesondere auf Frankreich gesehen, wo Mathematik und Mathematiker in viel besserer Lage sind und wie schmerzlich habe ich es oft empfunden, wie schwer oftmals es ist, selbst geringfügige und selbstverständliche Forderungen der Mathematik durchzusetzen, während die anderen Naturwissenschaften wegen ihrer grösseren praktischen Bedeutung darin es leicht haben – garnicht zu reden von den Vertretern der sog. Geisteswissenschaften, die ohnehin vielmehr im Vordergrund der Lebensbühne agiren und auch da ihre Interessen durchzusetzen in der Lage sind, wo es nicht im Interesse der Allgemeinheit liegt. Sie haben nun in dieser Hinsicht der Mathematik Dienste geleistet, wie kein Mathematiker in Deutschland je zuvor und durch den Glanz Ihres Namens, durch das Ansehen Ihrer Person die

Mathematik zur Geltung gebracht. Soweit dies die math[ematische] Ges[ellschaft] angeht, möchte ich heute dafür danken und Sie dringend bitten, Ihren Einfluss überall geltend zu machen, wie es zum Wohle der Mathematik geschehen muss.

Anhang V: Blumenthal, Otto, Préface, *Principes de la théorie des fonctions entières d'ordre infini,* Collection de monographies sur la théorie des fonctions, publiée sous la direction de M. Émile Borel, Paris: Gauthier-Villars, 1910.

C'était au troisième Congrès international des mathématiciens à Heidelberg, en automne 1904, que M. Borel m'avait proposé de rédiger, pour sa Collection, un Volume sur les fonctions entières d'ordre infini; c'est au printemps 1909 que je le finis. Je m'excuse de ce grand retard, dû à des occupations très variées qui, pendant plusieurs années, me rendaient impossible tout travail suivi.

Le Livre peut être regardé comme la suite des *Leçons sur les fonctions entières* de M. Borel. Il en diffère toutefois à quelques points de vue. Car tandis que le Livre de M. Borel a, en général, le caractère et le style d'un Traité destiné à rendre accessibles aux étudiants les résultats de recherches nombreuses disséminées dans les périodiques, j'ai dû rédiger mon Volume plutôt en forme de Mémoire. En effet, le domaine de l'ordre infini n'a pas attiré beaucoup de chercheurs, de sorte que le contenu de ce Livre est, presque entièrement, inédit. J'espere toutefois qu'un lecteur conaissant les *Fonctions entières* de M. Borel n'aura pas de peine à suivre mon exposition.

Je n'insiste pas sur les matières traitées, je renvoie aux différents Chapitres à la tête desquels se trouve un résumé de leur contenu. En outre, j'ai rejeté dans des Notes à la fin du Volume deux groupes de propositions dont j'ai fait usage dans le texte, mais dont les démonstrations, un peu longues, l'auraient encombré. J'ai cru pouvoir le faire d'autant mieux que ces théorèmes semblent avoir un intérêt indépendant.

Il y a un point que je tiens à relever pour éviter tout malentendu. Si, étant Allemand, j'ai rédigé mon Livre en français, cette anomalie est uniquement due aux circonstances extérieures, à la proposition gracieuse de M. Borel. Ce n'est certainement pas, et c'est là-dessus que j'ai voulu insister, que je destine ce Livre aux étudiants français de préférence à mes compatriotes. Je serais très heureux au contraire si quelque jeune mathématicien allemand pouvait s'avancer au delà des bornes où j'ai dû m'arrêter.

Je dois tous mes remerciments à M. Borel pour avoir bien voulu me prendre comme collaborateur à sa belle Collection de Monographies. Je suis sûr au moins que le sujet de ce Livre est bien choisi; j'ai été tout étonné moi-même de voir combien une exposition systématique faisait gagner en simplicité et en élégance aux recherches sur les fonctions entières d'ordre infini.

M. Erhard Schmidt m'a prêté un concours précieux en revoyant mon manuscrit. Mon exposition doit des perfectionnements importants à sa judicieuse critique. Je le remercie affectueusement pour cette collaboration amicale.

M. Gauthier-Villars, après avoir accueilli ce Livre, a fait preuve d'une grande obligeance au cours de la composition et de la correction des épreuves. Qu'il veuille bien accepter l'expression de ma reconnaissance sincère pour son amabilité et ses bons soins.

O. Blumenthal.

Aix-la-Chapelle, avril 1909.

Anhang VI: Blumenthals Vorwort zu *Das Relativitätsprinzip*[6]

Minkowskis Vortrag Raum und Zeit, der im Jahre 1909 mit einem Vorwort von A. Gutzmer als selbständige Schrift erschienen ist, ist bereits vergriffen. Herr Sommerfeld hat die glückliche Anregung gegeben, die von dem Verlage gewünschte Neuausgabe zu einer größeren Publikation zu erweitern, in der die grundlegenden Originalarbeiten über das Relativitätsprinzip zusammengestellt werden sollten. Die freundliche Bereitwilligkeit der Herren H. A. Lorentz und Einstein hat die Ausführung dieses Planes ermöglicht. So enthält dieses Bändchen, als eine Sammlung von Urkunden zur Geschichte des Relativitätsprinzips, die Entwicklung der Lorentzschen Ideen, Einsteins erste große Arbeit und Minkowskis Vortrag, mit dem die Popularität des Relativitätsprinzips einsetzt. Als Ergänzung dient das erste Bändchen dieser Sammlung Fortschritte der mathematischen Wissenschaften in Monographien, das die beiden ausführlichen Veröffentlichungen Minkowskis [(Minkowski 1910)] enthält.

Blumenthal an Sommerfeld | Aachen, den 19.I.1925

Sehr geehrter Herr Kollege!

Wie Sie aus den beiliegenden Abschriften sehen, wünscht die Firma VUIBERT eine Uebersetzung des Buches: „Das Relativitätsprinzip" herauszugeben. Ich halte diese Absicht bei dem starken Interesse, das in Frankreich der Relativitätstheorie entgegengebracht wird, für durchaus vernünftig, besonders weil es bei der Lektüre relativitätstheoretischer Arbeiten doch vielfach auf ein hohes Verständnis sprachlicher Feinheiten ankommt, das einem Ausländer in der Regel fehlen wird. Ich möchte deshalb befürworten, dass die Erlaubnis zur Uebersetzung des Bändchens erteilt wird. Wie Sie ebenfalls aus der anliegenden Abschrift ersehen, ist Teubner einverstanden. Die von ihm gegenüber Vuibert vorgeschlagenen Bedingungen scheinen mir billig und ich möchte sie gleichfalls vorschlagen. Was die Verteilung des Honorars zwischen Teubner und uns Verfassern angeht, so möchte ich, da Teubner uns ausdrücklich eine Abänderung des üblichen Satzes 1:1 anheimstellt, ein Verhältnis von 2 für die Mitarbeiter zu 1 für den Verleger vorschlagen Da eine leichte Ueberschlagsrechnung ergibt, dass die Honorare nur ganz unbeträchtlich werden, so schlage ich ferner vor, dass der auf die Mitarbeiter entfallende Anteil zwischen uns zu gleichen Teilen verteilt wird. Ich bitte Sie um ihre umgehende Antwort mit evtl. Aenderungsvorschlägen. Falls ich bis zum 10. Februar von Ihnen keine Antwort erhalte, darf ich Ihr Einverständnis mit der Uebersetzung Ihres

---

[6]Teubners Sammlung „Fortschritte der mathematischen Wissenschaften in Monographien", Band 2, 1913 [Lorentz, et al. 1913].

Beitrages annehmen und demgemäss mit Vuibert verhandeln.

Ihr sehr ergebener
O. Blumenthal

Sommerfeld an Blumenthal | München, den 26.I.1925

Lieber Blumenthal!

Ich habe nichts gegen die Uebersetzung. Natürlich ist Frau Minkowski an der Honorarzahlung entsprechend der Seitenzahl von „Raum und Zeit"zu beteiligen. Ob Du die Seitenzahl meiner Anmerkung extra honorieren lassen willst (es würde ja nur eine lächerliche Summe sein) oder ob Du sie zu Frau Minkowskis Honorar hinzuschlagen willst, stelle ich anheim.

. . .

Mit besten Grüssen von Haus zu Haus
A. Sommerfeld

Aus unbekannten Gründen ist nichts aus diesem Projekt geworden.

Anhang VII: Karl Schwarzschild, Akademische Antrittsrede[7]

Im Jahre 1912 wurde Karl Schwarzschild zum Mitglied der Berliner Akademie erwählt, und am 26. Juni 1913 hielt er seine akademische Antrittsrede. Blumenthal nannte diese „ein Meisterstück, herzerfreuend in ihrer frischen Begeisterung und ursprünglichen Ausdrucksweise. Er wendet sich gegen die Ansicht, dass die Astronomie eine alternde Wissenschaft sei, und in seiner Darstellung sieht man wahrlich die grünen Zweige aus dem schwarzen Stamm hervorschießen" (Blumenthal 1917, 67).

Antrittsrede des Hrn. Schwarzschild.

Die Astronomie ist eine uralte Wissenschaft und den Angehörigen der Astronomenzunft sind besondere Kenntnisse und Gebräuche von alters her überkommen, so gut wie unsern Schustern und Schlossern, die ihre Werkzeuge und ihre Fertigkeiten seit wenigstens 2000 Jahren fast unverändert forterben. Daher sind auch die Astronomen unter sich geneigt, nur den als voll anzuerkennen, der seine Lehrzeit gedient hat und sein nach altem Brauch gefertigtes Meisterstück vorweisen kann, und aus demselben Grunde scheint die jüngere Umwelt vielfach die Astronomie zwar als etwas Ehrwürdiges anzusehen, aber zugleich als etwas Mittelalterliches und Vergilbtes, die Astronomen selbst als das erstarrte Priestertum einer erhabenen, aber ergrauten, von Riten überwucherten Lehre. Oder stärker und vielleicht schon zu stark ausgedrückt: Man erkennt die gute Herkunft der Astronomen an, hält sie aber für etwas degenerierte Subjekte, die vorwiegend in der äußeren Form, der Genauigkeit ihrer Rechnungen und dem eifrigen Gebrauch der Methode der kleinsten Quadrate die alte Kultur bewahren.

Ganz gewiss ist das eine Verkennung der Astronomie der Gegenwart. Natürlich hat die Astronomie ihre Besonderheiten, ihre unendlichen Zahlenrechnungen, ihre Sternkataloge. Natürlich macht sie nicht leicht so explosive Fortschritte, wie z. B. die Physik in den letzten Jahrzehnten, denn sie kann die Experimente nicht in gleicher Weise häufen, sie ist vielfach darauf angewiesen, den langsamen Wandel der Gestirne abzuwarten, bevor sie zu neuen Resultaten gelangen kann. Aber nichtsdestoweniger – die Astronomie der Gegenwart zehrt nicht nur von der Tradition, sie lebt auch nicht nur vom Abglanz der Erhabenheit ihres Gegenstandes, der Unendlichkeit der Welt in Raum und Zeit, sie ist vielmehr ein lebendiges Glied der gesamten jetzigen Naturwissenschaft, deren Pulsschlag auch sie durchdringt und zu deren voller Entwicklung sie wiederum notwendig ist.

Die Astronomen unterscheiden sich von andern Leuten dadurch, dass sie mit großen Fernrohren hantieren. Aber das Fernrohr ist ein physikalisches Instrument. Die ganze geometrische Optik und zum guten Teil auch die Kunst der Feinmechanik ist am Fernrohr und seiner Montierung groß geworden. Die Arbeit, in der

---

[7]Aus den *Sitzungsberichten der Preußischen Akademie der Wissenschaften zu Berlin, physikalisch-math. Klasse*, 1913: 596–600; wiederabgedruckt in (Schwarzschild 1992, III: 677–681).

FRAUNHOFER den Grund zur Spektralanalyse gelegt hat, war nach ihrem Untertitel ausgeführt „in bezug auf die Vervollkommnung der achromatischen Fernrohre".

Die Astronomen sind ferner Spezialisten des NEWTONSCHEN Gravitationsgesetzes. Aber das NEWTONSCHE Gesetz ist das Vorbild aller bisher in der Mechanik und Physik verwandten Kraftgesetze, und die Physiker sind vielleicht nur darum weniger Spezialisten als die Astronomen, weil sie noch kein derartig generelles, das ganze Gebiet beherrschendes Kraftgesetz besitzen. Dabei berührt sich das höchste noch ungelöste Problem der Himmelsmechanik, das sogenannte Vielkörperproblem, aufs engste mit einem Problem der Physik, das an die Fundamente ihrer neuesten Entwicklung greift. Das Vielkörperproblem verlangt eine Antwort auf die Frage, welche Stellungen die die Sonne umkreisenden planetarischen Massenpunkte infolge ihrer gegenseitigen Anziehung nach beliebig langen Zeiten einnehmen werden. Es ist wahrscheinlich, dass die Planeten im Lauf ungeheurer Zeiträume in alle möglichen nur denkbaren Stellungen gelangen, bei denen Energie und Impuls des Gesamtsystems ihre vorgegebenen Werte behalten, dass das Planetensystem in diesem Sinne völlig instabil ist. Aber bewiesen ist das nicht trotz der unheimlich tiefgehenden Schürfungen POINCARÉS. Im Wesen mit diesem Instabilitätssatze identisch, vielleicht noch wahrscheinlicher, aber ebenso unbewiesen ist die Behauptung von der ergodischen Natur gewisser mechanischer Systeme, die dem Satz von der Gleichverteilung der Energie zugrunde liegt. An dem Satz von der Gleichverteilung der Energie hängt aber die Frage, ob unsre bisherige Mechanik für Körper von Molekülgröße beibehalten werden kann oder ob sie, wie das überwiegend wahrscheinlich ist, durch Hrn. PLANCKS Quantenhypothese ersetzt werden muss.

Es kann weiter angeführt werden, dass eine wichtige Quelle für die Elektronen- und Relativitätstheorie in einem astronomischen Probleme lag. Die astronomische Aberration ist eine Folge der endlichen Ausbreitungsgeschwindigkeit des Lichts im Äther verbunden mit der Bewegung der Erde im Weltraum. H. A. LORENTZ hat sich vielfach mit der Theorie der Aberration beschäftigt und nach einer befriedigenden Anschauung über das Verhalten des Äthers, wenn große Massen, wie die Erde, sich durch ihn hindurchbewegen, gesucht, bis er der alten FRESNELschen Annahme, dass der Äther absolut starr und durch keine auf ihn wirkende Kraft zum Fließen zu bringen sei. Dadurch war die Bahn frei geworden für die Elektronentheorie. Der völlig starre Äther trat ferner so sehr aus dem Kreis der beeinflussbaren und damit näher erkennbaren Objekte heraus, dass auch die Relativitätstheorie möglich wurde, bei welcher der Begriff des Äthers nur als ein durch neue Erfahrungen vertiefter Raum-Zeitbegriff erscheint.

Elektronentheorie und Relativitätstheorie haben auch rückwärts der Astronomie schon wieder mancherlei Probleme gestellt infolge der Modifikationen der Himmelsmechanik, die sie notwendig machen. Leider handelt es sich dabei stets um Größen höherer Ordnung, die zur Zeit noch gerade unter der Grenze der Beobachtungsgenauigkeit liegen. Aber vergönnen Sie uns noch 50 Jahre weiterer Planetenbeobachtungen mit modernen Meridiankreisen oder denken Sie die Beobachtung der Verfinsterungen der Jupitermonde – etwa mittels der lichtelektrischen Zelle –

verfeinert oder lassen Sie die neuen Interferenzmethoden auf die Beobachtung von
Fixsternen anwendbar werden: dann wird auch die Genauigkeitssteigerung erfolgen
– im Planetensystem der Schritt von der 6. bis 7. zur 7. bis 8. Dezimale – die über
die Gültigkeit der neuen Theorien unter coelestischen Bedingungen entscheidet.

Ganz besonders eng ist die Beziehung der Astronomie zu den andern exakten Naturwissenschaften natürlich auf dem Gebiete der Astrophysik. Das Dopp-
lersche Prinzip gibt uns die Geschwindigkeiten der Sterne, die Spektralanalyse ihre chemische Zusammensetzung, das Strahlungsgesetz eine Anschauung von ihren
Temperaturen. Dabei ist die Astrophysik manchmal der irdischen Physik voraus.
So kennen wir in den Nebelflecken ein Element, das nach seinen Spektrallinien
zweifellos ein Element sein muss, das die Astronomen Nebulium nennen und dessen Entdeckung auf der Erde zukünftige Aufgabe der Chemiker ist. Ein besonderes
Desideratum haben wir zur Zeit wieder an die Physik. Wenn der Mechanismus des
Leuchtens der Gase so weit aufgeklärt werden könnte, dass sich mit einiger Bestimmtheit sagen ließe, warum die Spektrallinien der Sterne so außerordentlich
verschieden aussehen, bald schmal, bald breit, bald scharf begrenzt, bald verwa-
schen, dann würden wir sicherlich im Verständnis der physikalischen Verhältnisse
in den Sternatmosphären eine Stufe weitergekommen sein und vielleicht auch ein
bindenderes Urteil über die absolute Leuchtkraft der Sterne auf Grund ihrer spek-
tralen Eigentümlichkeiten gewonnen haben. Die absolute Leuchtkraft der Sterne
zu erfahren, ist darum ein so wichtiges Ziel, weil aus der Kenntnis der absolu-
ten Leuchtkraft der Sterne, verbunden mit ihrer unmittelbar zu beobachtenden
scheinbaren Helligkeit, sich ihre Entfernung und damit eine allgemeine Kenntnis
der räumlichen Anordnung des Universums ergibt.

So ist der lebendigen Beziehung zwischen der Astronomie und den Nachbar-
wissenschaften kein Ende. Je deutlicher das für die Vergangenheit ist, um so mehr
werden Sie mir verzeihen, dass ich es auch durch Zukunftshoffnungen zu belegen
suchte. Mathematik, Physik, Chemie, Astronomie marschieren in einer Front. Wer
zurückbleibt, wird nachgezogen. Wer vorauseilt, zieht die andern nach. Es besteht
die engste Solidarität der Astronomie mit dem ganzen Kreis der exakten Naturwissenschaften. Das ist eine Überzeugung, die ich gegenüber Anschauungen, welche
die Astronomie auf einen Isolierschemel setzen wollen, bei dieser feierlichen Gelegenheit um so lieber betone, als sie gewiss von der Mehrheit dieses Kreises geteilt
wird. Wer von Ihnen im praktischen Leben steht, der schätzt vielleicht sogar die
Astronomie über Gebühr hoch ein, weil er bei der Physik ernüchtert wird durch
ihren bereits allzu engen Kontakt mit der täglichen Notdurft; die vom Irdischen
unberührte Astronomie bleibt ihm aber die rechte Wissenschaft für Feiertagsge-
danken. Innerhalb der Akademie selbst bin ich der Anerkennung der Astronomie
als eines lebendigen Gliedes im Gesamtorganismus der Naturwissenschaften gewiss. Und damit darf ich mich zu Persönlichem wenden: ich bin mir bewusst, dass
ich nur dieser Auffassung und nicht dieser oder jener meiner zerstreuten Arbeiten
die Ehre verdanke, der Akademie anzugehören. Im Sinne dieser Auffassung darf ich
es mir ja als etwas Gutes anrechnen, dass ich mein Interesse nie ausschließlich auf
die Dinge jenseits des Mondes beschränken konnte, sondern öfter den Fäden folgte,

welche sich von dort oben zur sublunaren Wissenschaft spinnen und dass ich auch manchmal dem Himmel ganz untreu geworden bin. Das ist ein Trieb ins Allgemeine, der unbeabsichtigt von meinem Lehrer SEELIGER in mir gekräftigt worden ist und der dann bei FELIX KLEIN und dem ganzen Kreis der Naturforscher in Göttingen weitere Nahrung fand. Dort galt die bewusste Devise, dass Mathematiker, Physiker und Astronomen e i n e Wissenschaft betrieben, die wie etwa die griechische Kultur nur als Gesamtheit zu erfassen sei. Eine hohe Anschauung, der man nicht die utilitarische Frage entgegenhalten soll, ob man bei größerer Konzentration aus beschränkten Kräften einen größeren Nutzeffekt herausholen könnte.

Hier ist mir nun die Leitung des Astrophysikalischen Observatoriums bei Potsdam anvertraut. Diese großartige Schöpfung H. C. VOGELs bedarf nur geringer Aufbesserung, um wenigstens unter den europäischen Sternwarten wieder mit an die erste Stelle zu rücken. Die bewährten Astronomen des Observatoriums, auf deren Mitarbeiterschaft ich stolz bin, bewahren die Tradition gewissenhafter systematischer Facharbeit. Ich betrachte es als wichtigen Teil meiner Aufgabe, diese Tradition auch fernerhin zu erhalten. Der Akademie bin ich aber vor allem dankbar, dass sie mir durch die Aufnahme in ihrem Kreis ermöglicht hat, mit der Gesamtheit der Naturwissenschaften in Kontakt zu bleiben und von hier manche Erfrischung nach Potsdam mitzunehmen, ohne die wir Bergbewohner dort Gefahr laufen, welt- und wissenschaftsfremde Eremiten zu werden.

Literaturverzeichnis

Alexandrov, Paul S., Hrsg. (1979): *Die Hilbertsche Probleme*, Ostwalds Klassiker der exakten Wissenschaften, Bd. 252, Leipzig: Teubner.

Baire, René (1907a): Sur la non-applicabilité de deux continus à n et à $n + p$ dimensions, *Comptes Rendus de l'Académie des Sciences de Paris*, 144: 318–321.

Baire, René (1907b): Sur la non-applicabilité de deux continus à n et à $n + p$ dimensions, *Bulletin des Sciences mathématiques*, (2), 31: 94–99.

Behnke, Heinrich (1958): Otto Blumenthal zum Gedächtnis, *Mathematische Annalen* 136: 387–392.

Behnke, Heinrich (1973): Rückblick auf die Geschichte der Mathematischen Annalen, *Mathematische Annalen*, 200: i–vii.

Bernstein, Felix (1912a): Über eine Anwendung der Mengenlehre auf ein aus der Theorie der säkularen Störungen herrührendes Problem, *Mathematische Annalen*, 71: 417–439.

Bernstein, Felix (1912b): Über geometrische Wahrscheinlichkeit und über das Axiom der beschränkten Arithmetisierbarkeit der Beobachtungen, *Mathematische Annalen*, 72: 585–587.

Biermann, Kurt-R. (1988): *Die Mathematik und ihre Dozenten an der Berliner Universität, 1810-1933*, Berlin: Akademie Verlag.

Blumenthal, Otto (1903): Über Modulfunktionen von mehreren Veränderlichen. (Erste Hälfte.), *Mathematische Annalen*, 56: 509–548.

Blumenthal, Otto (1904): Über Modulfunktionen von mehreren Veränderlichen. (Zweite Hälfte.), *Mathematische Annalen* 58 (1904): 497–527.

Blumenthal, Otto (1907a): Über ganze transzendente Funktionen, *Jahresbericht der Deutschen Mathematiker-Vereinigung*, 16: 97–109.

Blumenthal, Otto (1907b): Sur le mode de croissance des fonctions entières, *Bulletin de la Société Mathématique de France*, 35: 213–232.

© Springer-Verlag GmbH Deutschland, ein Teil von Springer Nature 2018
D. E. Rowe, *Otto Blumenthal: Ausgewählte Briefe und Schriften I*,
Mathematik im Kontext, https://doi.org/10.1007/978-3-662-56725-8

Blumenthal, Otto (1910): *Principes de la théorie des fonctions entières d'ordre infini*, Paris: Gauthier-Villars.

Blumenthal, Otto (1912): Bemerkungen über die Singularitäten analytischer Funktionen mehrerer Veränderlichen, *Festschrift Heinrich Weber*, Leipzig: Teubner, 11–22.

Blumenthal, Otto (1913): Zum Turbulenzproblem, *Sitzungsberichte der bayrischen Akademie der Wissenschaften*, 563–595.

Blumenthal, Otto (1917): Karl Schwarzschild, *Jahresbericht der Deutschen Mathematiker-Vereinigung*, 26: 56–75.

Blumenthal, Otto (1922): David Hilbert, *Die Naturwissenschaften*, 10 (4), 67–72.

Blumenthal, Otto (1935): Lebensgeschichte, in (Hilbert 1932–1935, 388–429).

Borel, Émile (1897): Sur les zéros des fonctions entières, *Acta Mathematica*, 20: 357–396.

Borel, Émile (1905): Quelques remarques sur les principes de la théorie des ensembles, *Mathematische Annalen*, 60: 194–195.

Borel, Émile (1909): Les probabilités dénombrables et leurs applications arithmétiques, *Rendiconti del Circolo Matematico di Palermo*, 27: 247–271.

Borel, Émile (1912): Sur un problème de probabilités relatives aux fractions continues, *Mathematische Annalen*, 72: 578–584.

Born, Max (1959): Erinnerungen an Hermann Minkowski. Zur 50. Wiederkehr seines Todestages, *Die Naturwissenschaften*, 46(17): 501–505.

Brill, Alexander (1923): Max Noether, *Jahresbericht der Deutschen Mathematiker-Vereinigung*, 32: 211–233.

Brocke, Bernhard vom (1980): Hochschul und Wissenschaftspolitik in Preussen und im Deutschen Kaiserreich, 1882-1907: Das „System Althoff“, *Bildungspolitik in Preussen zur Zeit des Kaiserreichs*, Peter Baumgart, Hrsg., Stuttgart: Klett-Cotta, 9–118.

Brouwer, L. E. J. (1907): Life, Art, and Mysticism, *Notre Dame Journal of Formal Logic*, 37(3): 389–429.

Brouwer, L. E. J. (1909): Die Theorie der endlichen kontinuierlichen Gruppen, unabhängig von den Axiomen von Lie, I, *Mathematische Annalen*, 67: 246–267.

Brouwer, L. E. J. (1910a): Zur Analysis Situs, *Mathematische Annalen*, 68: 422–434.

Brouwer, L. E. J. (1910b): Beweis des Jordanschen Kurvensatzes, *Mathematische Annalen*, 69: 169–175.

Brouwer, L. E. J. (1910c): Über eindeutige, stetige Transformationen von Flächen in sich, *Mathematische Annalen*, 69: 176–180.

Brouwer, L. E. J. (1911): Beweis der Invarianz der Dimensionenzahl, *Mathematische Annalen*, 70: 161–165.

Brouwer, L.E.J. (1912a): Ueber Abbildung von Mannigfaltigkeiten, *Mathematische Annalen*, 71: 97–115.

Brouwer, L.E.J. (1912b): Beweis der Invarianz des n-dimensionalen Gebiets, *Mathematische Annalen*, 71: 305–313.

Brouwer, L.E.J. (1912c): Beweis des Jordanschen Satzes für den n-dimensionalen Raum, *Mathematische Annalen*, 71: 314–319.

Brouwer, L.E.J. (1912d): Über Jordansche Mannigfaltigkeiten, *Mathematische Annalen*, 71: 320–327.

Brouwer, L.E.J. (1912e): Beweis des ebenen Translationssatzes, *Mathematische Annalen*, 72: 37–54.

Brouwer, L.E.J. (1912f): Zur Invarianz des n-dimensionalen Gebiets, *Mathematische Annalen*, 72: 55–56.

Brouwer, L.E.J. (1912g): Über die topologischen Schwierigkeiten des Kontinuitätsbeweises der Existenztheoreme eindeutig umkehrbarer polymorpher Funktionen auf Riemannschen Flächen, *Nachrichten von der Gesellschaft der Wissenschaften zu Göttingen, Mathematisch-Physikalische Klasse*, 1912: 603–606.

Brouwer, L.E.J. (1912h): Über die Singularitätenfreiheit der Modulmannigfaltigkeit, *Nachrichten von der Gesellschaft der Wissenschaften zu Göttingen, Mathematisch-Physikalische Klasse*, 1912: 803–806.

Brouwer, L.E.J. (1913a): Über den natürlichen Dimensionsbegriff, *Journal für die reine und angewandte Mathematik*, 142: 146–152.

Brouwer, L.E.J. (1913b): Intuitionism and formalism, *Bulletin of the American Mathematical Society*, 20(2): 81–96.

Brouwer, L.E.J. (1919): Intuitionistische Mengenlehre, *Jahresbericht der Deutschen Mathematiker-Vereinigung*, 282: 203–207.

Brouwer, L.E.J. (1928): Intuitionistische Betrachtungen über den Formalismus, *KNAW Proceedings* 31: 374-379; *Sitzungsberichte der Preußischen Akademie der Wissenschaften*, 1928: 48–52.

Brouwer, L.E.J. (1976): *L. E. J. Brouwer: Collected Works*, Vol. 2, Hans Freudenthal, ed., Amsterdam: Elsevier.

Browder, Felix, ed. (1976): *Mathematical Developments arising from Hilbert's Problems*, Symposia in Pure Mathematics, vol. 28, Providence: American Mathematical Society.

Butzer, Paul, et al. (1995): Otto Blumenthal 1876–1944, in K. Habetha, Hrsg., *Wissenschaft zwischen technischer und gesellschaftlicher Herausforderung. Die Rheinisch-Westfälische Technische Hochschule Aachen 1970–1995*, Aachen, S. 186–195.

Butzer, P. and Volkmann, L. (2006): Otto Blumenthal (1876–1944) in Retrospect, *Journal of Approximation Theory*, 138: 1–36.

Cantor, Georg (1878): Ein Beitrag zur Mannigfaltigkeitslehre, *Journal für die reine und angewandte Mathematik*, 84: 242–258.

Cantor, Georg (1879–1884): Ueber unendliche, lineare Punktmannichfaltigkeiten, *Mathematische Annalen*, 15: 1–7; 17: 355–358; 20: 113–121; 21: 51–58 u. 545–586; 23: 453–488.

Corry, Leo (2004): *Hilbert and the Axiomatization of Physics (1898–1918): From "Grundlagen der Geometrie" to "Grundlagen der Physik"*, (Archimedes: New Studies in the History and Philosophy of Science and Technology), Dordrecht: Kluwer Academic.

Dauben, Joseph W. (1979): *Georg Cantor. His Mathematics and Philosophy of the Infinite*, Princeton University Press.

Debye, Peter, Blumenthal, Otto, und Bochner, Salomon (1928): *Probleme der modernen Physik. Herausgegeben von P. Debye. Arnold Sommerfeld zum 60. Geburtstage gewidmet von seinen Schülern.* Leipzig: Hirzel.

Ebbinghaus, Heinz-Dieter und Peckhaus, Volker (2007): *Ernst Zermelo. An Approach to his Life and Work*, Berlin: Springer.

Eckert, Michael (2013): *Arnold Sommerfeld, Atomphysiker und Kulturbote 1868–1951. Eine Biografie*, Deutsches Museum. Abhandlungen und Berichte – Neue Folge, Bd. 29, Wallstein.

Eckert, Michael und Märker, Karl , Hrsg. (2000, 2004): *Arnold Sommerfeld. Wissenschaftlicher Briefwechsel*, 2 Bde., Deutsches Museum/GNT-Verlag.

Einstein, Albert (1998): *The Collected Papers of Albert Einstein, vol. 6, the Berlin Years: Correspondence, 1914–1917*, Robert Schulmann et al., eds., Princeton: Princeton University Press.

Eisenstaedt, Jean (1982): Histoire et singularités de la solution de Schwarzschild (1915–1923), *Archive for History of Exact Sciences*, 27: 157–198.

Felsch, Volkmar (2003): Der Aachener Mathematikprofessor Otto Blumenthal, Vortrag gehalten am 1. Oktober, Volkshochschule Aachen. http://www.math.rwth-aachen.de/ Blumenthal/Vortrag/index.html.

Felsch, Volkmar, Hrsg. (2011): *Otto Blumenthals Tagebücher. Ein Aachener Mathematikprofessor erleidet die NS-Diktatur in Deutschland, den Niederlanden und Theresienstadt*, Konstanz: Hartung-Gorre.

Ferreirós, José (1999): *Labyrinths of Thought. A History of Set Theory and its Role in Modern Mathematics*, Basel: Birkhäuser.

Frege, Gottlob (1903): *Jahresbericht der Deutschen Mathematiker-Vereinigung*, Über die Grundlagen der Geometrie, 12: 319–324, 368–375.

Frei, Günther (1985): *Der Briefwechsel David Hilbert–Felix Klein (1886–1918)*, Arbeiten aus der Niedersächsischen Staats- und Universitätsbibliothek Göttingen, Bd. 19, Göttingen: Vandenhoeck & Ruprecht.

Fricke, Robert (1904): Beiträge zum Kontinuitätsbeweise der Existenz linearpolymorpher Funktionen auf Riemannschen Flächen, *Mathematische Annalen*, 59: 449–513.

Fricke, Robert (1905): Neue Entwicklungen über den Existenzbeweis der polymorphen Funktionen, *Verhandlungen des dritten internationalen Mathematiker-Kongresses in Heidelberg vom 8. bis 13. August 1904*, Leipzig: Teubner, S. 246–252.

Fricke, Robert und Klein, Felix (1897, 1912): *Vorlesungen über die Theorie der automorphen Funktionen*, 2 Bde., Leipzig: Teubner.

Georgiadou, Maria (2004): *Constantin Carathéodory. Mathematics and Politics in Turbulent Times*, Heidelberg: Springer.

Gray, Jeremy (2013): *Henri Poincaré: A Scientific Biography*, Princeton: Princeton University Press.

Hashagen, Ulf (2003): *Walther von Dyck (1856–1934). Mathematik, Technik und Wissenschaftsorganisation an der TH München*, (Boethius, Texte und Abhandlungen zur Geschichte der Mathematik und der Naturwissenschaften, Bd. 47), Stuttgart: Steiner.

Hausdorff, Felix (1908): Grundzüge einer Theorie der geordneten Mengen, *Mathematische Annalen*, 65: 435–505.

Hausdorff, Felix (2002): *Felix Hausdorff: Gesammelte Werke Grundzüge der Mengenlehre*, Bd. II, E. Brieskorn et al., Hrsg., Heidelberg: Springer.

Hausdorff, Felix (2012): *Felix Hausdorff: Gesammelte Werke, Korrespondenz*, Bd. IX, W. Purkert, Hrsg., Heidelberg: Springer.

Hesseling, Dennis E. (2003): *Gnomes in the Fog. The Reception of Brouwer's Intuitionism in the 1920s*, Basel: Birkhäuser.

Hilbert, David (1891): Über die stetige Abbildung einer Linie auf ein Flächenstück, *Mathematische Annalen*, 38: 159-160; wiederabgedruckt in (Hilbert 1932–1935, III: 1–2).

Hilbert, David (1897): Die Theorie der algebraischen Zahlkörper, *Jahresbericht der Deutschen Mathematiker-Vereinigung*, 4: 175–546; wiederabgedruckt in (Hilbert 1932–1935, I: 63–363).

Hilbert, David (1899): Grundlagen der Geometrie, in *Festschrift zur Einweihung des Göttinger Gauss–Weber Denkmals*, Leipzig: Teubner (2. Aufl., 1903).

Hilbert, David (1900): Mathematische Probleme. Vortrag, gehalten auf dem Internationalen Mathematikerkongreß zu Paris, 1900. *Nachrichten der Königlichen Gesellschaft der Wissenschaften zu Göttingen. Math.-phys. Klasse*, 253–297; in (Hilbert 1932–1935, III: 290–329).

Hilbert, David (1904): Über die Grundlagen der Logik und der Arithmetik, *Verhandlungen des III. Internationalen Mathematiker-Kongresses in Heidelberg 1904*, Leipzig: Teubner, S. 174–185.

Hilbert, David (1909): Beweis für die Darstellbarkeit der ganzen Zahlen durch eine feste Anzahl n-ter Potenzen (Waringsches Problem). *Mathematische Annalen*, 67: 281–300.

Hilbert, David (1910): Hermann Minkowski, *Mathematische Annalen*, 68: 445–471; in (Hilbert 1932–1935, III: 339–364).

Hilbert, David (1912): *Grundzüge einer allgemeinen Theorie der linearen Integralgleichungen*, Leipzig, Berlin: Teubner.

Hilbert, David (1918): Axiomatisches Denken. *Mathematische Annalen*, 79: 405–415; in (Hilbert 1932–1935, III: 146–156).

Hilbert, David (1932–1935): *Gesammelte Abhandlungen*, 3 Bde., Berlin: Springer.

Hurewicz, Witold and Wallman, Henry (1948): *Dimension theory*, rev. ed., Princeton University Press.

Johnson, Dale M. (1979): The Problem of the Invariance of Dimension in the Growth of Modern Topology, Part I, *Archive for History of Exact Sciences*, 20: 97–188.

Johnson, Dale M. (1981): The Problem of the Invariance of Dimension in the Growth of Modern Topology, Part II, *Archive for History of Exact Sciences*, 25(2): 85–266.

Kegel, Otto H. und Remmert, Volker R. (2003): Friedrich Wilhelm Daniel Levi (1888–1966), in Gerald Wiemers, Hrsg., Sächsische Lebensbilder, Bd. 5, Leipzig/Stuttgart, S. 395–403.

Klein, Felix (1882): Klein, Felix: *Über Riemanns Theorie der algebraischen Functionen und ihrer Integrale. Eine Ergänzung der gewöhnlichen Darstellungen*, Leipzig: Teubner; (Klein 1921–1923, 3: 499–573).

Klein, Felix (1883): Neue Beiträge zur Riemann'schen Functionentheorie, *Mathematische Annalen*, 21: 141–218.

Klein, Felix, et al. (1912): Zu den Verhandlungen betreffend automorphe Funktionen, Karlsruhe am 27. September 1911. *Jahresbericht der Deutschen Mathematiker-Vereinigung*, 21: 153–166.

Klein, Felix (1921–1923): *Gesammelte Mathematische Abhandlungen*, 3 Bde., Berlin: Julius Springer.

Klein, Felix (1926): *Vorlesungen über die Entwicklung der Mathematik im 19. Jahrhundert*, Bd. 1, Berlin: Springer.

Klein, Felix und Sommerfeld, Arnold (1897–1910): *Über die Theorie des Kreisels*, 4 Bde., Leipzig: Teubner.

Koebe, Paul (1912a): Ueber eine neue Methode der konformen Abbildung und Uniformisierung, *Nachrichten von der Gesellschaft der Wissenschaften zu Göttingen, Mathematisch-Physikalische Klasse*, 1912: 844–848.

Koebe, Paul (1912b): Begründung der Kontinuitätsmethode im Gebiete der konformen Abbildung und Uniformisierung. (Voranzeige), *Nachrichten von der Gesellschaft der Wissenschaften zu Göttingen, Mathematisch-Physikalische Klasse*, 1912: 879–886.

Koenigsberger, Leo (1904a): Jacobi, (Rede auf ICM in Heidelberg, 1904), *Jahresbericht der Deutschen Mathematiker-Vereinigung*, 13: 405–435.

Koenigsberger, Leo (1904b): *C.G J. Jacobi*, Leipzig: Teubner.

Koenigsberger, Leo (1919): *Mein Leben*, Heidelberg: Carl Winters Universitätsbuchhandlung.

Kraft, Albert (1903): Über ganze transzendente Funktionen von unendlicher Ordnung, Dissertation, Universität Göttingen.

Lebesgue, Henri (1911a): Sur la non-applicabilité de deux domaines appartenant respectivement à des espaces à n et $n + p$ dimensions, *Mathematische Annalen*, 70: 166–168.

Lebesgue, Henri (1911b): Sur l'invariance du nombre de dimensions d'un espace et sur le théorème de M. Jordan relatif aux variété fermées, *Comptes Rendus de l'Académie des Sciences*, 152: 841–843.

Lennes, J. N. (1911): Curves in Non-Metrical Analysis Situs with an Application in the Calculus of Variations, *American Journal of Mathematics*, 33: 287–326.

Lorentz, H. A. et al. (1913): *Das Relativitätsprinzip. Eine Sammlung von Abhandlungen*, Fortschritte der mathematischen Wissenschaften in Monographien, Heft 2, Leipzig: Teubner.

Lorey, Wilhelm (1916): *Das Studium der Mathematik an den deutschen Universitäten seit Anfang des 19. Jahrhunderts*, Leipzig: Teubner.

Luciano, Erika and Roero, Clara Silvia (2012): From Turin to Göttingen: Dialogues and Correspondence (1879–1923), *Bollettino di Storia delle Scienze Matematiche*, 32(1): 7–232.

Manegold, Karl-Heinz (1970): *Universität, Technische Hochschule und Industrie: Ein Beitrag zur Emanzipation der Technik im 19. Jahrhundert unter besonderer Berücksichtigung der Bestrebungen Felix Kleins*, Berlin: Duncker & Humblot.

Mehrtens, Herbert (1987): Ludwig Bieberbach and "Deutsche Mathematik," in *Studies in the History of Mathematics*, Esther Phillips, ed., Washington: The Mathematical Association of America, pp. 195–241.

Mehrtens, Herbert (1990): *Moderne–Sprache–Mathematik. Eine Geschichte des Streits um die Grandlagen der Disziplin und des Subjekts formaler Systeme*, Frankfurt: Suhrkamp.

Minkowski, Hermann (1908): Die Grundgleichungen für die elektromagnetischen Vorgänge in bewegten Körper, *Nachrichten der Königlichen Gesellschaft der Wissenschaften zu Göttingen. Mathematisch-physikalische Klasse*, 1908: 53–111.

Minkowski, Hermann (1909): Raum und Zeit, *Physikalische Zeitschrift*, 10: 104–111.

Minkowski, Hermann (1910): *Zwei Abhandlungen über die Grundgleichungen der Elektrodynamik*, Fortschritte der mathematischen Wissenschaften in Monographien, Heft 1, Leipzig: Teubner.

Minkowski, Hermann (1911): *Gesammelte Abhandlungen von Hermann Minkowski*, 2 Bde., hrsg. von David Hilbert unter Mitwirkung von Andreas Speiser und Hermann Weyl, Leipzig: Teubner.

Minkowski, Hermann (1973): *Briefe an David Hilbert*, L. Rüdenberg und H. Zassenhaus, Hrsg., New York: Springer.

Minkowski, Hermann, und Born, Max (1910): Eine Ableitung der Grundgleichungen für die elektromagnetischen Vorgänge in bewegten Körpern vom Standpunkte der Elektronentheorie. Aus dem Nachlass von Hermann Minkowski, *Mathematische Annalen*, 68: 526–551.

Moore, Gregory H. (1982): *Zermelo's Axiom of Choice. Its Origins, Development and Influence*, New York: Springer.

Ott, Hugo (1994): *Laubhüttenfest 1940. Warum Therese Loewy einsam sterben mußte*, Freiburg, Herder-Spektrum.

Parshall, Karen Hunger and Rowe, David E. (1994): *The Emergence of the American Mathematical Research Community, 1876–1900: James Joseph Sylvester, Felix Klein, and E. H. Moore*, History of Mathematics, vol. 8, Providence: American Mathematical Society and London: London Mathematical Society.

Peckhaus, Volker (1991): *Hilbertprogramm und kritische Philosophie*, Göttingen: Vandenhoek & Ruprecht.

Poincaré, Henri (1885): Sur l'équilibre d'une masse fluide animée d'un mouvement de rotation, *Acta Mathematica*, 7: 259–380.

Purkert, Walter (1986): Georg Cantor und die Antinomien der Mengenlehre, *Bulletin de la Société Mathématique de Belgique*, 38: 313–327.

Purkert, Walter (2002): Grundzüge der Mengenlehre – Historische Einführung, in (Hausdorff 2002, 1–90).

Purkert, Walter und Ilgauds, Hans Joachim (1987): *Georg Cantor, 1845–1918*, Vita Mathematica, Bd. 1., Basel: Birkhäuser.

Reid, Constance (1970): *Hilbert*, New York: Springer.

Reid, Constance (1976): *Courant in Göttingen and New York: the Story of an Improbable Mathematician*, New York: Springer.

Remmert, Volker R. (1995): Zur Mathematikgeschichte in Freiburg. Alfred Loewy (1873–1935): Jähes Ende späten Glanzes, *Freiburger Universitätsblätter*, 129: 81–102.

Richardson, R. G. D. (1908): The Cologne meeting of the Deutsche Mathematiker-Vereinigung, *Bulletin of the American Mathematical Society*, 15: 117–119.

Rowe, David E. (2000): The Calm before the Storm: Hilbert's early Views on Foundations, *Proof Theory: History and Philosophical Significance*, Vincent Hendricks, ed., Dordrecht: Kluwer, pp. 55–94.

Rowe, David E. (2001): Felix Klein as Wissenschaftspolitiker, in *Changing Images in Mathematics. From the French Revolution to the New Millennium*, Umberto Bottazzini and Amy Dahan, eds., London: Routledge, pp. 69–92.

Rowe, David E. (2003): Hermann Weyl, the Reluctant Revolutionary, *Mathematical Intelligencer*, 25(1): 61–70.

Rowe, David E. (2004): Making Mathematics in an Oral Culture: Göttingen in the Era of Klein and Hilbert, *Science in Context*, 17(1/2): 85–129.

Rowe, David E. (2007): Felix Klein, Adolf Hurwitz, and the "Jewish Question" in German Academia, *The Mathematical Intelligencer*, 29(2): 18–30.

Rowe, David E. (2013): Mathematics made in Germany: On the Background to Hilbert's Paris Lecture, *The Mathematical Intelligencer*, 35(3): 9–20.

Shafarevich, Igor R. (1983): Zum 150. Geburtstag von Alfred Clebsch, *Mathematische Annalen*, 266(2): 135–140.

Schappacher, Norbert (1996): On the history of Hilbert's twelfth problem: a comedy of errors, *Matériaux pour l'histoire des mathématiques au XXe siècle*, Séminaires & Congrès 3. Paris: Société Mathématique de France, 243–273.

Schemmel, Matthias (2007): The Continuity Between Classical and Relativistic Cosmology in the Work of Karl Schwarzschild, *The Genesis of General Relativity: Sources and Interpretations*, vol. 3, Jürgen Renn and Matthias Schemmel, eds., Dordrecht: Springer, 155–182.

Schoenflies, Arthur (1900): Die Entwicklung der Lehre von den Punktmannigfaltigkeiten, *Jahresbericht der Deutschen Mathematiker-Vereinigung*, 8: 1–250.

Schoenflies, Arthur (1904a): Beiträge zur Theorie der Punktmengen, I, *Mathematische Annalen*, 58: 195–234.

Schoenflies, Arthur (1904b): Beiträge zur Theorie der Punktmengen, II, *Mathematische Annalen*, 59: 129–160.

Schoenflies, Arthur (1906): Beiträge zur Theorie der Punktmengen, III, *Mathematische Annalen*, 62: 286–328.

Schoenflies, Arthur (1908): *Die Entwicklung der Lehre von den Punktmannigfaltigkeiten. Bericht erstattet der Deutschen Mathematiker-Vereinigung*, Teil II, Leipzig. Teubner.

Scholz, Erhard (1980): *Geschichte des Mannigfaltigkeitsbegriffs von Riemann bis Poincaré*, Basel: Birkhäuser.

Scholz, Erhard (2000): Hermann Weyl on the Concept of Continuum, in *Proof Theory: History and Philosophical Significance*, Vincent Hendricks, ed., Dordrecht: Kluwer, pp. 195–220.

Scholz, Erhard ed. (2001a): *Hermann Weyl's Raum-Zeit-Materie and a General Introduction to his Scientific Work*, (DMV Seminar, 30.) Basel/Boston: Birkhäuser.

Scholz, Erhard (2001b): Weyls Infinitesimalgeometrie, 1917–1925, in (Scholz 2001a, 48–104).

Schwarzschild, Karl (1913): Antrittsrede, *Sitzungsberichte der Preussischen Akademie der Wissenschaften zu Berlin, physikalisch-math. Klasse*, 596–600; wiederabgedruckt in (Schwarzschild 1992, III: 677–681).

Schwarzschild, Karl (1992): *Karl Schwarzschild: Gesammelte Werke, Collected Works*, Bde. I-III, Hans-Heinrich Voigt, Hrsg., Berlin: Springer.

Sommerfeld, Arnold und Krauß, Franz (1951): Otto Blumenthal zum Gedächtnis *Jahrbuch der RWTH Aachen*, 4: 21–25.

Tobies, Renate (1986-1987): Zu Veränderungen im deutschen mathematischen Zeitschriftenwesen um die Wende vom 19. zum 20. Jahrhundert, Teil I, *NTM: Schriftenreihe für Geschichte der Naturwissenschaften, Technik und Medizin*, 23(2) : 19–33; Teil II, 24(1): 31–49.

Tobies, Renate (1994): Mathematik als Bestandteil der Kultur – Zur Geschichte des Unternehmens Encyklopädie der Mathematischen Wissenschaften mit Einschluß ihrer Anwendungen, *Mitteilungen Österreichische Gesellschaft für Wissenschaftsgeschichte*, 14: 1–90.

Tobies, Renate und Rowe, David E. (1990): *Korrespondenz Felix Klein-Adolf Mayer*, Leipzig: Teubner Archiv zur Mathematik, Bd. 14.

Tollmien, Cordula (1990): „Sind wir doch der Meinung, daß ein weiblicher Kopf nur ganz ausnahmsweise in der Mathematik schöpferisch tätig sein kann ...“ Emmy Noether 1882–1935, zugleich ein Beitrag zur Geschichte der Habilitation von Frauen an der Universität Göttingen, *Göttinger Jahrbuch*, 38: 153–219 .

van Dalen, Dirk (1990): The War of the Frogs and the Mice, or the Crisis of the *Mathematische Annalen*, *The Mathematical Intelligencer*, 12(4): 17–31.

van Dalen, Dirk, ed. (2011): *The Selected Correspondence of L.E.J. Brouwer*, Sources and Studies in the History of Mathematics and Physical Sciences, London: Springer.

van Dalen, Dirk (2013): *L.E.J. Brouwer–Topologist, Intuitionist, Philosopher. How Mathematics is Rooted in Life*, London: Springer.

van Heijenoort, Jean (1967): *From Frege to Gödel. A Source Book in Mathematical Logic, 1879– 1931*, Cambridge, Mass.: Harvard University Press.

van Stigt, Walter P. (1990): *Brouwer's Intuitionism*, Studies in the History and Philosophy of Mathematics, vol. 2, Amsterdam: North-Holland.

Voigt, Hans-Heinrich (1992): Biography of Karl Schwarzschild (1873–1916), in (Schwarzschild 1992, I, 1–25).

Volkert, Klaus (1986): *Die Krise der Anschauung*, Göttingen: Vandenhoeck & Ruprecht.

Walter, Scott (2007): Breaking in the 4-vectors: the four-dimensional movement in gravitation, 1905-1910, *The Genesis of General Relativity: Sources and Interpretations*, Boston Studies in the Philosophy and History of Science, Jürgen Renn, ed., Berlin: Springer, vol. 3, 193–252.

Weyl, Hermann (1910): Über die Definitionen der mathematischen Grundbegriffe, *Mathematisch–naturwissenschaftliche Blätter*, 7: 93–95, 109–113.

Weyl, Hermann (1913): *Die Idee der Riemannschen Fläche*, Leipzig: Teubner.

Weyl, Hermann (1918): *Das Kontinuum*, Leipzig: Veit & Co.

Weyl, Hermann (1921): Über die neue Grundlagenkrise der Mathematik, *Mathematische Zeitschrift*, 10: 39–79.

Weyl, Hermann (1949): Relativity Theory as a Stimulus in Mathematical Research, *Proceedings of the American Philosophical Society*, 93(7): 535–541.

Yandell, Ben H. (2002): *The Honors Class. Hilbert's Problems and their Solvers*, Natick, Mass.: AK Peters.

Zermelo, Ernst (1904): Beweis, daß jede Menge wohlgeordnet werden kann. Aus einem an Herrn Hilbert gerichteten Briefe, *Mathematische Annalen*, 59: 514–516.

Zermelo, Ernst (1908a): Neuer Beweis für die Möglichkeit einer Wohlordnung, *Mathematische Annalen*, 65: 107–128.

Zermelo, Ernst (1908b): Untersuchungen über die Grundlagen der Mengenlehre. I, *Mathematische Annalen*, 65: 261–281.

Zitarelli, David E. (2009): Connected Sets and the AMS, 1901-1921, *Notices of the American Mathematical Society*, 56(4): 450–458.

Personenindex

Abraham, Max, 17, 22, 93, 99, 179, 180, 310–312
Ackermann-Teubner, Alfred, 215, 235, 302
Adama van Scheltema, Carel, 75
Althoff, Friedrich, 12, 20, 28, 96, 118, 128
Appell, Paul, 15, 114
Arrhenius, Svante August, 179

Bach, J.S., 162
Baire, René, 189, 250, 260, 264, 265, 270, 288
Ball, Hugo de, 176
Baule, Bernhard, 161
Becker, Ernst, 175
Behnke, Heinrich, 11, 43, 228
Behrens, Wilhelm, 162
Bernstein, Felix, 28, 44, 61, 62, 64, 76, 93, 229, 230, 267, 268, 279, 286, 291, 293
Bernstein, Sergei, 194, 197, 205, 207, 208
Bessel, Friedrich Wilhelm, 38
Bidlingmeir, Friedrich, 160, 161
Bieberbach, Ludwig, 38, 45, 60, 224, 266, 268, 279, 291
Biltz, Wilhelm, 99, 102–104, 125, 126, 166
Biske, Felix, 119
Bismarck, Otto von, 7
Blaschke, Wilhelm, 302
Blumenthal, Anna, 6, 97, 105, 115, 125, 127, 140, 141, 151, 152, 156, 225, 230, 234, 235

Blumenthal, Ernst, 6, 8, 11, 115, 122, 125, 141, 225, 275
Blumenthal, Ernst (Sohn), 27, 160, 161, 295
Blumenthal, Eugenie, 6, 115, 122, 125, 141, 225, 275
Blumenthal, Mali, 25–27, 32, 34, 35, 97, 115, 132, 138, 140–142, 149, 152, 156, 157, 160, 161, 164–167, 170, 208, 209, 212, 218–220, 223, 226, 235, 236, 254, 295
Blumenthal, Margrete, 27, 141, 156, 160, 161, 223
Bohl, Piers, 229, 230, 268, 293
Bohlmann, Georg, 205, 207
Bohr, Harald, 38
Boltzmann, Ludwig, 128
Bolza, Oskar, 44, 206
Borchardt, Carl Wilhelm, 29
Borel, Émile, 3, 15, 16, 77, 93, 111, 114, 115, 121, 124, 125, 129, 130, 134, 136, 188, 189, 212, 230, 313, 314, 316, 321
Borel, Marguerite Appell, 114
Born, Max, 23–25, 33, 38, 162, 213, 225
Borsche, Walther, 104, 108, 119, 125, 128
Boussinesq, Joseph, 174
Boutroux, Pierre, 191
Braun, Julius, 108, 116, 119, 125, 126
Braun, Julius von, 97, 99, 102, 103
Bredichin, Fjodor Alexandrowitsch, 179
Brendel, Martin, 9, 14, 88, 89, 312

© Springer-Verlag GmbH Deutschland, ein Teil von Springer Nature 2018
D. E. Rowe, *Otto Blumenthal: Ausgewählte Briefe und Schriften I*,
Mathematik im Kontext, https://doi.org/10.1007/978-3-662-56725-8

Topfit für das Biologiestudium